普通高等教育"十三五"规划教材

计算机绘图技术

周佳新 主编

王铮铮　王志勇　王　娜 副主编

孙　军 主审

化学工业出版社

·北京·

本书是依据教育部批准印发的《普通高等院校工程图学课程教学基本要求》和近年来国家质量技术监督局发布的新标准，充分考虑了各专业的教学特点，并根据当前计算机绘图课程制图教学改革的发展，结合多年从事工程实践及计算机绘图教学的经验而编写的。

本书以 AutoCAD 2018 版为平台，详细讲授了 CAD 的二维图形绘图、图形编辑、尺寸标注等命令的使用方法和技巧，并给出了较典型的练习题供读者参考、实践。

本书可作为土木工程、城市地下空间、安全、力学、测绘、道桥与渡河工程、环境工程、暖通、给排水、建筑学、园林、规划、环境设计、工程管理、造价、土地、房地产、城市、物业、机械、交通、物流、电气、自动化、智能、通信、信息等专业本科、专科学生的教学用书，也可供相关工程技术人员参考。

教材有配套 PPT 版多媒体课件可供使用，读者可自行到 www.cipedu.com.cn 下载。

图书在版编目（CIP）数据

计算机绘图技术/周佳新主编. —北京：化学工业出版社，2018.1（2023.8重印）
普通高等教育“十三五”规划教材
ISBN 978-7-122-30993-8

Ⅰ.①计… Ⅱ.①周… Ⅲ.①计算机制图-高等学校-教材 Ⅳ.①TP391.72

中国版本图书馆 CIP 数据核字（2017）第 277575 号

责任编辑：满悦芝　石　磊　　加工编辑：吴开亮
责任校对：王　静　　装帧设计：关　飞

出版发行：化学工业出版社（北京市东城区青年湖南街 13 号　邮政编码 100011）
印　　装：北京七彩京通数码快印有限公司
787mm×1092mm　1/16　印张 17¼　字数 528 千字　2023 年 8 月北京第 1 版第 4 次印刷

购书咨询：010-64518888　售后服务：010-64518899
网　　址：http://www.cip.com.cn
凡购买本书，如有缺损质量问题，本社销售中心负责调换。

定　　价：49.80 元

前言

计算机绘图技术是工程技术人员必须掌握的技能之一。目前，绝大多数高校都以工程图学课程为依托开设了以讲授 AutoCAD 为主要内容的 CAD 课程。我们着眼于加强学生技能以及综合素质的培养，结合多年从事 CAD 教学及工程实践的经验，编写了这本教材。本教材可使读者在较短的时间内掌握或基本掌握 AutoCAD 理论及应用。

教材的编者是长期从事工程图学与 CAD 教学和开发的专业人士，在制图理论和解决实际问题方面有较为丰富的经验。本教材遵循学习规律，将制图理论与 CAD 技术相融合，通过实例循序渐进地介绍了 AutoCAD 的基本功能，绘图的思路、方法和技巧，强调实用性和可操作性，读者只要按照教材中的步骤一步一步操作，便可掌握所学内容。教材中的技巧，多为作者多年经验的总结，有很多创新之处。

本教材共分九章，在内容的编排顺序上进行了优化，主要包括以下内容：

① 基本绘图部分。本部分内容侧重于从未接触过 AutoCAD 的读者，从零学起，详细讲授了 CAD 的相关知识，基本绘图、基本编辑、尺寸标注等命令的使用方法和技巧。

② 综合实例练习部分。本部分给出了较为典型的练习题供读者参考、实践，读者可根据自己的实际有所侧重、有所选择，举一反三，以解决实际问题。

教材有配套的 PPT 版多媒体课件可供使用，需要者可自行到化学工业出版社教学资源网（www.cipedu.com.cn）下载。

本书由周佳新主编，王铮铮、王志勇、王娜副主编，孙军主审在教材编写的工作中沈阳建筑大学的周佳新、王铮铮、王志勇、刘鹏、沈丽萍、姜英硕、李鹏、张楠、张喆、牛彦、马晓娟、孙军，辽宁科技学院的方亦元、韦杰，沈阳城市建设学院的王娜、宋锦、武利、赵欣、李琪、陈璐、宋小艳、李丽，沈阳大学的潘苏蓉、杨舒宇、李莉，河南科技大学的潘为民等均做了大量的工作。

由于编者水平有限，不足之处在所难免，恳请广大同仁及读者不吝赐教，在此谨表谢意。

编　者

2017 年 11 月

第一章 AutoCAD概述

第一节 概 述

一、AutoCAD 简介

AutoCAD 绘图软件是美国 Autodesk 公司研制开发的世界上应用最广的 CAD 软件，市场占有率位居世界第一。自 1982 年 11 月推出至今已经历了二十多个版本。十多年来，AutoCAD 几乎每年都在更新版本，每次版本的更新除了在使用功能上有所加强外，使用界面也有所改变，但近几年的版本界面变化并不算太大。高版本的 AutoCAD 软件命令会多一些，且会修正软件的一些漏洞、增加一些图库，在三维设计功能上有所加强，但二维绘图命令的差异并不太大。AutoCAD 的性能与其他软件一样，高版本可以兼容低版本，即高版本 AutoCAD 可以打开低版本的文件，反之则不能。高版本 AutoCAD 的操作更为方便、运行速度更快，但对计算机配置的要求较高，占用的空间也较大。

在不同的行业中，Autodesk 公司开发了行业专用的版本和插件，一般没有特殊要求的各个行业的公司都是用的 AutoCAD Simplified 版本。所以 AutoCAD Simplified 基本上算是通用版本。

二、绘图工具与绘图命令对照

传统的制图方法中，使用的是绘图纸、丁字尺、三角板、圆规、建筑模板、铅笔、针管笔等绘图工具，而计算机制图是利用计算机软件中的各种命令调用相对应的功能进行制图的，计算机本身就是一“绘图工具”的集合。表 1-1 是传统绘图工具与计算机辅助绘图命令作用的简要对照。

表 1-1 绘图工具与绘图命令对照

制图工具	作　　用	绘图命令及辅助工具	工　具　钮
直尺、丁字尺	画直线	line、xline、pline 等	
三角板	画垂直线、平行线、与水平成一定角度的直线	ortho、offset、rotate、F10 等	

续表

制图工具	作　用	绘图命令及辅助工具	工 具 钮
平行尺	画平行线	offset、par parameters	
圆规	画圆弧、圆	arc、circle、fillet	
分规	等分线段	divide	
方格纸	方便绘图	grid	
建筑模板	绘制各种图例、画椭圆、写字	block、ellipse、text、dtext	A
曲线板	绘制不规则曲线、云线	spline、revcloud	
铅笔、针管笔	绘制各种线型、线宽线段	linetype、lweight	
橡皮	擦除图线、图形	erase	
绘图纸	图样的载体	layer	

三、作图原则

为了提高作图速度，用户最好遵循如下的作图原则：

① 始终用1∶1绘图，如要改变图样的大小，可以在打印时在图纸空间设置出图比例。

② 为不同类型的图元对象设置不同的图层、颜色、线型和线宽，并由图层控制。

③ 作图时，应随时注意命令行的提示，根据提示决定下一步动作，这样可以有效地提高作图效率及减少误操作。

④ 使用栅格捕捉功能，并将栅格捕捉间距设为适当的数值，这样可以提高绘图精度。

⑤ 不要将图框和图绘制在一幅图中，可在布局中将图框以块的形式插入，然后再打印输出。

⑥ 自定义样板图文件、经常使用设计中心可以提高作图效率。

第二节　安装、启动与退出

一、AutoCAD 的安装

1. 版本选择

不同版本的AutoCAD软件，使用起来命令差别不大，尤其是绘制二维图形。高版本的CAD可以兼容低版本，反之则不能。如需要用低版本打开高版本所绘图形，就要经过转换等操作。AutoCAD 2008以前的版本更新都没有太大的界面改变，从AutoCAD 2009起，版本的操作界面发生了改变，界面风格（ribbon 风格）更趋向于 3ds max，菜单栏的布置又和 Office 2007 很相似。每种版本的 AutoCAD 软件都有不同的使用者，目前，多数人认为较为经典的是 2002 版和 2004 版。它们的优点是稳定、占用内存小、安装简单、运行速度块。不同版本的软件对计算机的软硬件要求是不同的，一般来讲高版本要求电脑配置高一些。实际工作中，使用者可根据自己的实际安装选用：不是越高越好，适合才好。

2. AutoCAD 的安装

在安装 AutoCAD 之前，应关闭所有正在运行的应用程序，要确保关闭了所有防毒软件。将 AutoCAD 的安装盘插入 CD-ROM 驱动器，稍后即可出现 AutoCAD 的安装界面。如果关闭了光盘的自动运行功能，只需要找到光盘驱动器下的“Setup. exe”文件，双击运行它，也可以启动 AutoCAD 的安装程序，切换到“安装”选项卡，单击“安装”链接启动安装向导即可。随着软件的不断更新，安装 AutoCAD 已经变为一件很容易的事了。只要用户根据计算机的提示，输入数据和单击按钮就可以完成。

二、启动 AutoCAD

当系统安装 AutoCAD 后，我们要使用 AutoCAD 绘图，首先要启动它。几种常用的启动方式如下。

第一是在桌面上直接双击 AutoCAD 的图标，即可启动，如图 1-1 所示为几种版本的 CAD 桌面快捷图标。

图 1-1　CAD 桌面快捷图标

第二是点击“开始-程序-Autodesk-AutoCAD ＊＊＊＊-AutoCAD ＊＊＊＊”，便可启动。

第三是快速启动方式。如果用户为 AutoCAD 创建了快速方式，任务栏的快速启动区中就会有 AutoCAD 的图标，单击图标就可启动。

第四种是如果电脑中保存了使用 AutoCAD 绘制的图形文件，用鼠标双击该类文件，即可在打开文件的同时启动 AutoCAD。

如图 1-2 所示为“AutoCAD 2018 启动中”的界面。

三、退出 AutoCAD

使用 AutoCAD 完成工作后，就要退出程序。有以下几种常用的退出方式。

第一是单击 AutoCAD 界面右上角的关闭按钮“×”，退出 AutoCAD 程序。

第二是双击“应用程序菜单”按钮，退出 AutoCAD 程序。

第三是单击“应用程序菜单”按钮后，再单击“退出 AutoCAD＊＊＊＊”，退出 AutoCAD 程序。

第四是在命令行输入“Quit”或“Exit”后，单击“Enter”键，退出 AutoCAD 程序。

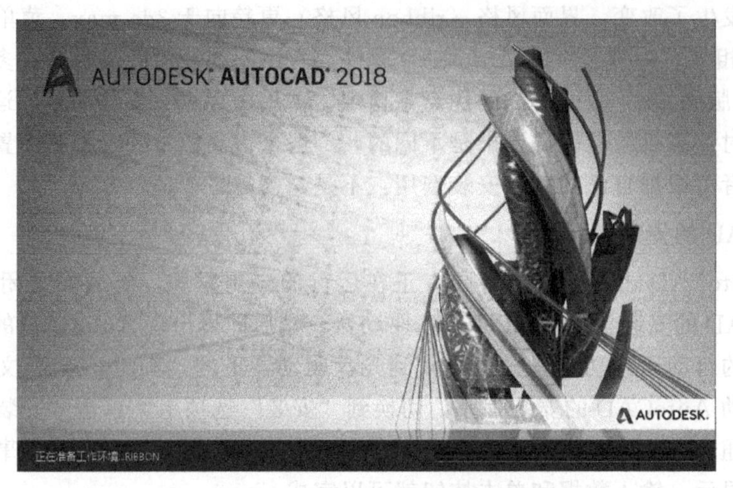

图 1-2　AutoCAD 2018 启动中

第三节　AutoCAD 2018 的界面组成

AutoCAD 2018 的工作界面如图 1-3 所示，主要由图标按钮、应用程序窗口、功能区、视口控件、绘图区、十字光标、坐标系、命令窗口、状态栏、视图方位显示以及导航栏等部分组成。

1. 图标按钮

图标按钮位于屏幕的左上角，单击图标按钮可以搜索命令以及访问用于创建、打开、存盘、发布文件的工具以及最近打开的文档等。单击图标按钮，系统将弹出屏幕菜单。

2. 应用程序窗口

应用程序窗口位于屏幕顶部，如图 1-4 所示，依次为快速访问工具栏、标题栏、信息中心和窗口控制按钮。快速访问工具栏可提供对定义的命令集的直接访问。标题栏将文件名称显示在图形窗口中。信息中心可以在“帮助”系统中搜索主题、登录到 Autodesk ID、打开 Autodesk App Store，并显示“帮助”菜单的选项等。最右端是三个标准 Windows 窗口控制按钮：最小化按钮“—”、最大化/还原按钮“□”、关闭应用程序按钮“×”。

3. 功能区

功能区由多个选项卡和面板组成。选项卡包括默认、插入、注释、参数化等，每个选项卡包含多个面板。面板为同类命令按钮的集合，每一个命令按钮代表 AutoCAD 的一条命令，只要移动鼠标到某一按钮上单击，就执行该按钮代表的命令。一个按钮是一条命令的形象的图形代号。移动鼠标到某一按钮稍停片刻，就会显示与该按钮对应的命令名称及简要功能介绍，如图 1-5 所示。

默认情况下，功能区显示在绘图窗口左上角。单击选项卡右侧的按钮，可以最大、最小化面板，单击按钮，通过下拉菜单可以控制功能区最小化形式。另外，右键单击任

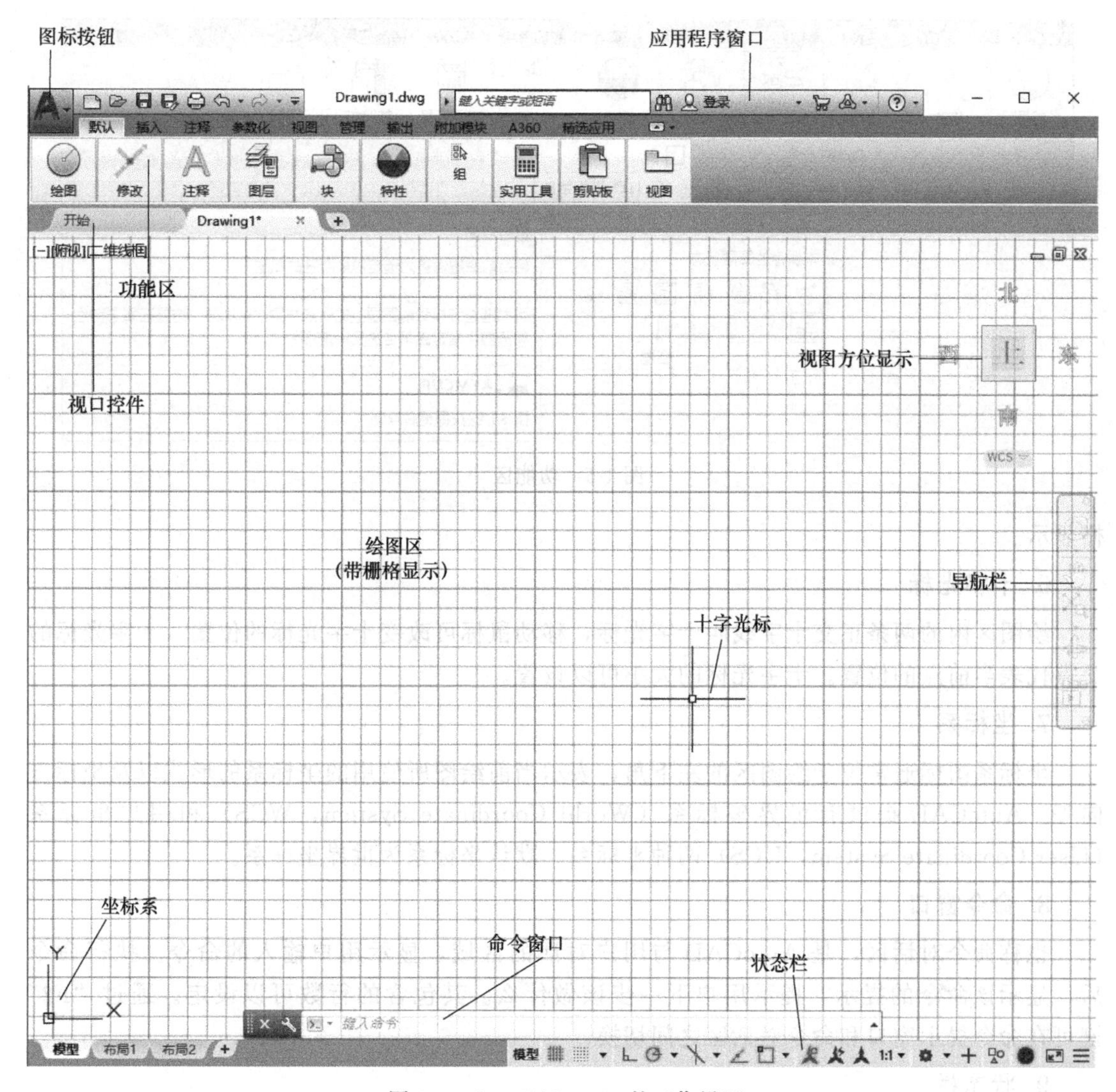

图 1-3　AutoCAD 2018 的工作界面

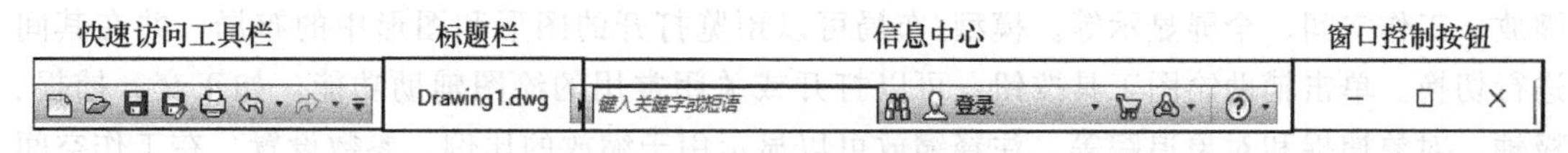

图 1-4　应用程序窗口

一选项卡，可以通过下拉菜单调整功能区的显示范围和功能。

4. 视口控件

位于绘图区左上角，标签显示当前视口的设置，提供更改视图方位、视觉样式和其他设置的便捷方式。

5. 绘图区

屏幕上的空白区域是绘图区，是 AutoCAD 画图和显示图形的地方。创建一幅新图后，绘图区中会有网格，俗称“栅格”，相当于图纸上的坐标网。单击状态栏中的▦，可关闭栅

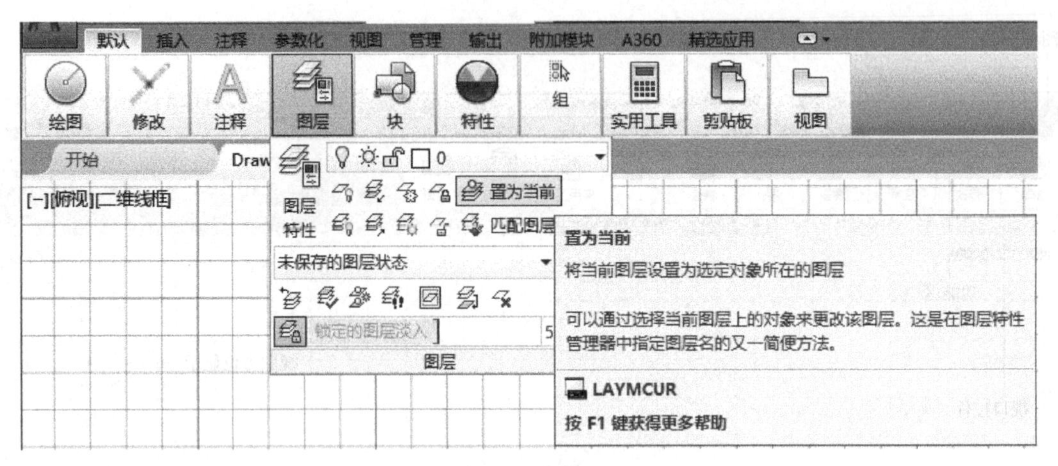

图 1-5　功能区

格显示。

6. 十字光标

绘图区内的两条正交十字线叫十字光标，移动鼠标可改变十字光标的位置。十字光标的交点代表当前点的位置。十字光标的大小可以设置。

7. 坐标系

坐标系图标通常位于绘图区的左下角，表示当前绘图所使用的坐标系的形式以及坐标方向等。AutoCAD 提供有世界坐标系（World Coordinate System，WCS）和用户坐标系（User Coordinate System，UCS）两种坐标系。默认坐标系为世界坐标系。

8. 命令窗口

也称命令对话区，是 AutoCAD 与用户对话的区域，显示用户输入的命令。执行命令后，显示该命令的提示，提示用户下一步该做什么。其包含的行数可以设定。通过“F2”键可在命令提示窗口和命令对话区之间切换。

9. 状态栏

状态栏在屏幕的右下角，如图 1-6 所示。状态栏包括模型/布局、绘图辅助工具、注释缩放、工作空间、全屏显示等。模型/布局可以预览打开的图形和图形中的布局，并在其间进行切换。单击辅助绘图工具按钮，可以打开或关闭常用的绘图辅助功能，如正交、捕捉、极轴、对象捕捉和对象追踪等。注释缩放可以显示用于缩放的比例、参数设置。在工作空间中用户可以切换工作空间并显示当前工作空间的名称。全屏显示等可以控制要展开图形显示的区域。状态栏中的功能按钮，用鼠标单击使其变成浅蓝色就调用了该按钮对应的功能。

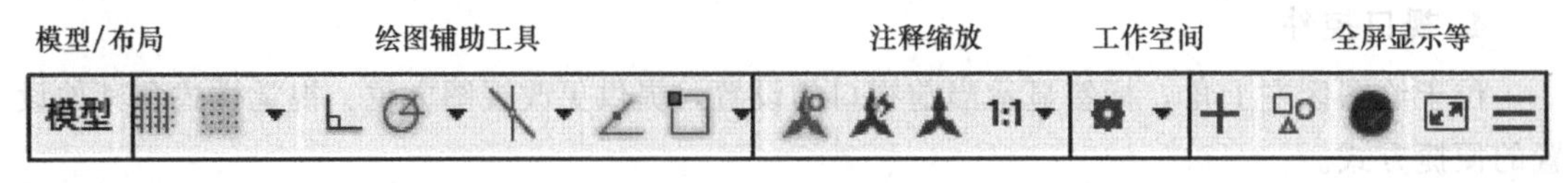

图 1-6　状态栏

10. 导航栏

导航栏可以控制视图的方向或访问基本导航工具。

11. 视图方位显示

视图方位显示就是视图控制器，是在二维模型空间或三维视觉样式中处理图形时显示的导航工具。使用视图方位显示，可以在基本视图之间切换。

第四节　AutoCAD 2018 的文件操作

一、文件的创建

在 AutoCAD 中创建一个新文件，只需单击应用程序按钮→“新建”命令，或者单击图标“”，或在命令行输入“NEW/QNEW”，系统会弹出“选择样板”对话框，如图 1-7 所示。通过此对话框选择对应的样板后（初学者一般选择样板文件 acadiso. dwt 即可），单击“打开”按钮，就会以对应的样板为模板建立一新图形。

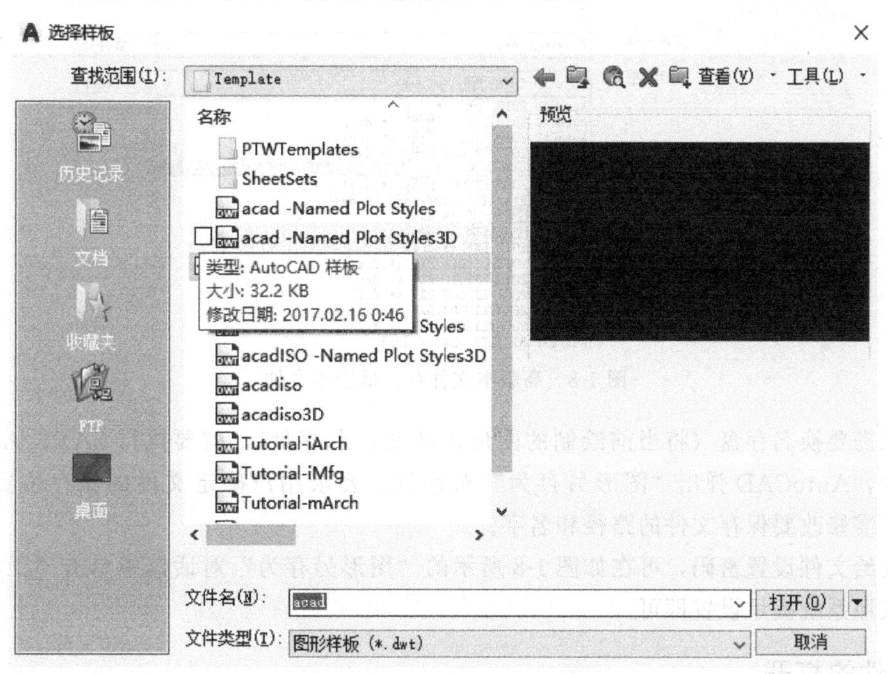

图 1-7　“选择样板”对话框

二、文件的存储

在 AutoCAD 中，保存文件的方法有：一是利用系统变量 SAVETIME 来设置自动存储时间，系统按照设定的时间每隔一段就自动保存文件，可以避免由于意外造成所做工作的丢失；二是利用“SAVE”选项对文件进行保存，还可利用“SAVE AS”选项将文件以另外的名称保存；三是单击应用程序按钮→“保存”/“另存为”命令；四是单击图标“”或“”就可完成文件的存储。

低版本的CAD文件可以直接用高版本的CAD打开，但用高版本CAD创建的文件需要另存为低版本的CAD文件才能打开。只需在“另存为”对话框中的“文件类型”中选择需要保存的版本即可，如图1-8所示。

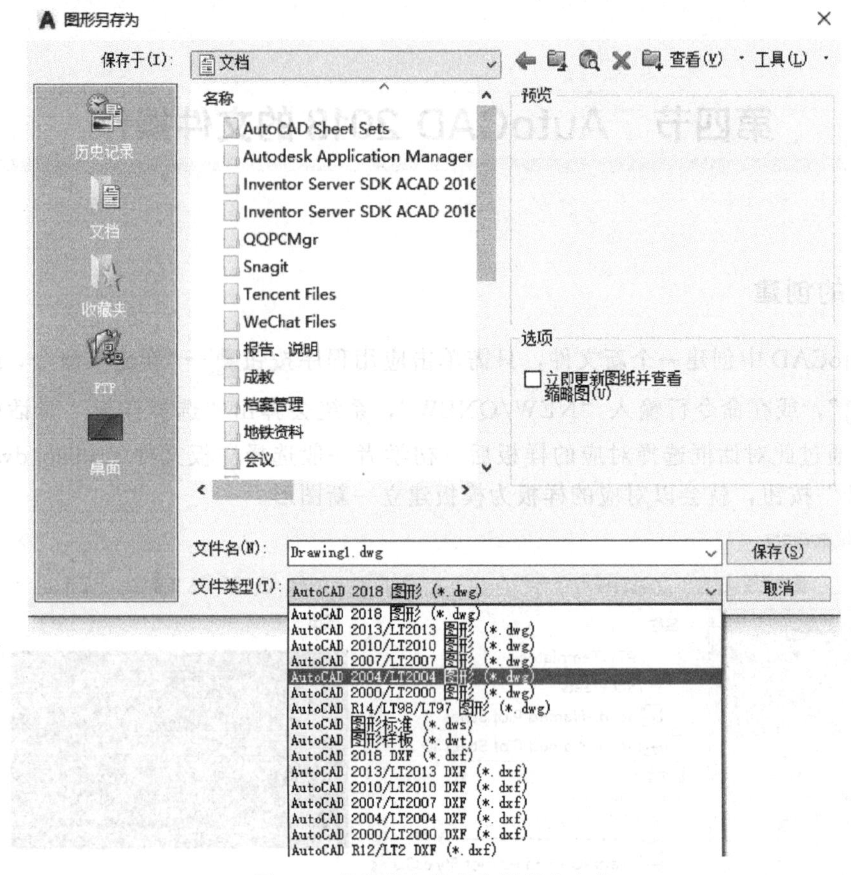

图1-8　高版本文件存为低版本文件

如果需要换名存盘（将当前绘制的图形以新文件名存盘），就要执行SAVE AS（另存为）命令，AutoCAD弹出“图形另存为”对话框，要求用户确定文件的保存位置及文件名，用户需修改要保存文件的路径和名字。

若要给文件设置密码，可在如图1-8所示的“图形另存为”对话框中单击“工具（L）”按钮，按照系统提示设置即可。

三、文件的打开

单击应用程序按钮→“打开”，或者单击图标“ ”，或在命令行输入“OPEN”，系统会弹出“选择文件”对话框，如图1-9所示，用户选择要打开的文件即可打开文件。

对于设置了密码的文件，在执行打开文件命令时系统会弹出对话框，要求用户输入正确密码，否则无法打开文件。

四、文件的关闭

关闭当前图形文件时，可以单击应用程序按钮→“关闭”，或者单击绘图区右上角图

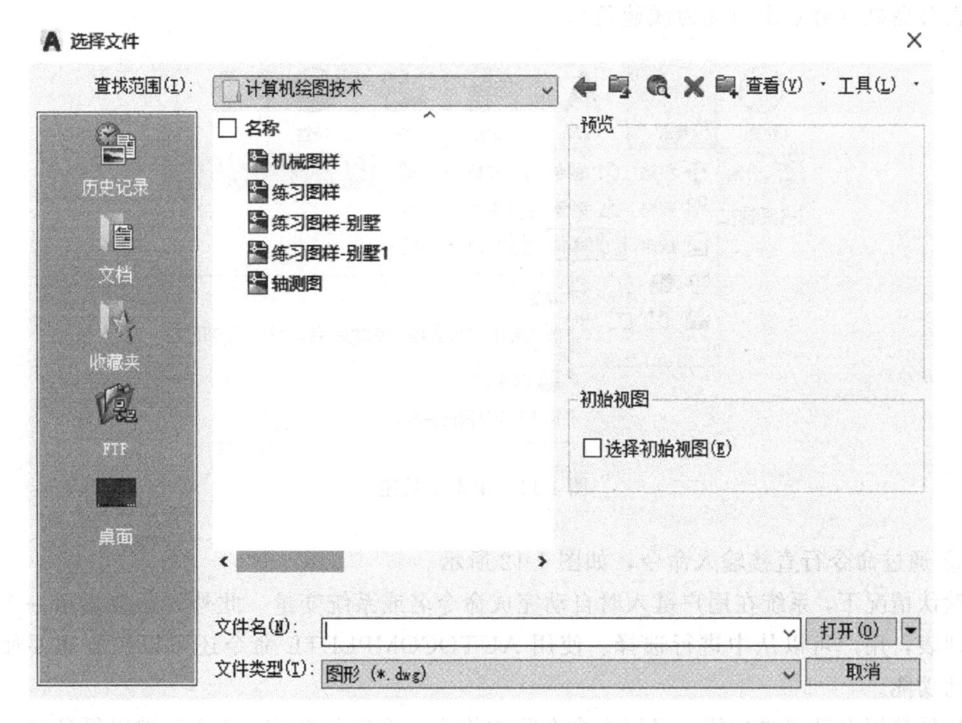

图 1-9　打开已有文件

标“ ”，或在命令行输入“CLOSE/CLOSEALL”即可。如果一个图形文件自上次保存后又进行过修改，则系统将提示用户是否保存或取消本次操作，如图 1-10 所示。

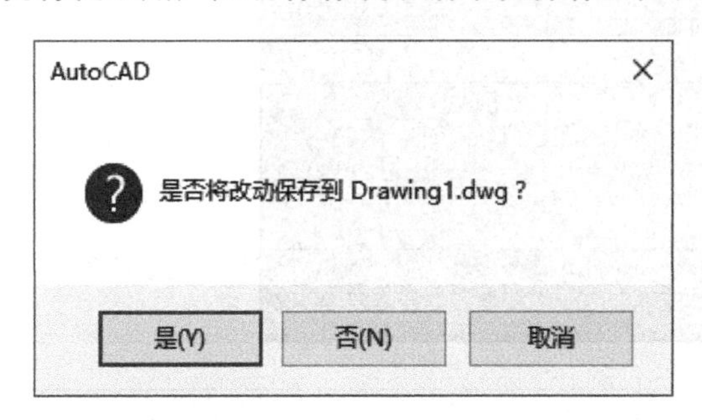

图 1-10　关闭已有文件

第五节　AutoCAD 2018 的命令操作

一、命令的输入方法

命令的输入方法有五种：

① 通过点击功能区面板上的工具钮输入命令，如图 1-11 所示。拾取哪个命令，哪个工

具钮就会亮显（背景由白变为浅蓝色）。

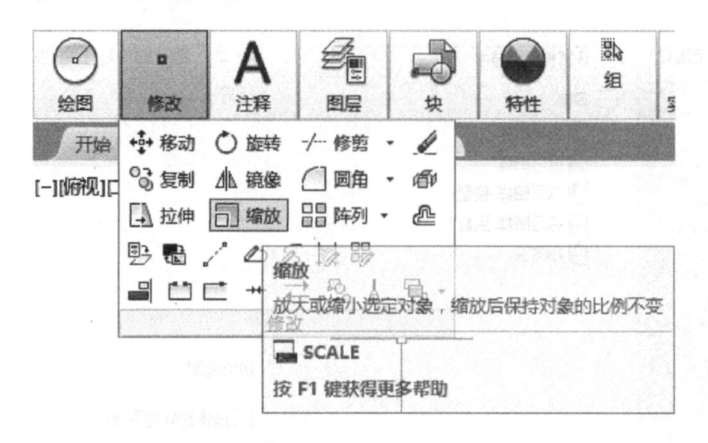

图 1-11　单击工具钮

② 通过命令行直接输入命令，如图 1-12 所示。

默认情况下，系统在用户键入时自动完成命令名或系统变量。此外，还会显示一个有效选择列表，用户可以从中进行选择。使用 AUTOCOMPLETE 命令还可以控制想要使用哪些自动功能。

如果禁用自动完成功能，可以在命令行中输入一个字母并按“Tab”键以循环显示以该字母开头的所有命令和系统变量。按“Enter”键或空格键来启动命令或系统变量。

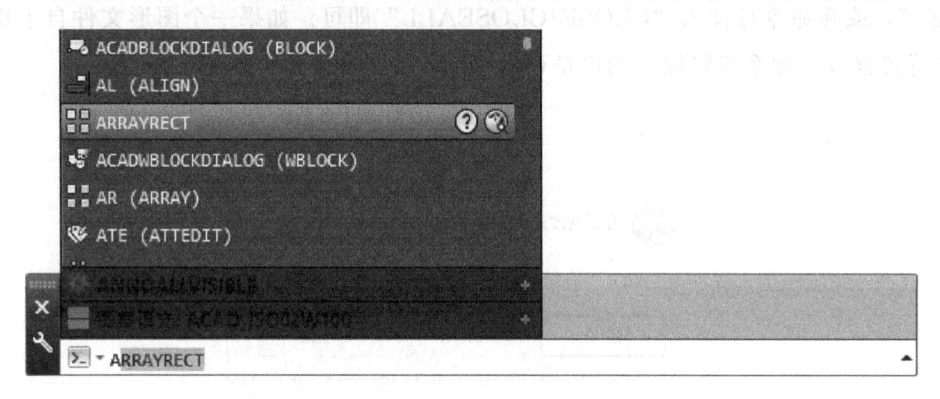

图 1-12　命令行和有效选择列表

③ 通过按“Enter”键（回车键）或空格键输入前一次刚刚执行过的命令。

④ 通过点击下拉菜单输入命令，如图 1-13 所示。

值得注意的是，AutoCAD 2018 的默认界面并不显示菜单栏。如需显示菜单栏，可以单击应用程序窗口中快速访问工具栏右侧的按钮 ，在弹出的随位菜单中单击“显示菜单栏”，如图 1-14 所示。如已显示菜单栏需要关闭，则单击随位菜单中“隐藏菜单栏”。

菜单中命令后面有“ ”符号的说明其含有子菜单，如图 1-13 所示的“圆弧”命令。有“…”符号的，单击此命令后会弹出对话框，如图 1-14 所示的“另存为”命令。

⑤ 通过单击鼠标右键输入命令。在不同的区域单击鼠标右键会弹出不同内容的随位菜单，可以从菜单中选择需要的命令。

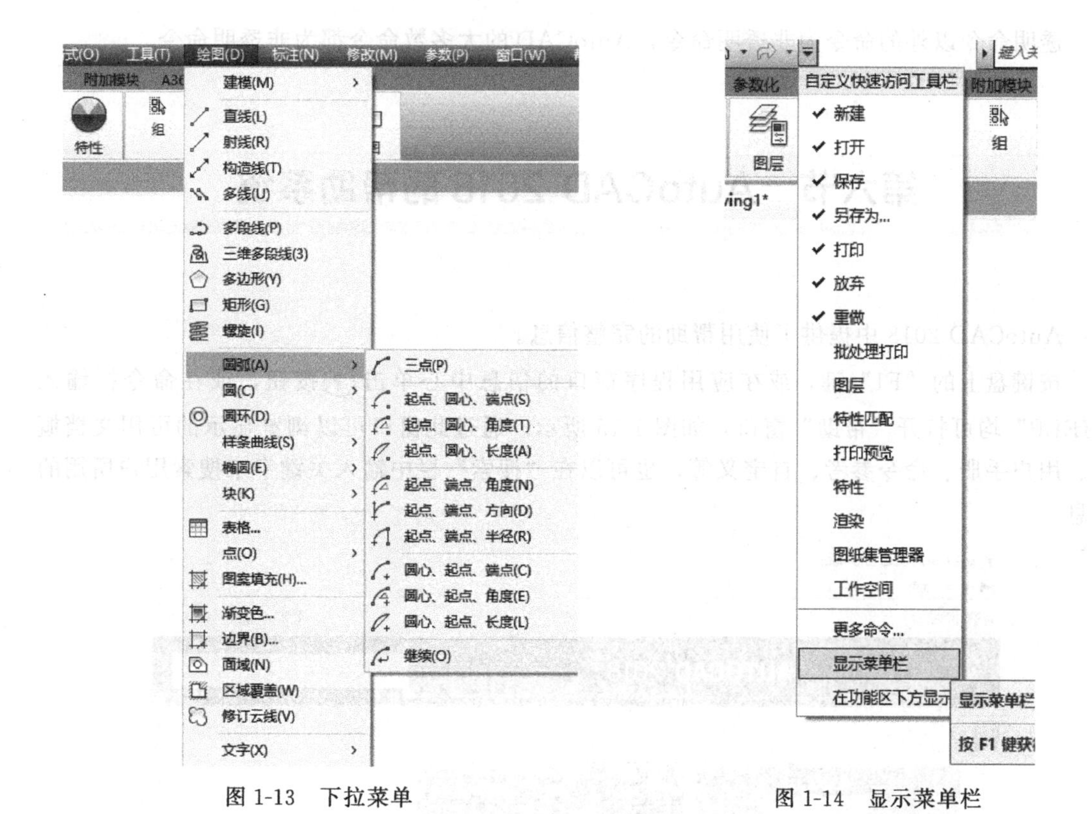

图 1-13　下拉菜单　　　　图 1-14　显示菜单栏

二、命令选项的输入方法

① 给系统输入命令后，命令栏中显示的［.........］内为此命令的可选项，输入选项中所给字母（不分大小写）并按回车键即完成了该选项。

② 给系统输入命令后，命令栏中显示的<.........>内为此命令的默认设置，可直接按回车键确认默认设置，否则就输入新的参数后再按回车键完成新的设置。

三、命令的终止

AutoCAD 2018 中，命令的终止有以下几种方法。

① 按“Enter”键（回车键）或空格键：这是最常用的结束命令方式，但书写文字除外。

② 单击鼠标右键：单击鼠标右键后，在弹出的随位菜单中选择“确认”或“取消”即可结束命令。

③ 按“Esc”键：键盘左上角的“Esc”键功能最强大，无论命令是否完成，都可以通过它结束当前操作。

四、透明命令与非透明命令

在 AutoCAD 中，当启动其他命令时，当前所使用的命令一般会自动终止。但有些命令可以“透明”使用，即在运行其他命令过程中不会终止当前使用的命令。

透明命令多为绘图辅助工具的命令或为修改图形设置的命令，如平移、缩放等。

透明命令以外的命令为非透明命令，AutoCAD 的大多数命令都为非透明命令。

第六节　AutoCAD 2018 的帮助系统

AutoCAD 2018 中提供了使用帮助的完整信息。

按键盘上的“F1”键，或在应用程序窗口的信息中心单击 ? 按钮，或在命令栏输入“HELP”均可打开“帮助”窗口，如图 1-15 所示。通过此窗口可以浏览显示的可用文档概述、用户手册、命令参考、自定义等，也可以在“搜索”栏中输入关键字来搜索用户所用的信息。

图 1-15　“帮助”窗口

思考与练习

1. AutoCAD 2018 的用户界面由哪些内容组成？
2. AutoCAD 2018 输入命令有哪些方式？
3. AutoCAD 2018 终止命令有哪些方式？
4. 如何新建、保存、关闭和打开 AutoCAD 文件？
5. 如何用低版本 AutoCAD 打开高版本 AutoCAD 文件？

第二章 AutoCAD基础

第一节 坐标系与坐标输入

一、AutoCAD 2018 的坐标系

在 AutoCAD 软件中，坐标分为世界坐标系（WCS）和用户坐标系（UCS），如图 2-1 所示。

默认的坐标系为世界坐标系，它通常位于绘图区的左下角，其 X 轴的正向水平向右，Y 轴的正向垂直向上，Z 轴的正向由屏幕垂直指向用户。默认的坐标原点为三根轴交点。在绘制和编辑图形时其坐标原点和方向都不会改变。

图 2-1　AutoCAD 坐标系

系统默认为显示世界坐标系的图标，如需关闭图标，可单击下拉菜单“视图”/显示/UCS 图标/(开)，即可打开或关闭 UCS 图标；也可执行如下操作，即可打开（ON）或关闭（OFF）UCS 图标。

命令：UCSICON。

命令及提示如下。

```
命令:ucsicon
输入选项[开(ON)/关(OFF)/全部(A)/非原点(N)/原点(OR)/特性(P)]<开>:
```

参数说明如下。

① 开（ON）：打开 UCS 图标的显示；

② 关（OFF）：不显示 UCS 图标；

③ 全部（A）：显示所有视口的 UCS 图标；

④ 非原点（N）：UCS 可以不在原点显示，显示在绘图区的左下角；

⑤ 原点（OR）：UCS 始终在原点显示。

二、AutoCAD 2018 的坐标输入

AutoCAD 中，有以下几种坐标系统。

① 绝对直角坐标，如图 2-2（a）所示：即输入点的 X 值和 Y 值，坐标之间用逗号（英文半角）隔开。

② 相对直角坐标，如图 2-2（b）所示：指相对前一点的直角坐标值，其表达方式是在绝对坐标表达式前加一个“@”号。

③ 绝对极坐标，如图 2-2（c）所示：是输入该点距坐标系原点的距离以及这两点的连线与 X 轴正方向的夹角，中间用“<”号隔开。

④ 相对极坐标，如图 2-2（d）所示：指相对于前一点的极坐标值，表达方式也为在极坐标表达式前加一个“@”号。

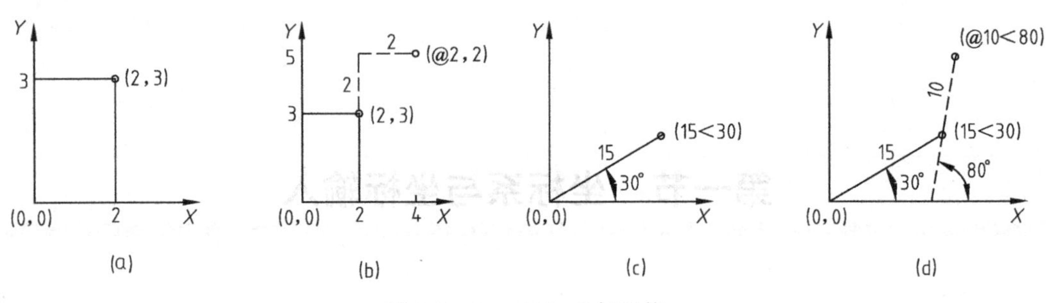

图 2-2　AutoCAD 坐标系统

★【实例】　绘制如图 2-3 所示图形并以“图 2-3”命名存到桌面上。

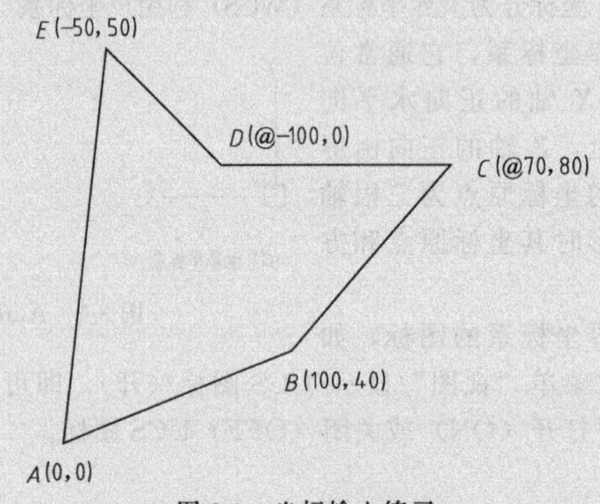

图 2-3　坐标输入练习

操作步骤如下。

① 绘制图形。启动绘制直线命令：用鼠标左键单击 ，命令及提示如下。

```
命令:_line
指定第一个点:(输入)10,10↙                                  用键盘输入 A 点绝对坐标
指定下一点或[放弃(U)]:(输入)100,40↙                        用键盘输入 B 点绝对坐标
指定下一点或[放弃(U)]:(输入)@ 70,80↙                       用键盘输入 C 点相对坐标
指定下一点或[闭合(C)/放弃(U)]:(输入)@ - 100,0↙             用键盘输入 D 点相对坐标
指定下一点或[闭合(C)/放弃(U)]:(输入)@ - 50,50↙             用键盘输入 E 点相对坐标
指定下一点或[闭合(C)/放弃(U)]:(输入)c↙                     用键盘输入,连成封闭图形
命令:
```

② 保存图形。绘图完成后，用鼠标左键点取按钮（另存为），弹出如图 2-4 所示的“图形另存为”对话框。在文件名框中输入图名“图 2-3”，选定合适的路径，点取“保存”即可完成。

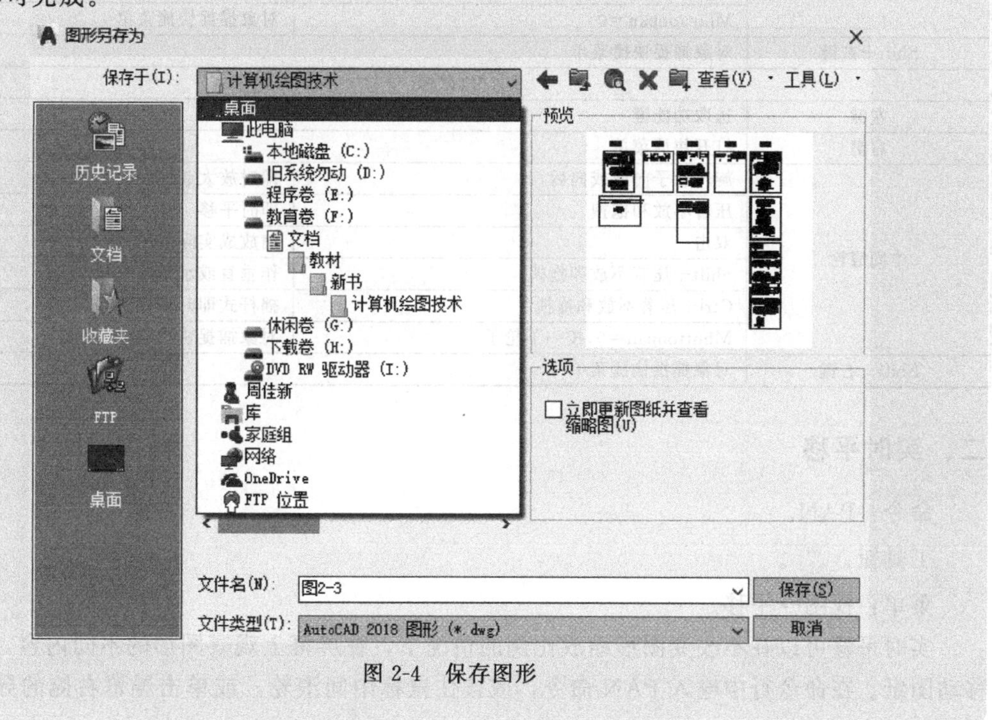

图 2-4　保存图形

第二节　显示与控制

在使用 AutoCAD 绘图时，经常需要观察整体布局和进行局部操作，一些细微部分常常需要放大才能看清楚。实现这些，就要依靠 AutoCAD 的显示控制命令。通过显示控制命令，还可以保存和恢复命名视图，设置多个视口等。

显示控制用来增大或减小当前视口中视图的比例，改变的仅仅是观察者的视觉效果，而图形的尺寸、空间几何要素并没有改变。

一、鼠标功能键设置

AutoCAD 的鼠标键功能设置如表 2-1 所示。

表 2-1　AutoCAD 鼠标键功能设置

三键式鼠标		
左键	选取功能键	
右键	打开快捷菜单	
中间键	压着不放和拖拽	即时平移
	双击	缩放成实际范围

续表

三键式鼠标		
中间键	Shift+压着不放和拖拽	作垂直或水平的平移
	Ctrl+压着不放和拖拽	摇杆式即时平移
	Mbuttonpan=0	对象捕捉快捷菜单
Shift+右键	对象捕捉快捷菜单	
3D 鼠标		
左键	选取功能键	
右键	打开快捷菜单	
中间滚轮	旋转轮子向前或向后	即时放大或缩小
	压着不放和拖拽	即时平移
	双击	缩放成实际范围
	Shift+压着不放和拖拽	作垂直或水平的平移
	Ctrl+压着不放和拖拽	摇杆式即时平移
	Mbuttonpan=0,按一下轮子	对象捕捉快捷菜单
Shift+右键	对象捕捉快捷菜单	

二、实时平移

命令：PAN。

工具钮：。

菜单：视图→平移。

实时平移可以在不改变图形缩放比例的情况下，在屏幕上观察图形的不同内容，相当于移动图纸。在命令行中输入 PAN 命令，或按住鼠标中间滚轮，或单击屏幕右侧的导航栏中按钮，光标变成一只手的形状后按住鼠标左键移动鼠标可以任意移动屏幕上的图形。

技巧：

① 在用 AutoCAD 绘制大型、复杂的图时，可不断用该命令移动视窗，以便观察和作图。

② PAN 命令是一透明命令，可在执行其他命令的过程中随时启动。

三、图形缩放

命令：ZOOM。

工具钮：。

菜单：视图→缩放。

命令及提示如下。

```
命令:z(oom)
指定窗口角点,输入比例因子(nX 或 nXP),或[全部(A)/中心点(C)/动态(D)/范围(E)/上一个(P)/比例(S)/窗口(W)]<实时>:
```

参数说明如下。

① 指定窗口角点：通过定义一窗口来确定放大范围，在视口中点取一点即确定该窗口的一个角点，随即提示输入另一个角点。执行结果同窗口参数。对应菜单：视图→缩放→窗口。

② 输入比例因子（nX 或 nXP）：按照一定的比例来进行缩放。大于 1 为放大，小于 1

为缩小。X 指相对于模型空间缩放，XP 指相对于图纸空间缩放。对应菜单：视图→缩放→比例。

③ 全部（A）：在当前视口中显示整个图形，其范围取决于图形所占范围和绘制界限中较大的一个。对应菜单：视图→缩放→全部。

④ 中心点（C）：指定一中心点，将该点作为视口中图形显示的中心。在随后的提示中，要求指定中心点和缩放系数及高度，系统根据给定的缩放系数（nX）或欲显示的高度进行缩放。如果不想改变中心点，在中心点提示后直接回车即可。对应菜单：视图→缩放→中心点。

⑤ 动态（D）：动态显示图形。该选项集成了平移命令和显示缩放命令中的“全部”和“窗口”功能。当使用该选项时，系统显示一平移观察框，可以拖动它到适当的位置并单击，此时出现一向右的箭头，可以调整观察框的大小。如果再单击鼠标左键，可以移动观察框。如果回车或右击鼠标，在当前窗口中将显示观察框中的部分内容。对应菜单：视图→缩放→动态。

⑥ 范围（E）：将图形在当前视口中最大限度地显示。对应菜单：视图→缩放→范围。

⑦ 上一个（P）：恢复上一个视口内显示的图形，最多可以恢复 10 个图形显示。对应菜单：视图→缩放→上一个。

⑧ 比例（S）：根据输入的比例显示图形，对模型空间，比例系数后加上（X），对于图纸空间，比例后加上（XP）。显示的中心为当前视口中图形的显示中心。对应菜单：视图→缩放→比例。

⑨ 窗口（W）：缩放由两点定义的窗口范围内的图形到整个视口范围。对应菜单：视图→缩放→窗口。

⑩ 实时：在提示后直接回车，进而实时缩放状态。按住鼠标向上或向左为放大图形显示，按住鼠标向下或向右为缩小图形显示。对应菜单：视图→缩放→实时。

技巧：

① 如果圆曲线在图形放大后成折线，这时可用 REGEN 命令重生成图形。

② 该命令为透明命令，可在其他命令的执行过程中执行，为图形的绘制和编辑带来方便。

③ 在 ZOOM 命令提示下，直接输入比例系数则以比例方式缩放；如果直接用定标设备在屏幕上拾取两对角点，则以窗口方式缩放。

④ 在启用“实时”选项后，单击鼠标右键可出现弹出式菜单，如图 2-5 所示，可以从该菜单项中对图形进行缩放和平移以及退出实时状态，回到原始状态。

四、图形重画

在绘图过程中，有时会在屏幕上留下一些“橡皮屑”。为了去除这些“橡皮屑”，更有利于我们绘制和观察图形，可以执行图形重画。

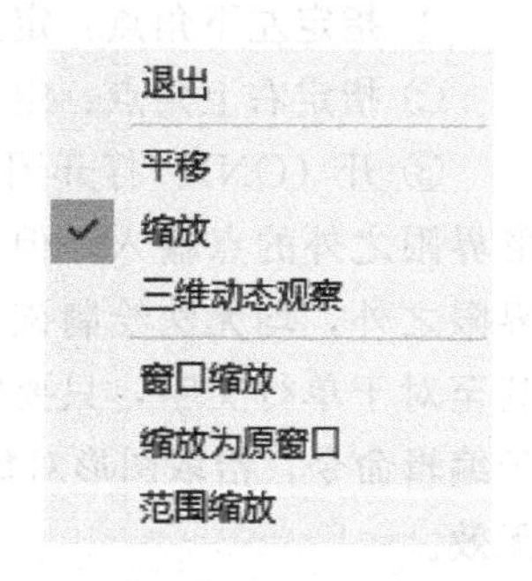

图 2-5　弹出式菜单

命令：REDRAW，REDRAWALL。

菜单：视图→重画。

REDRAW 命令只对当前视窗中的图形起作用，重现以后可以消除残留在屏幕上的标记点痕迹，使图形变得清晰。如果屏幕上有好几个视窗，可用 REDRAWALL 命令对所有视窗中的图形进行重现显示。

打开或关闭图形中某一图层或者关闭栅格后，系统也将自动对图形刷新并重新显示。

五、重生成图形（包括全部重生成）

重生成同样可以刷新视口，它和重画的区别在于刷新的速度不同。重生成的速度较重画要慢。

命令：REGEN，REGENALL。

菜单：视图→重生成，视图→全部重生成。

AutoCAD 在可能的情况下会执行重画而不执行重生成来刷新视口。有些命令执行时会引起重生成，如果执行重画无法清除屏幕上的痕迹，也只能重生成。

REGEN 命令重新生成当前视口。REGENALL 命令对所有的视口都执行重生成。

第三节　绘图参数设置

一、图形界限

图形界限是绘图的范围，相当于手工绘图时图纸的大小。设定合适的绘图界限，有利于确定图形绘制的大小、比例、图形之间的距离，以便检查图形是否超出“图框”。

命令：LIMITS。

菜单：格式→图形界限。

命令及提示如下。

```
命令:'_limits
重新设置模型空间界限:
指定左下角点或[开(ON)/关(OFF)]<0.0000,0.0000>:
指定右上角点<420.0000,297.0000>:
```

参数说明如下。

① 指定左下角点：定义图形界限的左下角点，一般默认为坐标原点。

② 指定右上角点：定义图形界限的右上角点。

③ 开（ON）：打开图形界限检查。如果打开了图形界限检查，系统不接受设定的图形界限之外的点输入，但对具体的情况检查的方式不同。如对直线，如果有任何一点在界限之外，均无法绘制该直线。对圆、文字而言，只要圆心、起点在界限范围之内即可，甚至对于单行文字，只要定义的文字起点在界限之内即可，实际输入的文字不受限制。对于编辑命令，拾取图形对象点不受限制，除非拾取点同时作为输入点，否则，界限之外的点无效。

④ 关（OFF）：关闭图形界限检查。

★【实例】 设置绘图界限为 420，297 的 A3 图幅，并通过栅格显示该界限。

操作过程如下。

命令：'_limits

重新设置模型空间界限：

指定左下角点或[开(ON)/关(OFF)]＜0.0000,0.0000＞：

指定右上角点＜420.0000,297.0000＞：

命令：zoom

指定窗口角点，输入比例因子(nX 或 nXP)，或[全部(A)/中心点(C)/动态(D)/范围(E)/上一个(P)/比例(S)/窗口(W)]＜实时＞：a （或者双击鼠标滚轮键，也可以达到此目的）

正在重生成模型。

命令：按＜F7＞键＜栅格 开＞

结果如图 2-6 所示。

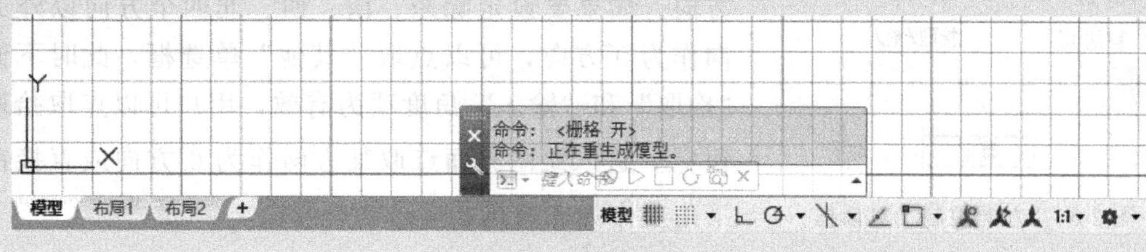

图 2-6 绘图界限

二、单位

对任何图形而言，总有其大小、精度以及采用的单位。AutoCAD 中，在屏幕上显示的只是屏幕单位，但屏幕单位应该对应一个真实的单位。不同的单位其显示格式是不同的。同样也可以设定或选择角度类型、精度和方向。

命令：UNITS。

菜单：格式→单位。

执行该命令后，弹出图 2-7 所示“图形单位”对话框。

该对话框中包括长度、角度、插入时的缩放单位、输出样例和光源五个区。

① 长度区：设定长度的单位类型及精度。

类型：通过下拉列表框，可以选择长度单位类型。

精度：通过下拉列表框，可以选择长度精度，也可以直接键入。

② 角度区：设定角度单位类型和精度。

类型：通过下拉列表框，可以选择角度单位类型。

精度：通过下拉列表框，可以选择角度

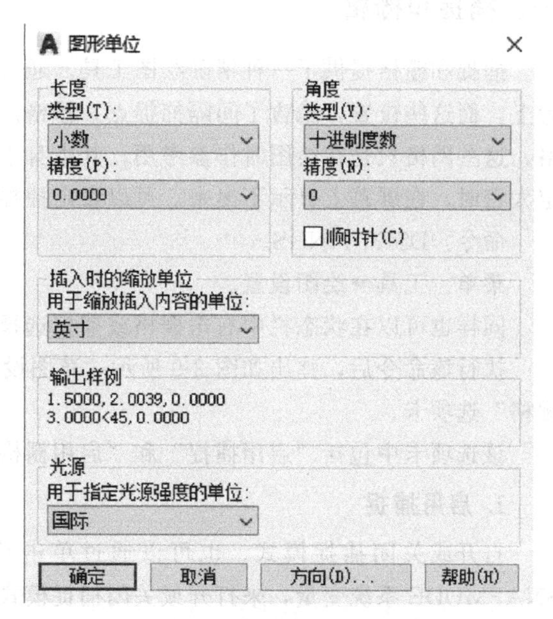

图 2-7 “图形单位”对话框

精度，也可以直接键入。

顺时针：控制角度方向的正负。选中该复选框时，顺时针为正，否则，逆时针为正。缺省逆时针为正。

③ 插入时的缩放单位：控制插入到当前图形中的块和图形的测量单位。

④ 输出样例区：该区示意了以上设置后的长度和角度单位格式。

⑤ 光源：控制当前图形中光度控制光源的强度测量单位，有国际、美国和常规三种选择。

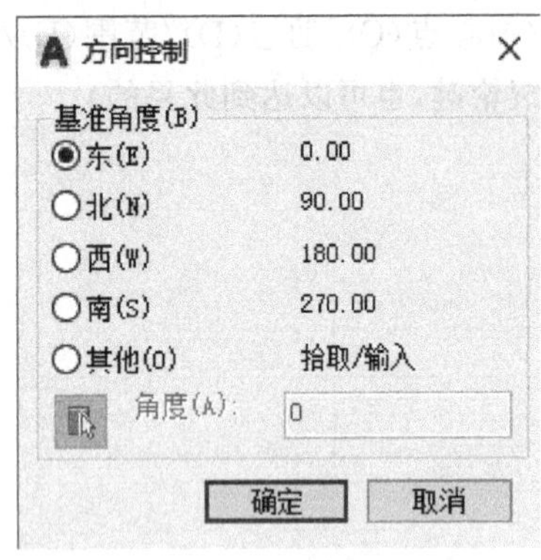

图 2-8 “方向控制”对话框

图形单位对话框还有四个按钮：确定、取消、方向和帮助。

方向按钮用来设定角度方向。点取该按钮后，弹出图 2-8 所示“方向控制”对话框。

该对话框中可以设定基准角度方向，缺省 0°为东的方向。如果要设定除东、南、西、北四个方向以外的方向作为 0°方向，可以点取“其他”单选框，此时下面的“拾取”和“输入”角度项为有效，用户可以点取拾取按钮，进入绘图界面点取某方向作为 0°方向或直接键入某角度作为 0°方向。

第四节　辅助工具设置

一、捕捉和栅格

捕捉和栅格提供了一种精确绘图工具。通过捕捉可以将屏幕上的拾取点锁定在特定的位置上，而这些位置，隐含了间隔捕捉点。栅格是在屏幕上可以显示出来的具有指定间距的网格，这些网格只是在绘图时作参考用，其本身不是图形的组成部分，也不会被输出。栅格设定太密时，在屏幕上显示不出来。可以设定捕捉点即栅格点。

命令：DSETTINGS。

菜单：工具→绘图设置。

同样也可以在状态栏中右击栅格或捕捉选择快捷菜单中的“设置”来进行设置。

执行该命令后，弹出如图 2-9 所示“草图设置”对话框。其中第一个选项卡即“捕捉和栅格”选项卡。

该选项卡中包括“启用捕捉”和“启用栅格”两大项。

1. 启用捕捉

打开或关闭捕捉模式。也可以通过单击状态栏上的“捕捉”、按“F9”键，或使用 SNAPMODE 系统变量，来打开或关闭捕捉模式。

(1) 捕捉间距

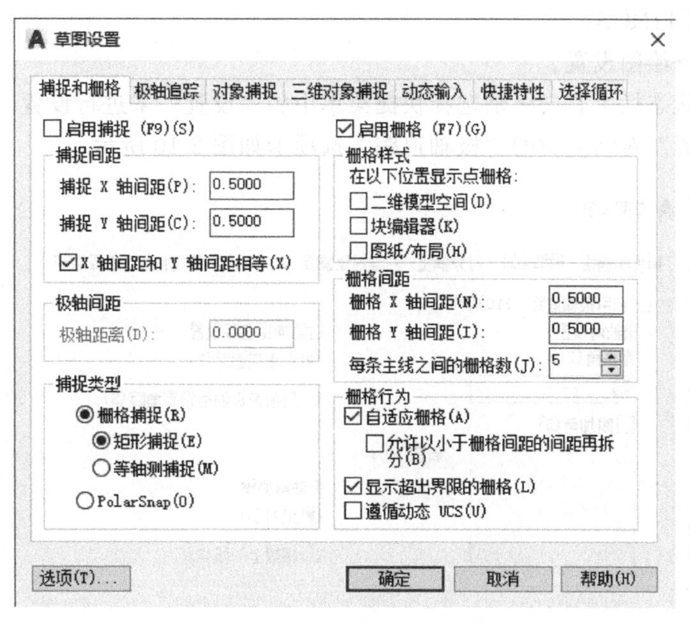

图 2-9 “草图设置”对话框

控制捕捉位置的不可见矩形栅格，以限制光标仅在指定的 *X* 和 *Y* 间隔内移动。

(2) 极轴间距

控制在极轴捕捉模式下的极轴间距。选定“捕捉类型和样式”下的“PolarSnap”时，设定捕捉增量距离。

(3) 捕捉类型

设定捕捉样式和捕捉类型。

① 栅格捕捉：设定栅格捕捉类型。如果指定点，光标将沿垂直或水平栅格点进行捕捉(SNAPTYPE 系统变量)。分成矩形捕捉和等轴测捕捉两种方式。

a. 矩形捕捉：*X* 和 *Y* 成 90°的捕捉格式。当捕捉类型设定为“栅格”并且打开“捕捉”模式时，光标将捕捉矩形捕捉栅格。

b. 等轴测捕捉：设定成正等轴测捕捉方式。当捕捉类型设定为“栅格”并且打开“捕捉”模式时，光标将捕捉等轴测捕捉栅格。在等轴测捕捉模式下，可以通过“F5”键在三个轴测平面之间切换。

② PolarSnap：将捕捉类型设定为“PolarSnap”。如果启用了“捕捉”模式并在极轴追踪打开的情况下指定点，光标将沿在“极轴追踪”选项卡上相对于极轴追踪起点设置的极轴对齐角度进行捕捉。

2. 启用栅格

打开或关闭栅格。也可以通过单击状态栏上的“栅格”、按“F7”键，或使用 GRID-MODE 系统变量，来打开或关闭栅格模式。

二、极轴追踪

追踪可以在设定的极轴角度上根据提示精确移动光标。极轴追踪提供了一种拾取特殊角度上点的方法。

命令：DSETTINGS。

菜单：工具→绘图设置。

同样可以在状态栏中右击极轴选择快捷菜单中的“设置”来进行设置。

在“草图设置”对话框中的“极轴追踪”选项卡如图 2-10 所示。

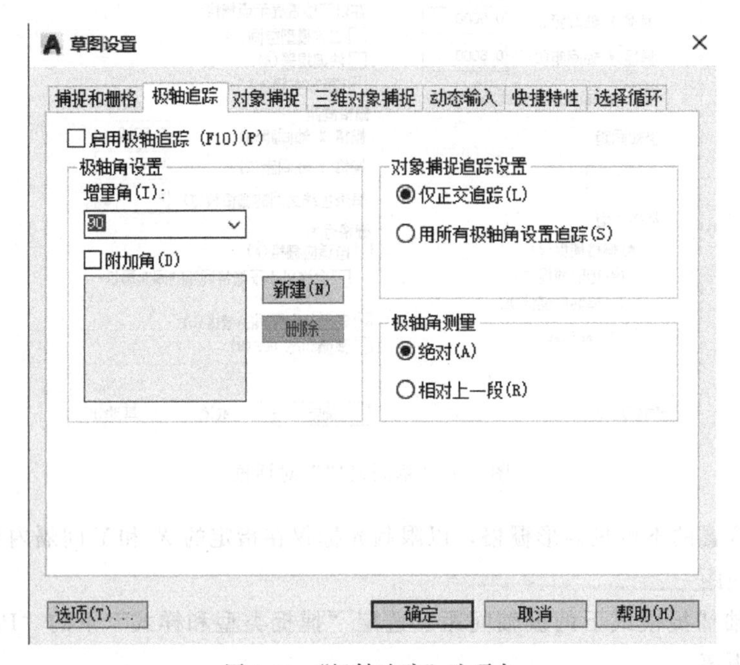

图 2-10 “极轴追踪”选项卡

该选项卡中包含了“启用极轴追踪”复选框、极轴角设置、对象捕捉追踪设置和极轴角测量四个区。

(1) 启用极轴追踪

该复选框控制在绘图时是否使用极轴追踪。

(2) 极轴角设置区

用户可以通过下拉列表选择其他的预设角度，也可以键入新的角度。绘图时，当光标移到设定的角度及其整数倍角度附近时，自动被“吸”过去并显示极轴和当前方位。

(3) 对象捕捉追踪设置区

① 仅正交追踪：仅仅在对象捕捉追踪时采用正交方式。

② 用所有极轴角设置追踪：在对象捕捉追踪时采用所有极轴角。

(4) 极轴角测量区

① 绝对：设置极轴角为绝对角度。在极轴显示时有明确的提示。

② 相对上一段：设置极轴角为相对上一段的角度。在极轴显示时有明确的提示。

三、对象捕捉

绘制的图形各组成元素之间一般不会是孤立的，而是互相关联的。一个图形中有一矩形和一个圆，该圆和矩形之间的相对位置必须确定。如果圆心在矩形的左上角顶点上，在绘制圆时，必须以矩形的该顶点为圆心来绘制，这里就应采用捕捉矩形顶点方式来精确定点。以此类推，几乎在所有的图形中，都会频繁涉及对象捕捉。

1. 对象捕捉模式

为不同的对象设置不同的捕捉模式。

命令：DSETTINGS。

菜单：工具→绘图设置。

同样可以在状态栏中右击对象捕捉选择快捷菜单中的“设置”进行。在“草图设置”对话框中的“对象捕捉”选项卡如图 2-11 所示。

“对象捕捉”选项卡中包含了“启用对象捕捉”“启用对象捕捉追踪”两个复选框以及对象捕捉模式区。

① 启用对象捕捉：控制是否启用对象捕捉。

② 启用对象捕捉追踪：控制是否启用对象捕捉追踪。如图 2-12 所示，捕捉该正六边形的中心。可以打开对象捕捉追踪，然后在输入点的提示下，首先将光标移到直线 A 上，出现中点提示后，将光标移到端点 B 上，出现端点提示后，向左移到中心位置附近，出现提示，该点即是中心点。

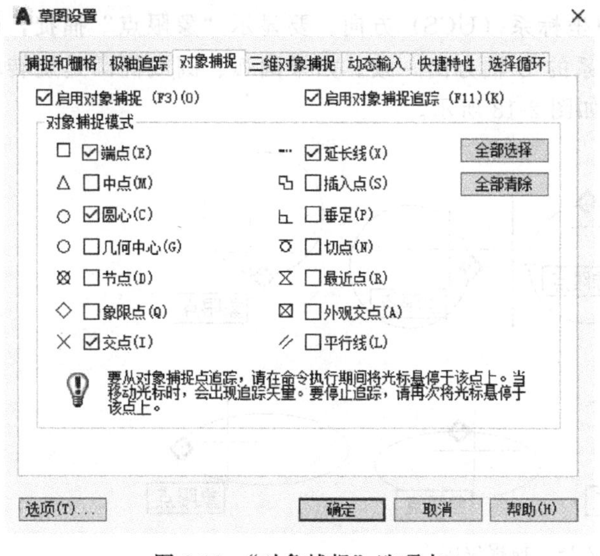

图 2-11 “对象捕捉”选项卡

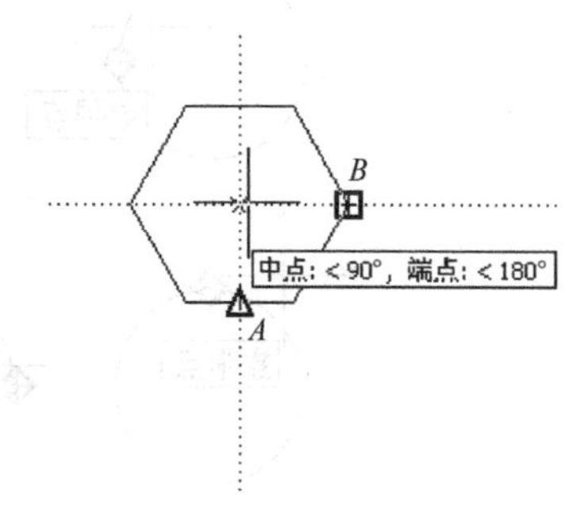

图 2-12 对象捕捉追踪

③“对象捕捉模式”区的各项说明如下。

a. 端点：捕捉直线、圆弧、多段线、填充直线、填充多边形等的端点，拾取点靠近哪个端点，即捕捉哪个端点，如图 2-13 所示。

b. 中点：捕捉直线、圆弧、多段线的中点。对于参照线，“中点”将捕捉指定的第一点（根）。当选择样条曲线或椭圆弧时，“中点”将捕捉对象起点和端点之间的中点，如图 2-14 所示。

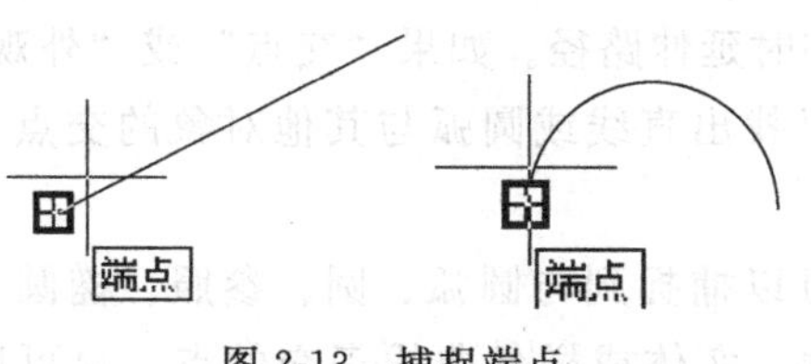

图 2-13 捕捉端点

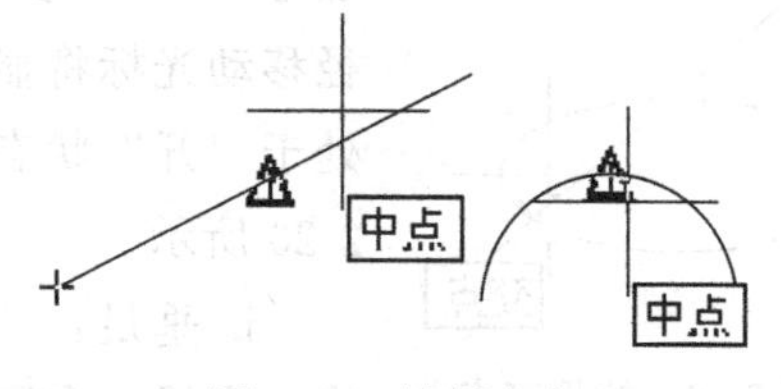

图 2-14 捕捉中点

c. 圆心：捕捉圆、圆弧或椭圆弧的圆心，拾取圆、圆弧、椭圆弧而非圆心，如图 2-15 所示。

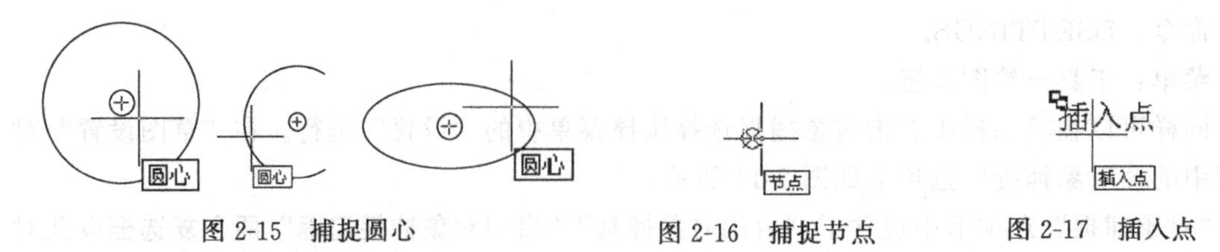

图 2-15 捕捉圆心　　图 2-16 捕捉节点　　图 2-17 插入点

d. 节点：捕捉点对象以及尺寸的定义点。块中包含的点可以用作快速捕捉点，如图 2-16所示。

e. 插入点：捕捉块、文字、属性、形、属性定义等插入点。如果选择块中的属性，AutoCAD 将捕捉属性的插入点而不是块的插入点。因此，如果一个块完全由属性组成，只有当其插入点与某个属性的插入点一致时才能捕捉到其插入点，如图 2-17 所示。

f. 象限点：捕捉到圆弧、圆或椭圆的最近的象限点（0°、90°、180°、270°点）。圆和圆弧的象限点的捕捉位置取决于当前用户坐标系（UCS）方向。要显示“象限点”捕捉，圆或圆弧的法线方向必须与当前用户坐标系的 Z 轴方向一致。如果圆弧、圆或椭圆是旋转块的一部分，那么象限点也随着块旋转，如图 2-18 所示。

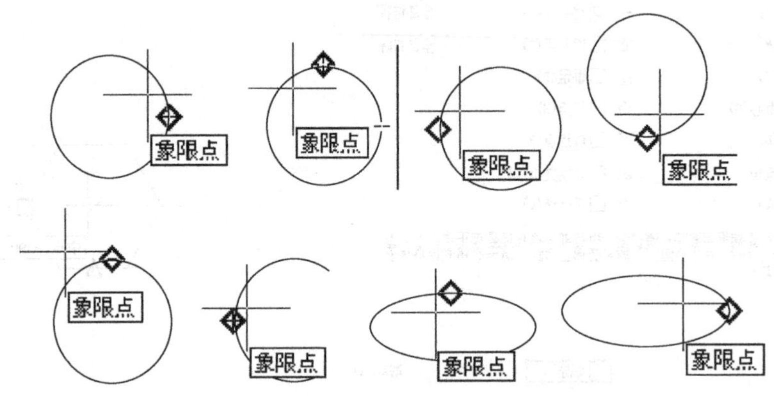

图 2-18 捕捉象限点

g. 交点：捕捉两图形元素的交点，这些对象包括圆弧、圆、椭圆、椭圆弧、直线、多线、多段线、射线、样条曲线或参照线。“交点”可以捕捉面域或曲线的边，但不能捕捉三维实体的边或角点。块中直线的交点同样可以捕捉，如果块以一致的比例进行缩放，可以捕捉块中圆弧或圆的交点，如图 2-19 所示。

h. 延伸：可以使用“延伸”对象捕捉延伸直线和圆弧。与“交点”或“外观交点”一起使用“延伸”，可获得延伸交点。要使用“延伸”，在直线或圆弧端点上暂停后将显示小的加号（+），表示直线或圆弧已经选定，可以使用延伸。沿着延伸路径移动光标将显示一个临时延伸路径。如果“交点”或“外观交点”处于“开”状态，就可以找出直线或圆弧与其他对象的交点，如图 2-20 所示。

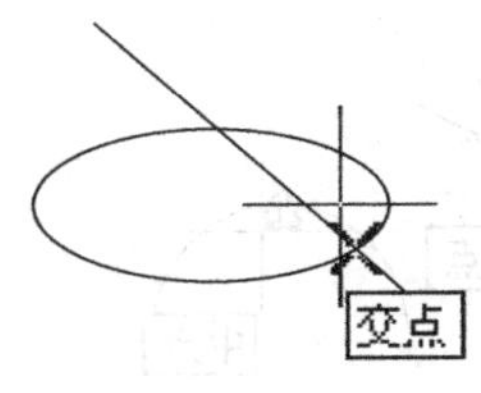

图 2-19 捕捉交点

i. 垂足：“垂足”可以捕捉到与圆弧、圆、参照、椭圆弧、直线、多线、多段线、射线、实体或样条曲线正交的点，也可以捕捉到对象的外观延伸垂足，所以最后结果是垂足未必在所选的对象上。当用“垂足”指定第一点时，AutoCAD 将提示指定对象上的一点。当用“垂足”指定第二点时，AutoCAD 将捕捉刚刚指定的点以创建对象或对象外观延伸的一条垂线。对于样条曲线，“垂足”将捕捉指定点的法线矢量所通过的点。法线矢量将捕捉样条曲线上的切点。如果指定点在样条曲线上，则“垂足”将捕捉该点。在某些情况下，垂足对象捕捉点不太明显，甚至可能会没有垂足对象捕捉点存在。如果“垂足”需要多个点以创建垂直关系，AutoCAD 显示一个递延的垂足自动捕捉标记和工具栏提示，并且提示输入第二点。如图 2-21 所示绘制一直线同时垂直于直线和圆，在输入点的提示下，采用“垂足”响应。

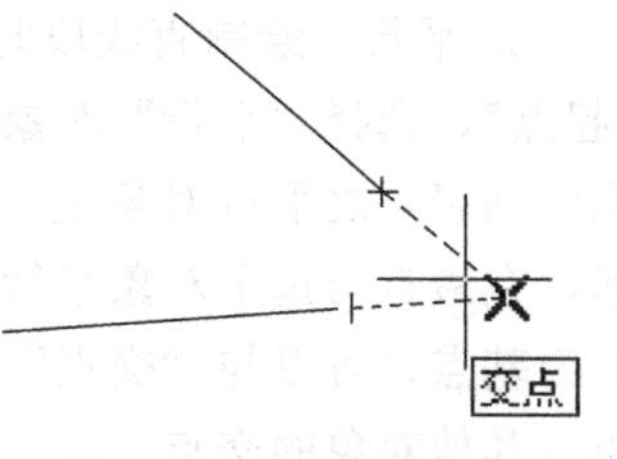

图 2-20　捕捉延伸交点

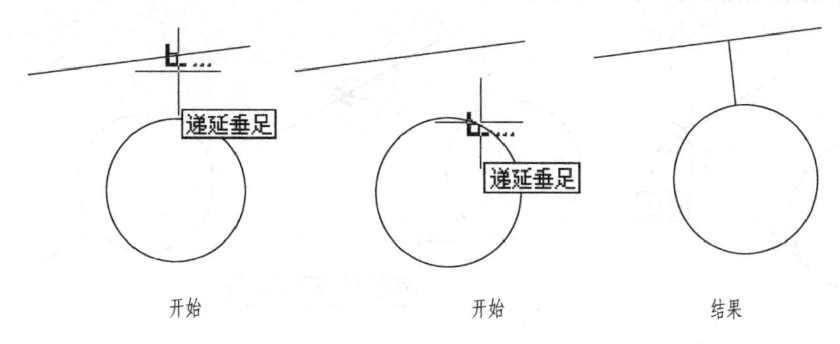

图 2-21　捕捉垂足

j. 外观交点：和交点类似的设定。捕捉空间两个对象的视图交点，注意在屏幕上看上去“相交”，如果第三个坐标不同，这两个对象并不真正相交。采用“交点”模式无法捕捉该“交点”。如果要捕捉该点，应该设定成“外观交点”。

k. 快速：当用户同时设定了多个捕捉模式时，捕捉发现的第一个点。该模式为 AutoCAD 设定的默认模式。

l. 无：不采用任何捕捉模式，一般用于临时覆盖捕捉模式。

m. 切点：捕捉与圆、圆弧、椭圆相切的点。如采用 TTT、TTR 方式绘制圆时，必须和已知的直线或圆、圆弧相切。如绘制一直线和圆相切，则该直线的上一个端点和切点之间的连线保证和圆相切。对于块中的圆弧和圆，如果块以一致的比例进行缩放并且对象的厚度方向与当前 UCS 平行，就可以使用切点捕捉。对于样条曲线和椭圆，指定的另一个点必须与捕捉点处于同一平面。如果“切点”对象捕捉需要多个点建立相切的关系，AutoCAD 显示一个递延的自动捕捉“切点”创建两点或三点圆。如图 2-22 所示绘制一直线垂直于直线并和圆相切。

n. 最近点：捕捉该对象上和拾取点最靠近的点，如图 2-23 所示。

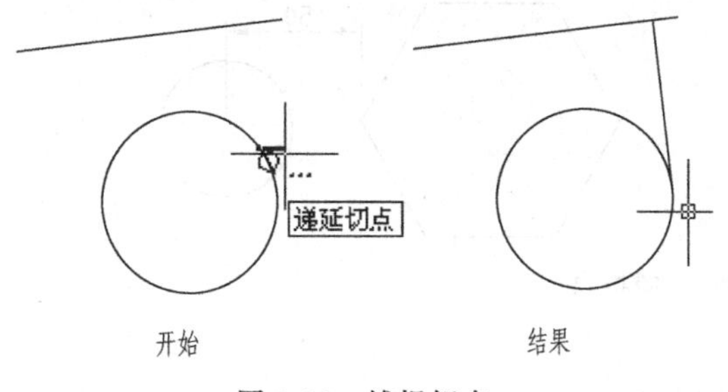

图 2-22　捕捉切点

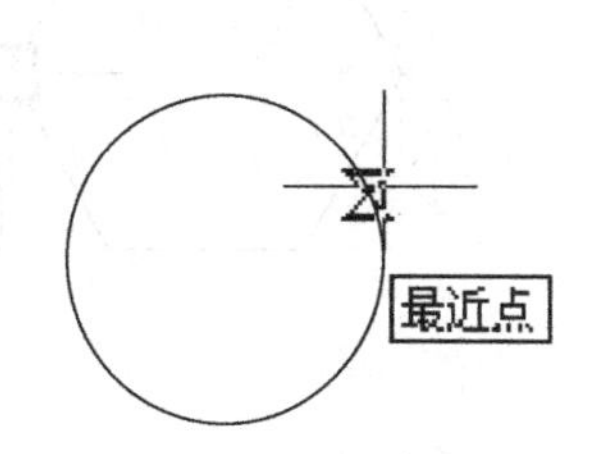

图 2-23　捕捉最近点

o. 平行：绘制直线段时应用“平行”捕捉。要想应用单点对象捕捉，请先指定直线的“起点”，选择“平行”对象捕捉（或将“平行”对象捕捉设置为执行对象捕捉），然后移动光标到想与之平行对象上，随后将显示小的平行线符号，表示此对象已经选定。再移动光标，在最近与选定对象平行时自动“跳到”平行的位置。该平行对齐路径以对象和命令的起点为基点。可以与“交点”或“外观交点”对象捕捉一起使用“平行”捕捉，从而找出平行线与其他对象的交点。

★【实例】 从圆上一点开始，绘制直线的平行线。

在提示输入下一点时，将光标移到直线上，如图 2-24（a）所示。然后将光标移到与直线平行的方向附近，此时会自动出现一“平行”提示，如图 2-24（b）所示。点取绘制该平行线，结果如图 2-24（c）所示。

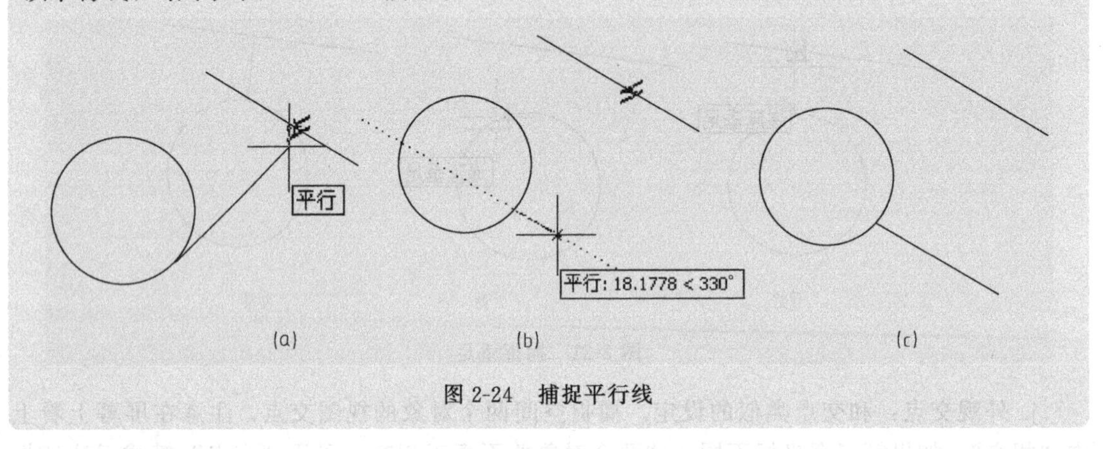

图 2-24 捕捉平行线

④ 捕捉自：定义从某对象偏移一定距离的点。“捕捉自”不是对象捕捉模式之一，但往往和对象捕捉一起使用。

★【实例】 如图 2-25 所示，绘制一直径为 50mm 的圆，其圆心位于正六边形正右方相距 50mm。

命令：CIRCLE↙

指定圆的圆心或［三点（3p）/两点（2p）/相切、相切、半径（T）］：点取“自（F）”按钮_from 基点：点取 A 点，随即将光标移到 A 点正右方（或在下面提示下输入“@50<0”）

<偏移>：50↙

指定圆的半径或［直径（D）］：25↙

命令：

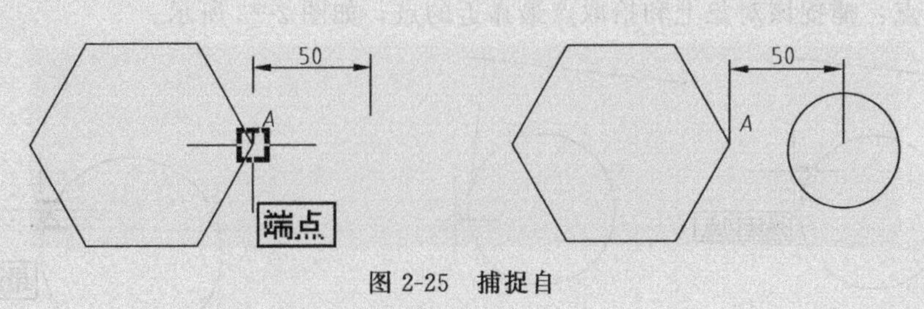

图 2-25 捕捉自

⑤ 临时追踪：创建对象捕捉所使用的临时点。

2. 设置对象捕捉的方法

设定对象捕捉方式有以下几种方法。

① 快捷菜单：在绘图区，通过“Shift”键＋鼠标右键执行，如图 2-26 所示。

② 键盘输入包含前三个字母的词。如在提示输入点时输入“MID”，此时会用中点捕捉模式覆盖其他对象捕捉模式，同时可以用诸如“END，PER，QUA”“QUI，END”的方式输入多个对象捕捉模式。

③ 通过“对象捕捉”选项卡来设置，如图 2-11 所示。

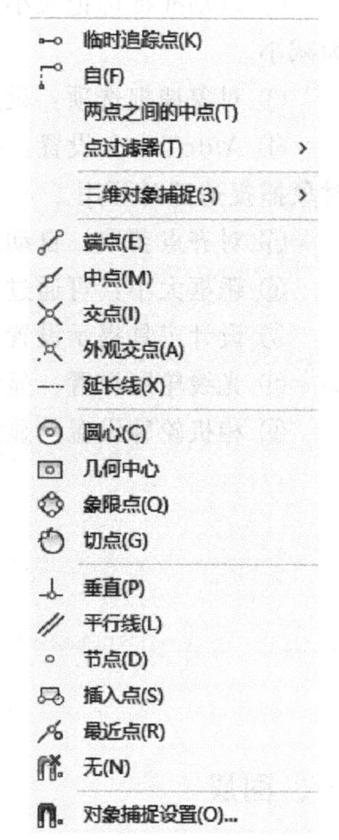

图 2-26　对象捕捉快捷菜单

3. 对象捕捉和极轴追踪的参数设置

在图形比较密集时，即使采用对象捕捉，也可能由于图线较多而出现误选现象。所以应该设置合适的靶框。同样，用户也可以设置在自动捕捉时提示标记或在极轴追踪时是否显示追踪向量等等。设置捕捉参数可以满足用户的需要。

命令：OPTIONS。

菜单：工具→选项。

快捷菜单：在命令行或文本窗口或绘图区中用“Shift”键＋鼠标右键，在快捷菜单中选择“选项”。

执行“选项”命令以后，弹出图 2-27 所示的“选项”对话框，其中“绘图”选项卡可以设置对象捕捉参数和极轴追踪参数。该选项卡中包含如下选项。

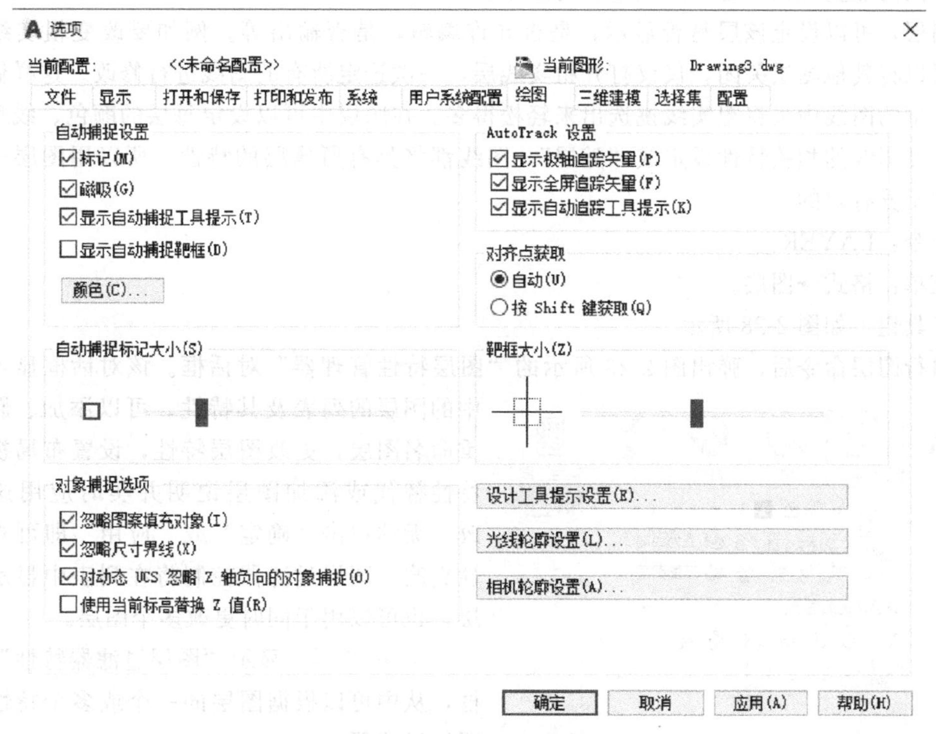

图 2-27 “绘图”选项卡

① 自动捕捉设置：可设置标记、磁吸、显示自动捕捉工具栏提示、显示自动捕捉靶框、颜色（设置自动捕捉标记颜色）。

② 自动捕捉标记大小：通过滑块设置自动捕捉标记大小。向右移动为增大，向左移动为减小。

③ 对象捕捉选项：设置执行对象捕捉模式。

④ AutoTrack 设置：控制与 AutoTrack™行为相关的设置，此设置在启用极轴追踪或对象捕捉追踪时可用。

⑤ 对齐点获取：自动获取或通过按“Shift”键获取。

⑥ 靶框大小：可通过滑块设置靶框的大小。

⑦ 设计工具提示设置：控制绘图工具提示的颜色、大小和透明度。

⑧ 光线轮廓设置：显示“光线轮廓外观”对话框。

⑨ 相机轮廓设置：显示“相机轮廓外观”对话框。

第五节　图层及管理

一、图层

在 AutoCAD 中，每个层可以看成是一张透明的玻璃板，可以在不同的“玻璃板”上绘图。不同的层叠加在一起，形成最后的图形。

图层，可以设定该层是否显示，是否允许编辑，是否输出等。例如要改变粗实线的颜色，可以将其他图层关闭，仅仅打开粗实线层，一次选定所有的图线进行修改。这样做显然比在大量的图线中去将粗实线挑选出来轻松得多。在图层中可以设定每层的颜色、线型、线宽。只要图线的相关特性设定成“随层”，图线都将具有所属层的特性。所以用图层来管理图形是十分有效的。

命令：LAYER。

菜单：格式→图层。

工具钮：如图 2-28 所示。

执行图层命令后，弹出图 2-29 所示的“图层特性管理器”对话框。该对话框显示图形中的图层的列表及其特性。可以添加、删除和重命名图层，更改图层特性，设置布局视口的特性替代或添加图层说明并实时应用这些更改。无须单击“确定”或“应用”即可查看特性更改。图层过滤器控制将在列表中显示的图层，也可以用于同时更改多个图层。

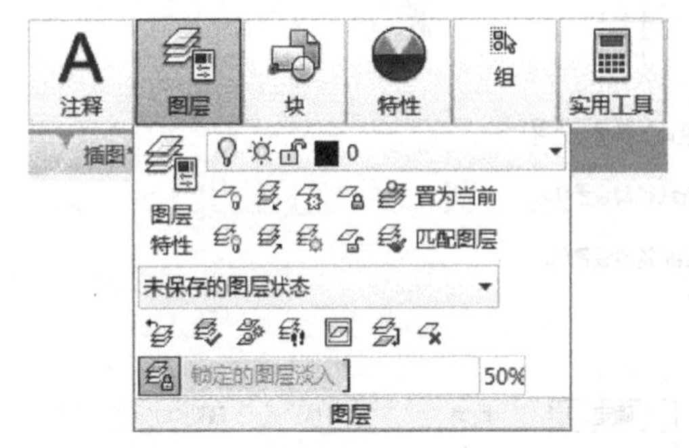

图 2-28　工具钮

① 过滤器：显示“图层过滤器特性”对话框，从中可以根据图层的一个或多个特性创建图层过滤器。

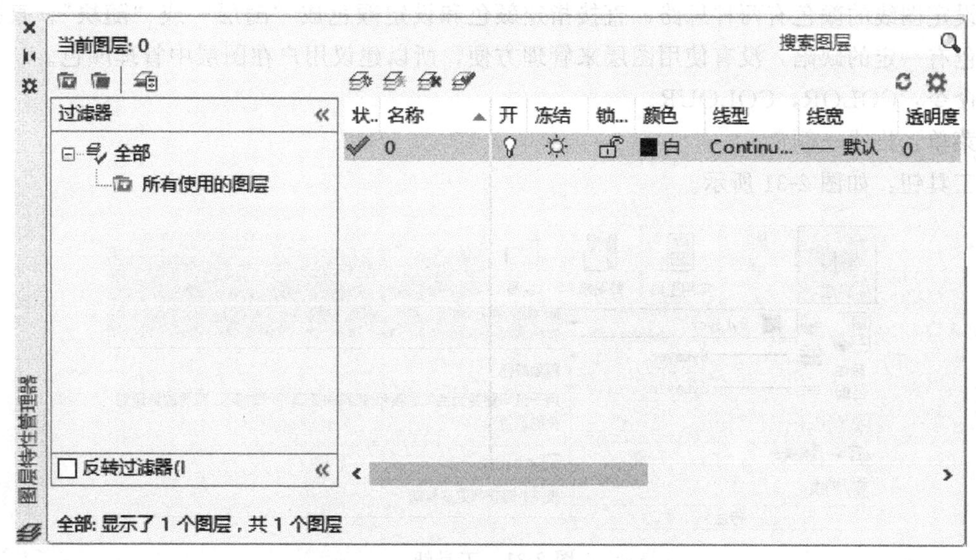

图 2-29 “图层特性管理器”对话框

② 图层状态管理器：。

a. 新建图层：创建新图层。列表将显示名为“LAYER1”的图层。该名称处于选定状态，因此可以立即输入新图层名。新图层将继承图层列表中当前选定图层的特性（颜色、开或关状态等）。新图层将在最新选择的图层下进行创建。

b. 所有视口中已冻结的新图层视口：创建新图层，然后在所有现有布局视口中将其冻结。可以在“模型”选项卡或“布局”选项卡上访问此按钮。

c. 删除图层：删除选定图层。只能删除未被参照的图层。参照的图层包括图层 0 和 DEFPOINTS、包含对象（包括块定义中的对象）的图层、当前图层以及依赖外部参照的图层。局部打开图形中的图层也被视为已参照并且不能删除。

d. 置为当前：将选定图层设定为当前图层。将在当前图层上绘制创建的对象。

③ 列表显示区：如图 2-30 所示。

图 2-30 列表显示区

在列表显示区，显示可以修改图层的名称。通过点击可以控制图层的开/关、冻结/解冻、锁定/解锁。点取颜色、线型、线宽后，将自动弹出相应的“颜色选择”对话框、“线型管理”对话框、“线宽设置”对话框。其中关闭图层和冻结图层，都可以使该层上的图线隐藏，不被输出和编辑，它们的区别在于冻结图层后，图形在重生成（REGEN）时不计算，而关闭图层时，图形在重生成时要计算。

二、颜色

颜色的合理使用，可以充分体现设计效果，而且有利于图形的管理。如在选择对象时，可以通过过滤选中某种颜色的图线。

设定图线的颜色有两种思路，直接指定颜色和设定颜色成“随层”或“随块”。直接指定颜色有一定的缺陷，没有使用图层来管理方便，所以建议用户在图层中管理颜色。

命令：COLOR，COLOUR。

菜单：格式→颜色。

工具钮：如图 2-31 所示。

图 2-31　工具钮

如果直接设定了颜色，不论该图线在什么层上，都不会改变颜色。

“选择颜色”对话框如图 2-32 所示。选择颜色不仅可以直接在“索引颜色”选项中单击对应的颜色小方块，也可以在颜色文本框中键入英文单词或颜色的编号，在随后的小方块中会显示相应的颜色；也可以在“真彩色”或“配色系统”中自定义颜色；另外可以设定成“随层”或“随块”。

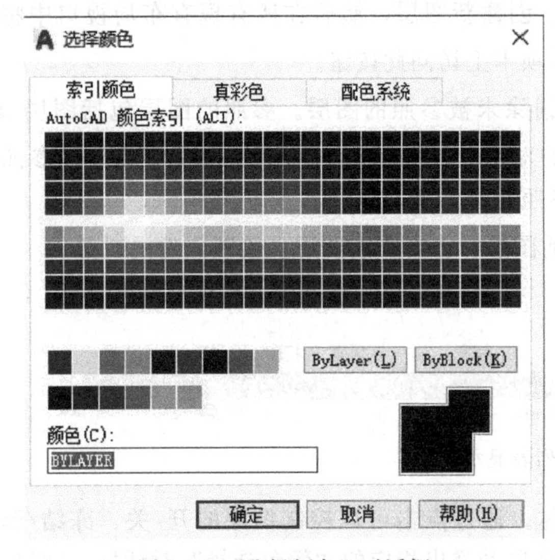

图 2-32　“选择颜色”对话框

三、线型

线型是图样表达的关键要素之一，不同的线型表达了不同的含义。如在建筑结构图中，粗实线表示钢筋，虚线表示不可见轮廓线，点画线表示中心线、轴线、对称线等。所以，不同的元素应该采用不同的图线来绘制。

有些绘图机上可以设置不同的线型，但一方面由于通过硬件设置比较麻烦，而且不灵活；另一方面，在屏幕上也需要直观显示出不同的线型，所以目前对线型的控制，基本上都由软件来完成。

常用线型是预先设计好储存在线型库中的，所以我们只需加载即可。

命令：LTYPE，LINETYPE。

菜单：格式→线型。

工具钮：如图 2-33 所示。

执行线型命令后，弹出图 2-34 所示的“线型管理器”对话框。

该对话框中列表显示了目前已加载的线型，包括线型名称、外观和说明。另外还有线型

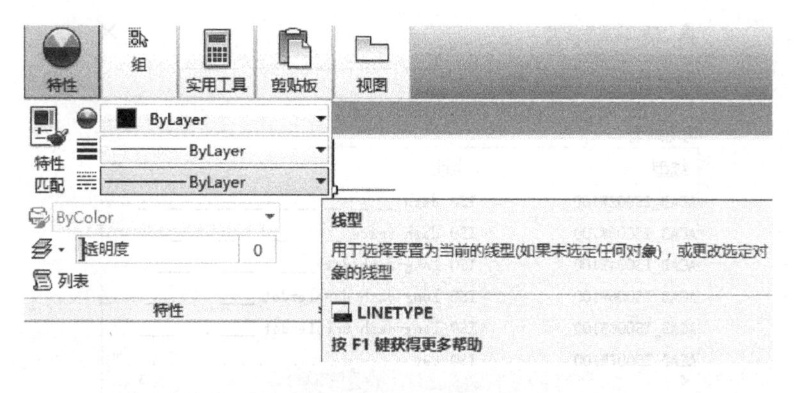

图 2-33　工具钮

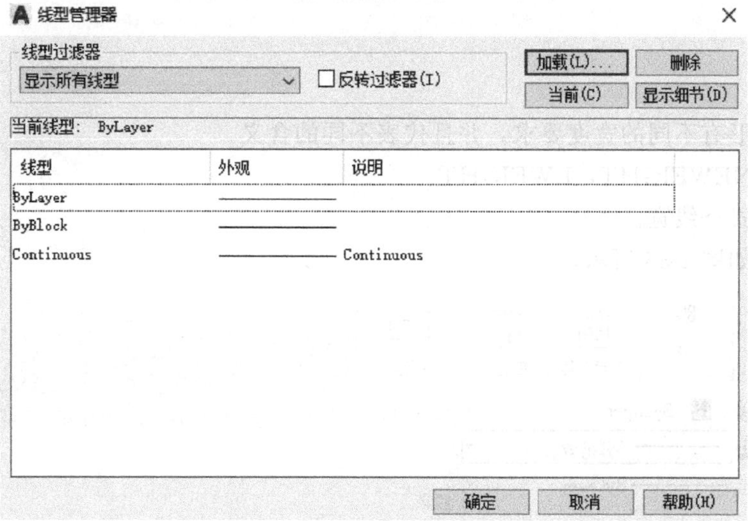

图 2-34　“线型管理器”对话框

过滤器区，包括加载、删除、当前及显示细节按钮。详细信息区是否显示可通过显示细节或隐藏细节按钮来控制。

① 线型过滤器。

下拉列表框——过滤出列表显示的线型。

反向过滤器——按照过滤条件反向过滤线型。

②“加载”按钮：加载或重载指定的线型。弹出图 2-35 所示的“加载或重载线型”对话框。

在该对话框中可以选择线型文件以及该文件中包含的某种线型。

③ 删除：删除指定的线型，该线型必须不被任何图线依赖，即图样中没有使用该种线型。实线（CONYINUOUS）线型不可被删除。

④ 当前：将指定的线型设置成当前线型。

⑤ 显示细节/隐藏细节：控制是否显示或隐藏选项中的线型细节。如果当前没有显示细节，则为显示细节按钮，否则为隐藏细节按钮。

⑥ 详细信息：包括了选中线型的名称、线型、全局比例因子、当前对象缩放比例等。

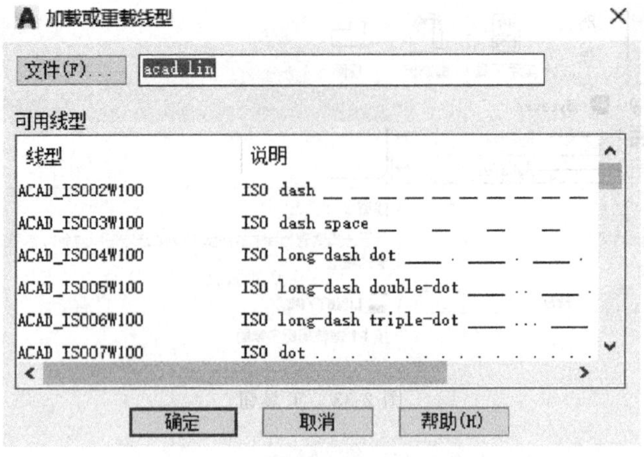

图 2-35 “加载或重载线型”对话框

四、线宽

不同的图形有不同的宽度要求，并且代表不同的含义。

命令：LINEWEIGHT，LWEIGHT。

菜单：格式→线宽。

工具钮：如图 2-36 所示。

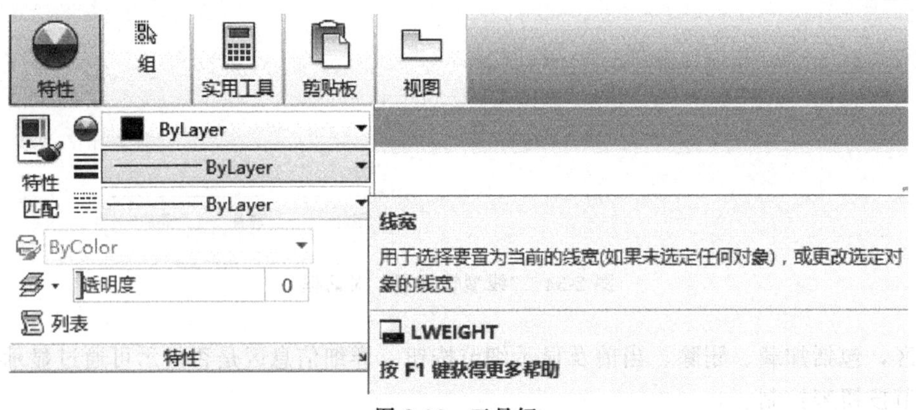

图 2-36 工具钮

执行命令后弹出“线宽设置”对话框，如图 2-37 所示。

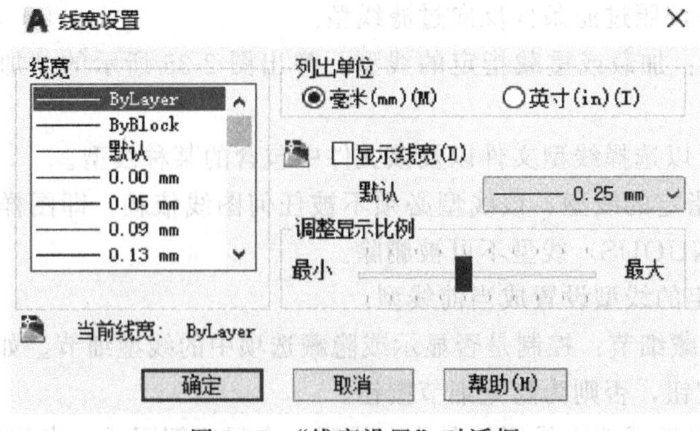

图 2-37 “线宽设置”对话框

该对话框包括以下内容。

① 线宽：通过滑快上下移动选择不同的线宽。

② 列出单位：选择线宽单位为“毫米”或“英寸”。

③ 显示线宽：控制是否显示线宽。

④ 缺省：设定缺省线宽的大小。

⑤ 调整显示比例：调整线宽显示比例。

⑥ 当前线宽：提示当前线宽设定值。

五、其他选项设置

除了前面介绍的设置外，还有一些设置和绘图密切相关。如“显示”“打开/保存”等。下面介绍“选项”对话框中其他几种和用户密切相关的主要设置。

1. “文件”选项

“文件”选项卡如图 2-38 所示。在该对话框中可以指定文件夹，供 AutoCAD 搜索不在缺省文件夹中的文件，如字体、线型、填充图案、菜单等。

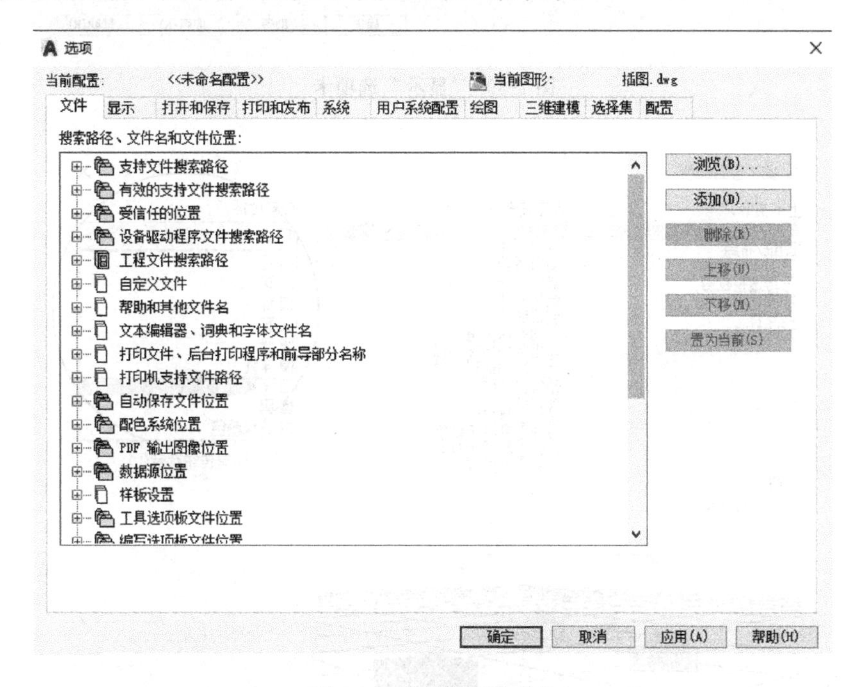

图 2-38 “文件”选项卡

2. “显示”选项

“显示”选项卡可以设定 AutoCAD 在显示器上的显示状态，如图 2-39 所示。

① 窗口元素：控制绘图环境特有的显示设置。

单击对话框中的 颜色(C)...，弹出如图 2-40 所示的“图形窗口颜色”对话框，在对话框右上角的颜色选项中选择需要的颜色即可设置绘图区颜色。

② 布局元素：控制现有布局和新布局的选项。布局是一个图纸空间环境，用户可在其中设置图形进行打印。

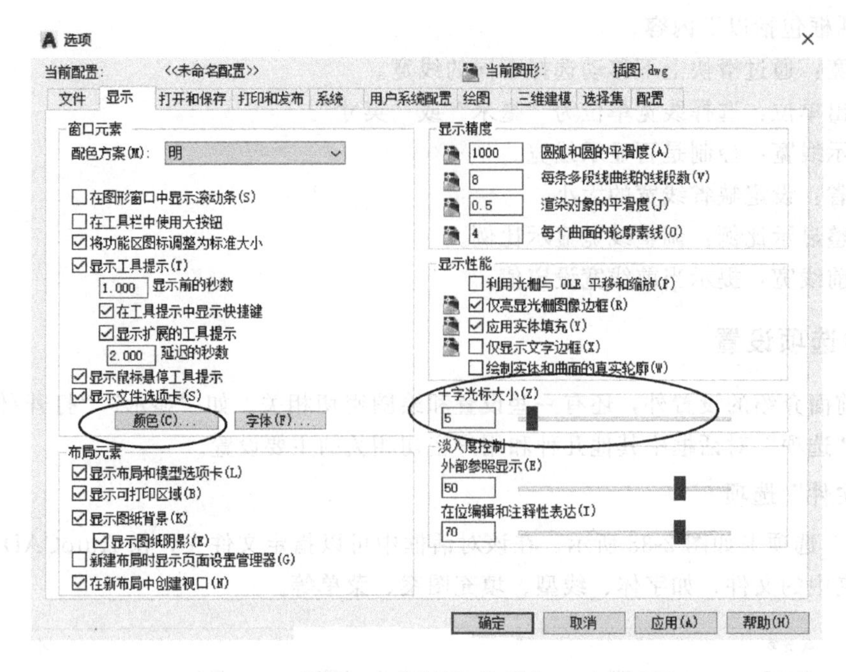

图 2-39 “显示”选项卡

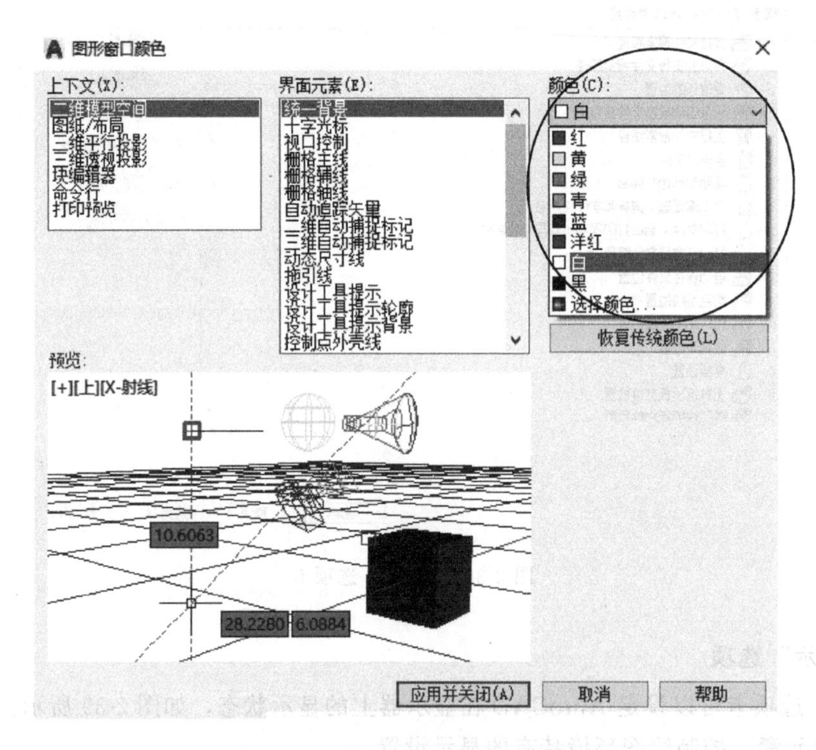

图 2-40 “图形窗口颜色”对话框

③ 显示精度：控制对象的显示质量。如果设置较高的值提高显示质量，则性能将受到显著影响。

④ 显示性能：控制影响性能的显示设置。

⑤ 十字光标大小：系统默认十字光标大小为5，拖动十字光标数值右边滑块可按屏幕大小的百分比确定十字光标的大小。

⑥ 淡入度控制：控制DWG外部参照和参照编辑的淡入度的值。

3. “打开和保存”选项

“打开和保存”选项卡控制了打开和保存的一些设置，如图2-41所示。

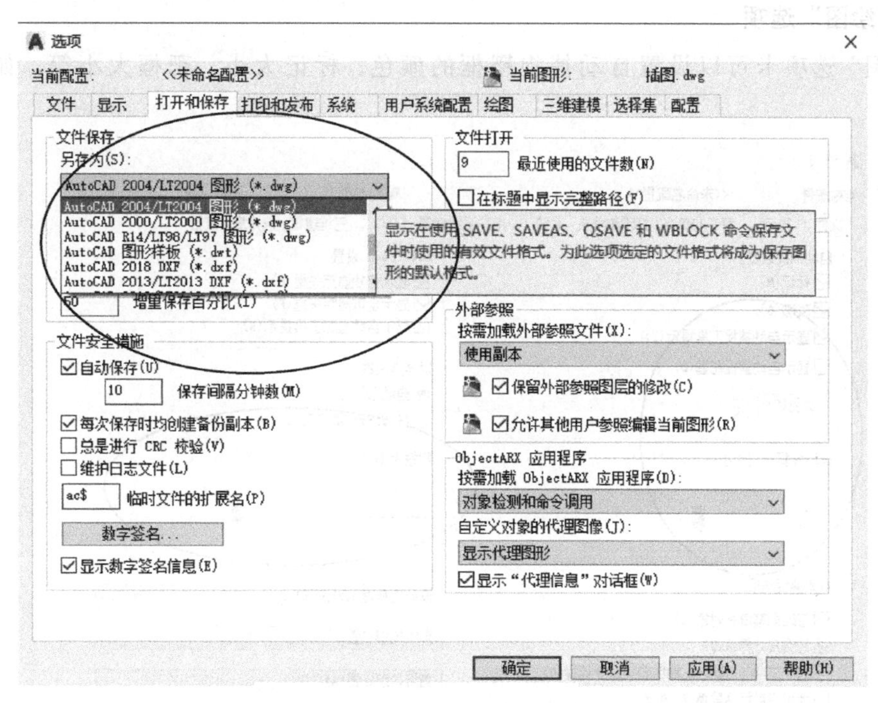

图2-41 “打开和保存”选项卡

① 文件保存：控制保存文件的相关设置。

另存为：显示在使用SAVE、SAVEAS、QSAVE和WBLOCK命令保存文件时使用的有效文件格式。为此选项选定的文件格式将成为保存图形的默认格式。

注意：AutoCAD 2004是AutoCAD 2004、AutoCAD 2005和AutoCAD 2006版本使用的图形文件格式。AutoCAD 2007是AutoCAD 2007、AutoCAD 2008和AutoCAD 2009版本使用的文件格式。AutoCAD 2010是AutoCAD 2010、AutoCAD 2011和AutoCAD 2012版本使用的文件格式。AutoCAD 2013是AutoCAD 2013、AutoCAD 2014、AutoCAD 2015、AutoCAD 2016和AutoCAD 2017版本使用的文件格式。AutoCAD 2018版本使用的是AutoCAD 2018文件格式。

② 文件安全措施：帮助避免数据丢失以及检测错误。

自动保存：以指定的时间间隔自动保存图形。可以用SAVEFILEPATH系统变量指定所有自动保存文件的位置。SAVEFILE系统变量（只读）可存储自动保存文件的名称。

注意：块编辑器处于打开状态时，“自动保存”被禁用。

保存间隔分钟数：在“自动保存”为开的情况下，指定多长时间保存一次图形。

③ 文件打开：控制与最近使用过的文件及打开的文件相关的设置。

④ 应用程序菜单：最近使用的文件数控制应用程序菜单的“最近使用的文档”快捷菜单中所列出的最近使用过的文件数。有效值为 0 到 50。

⑤ 外部参照：控制与编辑和加载外部参照有关的设置。

⑥ ObjectARX 应用程序：控制“AutoCAD 实时扩展”应用程序及代理图形的有关设置。

4. “绘图”选项

“绘图”选项卡可以设置自动捕捉靶框的颜色、标记大小、靶框大小等，如图 2-42 所示。

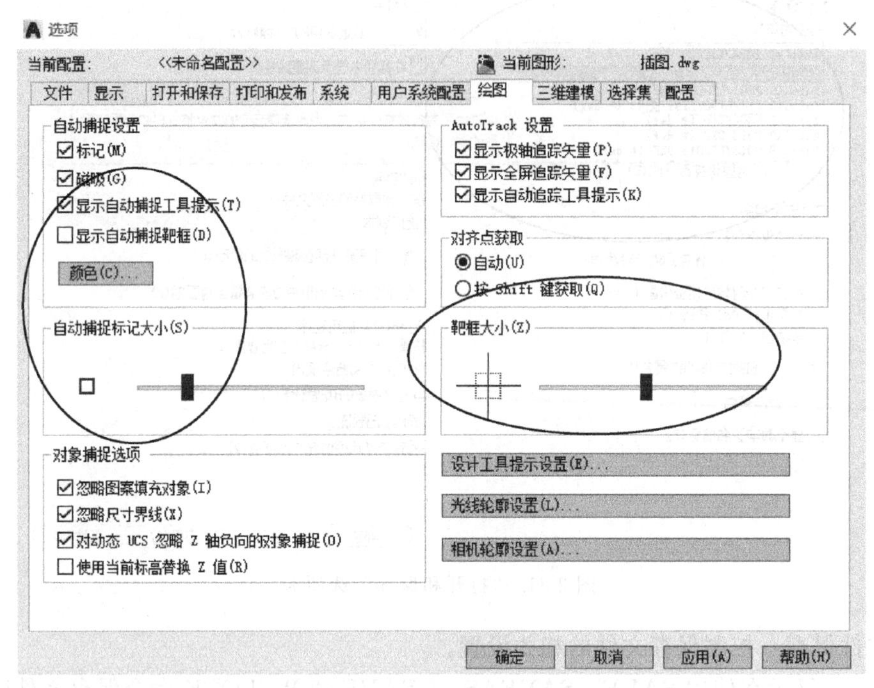

图 2-42 “绘图”选项卡

5. “用户系统配置”选项

在“用户系统配置”选项卡中可以实现控制优化工作方式的选项。设置按键格式，坐标输入的优先次序，对象排序方式，设置线宽等等，如图 2-43 所示。

六、DWT 样板图

样板图是十分重要的减少不必要重复劳动的工具之一。用户可以将各种常用的设置，如图层（包括颜色、线型、线宽）、文字样式、图形界限、单位、尺寸标注样式、输出布局等等作为样板保存。在进入新的图形绘制时如采用样板，则样板图中的设置全部可以使用，无须重新设置。

样板图不仅极大地减轻了绘图中重复的工作，将精力集中在设计过程本身，而且统一了图纸的格式，是图形的管理更加规范。

要输出成样板图，在“图形另存为”对话框中选择 DWT 文件类型即可。通常情况下，样板图存放于 Template 子目录下，如图 2-44 所示。

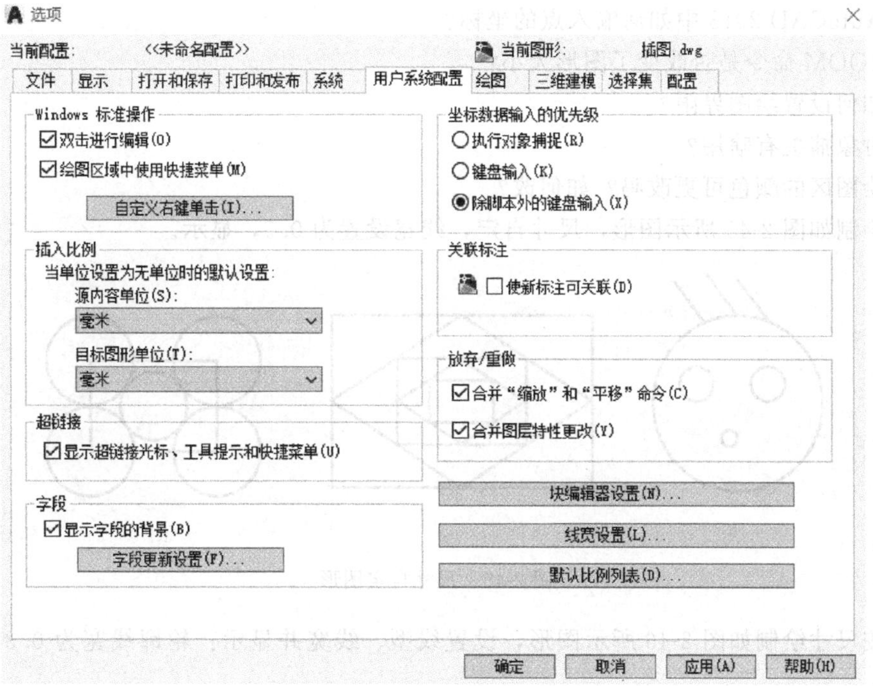

图 2-43 “用户系统配置”选项卡

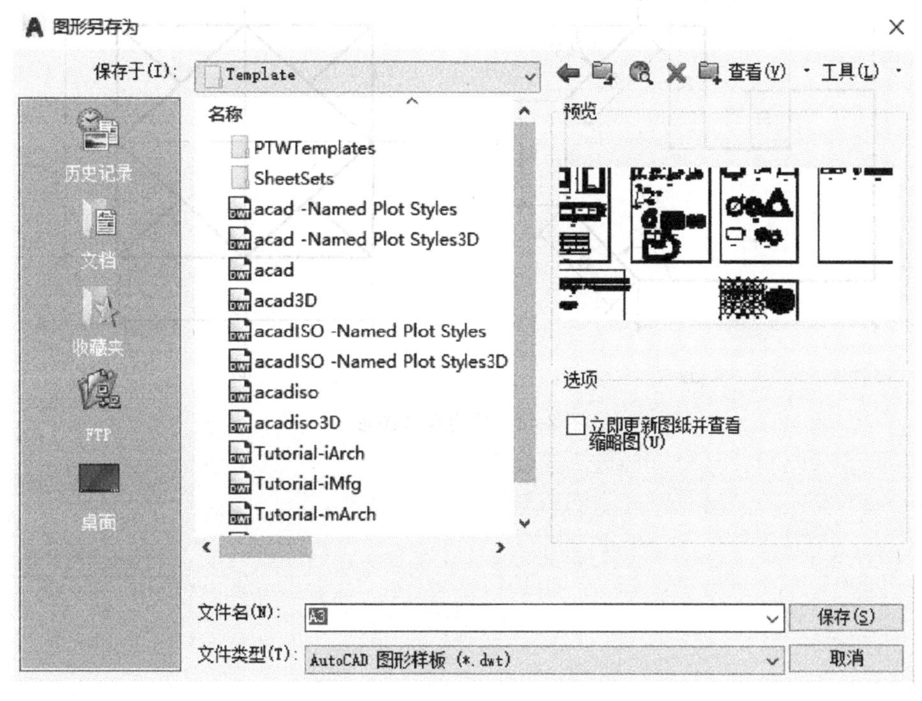

图 2-44 “图形另存为”对话框

思考与练习

1. AutoCAD 2018 中坐标是如何划分的？

2. AutoCAD 2018 中如何输入点的坐标？

3. ZOOM 命令是否改变了图形大小？

4. 如何设置绘图界限？

5. 对象捕捉有啥用？

6. 绘图区的颜色可更改吗？如何改？

7. 绘制如图 2-45 所示图形，尺寸自定，线宽设置为 0.5，显示。

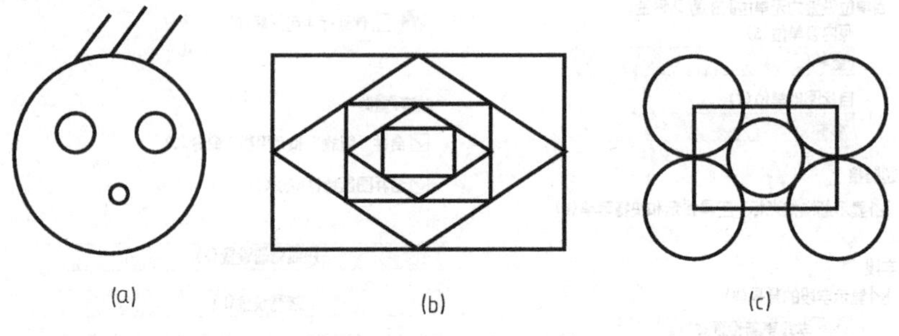

图 2-45　尺寸自定图形

8. 按尺寸绘制如图 2-46 所示图形，设置线型、线宽并显示：轮廓线宽为 0.3，中心线宽为默认。

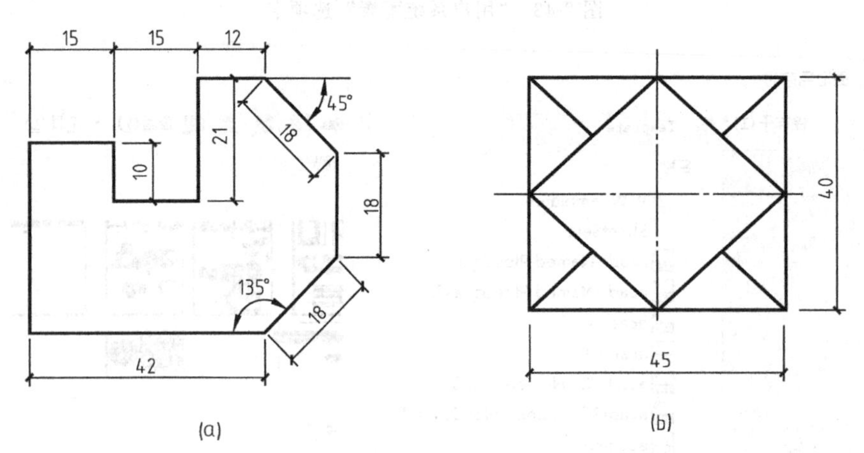

图 2-46　给定尺寸图形

第三章 二维图形绘制方法

第一节 基本绘图命令与技巧

每张工程图纸，都是由一些基本的图素组成的，也就是由一些点、线、圆、弧等基本图元组合而成。为此 AutoCAD 系统提供了一系列画基本图元的命令，利用这些命令的组合并通过一些编辑命令的修改和补充，就可以很轻松、方便地完成用户所需要的任何复杂的二维图形。当然，如何快速、准确、灵活地绘制图形，关键还在于是否熟练掌握并理解了绘图命令、编辑命令的使用方法和技巧。

一、绘制直线

用直线（LINE）命令可以创建一系列的连续直线段，每一条线段都可以独立于系列中的其他线段单独进行编辑。

命令：LINE（L）。

工具钮：如图 3-1 所示。

菜单：绘图→直线。

命令及提示如下。

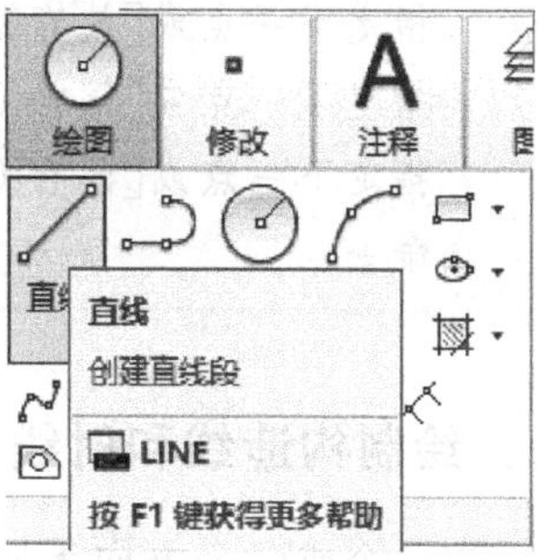

图 3-1　工具钮

```
命令:_line
指定第一点:                                   指定直线的起点
指定下一点或[放弃(U)]:                        指定直线的端点
指定下一点或[放弃(U)]:                        指定下一条直线的端点,形成折线
指定下一点或[闭合(C)/放弃(U)]:                继续指定下一条直线的端点,直至回车、
                                              空格键或"Esc"键终止直线命令
```

参数说明如下。

① 闭合：在“指定下一点或［闭合（C）/放弃（U）］:”提示下键入 C，则将刚才所画的折线封闭起来，形成一个封闭的多边形。

② 放弃：在“指定下一点或［闭合（C）/放弃（U）］:”提示下键入 U，则取消刚才所画的线段，退回到前一线段的终点。

技巧：

① 如果绘制水平线或垂直线，可用“F8”快捷键或点取状态栏上的“正交”键切换到“正交开”状态，用鼠标点取线段的起点和端点，即可快速绘制水平线和垂直线。如要绘制斜线，再按“F8”一次，切换到“正交关”状态。

② 当直线的起点已确定时，直线的方向可由下一点确定，即起点与十字光标当前位置的连线方向为直线方向，这时可直接输入直线的长度，按回车确定。

★【实例】 用直线命令绘制一个边长为 300×450 的长方形梁截面图，如图 3-2 所示。

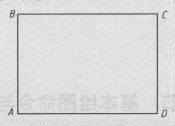

图 3-2　绘制长方形实例

操作过程如下。

```
命令:l(LINE)指定第一点:                      输入 l 启用直线命令,指定 A 点
指定下一点或[放弃(U)]:<正交开> 300           按 F8 切换到“正交开”状态,输入 300
                                               确定 B 点
指定下一点或[放弃(U)]:450                     在 X 轴正方向上输入 450 确定 C 点
指定下一点或[闭合(C)/放弃(U)]:300             在 Y 轴负方向上输入 300 确定 D 点
指定下一点或[闭合(C)/放弃(U)]:c               输入 C 闭合该折线,退出直线命令
命令:
```

二、绘制构造线和射线

向一个或两个方向无限延伸的直线分别称为射线和构造线，可用作创建其他对象的参照。

命令：XLINE（XL）。

工具钮：如图 3-3 所示。

菜单：绘图→射线或构造线。

构造线可以放置在三维空间中的任意位置。可以使用多种方法指定它的方向。创建直线的默认方法是两点法：指定两点定义方向。第一个点（根）是构造线概念上的中点，即通过“中点”对象捕捉捕捉到的点。

命令及提示如下。

```
命令:_xline
指定点或[水平(H)/垂直(V)/角度(A)/二等分(B)/偏移(O)]:
```

参数说明如下。

① 水平和垂直：创建一条经过指定点（1）并且与当前 UCS 的 X 或 Y 轴平行的构造线。

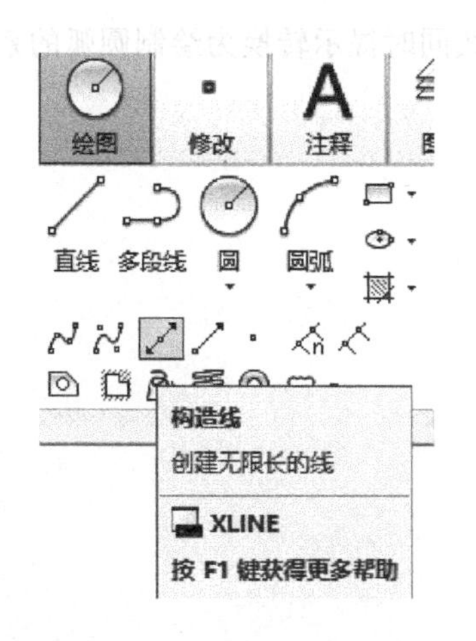

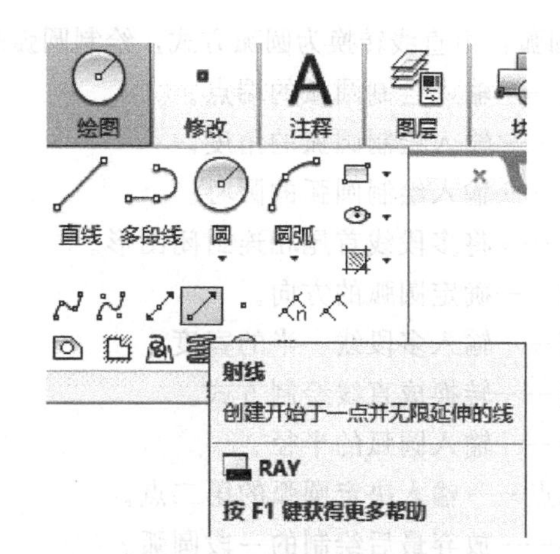

图 3-3　工具钮

② 角度：用两种方法中的一种创建构造线。或者选择一条参考线，指定那条直线与构造线的角度，或者通过指定角度和构造线必经的点来创建与水平轴成指定角度的构造线。

③ 二等分：创建二等分指定角的构造线。指定用于创建角度的顶点和直线。

④ 偏移：创建平行于指定基线的构造线。指定偏移距离，选择基线，然后指明构造线位于基线的哪一侧。

三、绘制多段线

多段线由不同宽度的、首尾相连的直线段或圆弧段序列组成，作为单一对象使用。使用多线段可以一次编辑所有线段，但也可以分别编辑各线段。可以设置各线段的宽度、使线段倾斜或闭合多段线。绘制弧线段时，弧线的起点是前一个线段的端点。可以指定圆弧的角度、圆心、方向或半径。通过指定第二点和一个端点也可以完成弧的绘制。多段线是一个整体。

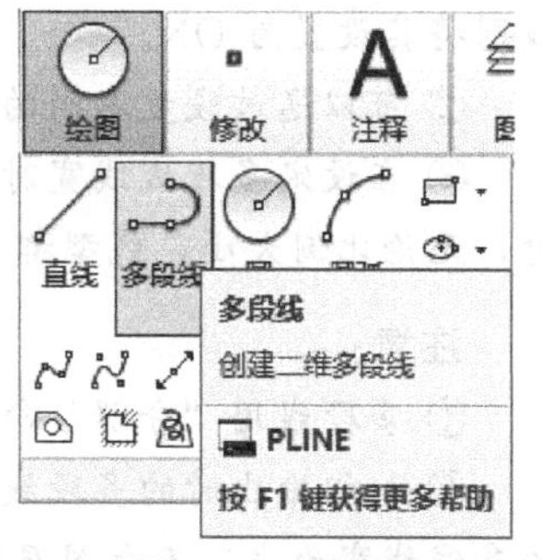

图 3-4　工具钮

命令：PLINE（PL）。

菜单：绘图→多段线。

工具钮：如图 3-4 所示。

命令及提示如下。

命令:pl(PLINE)

指定起点:　　　　指定多段线的起点

当前线宽为 0.0000　　　　系统默认的当前线宽

指定下一个点或[圆弧(A)/半宽(H)/长度(L)/放弃(U)/宽度(W)]:a　　　　进入画圆弧状态

指定圆弧的端点或[角度(A)/圆心(CE)/方向(D)/半宽(H)/直线(L)/半径(R)/第二个点(S)/放弃(U)/宽度(W)]:　　　　指定圆弧的端点,亦可输入参数对圆弧进行控制

指定圆弧的端点或[角度(A)/圆心(CE)/闭合(CL)/方向(D)/半宽(H)/直线(L)/半径(R)/第二个点(S)/放弃(U)/宽度(W)]:　　　　可回车结束命令,亦可进入其他操作项

参数说明如下。

① 圆弧：由直线转换为圆弧方式，绘制圆弧多段线同时提示转换为绘制圆弧的系列参数。

端点——输入绘制圆弧的端点。

角度——输入绘制圆弧的角度。

圆心——输入绘制圆弧的圆心。

闭合——将多段线首尾相连封闭图形。

方向——确定圆弧的方向。

半宽——输入多段线一半的宽度。

直线——转换成直线绘制方式。

半径——输入圆弧的半径。

第二点——输入决定圆弧的第二点。

放弃——放弃最后绘制的一段圆弧。

宽度——输入多段线的宽度。

② 闭合：将多段线首尾相连封闭图形，并结束命令。

③ 半宽：输入多段线一半的宽度。在绘制多段线过程中，每一段都可以重新设置半宽值。

④ 长度：输入预绘制的直线的长度，其方向与前一直线相同或与前一圆弧相切。

⑤ 放弃：放弃最后绘制的一段多段线。

⑥ 宽度：输入多段线的宽度，要求设置起始线宽和终点线宽。

技巧：

① 如要用多段线命令绘制空心线，可将系统变量 FILL 设置成 OFF；转换到绘制实心线则将其设置为 ON。

② 可以通过设置不同的起始线宽和终点线宽，来绘制图中常用的箭头符号或渐变线。

③ 在设定多段线线宽时，要考虑出图比例，建议多用颜色来区分线宽，这样打印输出时，无论比例大小，线型都不受影响。

注意：

① 多段线用“分解”命令分解后将失去宽度意义，变成一段一段的直线或圆弧。

② 打印输出时的多段线时，如果多线的线宽大于该线所在图层设定的线宽，则以设定的多线线宽为准，不受图层限制；如果它小于图层中设定的线宽，则以图层中设定的线宽为准。

★**【实例】** 绘制如图 3-5 所示的图形，*AB* 长 200，*EF* 长为 100，*EF* 宽为 5，其他均为 2。

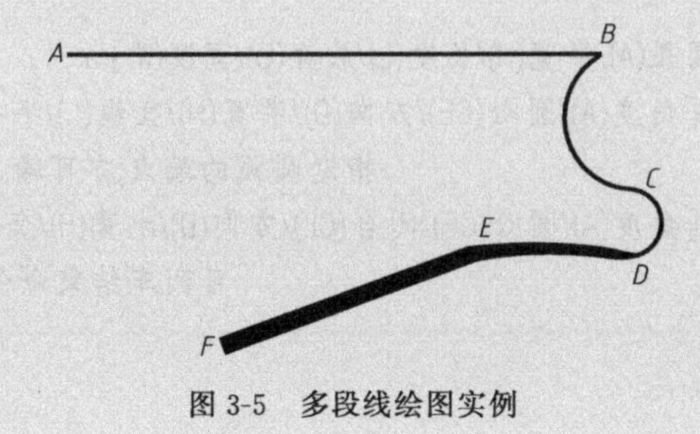

图 3-5　多段线绘图实例

操作过程如下。

```
命令:PLINE
指定起点:                                                    指定 A 点
当前线宽为 0.0000
指定下一个点或[圆弧(A)/半宽(H)/长度(L)/放弃(U)/宽度(W)]:W       进入设置线宽状态
指定起点宽度<0.0000> :2                                        设置起始线宽
指定端点宽度<2.0000> :                                         设置端点线宽
指定下一个点或[圆弧(A)/半宽(H)/长度(L)/放弃(U)/宽度(W)]:200     在 X 轴正方向上输
                                                           入 200,确定 B 点
指定下一点或[圆弧(A)/闭合(C)/半宽(H)/长度(L)/放弃(U)/宽度(W)]:A  进入画弧状态
指定圆弧的端点或[角度(A)/圆心(CE)/闭合(CL)/方向(D)/半宽(H)/直线(L)/半径(R)/第二个
点(S)/放弃(U)/宽度(W)]:S
指定圆弧上的第二个点:                                      指定圆弧 BC 的第二点
指定圆弧的端点:                                              指定圆弧的端点 C
指定圆弧的端点或[角度(A)/圆心(CE)/闭合(CL)/方向(D)/半宽(H)/直线(L)/半径(R)/第二个
点(S)/放弃(U)/宽度(W)]:S
指定圆弧上的第二个点:                                      指定圆弧 CD 的第二点
指定圆弧的端点:                                              指定圆弧的端点 D
指定圆弧的端点或[角度(A)/圆心(CE)/闭合(CL)/方向(D)/半宽(H)/直线(L)/半径(R)/第二个
点(S)/放弃(U)/宽度(W)]:W  进入设置线宽状态
指定起点宽度 <2.0000> :                                  指定圆弧 DE 的起始宽度
指定端点宽度 <2.0000> :5                                 指定圆弧 DE 的终点宽度
指定圆弧的端点或[角度(A)/圆心(CE)/闭合(CL)/方向(D)/半宽(H)/直线(L)/半径(R)/第二个
点(S)/放弃(U)/宽度(W)]:                                       指定圆弧的端点 E
指定圆弧的端点或[角度(A)/圆心(CE)/闭合(CL)/方向(D)/半宽(H)/直线(L)/半径(R)/第二个
点(S)/放弃(U)/宽度(W)]:L                                       进入画直线状态
指定下一点或[圆弧(A)/闭合(C)/半宽(H)/长度(L)/放弃(U)/宽度(W)]:100  在 EF 方向上输
                                                          入 100,确定 EF
                                                                的长度
指定下一点或[圆弧(A)/闭合(C)/半宽(H)/长度(L)/放弃(U)/宽度(W)]:    回车结束命令
命令:
```

四、绘制多线

多线可包含 1 到 16 条平行线，这些平行线称为元素。通过指定距多线初始位置的偏移量可以确定元素的位置。可以创建和保存多线样式或使用包含两个元素的默认样式。可以设置每个元素的颜色和线型，显示或隐藏多线的接头。所谓接头是那些出现在多线元素每个顶点处的线条。有多种类型的封口可用于多线。

1. 设置多线样式

命令：MLSTYLE。

菜单：格式→多线样式。

启用多线样式命令后，弹出多线样式对话框，显示当前的多线样式，如图 3-6 所示。

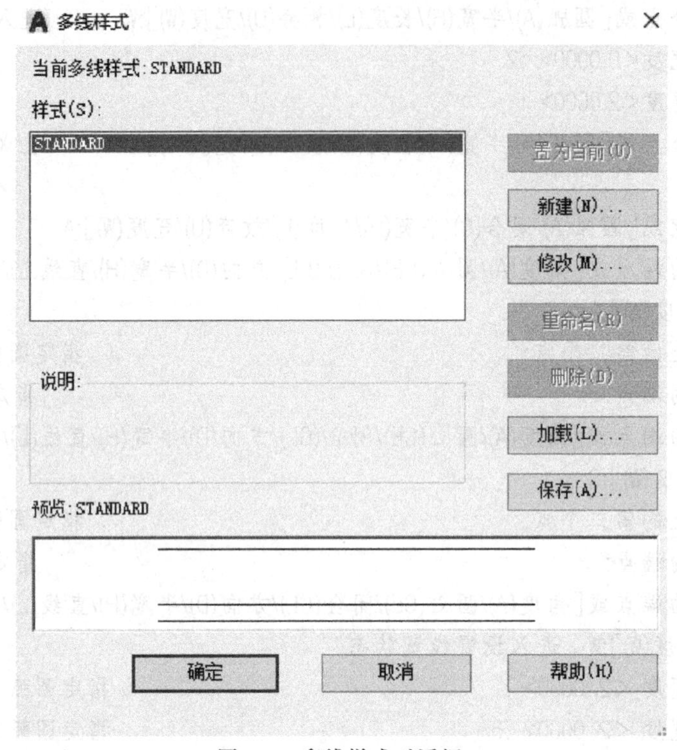

图 3-6　多线样式对话框

选项及说明如下。

① 当前多线样式：显示当前多线样式的名称，该样式将在后续创建的多线中用到。

② 样式：显示已加载到图形中的多线样式列表。多线样式列表可包括存在于外部参照图形（xref）中的多线样式。外部参照的多线样式请参见 AutoCAD 2018 的《用户手册》中的参照图形（外部参照）概述。

③ 说明：显示选定多线样式的说明。

④ 预览：显示选定多线样式的名称和图像。

⑤ 置为当前：设置用于后续创建的多线的当前多线样式。

注意：不能将外部参照中的多线样式设定为当前样式。

⑥ 新建：显示“创建新的多线样式”对话框，从中可以创建新的多线样式。

⑦ 修改：显示“修改多线样式”对话框，如图 3-7 所示，从中可以修改选定的多线样式。

注意：不能编辑图形中正在使用的任何多线样式的元素和多线特性。要编辑现有多线样式，必须在使用该样式绘制任何多线之前进行。

⑧ 重命名：重命名当前选定的多线样式。不能重命名 STANDARD 多线样式。

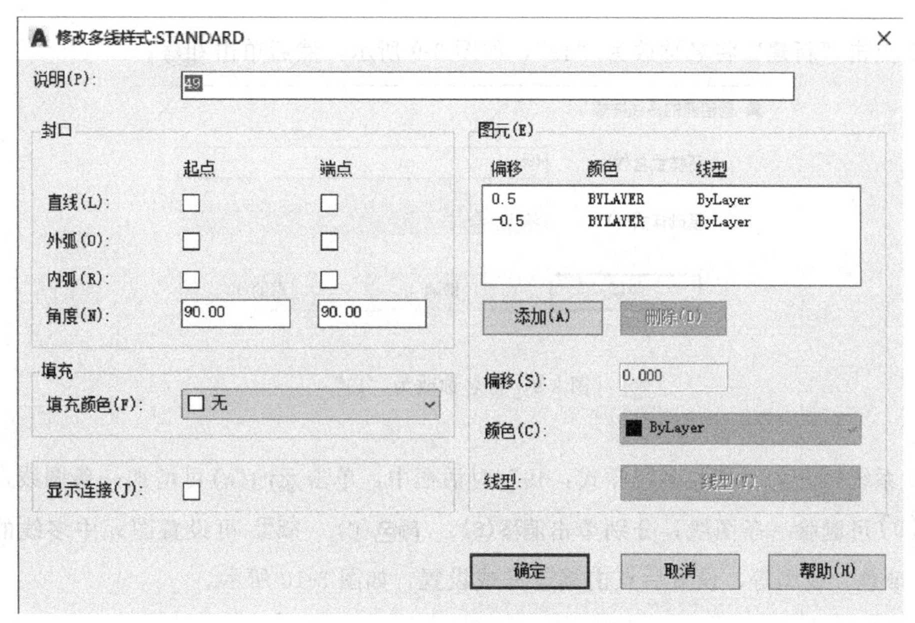

图 3-7 “修改多线样式”对话框

⑨ 删除：从“样式”列表中删除当前选定的多线样式。此操作并不会删除 MLN 文件中的样式。不能删除 STANDARD 多线样式、当前多线样式或正在使用的多线样式。

⑩ 加载：显示“加载多线样式”对话框，可以从多线线型库中调出多线。点取后弹出图 3-8 所示的“加载多线样式”对话框。可以浏览文件，从中选择线型进行加载。

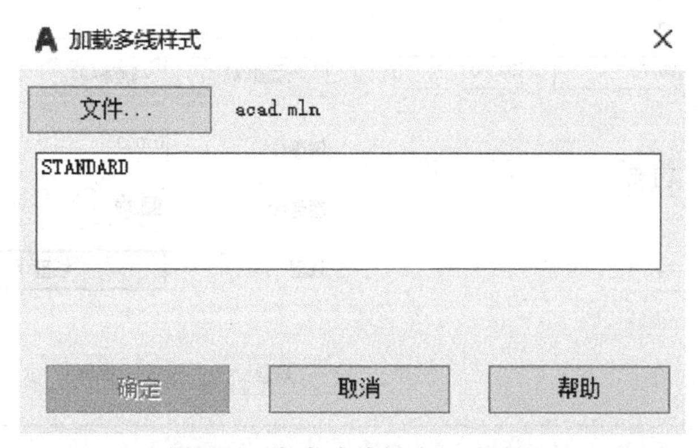

图 3-8 “加载多线样式”对话框

⑪ 保存：将多线样式保存或复制到多线库（MLN）文件。如果指定了一个已存在的 MLN 文件，新样式定义将添加到此文件中，并且不会删除其中已有的定义。

技巧：

① 用“PURGE”命令可清除图形中未用的多线线型定义。

② 利用多线设置中的偏移项可设置到偏移点的距离不等的多线样式。比如设置 490 的墙等。

★**【实例】** 设置建筑平面图中的 490mm 的墙。

操作过程如下。

① 命令：MLSTYLE，弹出“多线样式”对话框；

② 点击“新建”将名称改为“49”，如图 3-9 所示，然后单击继续；

创建新的多线样式	
新样式名(N):	49
基础样式(S):	STANDARD
继续	取消　帮助(H)

图 3-9　将名称改为“49”

③ 系统打开的“修改多线样式：49”对话框中，单击添加(A)可增加一条图线，单击删除(D)可删除一条图线；分别单击偏移(S)：颜色(C)：线型：可设置图元中多线的偏移距离、颜色、线型等，设置后点击确定完成设置，如图 3-10 所示。

新建多线样式:49

说明(P)：四九墙

封口

	起点	端点
直线(L)：	☐	☐
外弧(O)：	☐	☐
内弧(R)：	☐	☐
角度(N)：	90.00	90.00

填充

填充颜色(F)：☐ 无

显示连接(J)：☐

图元(E)

偏移	颜色	线型
370	红	ByLayer
0	绿	CENTER
-120	洋红	ByLayer

添加(A)　删除(D)

偏移(S)：0.000

颜色(C)：绿

线型：线型(Y)...

确定　取消　帮助(H)

图 3-10　“修改多线样式”设置

2. 绘制多线

命令：MLINE（ML）。

菜单：绘图→多线。

命令及提示如下。

命令:_mline	
指定起点或[对正(J)/比例(S)/样式(ST)]:	指定多线的起点
指定下一点:	指定多线的第二点

指定下一点或[放弃(U)]:	指定多线的第三点,可放弃返回到上一点
指定下一点或[闭合(C)/放弃(U)]:	指定多线的下一点,可闭合该多线

参数说明如下。

① 对正（J）：设置基准对正位置，包括以下三种（缺省值为上）。

上（T）——以多线的外侧线为基准绘制多线。

无（Z）——以多线的中轴线为基准，即 0 偏差位置绘制多线。

下（B）——以多线的内侧线为基准绘制多线。

② 比例（S）：设定多线的比例，即两条平行线之间的距离大小。

③ 样式（ST）：输入采用的多线样式名，缺省为 STANDARD。

④ 放弃（U）：取消最后绘制的一段多线。

技巧： 按顺时针方向画多线时，多线的外侧为上侧；按逆时针方向画多线时，多线的内侧为上侧。

★【实例】 绘制一段封闭的 49 墙多线，如图 3-11 所示。

图 3-11 49 墙绘制实例

操作过程如下。

命令:_mline	
指定起点或[对正(J)/比例(S)/样式(ST)]:j	输入 j 后回车
输入对正类型[上(T)/无(Z)/下(B)]<无> :z	输入 z 后回车
指定起点或[对正(J)/比例(S)/样式(ST)]:s	输入 s 后回车
输入多线比例 <0.1> :0.1	输入 0.1 后回车
指定起点或[对正(J)/比例(S)/样式(ST)]:	从 A 点开始绘制
指定下一点:	绘制到 B 点
指定下一点或[放弃(U)]:	绘制到 C 点
指定下一点或[闭合(C)/放弃(U)]:	绘制到 D 点
指定下一点或[闭合(C)/放弃(U)]:c	输入 c(闭合)后回车
命令:	

如图 3-11 所示。

注意：

① 多线的线型、颜色、线宽、偏移等特性由“修改多线样式”控制，修改它只能用“多线编辑”命令。

② 多线命令不能绘制弧形多线，它只能绘制由直线段组成的多线，它的多条平行线是一个完整的整体，也可以用“分解”命令分解成直线。

五、绘制正多边形

绘制多边形除了用 LINE 和 PLINE 命令定点绘制外，还可以用 POLYGON 命令很方便地绘制正多边形。

在 AutoCAD 中可以精确绘制边数多达 1024 的正多边形。创建正多边形是绘制正方形、等边三角形和八边形等的简便方式。

命令：POLYGON（POL）。

工具钮：如图 3-12 所示。

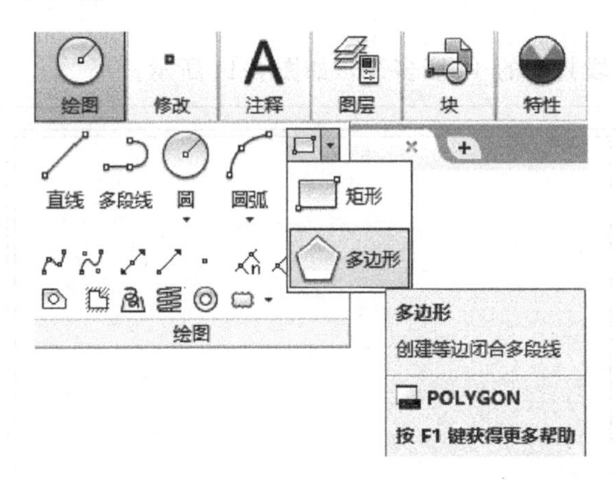

图 3-12　工具钮

菜单：绘图→多边形。

命令及提示如下。

```
命令:polygon
输入边的数目 <4>：
指定正多边形的中心点或[边(E)]:
输入选项[内接于圆(I)/外切于圆(C)]<I>：
指定圆的半径:
需要数值距离或第二点。
指定圆的半径:
```

参数说明如下。

① 边的数目：输入正多边形的边数。最大为 1024，最小为 3。

② 中心点：指定绘制的正多边形的中心点。

③ 边（E）：采用输入其中一条边的方式产生正多边形。

④ 内接于圆（I）：绘制的正多边形内接于随后定义的圆。

⑤ 外切于圆（C）：绘制的正多边形外切于随后定义的圆。

⑥ 圆的半径：定义内接圆或外切圆的半径。

技巧：

① 键入“E”，即采用给定边长的两个端点画多边形，系统提示输入边的第一端点和第二端点，这两点不仅确定了边长，还确定了多边形的位置和方向。

② 绘制的正多边形实质上是一条多段线，可以通过分解命令使之分解成单个的线段，然后进行编辑。也可以用 PEDIT 命令对其进行线宽、顶点等方面的修改。

注意：

① 因为正多边形是一条多段线，所以不能用“中心点”捕捉方式来捕捉一个已存在的多边形的中心。

② 内接于圆方式画多边形是以中心点到多边形顶点的距离确定半径的，而外切于圆方式画多边形则是以中心点到多边形各边的垂直距离来确定半径的，同样的半径，两种方式绘制出的正多边形大小不相等。

★**【实例】** 用 POLYGON 命令绘制如图 3-13（b）、（c）所示的正五边形，其中圆的半径为 10，如图 3-13（a）所示。

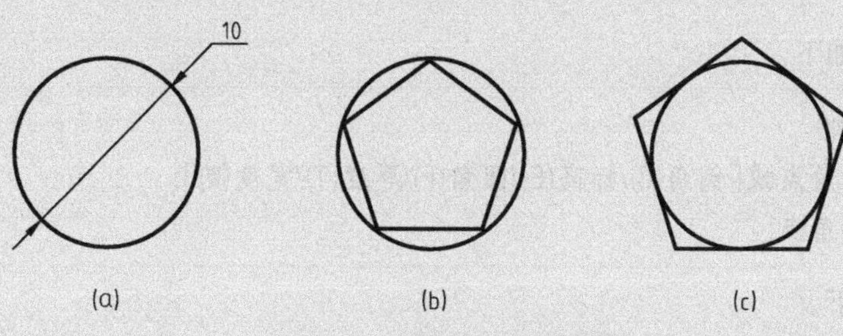

图 3-13　绘制正五边形实例

操作过程如下。

```
命令:_polygon
输入边的数目 <4>:5
指定正多边形的中心点或[边(E)]:                          指定中心点
输入选项[内接于圆(I)/外切于圆(C)]<I>:                    采用内接于圆方式
指定圆的半径:5                                  中心点到顶点的距离为 5
命令:                                            结果如图 3-13(b)所示
命令: POLYGON 输入边的数目 <5>:                         回车重复命令
指定正多边形的中心点或[边(E)]:                          指定中心点
输入选项[内接于圆(I)/外切于圆(C)]<C>:c                  采用外切于圆方式
指定圆的半径:5                              中心点到各边的垂直距离为 5
命令:                                            结果如图 3-13(c)所示
```

六、绘制矩形

RECTANG 命令以指定两个对角点的方式绘制矩形，当两角点形成的边相同时则生成正方形。

命令：RECTANG（REC）。

菜单：绘图→矩形。

工具钮如图 3-14 所示。

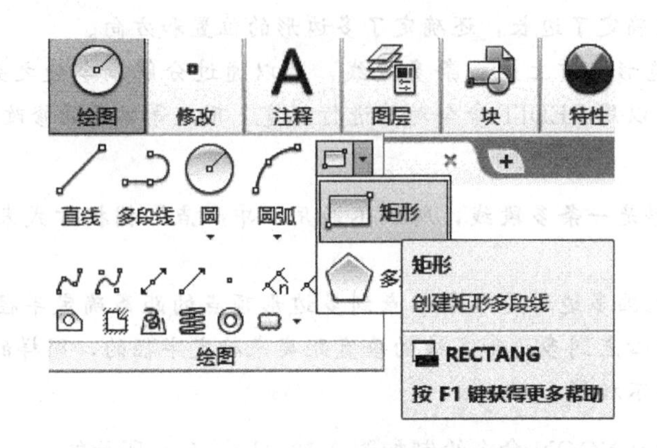

图 3-14　工具钮

命令及提示如下。

```
命令:RECTANG
指定第一个角点或[倒角(C)/标高(E)/圆角(F)/厚度(T)/宽度(W)]:
指定另一个角点:
```

参数说明如下。

① 指定第一个角点：定义矩形的一个顶点。

② 指定另一个角点：定义矩形的另一个角点。

③ 倒角（C）：设定倒角的距离，从而绘制带倒角的矩形。

第一倒角距离——定义第一倒角距离。

第二倒角距离——定义第二倒角距离。

④ 圆角（F）：设定矩形的倒圆角半径，从而绘制带圆角的矩形。

矩形的圆角半径——定义圆角半径。

⑤ 宽度（W）：定义矩形的线条宽度。

⑥ 标高（E）：设定矩形在三维空间中的基面高度。

⑦ 厚度（T）：设定矩形的厚度，即三维空间 Z 轴方向的厚度。

技巧： 选择对角点时，没有方向限制，可以从左到右，也可以从右到左。

注意：

① 绘制的矩形是一多段线，可以通过分解命令使之分解成单个的线段，同时失去线宽性质。

② 线宽是否填充和系统变量 FILL 的设置有关。

★【实例】 绘制一个倒圆角半径为 2 的矩形，矩形线宽为 0.4，如图 3-15 所示。

图 3-15 倒圆角矩形实例

操作过程如下。

```
命令:_rectang
指定第一个角点或[倒角(C)/标高(E)/圆角(F)/厚度(T)/宽度(W)]:w      进入设置线宽状态
指定矩形的线宽 <0.0000> :0.4                                  设置矩形的线条宽度为 0.4
指定第一个角点或[倒角(C)/标高(E)/圆角(F)/厚度(T)/宽度(W)]:f      进入圆角设置状态
指定矩形的圆角半径 <0.0000> :2                                 设置倒圆角的半径为 2
指定第一个角点或[倒角(C)/标高(E)/圆角(F)/厚度(T)/宽度(W)]:      指定矩形的第一角点
指定另一个角点:                                               指定矩形的另一个角点
命令:
```

七、绘制圆弧

圆弧是常见的图形之一，绘制的方法有很多种，它可以通过圆弧命令直接绘制，也可以通过打断圆成圆弧以及倒圆角等方法产生圆弧。

命令：ARC（A）。

菜单：绘制→圆弧。

工具钮：如图 3-16 所示。

AutoCAD 中共有 11 种不同的定义圆弧的方式，如图 3-17 所示。

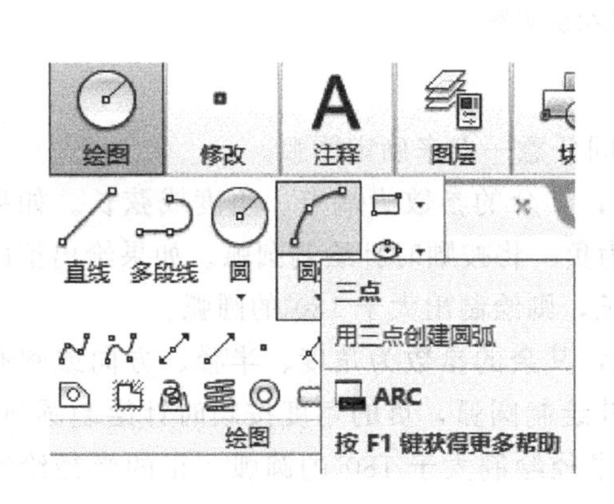

图 3-16 工具钮

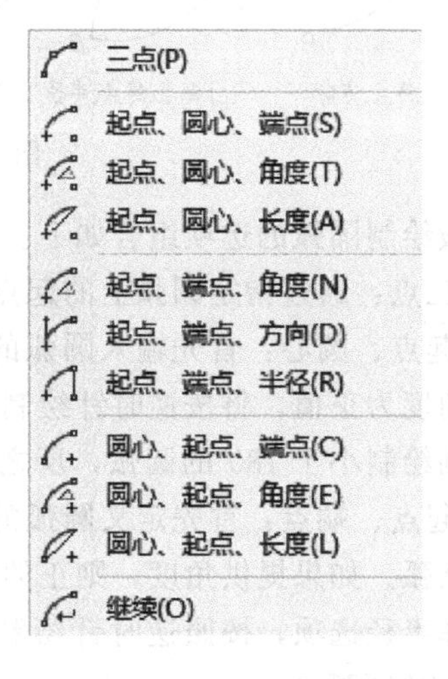

图 3-17 圆弧菜单

命令及提示如下。

```
命令:arc
指定圆弧的起点或[圆心(C)]:
指定圆弧的第二个点或[圆心(C)/端点(E)]:
指定圆弧的端点:
```

参数说明：如图 3-18 所示。

① 三点：指定圆弧的起点、终点以及圆弧上的任意一点。

② 起点：指定圆弧的起始点。

③ 终点：指定圆弧的终止点。

④ 圆心：指定圆弧的圆心。

⑤ 方向：指定和圆弧起点相切的方向。

⑥ 长度：指定圆弧的弦长。正值绘制小于 180°的圆弧，负值绘制大于 180°的圆弧。

⑦ 角度：指定圆弧包含的角度。顺时针为负，逆时针为正。

⑧ 半径：指定圆弧的半径。按逆时针绘制，正值绘制小于 180°的圆弧，负值绘制大于 180°的圆弧。

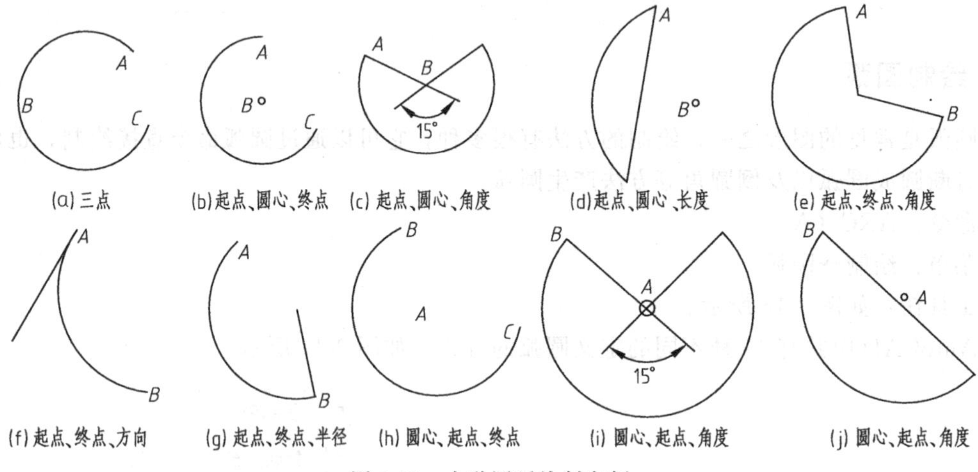

图 3-18　十种圆弧绘制实例

一般绘制圆弧的选项组合如下。

① 三点：通过指定圆弧上的起点、终点和中间任意一点来确定圆弧。

② 起点、圆心：首先输入圆弧的起点和圆心，其余的参数为端点、角度或弦长。如果给定的角度为正值，将按逆时针绘制圆弧。如果为负，将按顺时针绘制圆弧。如果给出正的弦长，则绘制小于 180°的圆弧，反之给出负的弦长，则绘制出大于 180°的圆弧。

③ 起点、端点：首先定义圆弧的起点和端点，其余的参数为角度、半径、方向或圆心来绘制圆弧。如果提供角度，则正的角度按逆时针绘制圆弧，负的角度按顺时针绘制圆弧。如果选择半径选项，按照逆时针绘制圆弧，负的半径绘制大于 180°的圆弧，正的半径绘制小于 180°的圆弧。

④ 圆心、起点：首先输入圆弧的圆心和起点，其余的参数为角度、弦长或端点绘制圆弧。正的角度按逆时针绘制，而负的角度按顺时针绘制圆弧。正的弦长绘制小于 180°的圆弧，负的弦长绘制大于 180°的圆弧。

⑤ 连续：在开始绘制圆弧时如果不输入点，而是键入回车或空格，则采用连续的圆弧绘制方式。所谓的连续，指该圆弧的起点为上一个圆弧的终点或上一个直线的终点，同时所绘圆弧和已有的直线或圆弧相切。

技巧：

① 输入圆心角为正，圆弧按逆时针方向绘制，反之则按顺时针方向绘制。

② 可以增大系统变量 VIEWRES 的值，该值越大，则圆弧越光滑。

③ 可以画出圆而难以直接绘制圆弧时可以打断或修剪圆成所需的圆弧。

注意：

① 获取圆心或其他某点时可以配合对象捕捉方式准确绘制圆弧。

② 在菜单中点取圆弧的绘制方式是明确的，相应的提示不再给出可以选择的参数。而通过按钮或命令行输入绘制圆弧命令时，相应的提示会给出可能的多种参数。

③ ARC 命令不能一次绘制封闭的圆或自身相交的圆弧。定位点相同，而定位顺序不同，绘制出的圆弧不一定相同。

★**【实例】** 画一个如图 3-19 所示的圆弧，弧 *DE* 半径为 200，*BD* 为半圆弧，半径为 100，∠*BCD* 为 150°，*AB* 长为 160，半径为 100。

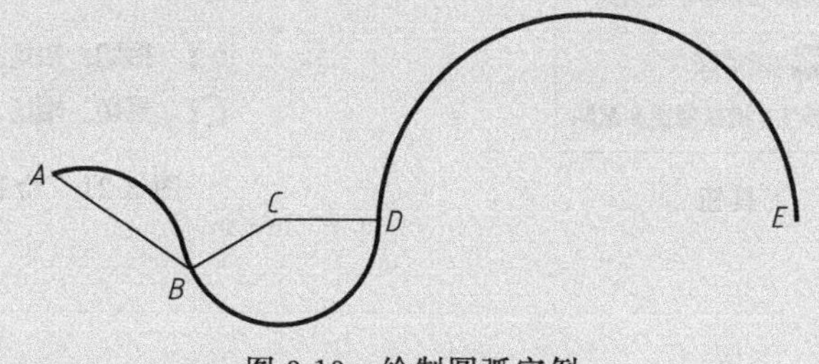

图 3-19 绘制圆弧实例

操作过程如下。

```
命令:arc
指定圆弧的起点或[圆心(C)]:c
指定圆弧的圆心:                                    先选定 DE 弧的圆心
指定圆弧的起点:200                   在水平向右的方向上输入 200,确定 E 点
指定圆弧的端点或[角度(A)/弦长(L)]:a
指定包含角:180                              给圆弧指定一个角度,确定 D 点
命令: ARC 指定圆弧的起点或[圆心(C)]:     重复"圆弧"命令,指定 D 点为圆弧起点
指定圆弧的第二个点或[圆心(C)/端点(E)]:c                      给定一个圆心
指定圆弧的圆心:100                在水平向左的方向上输入 100,确定圆心 C
指定圆弧的端点或[角度(A)/弦长(L)]:a
指定包含角:- 150                            给圆弧指定一个角度,确定 B 点
命令:_arc 指定圆弧的起点或[圆心(C)]:     重复"圆弧"命令,指定 B 点为圆弧起点
指定圆弧的第二个点或[圆心(C)/端点(E)]:c
指定圆弧的圆心:100                  在水平向左的方向上输入 100,确定圆心
指定圆弧的端点或[角度(A)/弦长(L)]:_l 指定弦长:160           给定弦 AB 的长度
命令:
```

八、绘制圆和圆环

1. 绘制圆

绘制圆有多种方法可供选择。系统默认的方法是指定圆心和半径。指定圆心和直径或用两点定义直径亦可以创建圆。还可以用三点定义圆的圆周来创建圆。可以创建与三个现有对象相切的圆，或指定半径创建与两个对象相切的圆。

命令：CIRCLE（C）。

菜单：绘图→圆。

工具钮：如图 3-20 所示。

AutoCAD 共有六种绘制圆的方式，如图 3-21 所示。

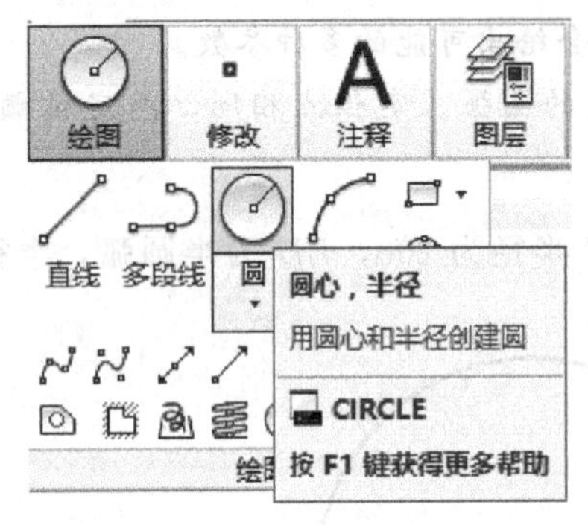

图 3-20　工具钮

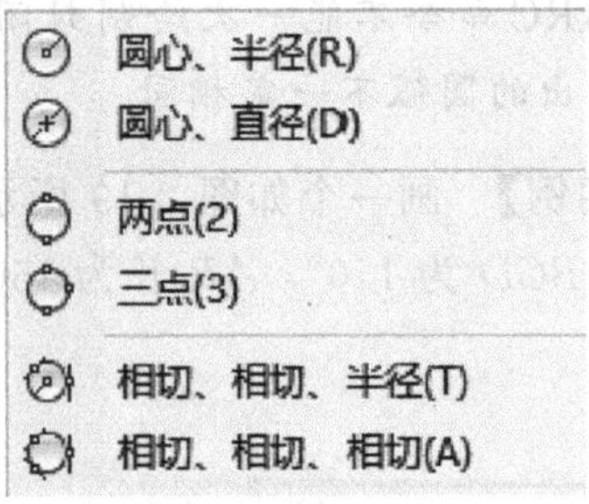

圆心、半径(R)
圆心、直径(D)
两点(2)
三点(3)
相切、相切、半径(T)
相切、相切、相切(A)

图 3-21　绘制圆的方式

命令及提示如下。

```
命令:_circle
指定圆的圆心或[三点(3P)/两点(2P)/相切、相切、半径(T)]:
```

参数说明：如图 3-22 所示。

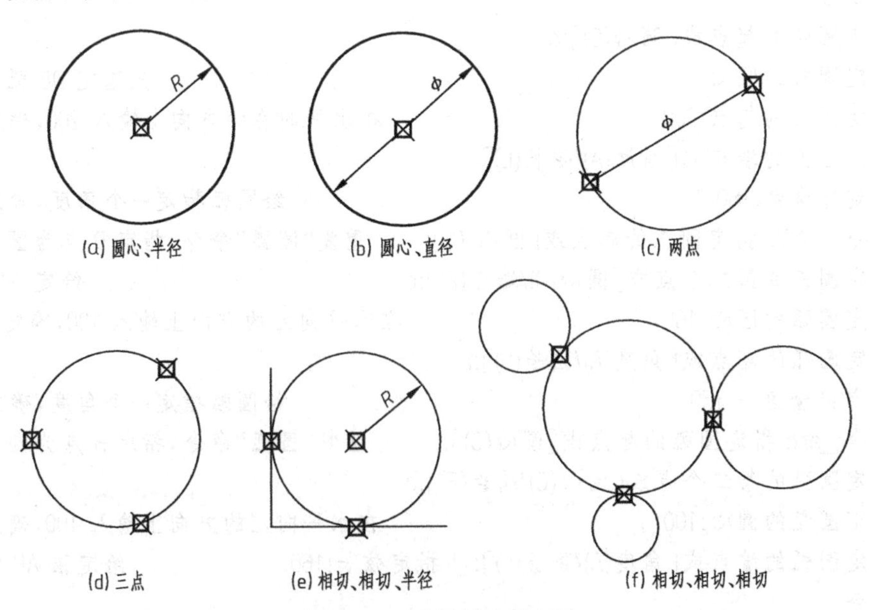

图 3-22　六种圆的绘制实例

① 圆心：指定圆的圆心。

② 半径（R）：定义圆的半径大小。

③ 直径（D）：定义圆的直径大小。

④ 两点（2P）：指定两点作为圆的一条直径上的两点。

⑤ 三点（3P）：指定三点确定圆。

⑥ 相切、相切、半径（TTR）：指定与绘制的圆相切的两个元素，接着定义圆的半径。半径值绝对不能小于两元素间的最短距离。

⑦ 相切、相切、相切（TTT）：这种方式是三点定圆中的特殊情况。要指定和绘制的圆相切的三个元素。

绘制圆一般是先确定圆心，再确定半径或直径来绘制圆。也可以先绘制圆，再通过尺寸标注来绘制中心线，或通过圆心捕捉方式绘制中心线。

技巧：

① 作圆与直线相切时，圆可以与直线没有明显的切点，只要直线延长后与圆相切就行。

② 指定圆心或其他某点时可以配合对象捕捉方式准确绘圆。

③ 圆的显示分辨率由系统变量 VIEWRES 控制，其值越大，显示的圆越光滑，但 VIEWRES 的值与出图无关。

注意：

① 在菜单中点取圆的绘制方式是明确的，相应的提示不再给出可以选择的参数。而通过按钮或命令行输入绘制圆的命令时，相应的提示会给出可能的多种参数。

② CIRCLE 绘制的圆是没有线宽的单线圆，有线宽的圆环可用 DONUT 命令。

③ 圆不能用 PEDIT、EXPLODE 编辑，它本身是一个整体。

2. 绘制圆环

圆环是一种可以填充的同心的圆，实际上它是有一定宽度的闭合多段线，其内径可以是 0，也可以和外径相等。

命令：DONUT（DO）。

菜单：绘图→圆环。

工具钮：如图 3-23 所示。

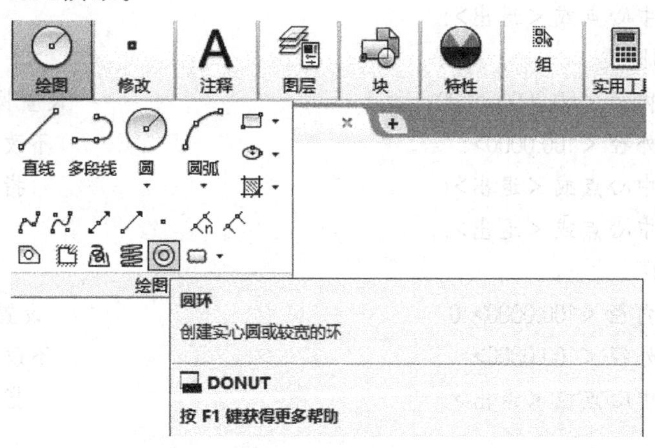

图 3-23　工具钮

命令及提示如下。

```
命令: DONUT
指定圆环的内径 <10.0000> :
指定圆环的外径 <20.0000> :
指定圆环的中心点或 <退出> :
```

参数说明如下。

① 内径：定义圆环的内圈直径。

② 外径：定义圆环的外圈直径。

③ 中心点：指定圆环的圆心位置。

④ 退出：结束圆环绘制，否则可以连续绘制同样的圆环。

技巧：

① 圆环是由宽弧线段组成的闭合多段线构成的。可改变系统变量 FILL 的当前设置来决定圆环内的填充图案。

② 要使圆环成为填充圆，可以指定圆环的内径为零。

★**【实例】** 设置不同的内径绘制如图 3-24 所示的圆环，圆环外径均为 200。

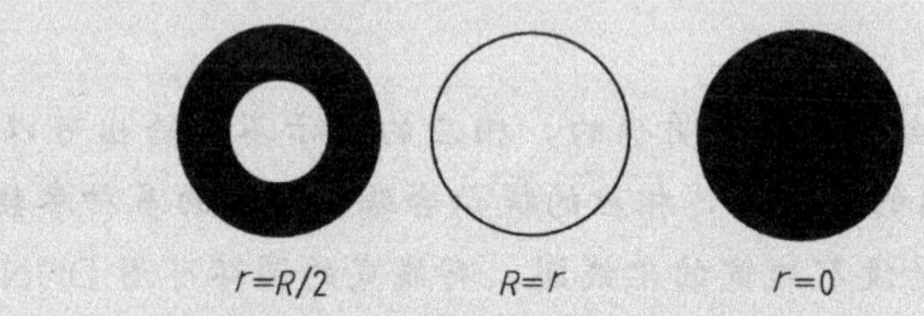

图 3-24 绘制不同内径的圆环实例

操作过程如下。

```
命令:_donut
指定圆环的内径 <10.0000>:50                    设置圆环的内径为 50
指定圆环的外径 <20.0000>:100                   设置圆环的外径为 100
指定圆环的中心点或 <退出>:                      指定圆环的中心点
指定圆环的中心点或 <退出>:
命令: DONUT
指定圆环的内径 <50.0000>:100                   设置圆环的内径为 100
指定圆环的外径 <100.0000>:                     不改变圆环的外径值
指定圆环的中心点或 <退出>:                      指定圆环的中心点
指定圆环的中心点或 <退出>:
命令: DONUT
指定圆环的内径 <100.0000>:0                    设置圆环的内径为 0
指定圆环的外径 <100.0000>:                     不改变圆环的外径值
指定圆环的中心点或 <退出>:                      指定圆环的中心点
命令:
```

九、修订云线

命令：REVCLOUD（U）。

菜单：绘图→修订云线。

工具钮：如图 3-25 所示。

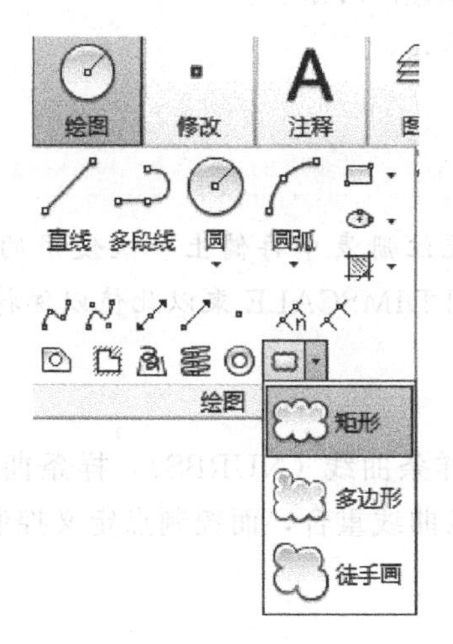

图 3-25　工具钮

命令及提示如下。

```
最小弧长:0.5000 最大弧长:0.5000
指定起点或[弧长(A)/对象(O)/样式(S)]<对象>:
拖动以绘制修订云线、输入选项或按"Enter"键
沿云线路径引导十字光标...
当开始直线和结束直线相接时,命令行上显示以下信息。
云线完成                                    生成的对象是多段线。
```

参数说明如下。

① 弧长：指定云线中弧线的长度。最大弧长不能大于最小弧长的三倍。

② 对象：指定要转换为云线的闭合对象。

反转方向 [是（Y)/否（N)]：输入 y 以反转云线中的弧线方向，或按“Enter”键保留弧线的原样。

③ 样式：指定修订云线的样式。

★【实例】 绘制如图 3-26 所示的一条云线。

图 3-26　修订云线实例

操作过程如下。

```
命令:_revcloud 回车
最小弧长:20  最大弧长:30
指定起点或[弧长(A)/对象(O)]<对象>:
沿云线路径引导十字光标...
修订云线完成。
命令:
```

注意：REVCLOUD在系统注册表中存储上一次使用的圆弧长度。当程序和使用不同比例因子的图形一起使用时，用DIMSCALE乘以此值以保持统一。

十、绘制样条曲线

样条曲线即非均匀有理B样条曲线（NURBS），样条曲线使用拟合点或控制点进行定义。默认情况下，拟合点与样条曲线重合，而控制点定义控制框。

命令：SPLINE（SPL）。

工具钮：如图3-27所示。

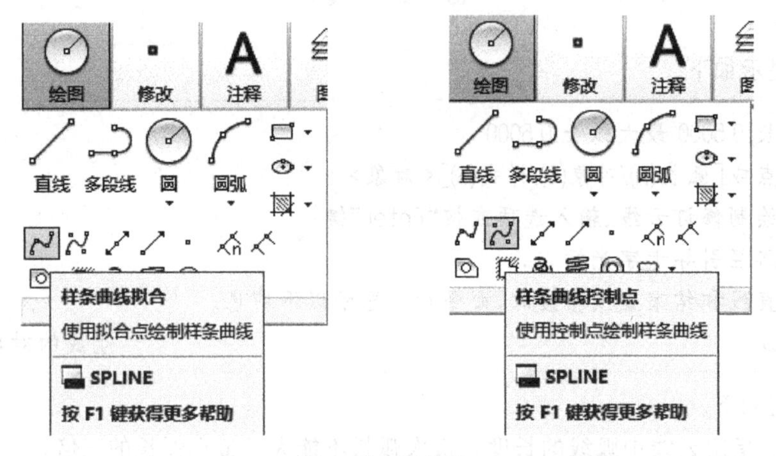

图3-27 工具钮

菜单：绘图→样条曲线→拟合点或控制点。

当使用控制顶点创建样条曲线时，指定的点显示它们之间的临时线，从而形成确定样条曲线形状的控制多边形。使用拟合点创建样条曲线时，生成的曲线通过指定的点，并受曲线中数学节点间距的影响。如图3-28所示，左侧的样条曲线将沿着控制多边形显示控制顶点，

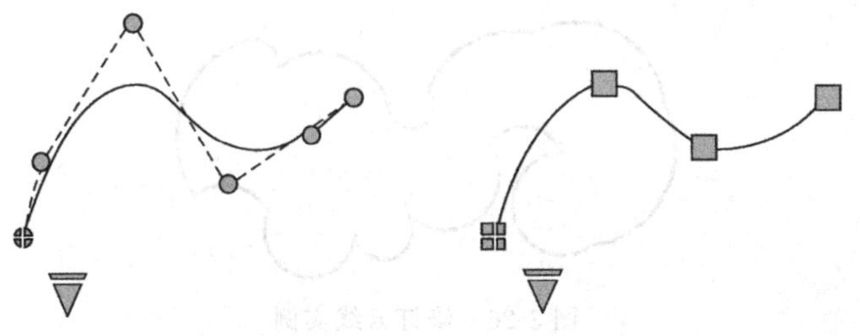

图3-28 不同定义的样条曲线

而右侧的样条曲线显示拟合点。

十一、绘制椭圆和椭圆弧

1. 绘制椭圆

绘制椭圆比较简单，和绘制正多边形一样，系统自动计算各点数据。椭圆的形状是由定义椭圆的长度和宽度的两个轴来确定的。较长的轴为长轴，较短的轴为短轴。

命令：ELLIPSE。

菜单：绘制→椭圆。

工具钮：如图 3-29 所示。

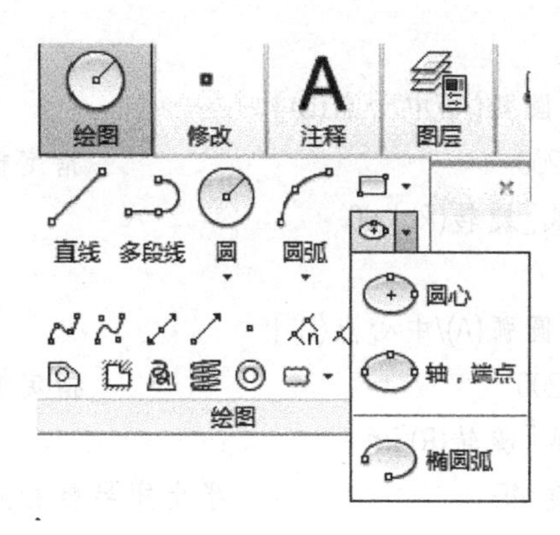

图 3-29 工具钮

命令及提示如下。

```
命令:_ellipse
指定椭圆的轴端点或[圆弧(A)/中心点(C)]:
指定轴的另一个端点:
指定另一条半轴长度或[旋转(R)]:
```

参数说明如下。

① 端点：指定椭圆轴的端点。

② 中心点：指定椭圆的中心点。

③ 半轴长度：指定半轴的长度。

④ 旋转（R）：指定一轴相对于另一轴的旋转角度。

技巧：

① 椭圆绘制好后，可以根据椭圆弧所包含的角度来确定椭圆弧。

② 采用旋转方式画的椭圆，其形状最终由其长轴的旋转角度决定。

注意：

① 在 0°～89.4°之间，若旋转角度为 0°，将绘制圆；若角度为 45°，将成为一个从视角上看上去呈 45°的椭圆，旋转角度的最大值为 89.4°，大于此角度后，命令无效。

②“椭圆”命令绘制的椭圆是一个整体，不能用“分解”和“编辑多段线”等命令修改。

★【实例】 绘制如图 3-30 所示的两个椭圆，椭圆Ⅰ的长轴为 200，短半轴为 80；椭圆Ⅱ的长轴为 200，短轴相对于长轴的旋转角度为 45°。

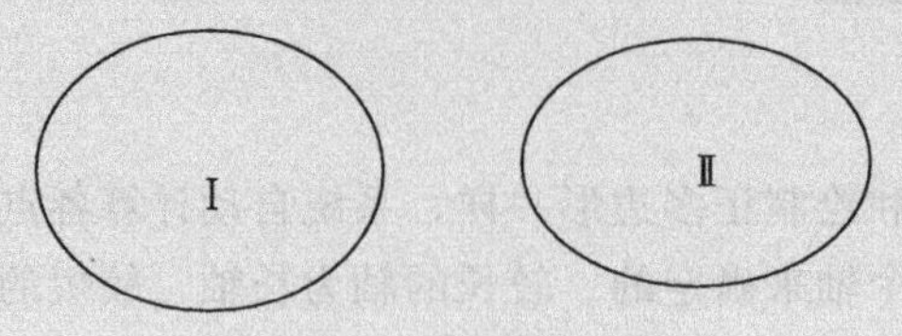

图 3-30 绘制椭圆实例

操作过程如下。

```
命令:_ellipse
指定椭圆的轴端点或[圆弧(A)/中心点(C)]:          指定椭圆长轴的一个端点
指定轴的另一个端点:200                        指定椭圆长轴长,确定另一端点
指定另一条半轴长度或[旋转(R)]:80               指定椭圆的短半轴长
命令:_ellipse
指定椭圆的轴端点或[圆弧(A)/中心点(C)]:          指定椭圆长轴的一个端点
指定轴的另一个端点:200                        指定椭圆长轴长,确定另一端点
指定另一条半轴长度或[旋转(R)]:r                通过旋转确定短半轴长
指定绕长轴旋转的角度:45                       指定短半轴相对于长轴的旋转角度为 45°
命令:
```

2. 绘制椭圆弧

绘制椭圆弧时，除了输入必要的参数来确定母圆外，还需要输入椭圆弧的起始角度和终止角度。绘制椭圆弧是绘制椭圆中的一种特殊情况。

命令：ELLIPSE。

菜单：绘制→椭圆→圆弧。

工具钮：如图 3-31 所示。

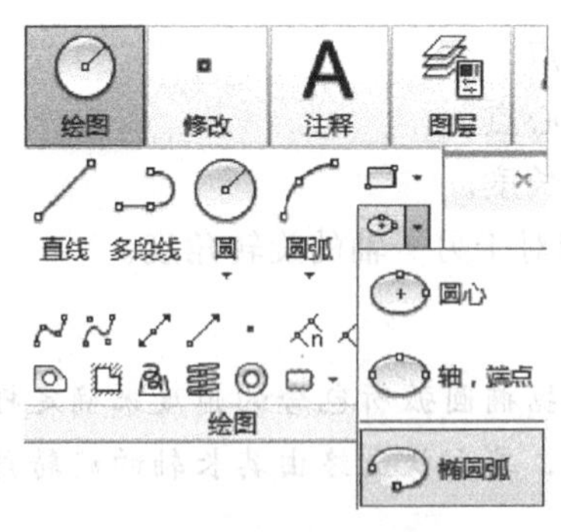

图 3-31 工具钮

命令及提示如下。

```
命令:_ellipse
指定椭圆的轴端点或[圆弧(A)/中心点(C)]:_a
```

```
指定椭圆弧的轴端点或[中心点(C)]:
指定轴的另一个端点:
指定另一条半轴长度或[旋转(R)]:
指定起始角度或[参数(P)]:30
指定终止角度或[参数(P)/包含角度(I)]:270
```

参数说明如下。

① 指定起始角度或［参数（P)］：输入起始角度。从 X 轴负向按逆时针旋转为正。

② 指定终止角度或［参数（P)/包含角度（I)］：输入终止角度或输入椭圆包含的角度。

★【实例】 如图 3-32 所示，绘制一个起始角度为 30、终止角度为 270 的椭圆弧。

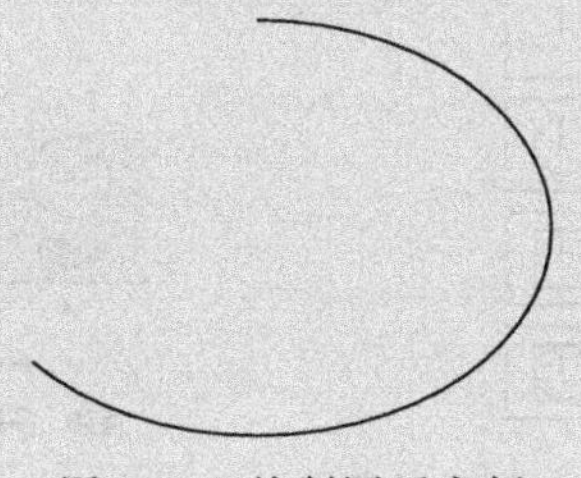

图 3-32　绘制圆弧实例

操作过程如下。

```
命令:_ellipse
指定椭圆的轴端点或[圆弧(A)/中心点(C)]:_a
指定椭圆弧的轴端点或[中心点(C)]:              指定椭圆长轴的一个端点
指定轴的另一个端点:                           指定椭圆长轴的另一端点
指定另一条半轴长度或[旋转(R)]:                 指定椭圆短半轴长
指定起始角度或[参数(P)]:30                    指定起始角度为 30°
指定终止角度或[参数(P)/包含角度(I)]:270        指定终止角度为 270°
命令:
```

十二、绘制点

1. 设置点样式

点可以用不同的样式在图纸上显示出来。AutoCAD 系统提供 20 种不同的点样式供选择。

命令：DDPTYPE。

菜单：格式→点样式。

启用点样式命令后，系统将弹出“点样式”对话框，如图 3-33 所示。

选项及说明如下。

① 点显示图像：指定用于显示点对象的图像。该点样式存储在 PDMODE 系统变量中。

② 点大小：设置点的显示大小。可以相对于屏幕设置点的大小，也可以用绝对单位设置点的大小。系统将点的显示大小存储在 PDSIZE 系统变量中。

③ 相对于屏幕设置大小：按屏幕尺寸的百分比设置点的显示大小。当进行缩放时，点的显示大小并不改变。

④ 用绝对单位设置大小：按“点大小”下指定的实际单位设置点的显示大小。当进行缩放时，系统显示的点的大小随之改变。

2. POINT 命令绘制点

命令：POINT（PO）。

菜单：绘图→点（单点和多点）。

工具钮：如图 3-34 所示。

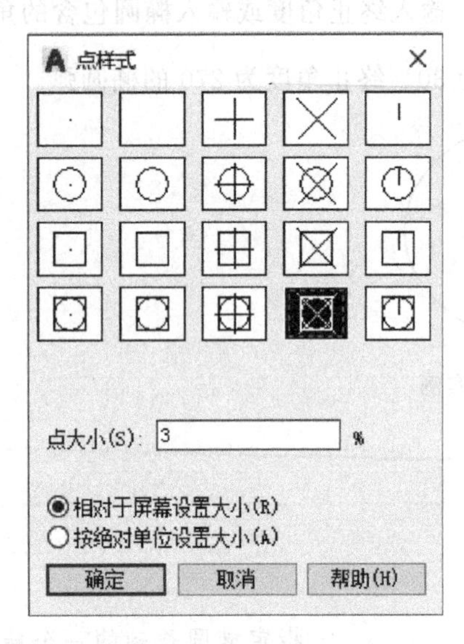

图 3-33 “点样式”对话框

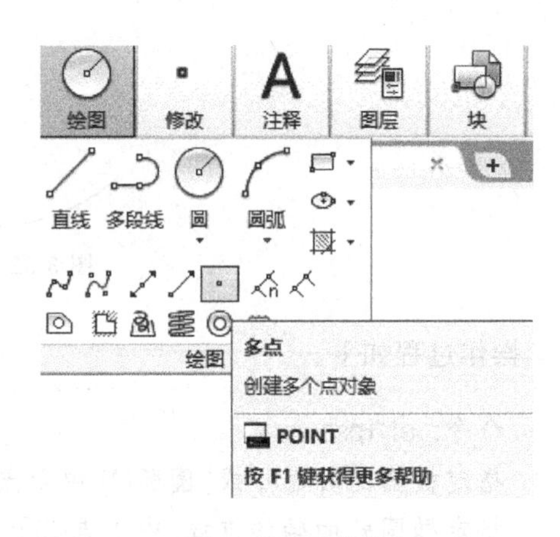

图 3-34 工具钮

命令及提示如下。

```
命令:_point
当前点模式:  PDMODE= 0  PDSIZE= 0.0000
指定点:
```

指定点的方法很多，常见的有如下四种。

① 用鼠标指定，移动鼠标，在绘图区找到指定点并单击左键，即完成点的输入。

② 绝对坐标，输入方式为：X，Y。输入 X 和 Y 的时间数值，中间用逗号分开，表示它们相对原点的距离。

③ 相对坐标，输入方式为：@ΔX，ΔY。@表示用相对坐标输入坐标值，ΔX 和 ΔY 的值表示该点相对前点的在 X 和 Y 方向上的增量。

④ 极坐标，输入方式为：@距离<方位角。表示从前一点出发，指定到下一点的距离和方位角（与 X 轴正向的夹角），@符号会自动设置前一点的坐标为（0，0）。

技巧：

① 捕捉点时，可设置“节点”和“最近点”捕捉模式。

② 除了用“点”命令绘制点外，还可以由“定数等分点”和“定距等分点”命令来放

置点。

③ 可以把修改点样式获取的点定义成块，必要时插入使用，这样既获得了特殊符号，还节省了作图时间。

注意： 改变系统变量PDMODE和PDSIZE的值后，只影响在这以后绘制的点，而已画好的点不会发生改变，只有在用REGEN命令或重新打开图形时才会改变。

★【实例】 绘制如图3-35所示的点，点大小为15%。

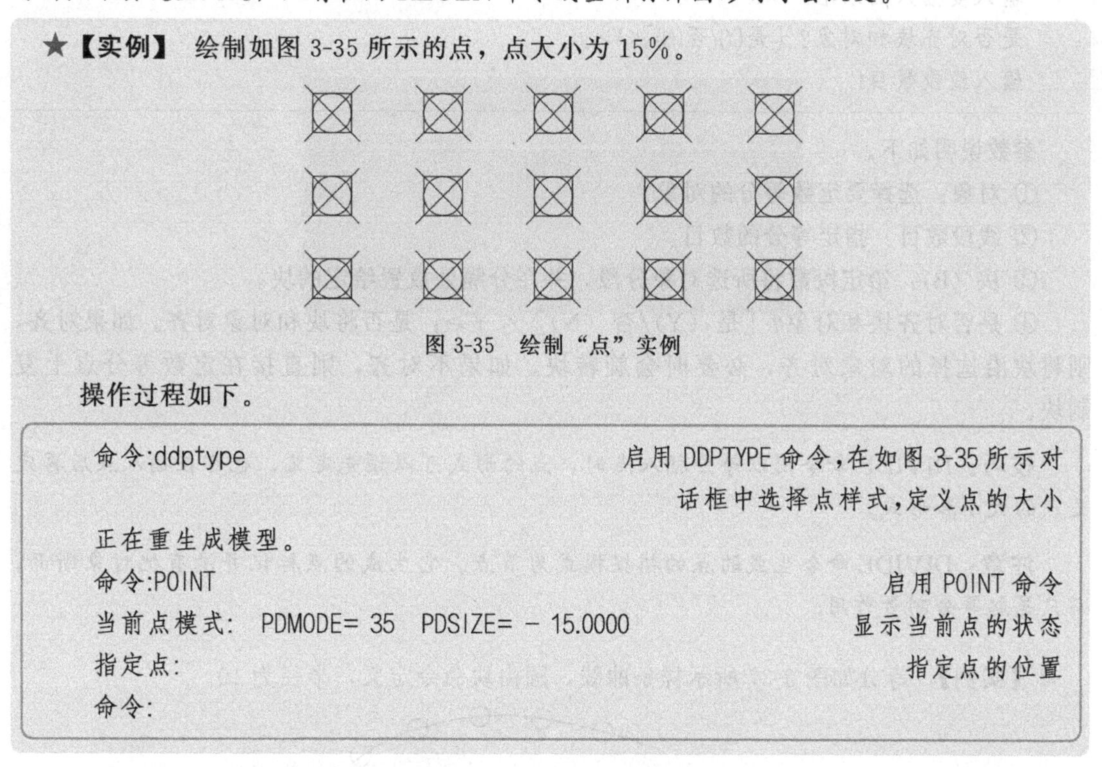

图3-35 绘制“点”实例

操作过程如下。

命令:ddptype	启用DDPTYPE命令,在如图3-35所示对话框中选择点样式,定义点的大小
正在重生成模型。	
命令:POINT	启用POINT命令
当前点模式: PDMODE= 35 PDSIZE= - 15.0000	显示当前点的状态
指定点:	指定点的位置
命令:	

这样每次只能绘制一个点，若选择“下拉菜单→点→多点”，则可以连续绘制多个点。

3. DIVIDE命令绘等分点

DIVIDE命令是在某一图形上以等分长度放置点和图块。被等分的对象可以是直线、圆、圆环、多段线等，等分数目可临时指定。

命令：DIVIDE（DIV）。

菜单：绘图→点→定数等分（如图3-36所示）。

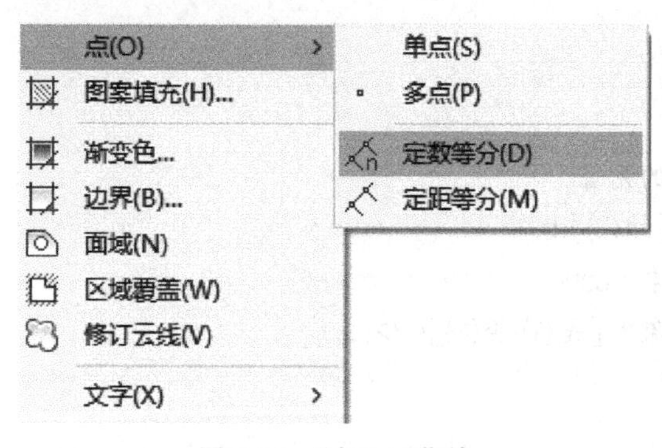

图3-36 “点”子菜单

命令及提示如下。

```
命令:div(DIVIDE)
选择要定数等分的对象:
输入线段数目或[块(B)]:b
输入要插入的块名:
是否对齐块和对象？[是(Y)/否(N)]<Y> :
输入线段数目:
```

参数说明如下。

① 对象：选择要定数等分的对象。

② 线段数目：指定等分的数目。

③ 块（B）：给定段数将所选对象分段，并在分隔处放置给定的块。

④ 是否对齐块和对象？[是（Y）/否（N）]＜Y＞：是否将块和对象对齐。如果对齐，则将块沿选择的对象对齐，必要时会旋转块。如果不对齐，则直接在定数等分点上复制块。

技巧：DIVIDE命令用以等分插入点时，点的形式可以预先定义，也可在插入点后再定义点的大小和形式。

注意：DIVIDE命令生成的点的捕捉模式为节点。它生成的点标记并没有把对象断开，而只是起等分测量作用。

★**【实例】** 等分如图3-37所示样条曲线，圆由块命令定义，半径为10。

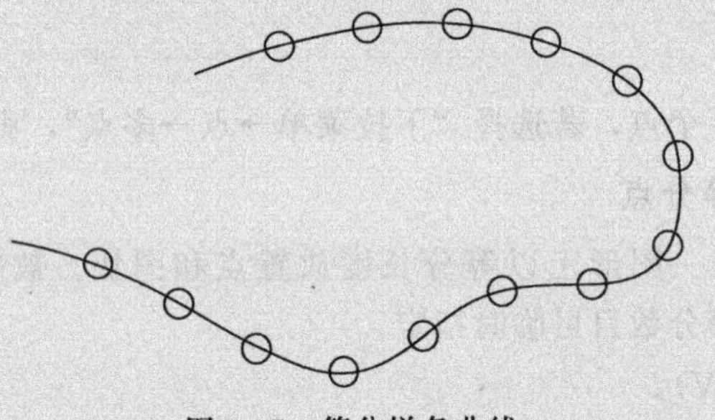

图3-37 等分样条曲线

操作过程如下。

```
命令:DIVIDE
选择要定数等分的对象:                              选择样条曲线
输入线段数目或[块(B)]:b                            以插入块的方式等分
输入要插入的块名:yuan                              指定要插入的块
是否对齐块和对象？[是(Y)/否(N)]<Y> :               默认对齐方式
输入线段数目:40                                    指定等分数目
命令:
```

4. MEASURE 命令绘等分点

如果要将某条直线、多段线、圆环等按照一定的距离等分，可以直接采用 MEASURE 命令在符合要求的位置上放置点。它与 DIVIDE 命令相比，后者是以给定数目等分所选对象，而前者则是以指定的距离在所选对象上插入点或块，直到余下部分不足一个间距为止。

命令：MEASURE（ME）。

菜单：绘图→点→定距等分（如图 3-36 所示）。

命令及提示如下。

```
命令:_measure
选择要定距等分的对象:
指定线段长度或[块(B)]:b
输入要插入的块名:
是否对齐块和对象？[是(Y)/否(N)]<Y>:
指定线段长度:
```

参数说明如下。

① 对象：选择要定距等分的对象。

② 线段长度：指定等分的长度。

③ 块（B）：给定长度将所选对象分段，并在分隔处放置给定的块。

④ 是否对齐块和对象？[是（Y）/否（N）]＜Y＞：是否将块和对象对齐。如果对齐，则将块沿选择的对象对齐，必要时会旋转块。如果不对齐，则直接在定距等分点上复制块。

技巧： MEASURE 命令用于定距插点时，点的形式可以预先定义，也可在插入点后再定义点的大小和形式。

注意： MEASURE 命令并未将实体断开，而只是在相应位置上标注点或块。

★**【实例】** 等分如图 3-38 所示样条曲线，圆由块命令定义，半径为 10。

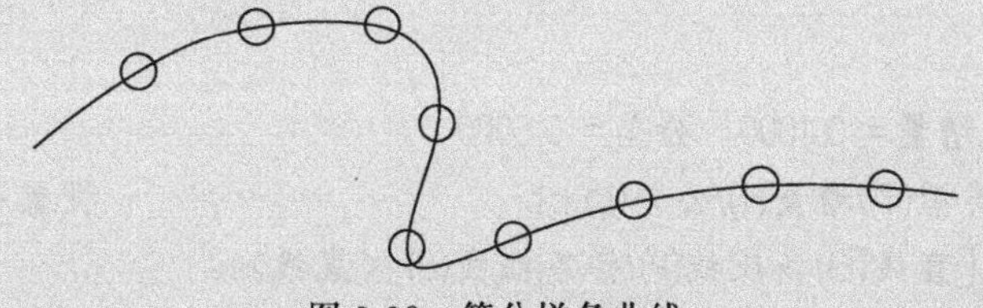

图 3-38 等分样条曲线

操作过程如下。

```
命令:MEASURE
选择要定距等分的对象:                              选择样条曲线
输入线段数目或[块(B)]:b                            以插入块的方式等分
输入要插入的块名:yuan                              指定要插入的块
是否对齐块和对象？[是(Y)/否(N)]<Y>:                默认对齐方式
指定线段长度:20                                    指定等分长度
命令:
```

十三、绘制徒手线

即使是计算机绘图，同样可以创建一系列徒手绘制的线段。徒手绘制对于创建不规则边界或使用数字化仪追踪非常有用。在徒手绘制之前，指定对象类型（直线、多段线或样条曲线）、增量和公差。

命令：SKETCH。

命令及提示如下。

```
命令:SKETCH
类型= 直线   增量= 0.1000   公差= 0.5000
指定草图或[类型(T)/增量(I)/公差(L)]:
```

参数说明如下。

① 指定草图：移动定点设备时，将会绘制指定长度的手画线段。

② 类型（T）：指定手画线的对象类型，有直线、多段线、样条曲线三种。

③ 增量（I）：定义每条手画直线段的长度。定点设备所移动的距离必须大于增量值，才能生成一条直线。

④ 公差（L）：对于样条曲线，指定样条曲线的曲线布满手画线草图的紧密程度。

★【实例】 绘制如图 3-39 所示的一组徒手线。

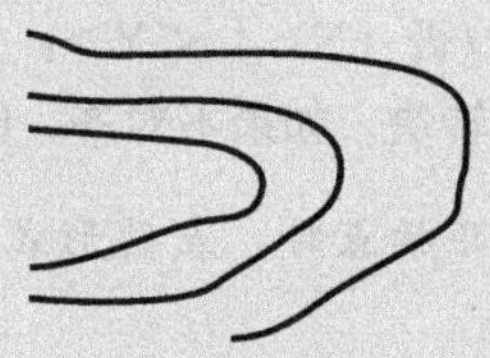

图 3-39 绘制徒手线

操作过程如下。

```
命令:SKETCH                                                    回车
类型= 直线   增量= 0.1000   公差= 0.5000
指定草图或[类型(T)/增量(I)/公差(L)]:t                设置手画线的对象类型
输入草图类型[直线(L)/多段线(P)/样条曲线(S)]<直线>:s          选择样条曲线
指定草图或[类型(T)/增量(I)/公差(L)]:                           回车
指定草图:                                  按住鼠标左键绘制第一条,回车
已记录 1 条样条曲线。
命令:                                                          回车
命令: SKETCH 类型= 样条曲线   增量= 0. 1000   公差= 0. 5000
指定草图或[类型(T)/增量(I)/公差(L)]:                           回车
指定草图:                                  按住鼠标左键绘制第二条,回车
已记录 1 条样条曲线。
命令:                                                          回车
```

```
命令:SKETCH 类型= 样条曲线    增量= 0.1000    公差= 0.5000
指定草图或[类型(T)/增量(I)/公差(L)]:                              回车
指定草图:                              按住鼠标左键绘制第三条,回车
已记录 1 条样条曲线。
命令:
```

注意：如果在绘制徒手线时要使用捕捉或正交等模式，必须通过键盘上的功能键进行切换，不得使用状态栏进行切换。如果捕捉设置大于记录增量，捕捉设置将代替记录增量，反之，记录增量将取代捕捉设置。

十四、绘制螺旋线

此命令可以创建二维螺旋或三维弹簧。

命令：HELIX。

菜单：绘图→螺旋。

工具钮：如图 3-40 所示。

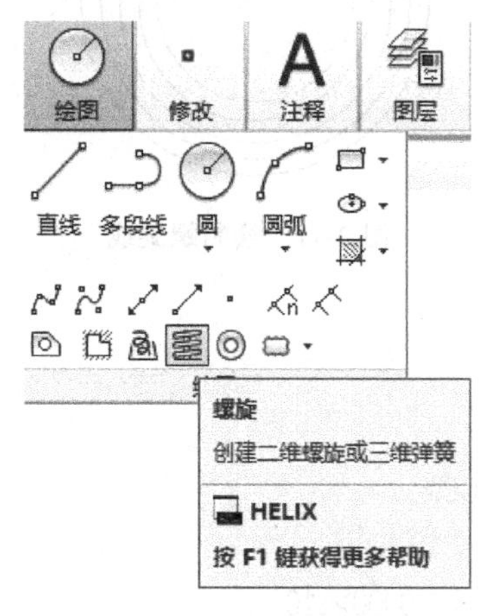

图 3-40　工具钮

命令及提示如下。

```
命令:_Helix
圈数= 3.0000      扭曲= CCW
指定底面的中心点:
指定底面半径或[直径(D)]<1.0000>:
指定顶面半径或[直径(D)]<1.0000>:
指定螺旋高度或[轴端点(A)/圈数(T)/圈高(H)/扭曲(W)]<1.0000>:
命令:
```

参数说明如下。

① 指定底面半径或［直径（D)］＜1.0000＞：指定螺旋底面的直径，最初，默认底面直径设定为 1。执行绘图任务时，底面直径的默认值始终是先前输入的底面直径值。

② 指定顶面半径或［直径（D)］＜1.0000＞：指定螺旋顶面的直径。指定直径或按

"Enter"键指定默认值，顶面直径的默认值始终是底面直径的值。

③ 轴端点（A）：指定螺旋轴的端点位置。轴端点可以位于三维空间的任意位置。轴端点定义了螺旋的长度和方向。

④ 圈数（T）：指定螺旋的圈（旋转）数。螺旋的圈数不能超过 500。最初，圈数的默认值为 3。执行绘图任务时，圈数的默认值始终是先前输入的圈数值。

⑤ 圈高（H）：指定螺旋内一个完整圈的高度。当指定圈高值时，螺旋中的圈数将相应地自动更新。如果已指定螺旋的圈数，则不能输入圈高的值。

⑥ 扭曲（W）：指定以顺时针（CW）方向还是逆时针方向（CCW）绘制螺旋线。螺旋扭曲的默认值是逆时针。

★**【实例】** 绘制如图 3-41 所示的一组螺旋线，底面半径为 10，顶面半径为 5，螺旋高度为 10，圈数为 5。

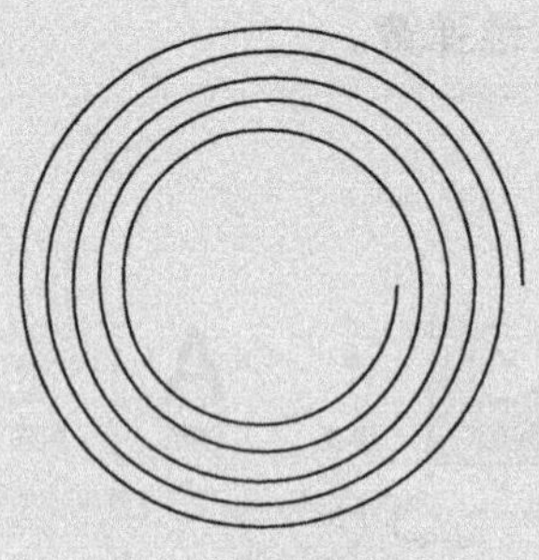

图 3-41 绘制螺旋线

操作过程如下。

```
命令:_Helix
圈数= 3.0000    扭曲= CCW
指定底面的中心点:                                                  在屏幕上指定
指定底面半径或[直径(D)]<1.0000>:10                                 输入 10 回车结束
指定顶面半径或[直径(D)]<10> :5                                     输入 5 回车结束
指定螺旋高度或[轴端点(A)/圈数(T)/圈高(H)/扭曲(W)]<1.0000>:T        选择圈数
输入圈数 <3.0000>:5                                                输入 5 圈
指定螺旋高度或[轴端点(A)/圈数(T)/圈高(H)/扭曲(W)]<1.0000>:h        选择高度
指定圈间距 <2.0000>:5                                              输入圈间距 5
命令:
```

第二节　将尺寸转换为坐标值

利用 AutoCAD 绘图，要根据坐标值确定点的位置。但在绘制工程图时已知的是尺寸，这就要求用户首先要将尺寸转换为点的坐标值。

一、建立用户坐标系转换尺寸

如图 3-42 所示的图样，如果我们能够使该图中的中心线 X 和 Y 成为坐标系的 X 轴和 Y 轴，图中的尺寸就可以直接转换为坐标值。AutoCAD 中世界坐标系（WCS）的坐标原点是固定的，用户不能改变。但 AutoCAD 允许用户建立自己的坐标系（UCS），允许用户将 UCS 的坐标原点放于任何位置，坐标轴可以倾斜任意角度。

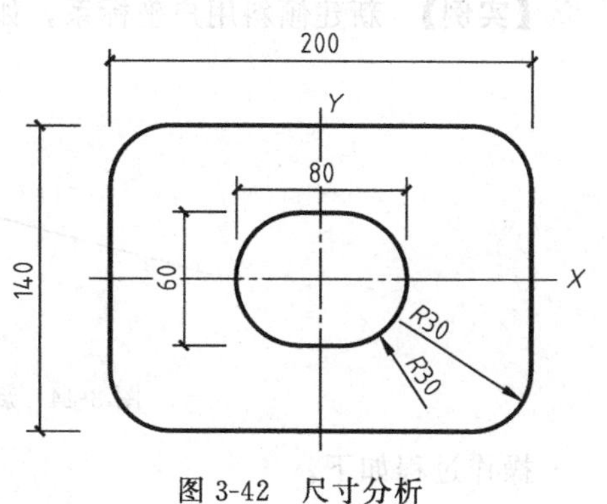

图 3-42　尺寸分析

1. 建立正交坐标系转换尺寸

这里所说的正交坐标系，是指 X、Y 坐标轴分别处于水平、垂直方向的用户坐标系。建立这种用户坐标系的方法非常简单，操作过程是键入命令“ucs”，系统提示：

```
当前 UCS 名称:*世界*
指定新 UCS 的原点或[Z 轴(ZA)/三点(3)/对象(OB)/面(F)/视图(V)/X/Y/Z]<0,0,0>:
```

用户只要输入要建坐标系的原点就建立了一个新坐标系。

只要我们将新建立的用户坐标系的 X、Y 轴放在尺寸基准上，尺寸的起点与坐标的起点相同，尺寸值就是坐标值。

★【实例】 新建正交用户坐标系，如图 3-43 所示。

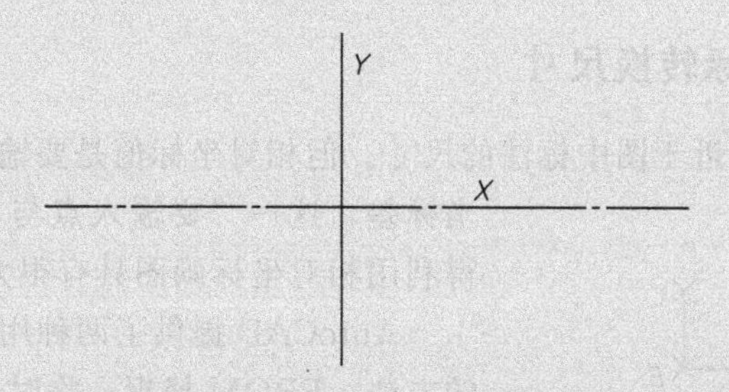

图 3-43　新建正交用户坐标系示例

操作过程如下。

```
命令:UCS                                                          回车
当前 UCS 名称:*世界*
指定 UCS 的原点或[面(F)/命名(NA)/对象(OB)/上一个(P)/视图(V)/世界(W)/X/Y/Z/Z 轴(ZA)]
<世界>:                                           点取交点作为新坐标系的原点
指定 X 轴上的点或<接受>:                      点取水平线段上的右边点作为 X 轴方向
指定 XY 平面上的点或<接受>:                   点取竖直线段上的上边点作为 Y 轴方向
命令:
```

2. 建立倾斜用户坐标系

建立倾斜用户坐标系的方法是执行“UCS”命令后，选择“三点”选项，这三点分别是原点、X 轴上一点和在 XY 平面内 X、Y 坐标都大于 0 的任一点。

★【实例】 新建倾斜用户坐标系，如图 3-44 所示。

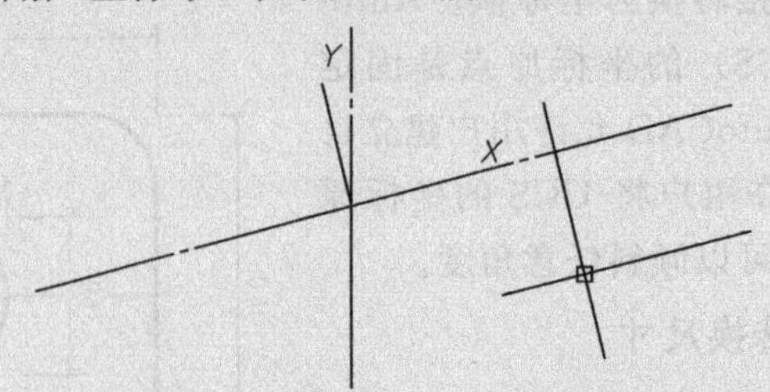

图 3-44 新建倾斜用户坐标系示例

操作过程如下。

```
    命令:UCS                                                          回车
    当前 UCS 名称:*没有名称*
    指定 UCS 的原点或[面(F)/命名(NA)/对象(OB)/上一个(P)/视图(V)/世界(W)/X/Y/Z/Z 轴(ZA)]
<世界>:                                             点取交点作为新坐标系的原点
    指定 X 轴上的点或 <接受>:                              点作为 X 轴方向上的点
    指定 XY 平面上的点或 <接受>:                                        回车
    命令:
```

二、用广义相对坐标转换尺寸

相对坐标值比较接近于图中标注的尺寸。但相对坐标值是要输入点与上一输入点之间的坐标差，这一“要输入点与上一输入点”的限制，使得利用相对坐标画图具有很大的局限性。

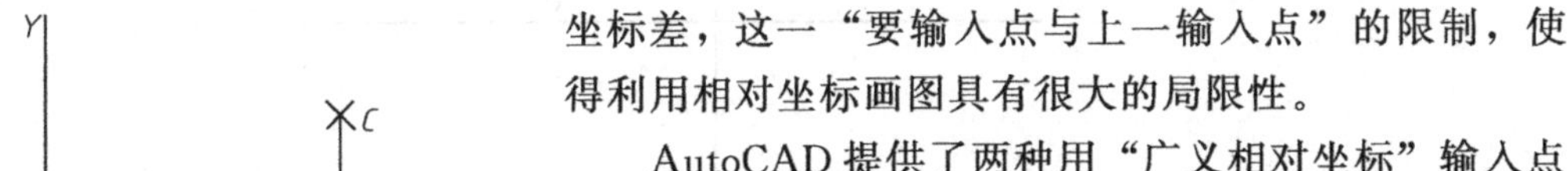

图 3-45 坐标差的两种情况

AutoCAD 提供了两种用“广义相对坐标”输入点的方法：FROM 捕捉、临时追踪点捕捉。我们之所以称这两种捕捉方式是用“广义相对坐标”输入点的方法，就是因为运行这两种捕捉方式时，AutoCAD 要求用户临时给定一点作为基准点，然后输入“要输入点”与此点的坐标差。

坐标差又分为两种情况，如图 3-45 所示。

两点的 X、Y 坐标差都不为零，如图 3-45 中的 A、C 两点，对这种情况用 FROM 捕捉。

两点的 X、Y 坐标差有一个为零，如图 3-45 中的 A 点和 B 点，B 点和 C 点，对这种情况用临时追踪点捕捉。

1. 利用临时追踪点捕捉作图

如图 3-46 所示，图（b）所示的尺寸 45 就是 A 点与 1 点、A 点与 2 点之间的 Y 坐标差，X 坐标差为 0。对这种情况用临时追踪点捕捉更为方便。

例如利用临时追踪点捕捉方法将图 3-46（a）画为 3-46（b）。

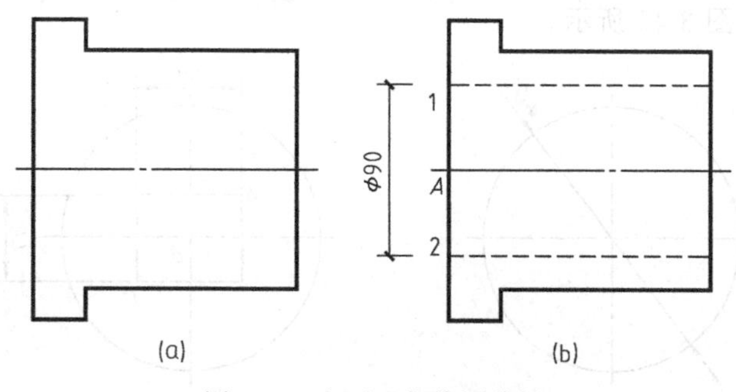

图 3-46　相对坐标作图分析

① 将虚线层设置为当前层。

② 执行画直线命令。

③ 用临时追踪点捕捉方式捕捉点 1。单击临时追踪点捕捉按钮，如图 3-47 所示。

将光标从 A 点下移一小段距离，系统显示过 A 点的追踪轨迹如图 3-48 所示。此时输入 45 即可确定 1 点，并将 1 点默认为直线的起点。

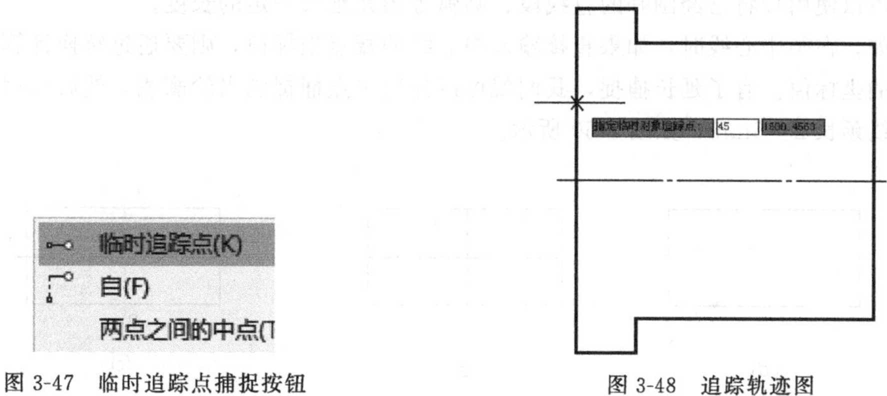

图 3-47　临时追踪点捕捉按钮　　　　图 3-48　追踪轨迹图

追踪轨迹是一条很暗的过临时追踪点 A 的虚点线，同时还显示光标中心与基准点沿轨迹线的坐标差。

显示轨迹线以后，用户输入一个数值就确定了要输入点的位置。

2. 利用 FROM 捕捉作图

FROM 捕捉是一种名副其实的输入广义相对坐标作图的方法。所谓 FROM 捕捉，是当执行某一绘图命令需要输入一点时，调用 FROM 捕捉，由用户给定一点作为计算相对坐标的基准点，然后再输入“要输入点”与基准点之间的相对坐标差，即广义相对坐标值，来确定输入点。

FROM 捕捉与临时追踪点捕捉的区别有 3 点：

① FROM 捕捉适合于基准点与要输入点之间 X、Y 坐标差都不为 0 的情况。而临时追踪点捕捉适合于基准点与要输入点之间 X、Y 坐标差有一个为 0 的情况。

② 调用 FROM 捕捉以后，要通过输入广义相对坐标值，来定位要输入点。调用临时追踪以后，要通过输入一个距离值，来确定要输入点。

③ FROM 捕捉具有临时追踪点捕捉的功能。

绘制图中的矩形时，就可以调用 FROM 捕捉，捕捉 A 点为基准点，再输入 B 点与 A 点的相对坐标值，如图 3-49 所示。

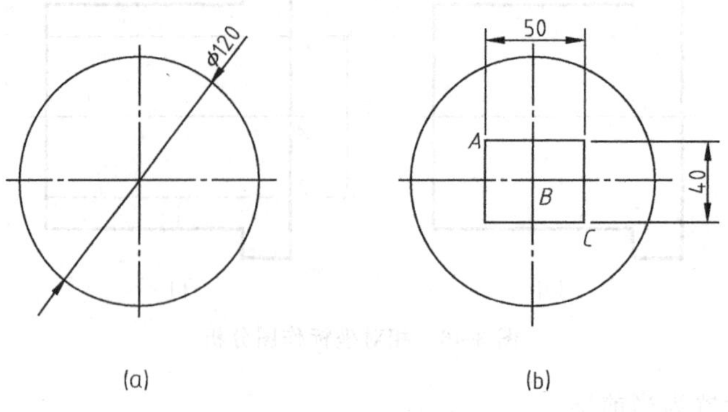

图 3-49　FROM 捕捉例图

三、延长捕捉

延长捕捉是 AutoCAD 提供给用户的一种避开坐标值输入，通过输入长度进行作图的方法，它可以使用户将已经画好的直线段、圆弧等图元延长一定的长度。

例如，在画中心线时，如果直接输入中心线的端点坐标值，则要通过转换计算才能求出各端点的坐标值。有了延长捕捉，我们就可以先用中点捕捉画出轮廓线，然后再用延长捕捉将中心线延长 2～5mm，如图 3-50 所示。

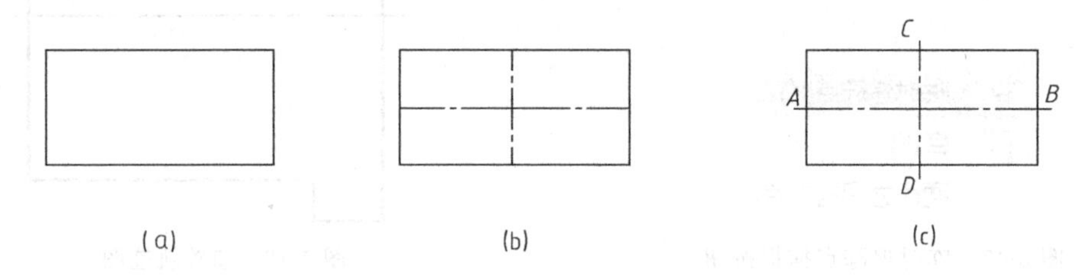

图 3-50　延长捕捉例图

四、平行捕捉

平行捕捉是 AutoCAD 提供给用户的一种避开坐标值输入，通过输入长度进行作图的方法，用户可以通过输入长度画一条与已经画出的直线平行的直线。

例如在画如图 3-51 所示的线段 CD 时，如果直接输入 C 点坐标值，要通过复杂的转换计算，才能求出 C 点的坐标值。有了平行捕捉，我们就可以直接输入长度画 CD 直线。

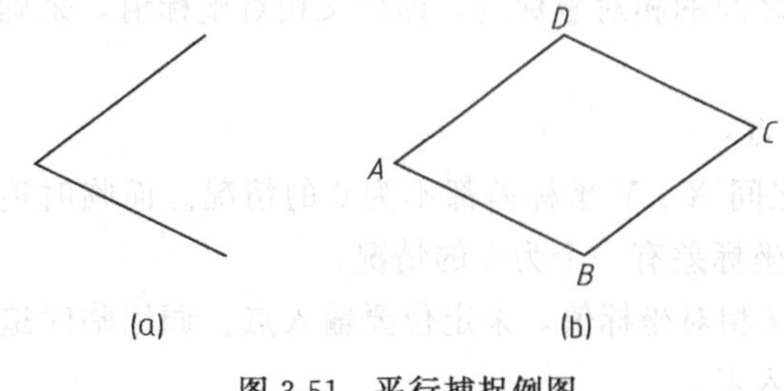

图 3-51　平行捕捉例图

五、极角追踪

极角追踪是 AutoCAD 提供给用户的又一种避开坐标值输入，通过输入长度进行作图的一种方法。

所谓极角追踪，是执行某一绘图命令需要输入一点值，调用极角追踪，AutoCAD 可以根据用户事先设置的角度间隔，将要输入的点定位在某一极角上，用户只需输入相对极半径就确定了点的位置。

1. 设置追踪角度间隔

① 执行菜单命令“工具/绘图设置”，显示“草图设置”对话框，单击“极轴追踪”选项卡使其显示在最前面，如图 3-52 所示。

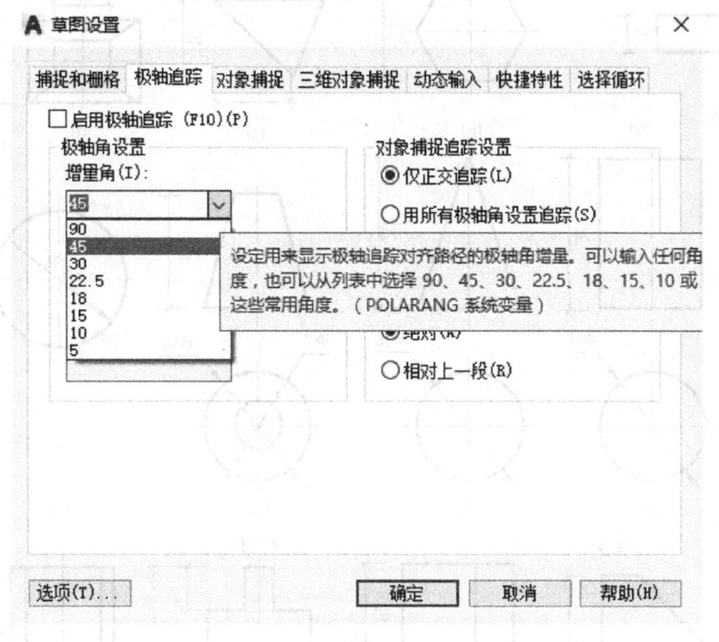

图 3-52 “草图设置”对话框

② 从“增量角”下拉列表中捕捉选择角度增量。角度增量可以选择也可以自己输入。

③ 单击“确定”完成设置。

2. 启动/关闭极角追踪

启动关闭极角追踪可以用如下三种方法。

① 单击屏幕下方状态栏上的极轴按钮，即启动了极轴追踪。再单击就关闭了极轴追踪，这是最常用的一种方法。

② 按“F10”键在启动与关闭之间切换。

③ 启动极轴追踪的另一种方法是，在图 3-52 所示的“草图设置”对话框中，单击极轴追踪选中此项。

思考与练习

1. 绘制直线有哪些方法？
2. 绘制圆有几种方法？
3. 绘制圆弧有几种方法？
4. 绘制长方形有几种方法？
5. 绘制正方形有几种方法？

6. 按尺寸绘制如图 3-53 所示基本几何体视图。

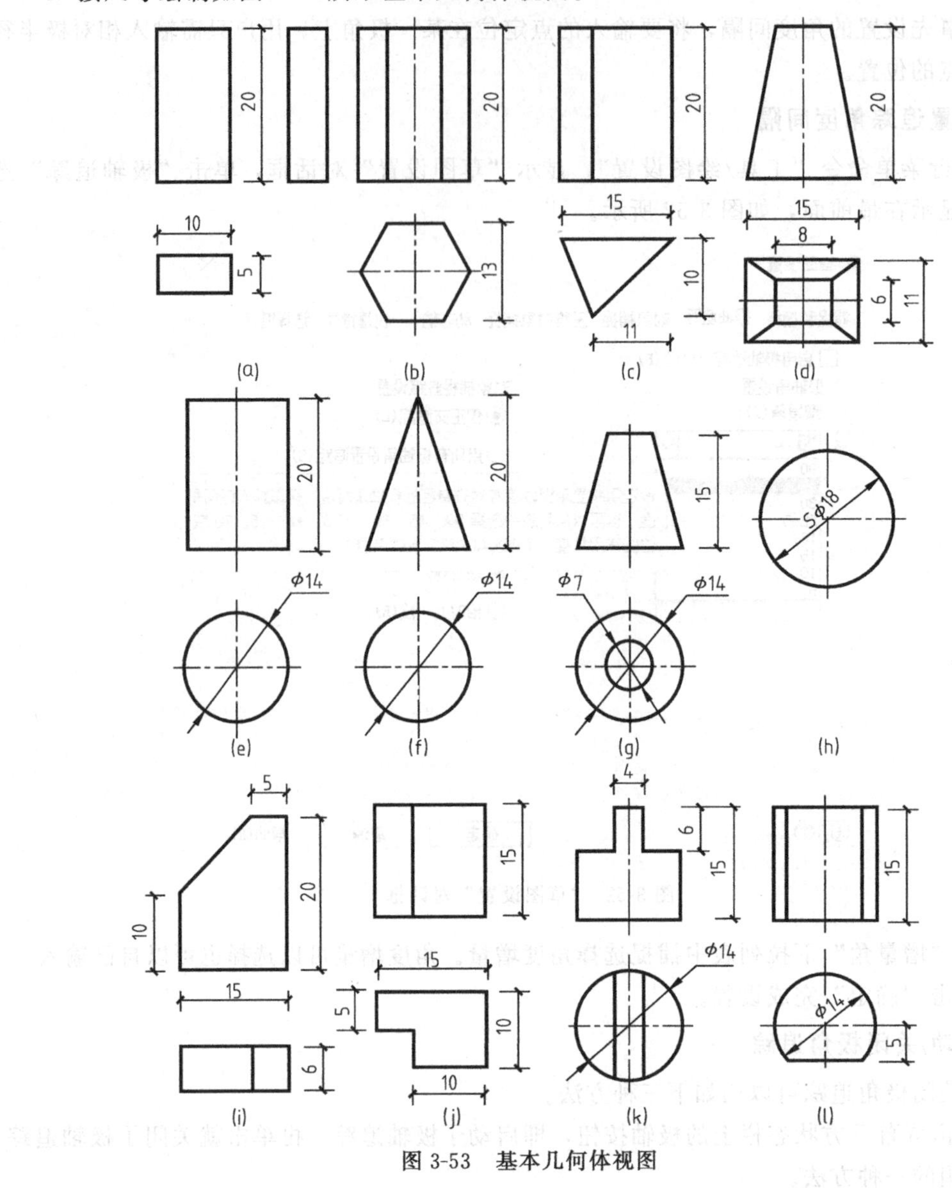

图 3-53　基本几何体视图

7. 按尺寸绘制如图 3-54 所示平面图形。

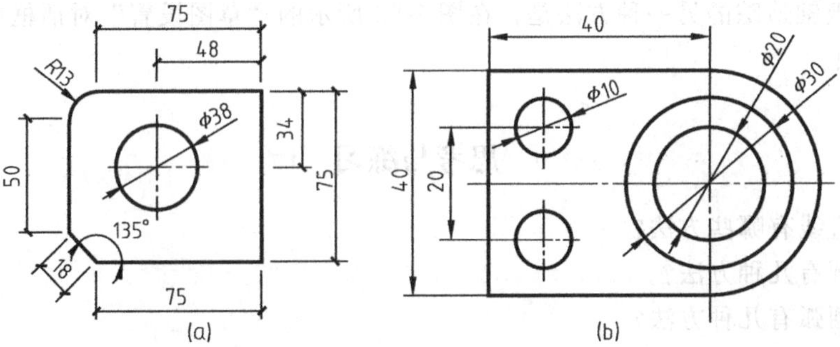

(a)

(b)

图 3-54　平面图形

第四章 图形编辑方法

在绘制工程图时，编辑图形是不可或缺的过程。本章要学习的编辑命令，不仅有较高的智能性，还有较高的绘图效率。通过编辑功能中的复制、偏移、阵列、镜像等命令可以快速完成相同或相近的图形。配合适当的技巧，可以进一步体会到计算机绘图的优势，快速完成图形绘制。

第一节 构建对象选择集

在进行每一次编辑操作时，都需要选择被操作的对象，也就是要明确对哪个或哪些对象进行编辑，这时需要构建选择集。使用 AutoCAD 的编辑命令时，首先要选择命令然后再选择单个或多个想编辑的对象或实体（也可以先选择对象或实体，再使用相应的命令），这样才能完成对所选对象或实体的编辑。

一、单个选择对象

在选择对象时，矩形拾取框光标放在要选择对象的位置时，选取的对象会以亮度方式显示，单击即可选择对象，如图 4-1（a）所示选择了一个对象。

拾取框的大小由“选项”对话框中的“选择集”选项卡控制。用户可以选择一个对象，也可以逐个选择多个对象，如图 4-1（b）所示选择了三个对象。

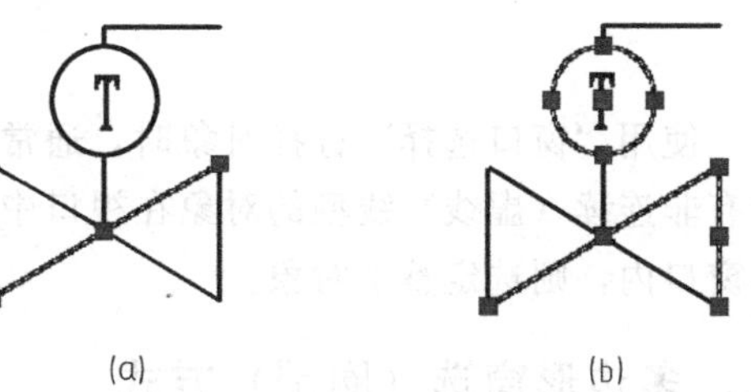

图 4-1 点选方式

选择彼此接近或重叠的对象通常是很困难的，如图 4-2 所示的样例显示了拾取框中的两条直线和一个圆。

如果打开选择集预览，通过将对象滚动到顶端使其亮显，然后按住“Shift”键并连续按空格键，可以在这些对象之间循环。所需对象亮显后，单击鼠标左键以选择该对象。

如果关闭选择集预览，按住“Shift+空格键”并单击以逐个在这些对象之间循环，直到选定所需对象。按“Esc”键关闭循环，按住“Shift”键并再次选择对象，可以将其从当前选择集中删除。

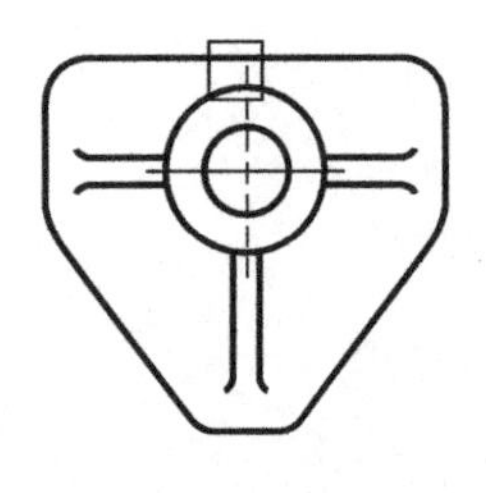

第一个选定的对象

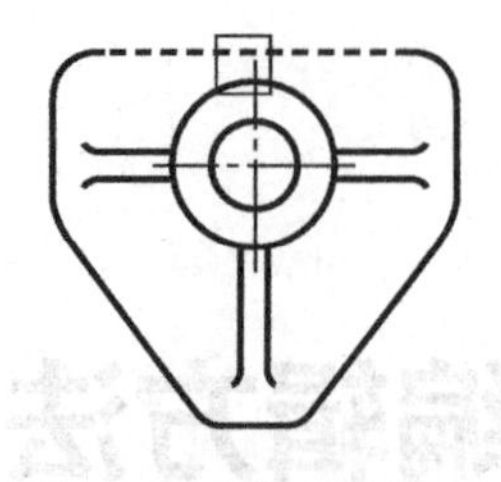

第二个选定的对象

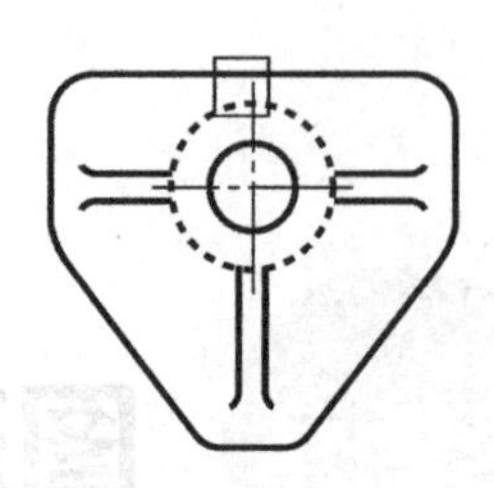

第三个选定的对象

图 4-2　选择彼此接近的对象

二、窗口方式

在指定两个角点的矩形范围内选取对象，如图 4-3 所示。指定对角点来定义矩形区域，区域背景的颜色将更改，变成透明的。从第一点向对角点拖动光标的方向将确定选择的对象。

① 窗口选择：从左向右拖动光标，如图 4-3（a）所示从 1 点到 2 点，以选择完全位于矩形区域中的对象。

② 窗交选择：从左向右拖动光标，如图 4-3（b）所示从 1 点到 2 点，以选择矩形窗口包围的或相交的对象。

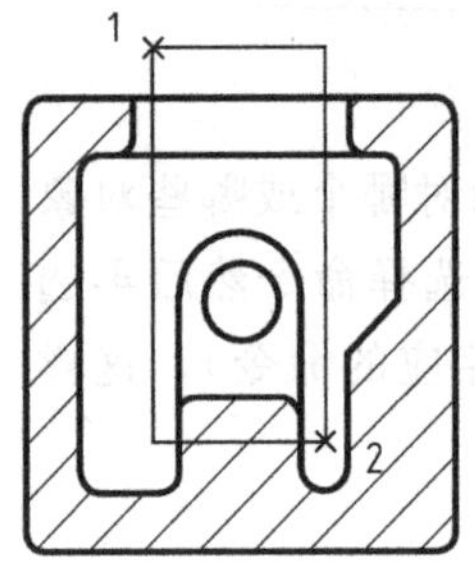

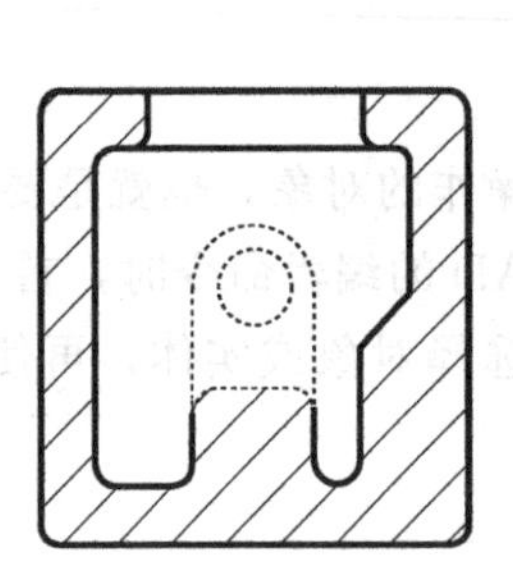

(a) 使用窗口选择对象

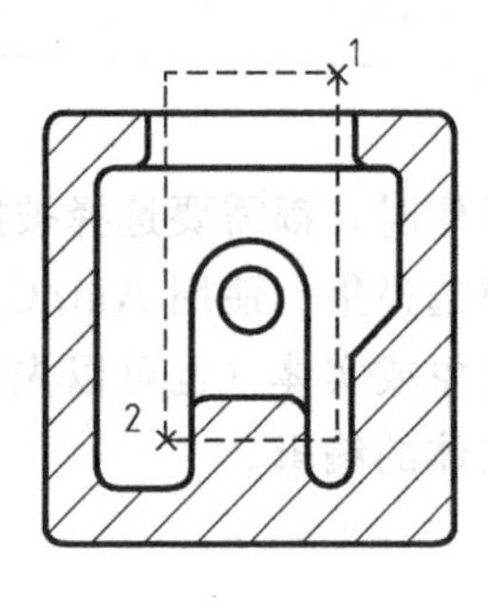

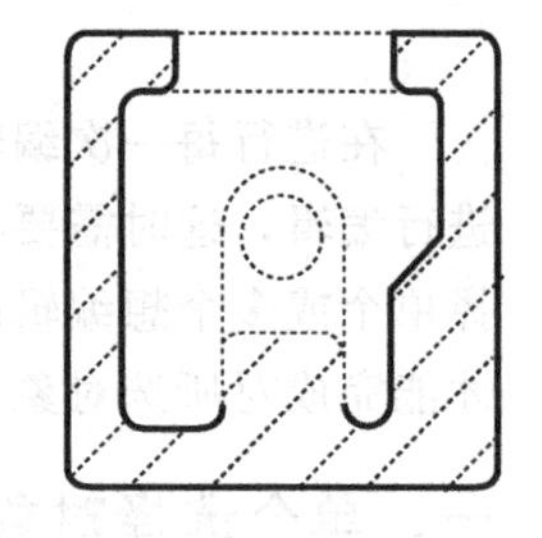

(b) 使用交叉窗口选择对象

图 4-3　窗口方式

使用“窗口选择”选择对象时，通常整个对象都要包含在矩形选择区域中。然而，如果含有非连续（虚线）线型的对象在视口中仅部分可见，并且此线型的所有可见矢量封闭在选择窗口内，则选定整个对象。

三、多边形窗选（圈围）方式

多边形窗选（圈围）方式即不规则窗口方式，指定点来定义不规则形状区域，使用“窗口多边形选择”来选择完全封闭在选择区域中的对象。在“选择对象”提示下键入 wp 后回车，可构造任意不规则多边形。该多边形可以为任意形状，但不能与自身相交或相切。多边形在任何时候都是闭合的，包含在内的对象均被选中，如图 4-4 所示。

四、多边形交叉窗选（圈交）方式

多边形交叉窗选（圈交）方式即不规则交叉窗口方式，使用“交叉多边形选择”可以选

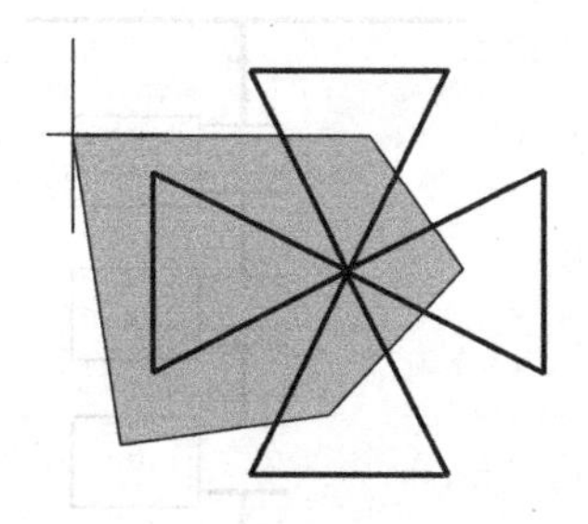
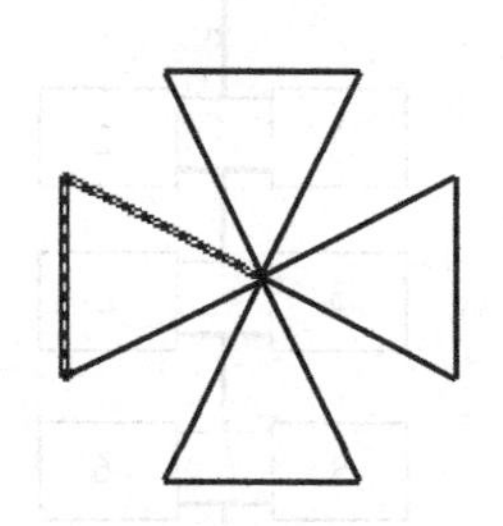

图 4-4　不规则窗口方式选择对象

择完全包含于或经过选择区域的对象。在“选择对象”提示下键入 cp 后回车，可构造任意不规则多边形，在此多边形内的对象以及与它相交的对象均被选中，如图 4-5 所示。

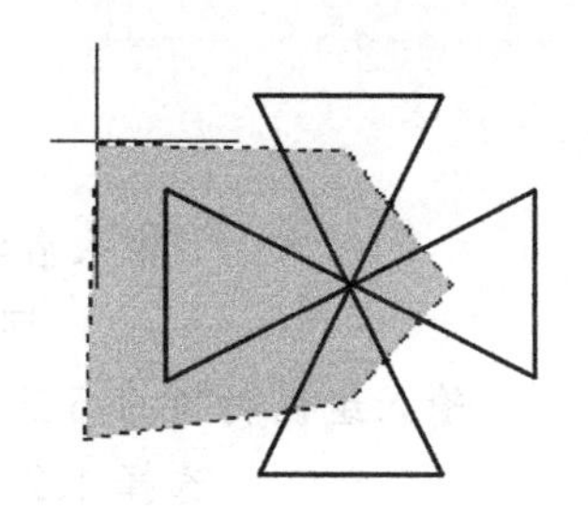
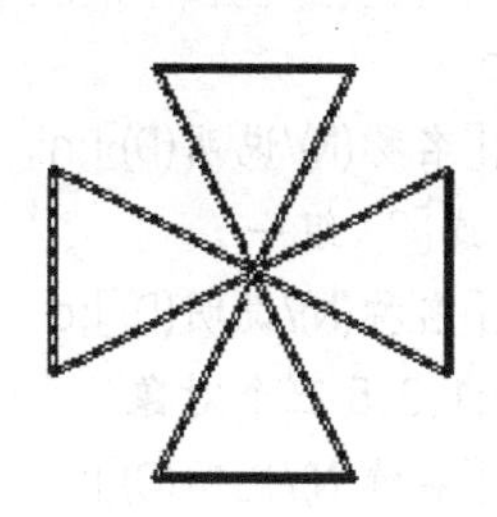

图 4-5　不规则交叉窗口方式选择对象

五、全选方式

在“选择对象”提示下键入 ALL 后回车，选择模型空间或当前布局中除冻结图层或锁定图层上的对象之外的所有对象，如图 4-6 所示。

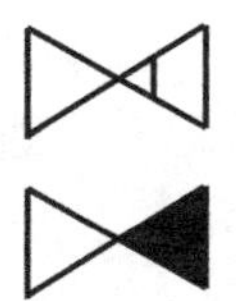
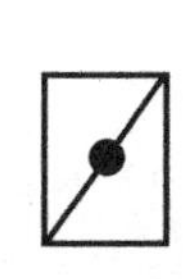
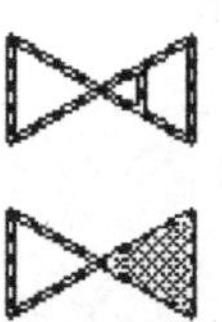

图 4-6　全选方式选择对象

六、编组方式

利用此功能可事先将若干对象编成组，这样可以在绘制同一图形的任意时刻编辑该组对象，并且编组将随图形一起保存。在图形作为块或外部参考而插入到其他图形中后，编组仍然有效，但要使用该编组对象，必须将插入的图形分解。

★【实例】 将图 4-7（a）中的 1、3、5 散热器编成“组一”，2、4、6 散热器编成“组二”，然后删除组一。

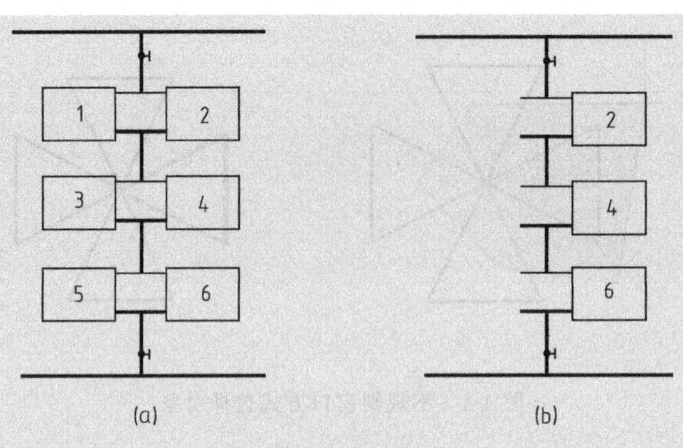

图 4-7 编组及操作

操作步骤如下。

命令:_group	回车
选择对象或[名称(N)/说明(D)]:n	回车(给组命名)
输入编组名或[?]:组一	输入名字"组一"后回车
选择对象或[名称(N)/说明(D)]:d	回车(添加组说明)
输入组说明:1、3、5 三个对象	输入组说明"1、3、5 三个对象" 后回车
选择对象或[名称(N)/说明(D)]:	选择 1、3、5 散热器后回车
找到 8 个,1 个编组	
选择对象或[名称(N)/说明(D)]:n	回车(给组命名)
输入编组名或[?]:组二	输入名字"组二"后回车
选择对象或[名称(N)/说明(D)]:d	回车(添加组说明)
输入组说明:2、4、6 三个对象	输入组说明"2、4、6 三个对象" 后回车
选择对象或[名称(N)/说明(D)]:	选择 2、4、6 散热器后回车
找到 8 个,1 个编组	
选择对象或[名称(N)/说明(D)]:	回车结束命令
命令: ERASE	回车
选择对象:找到 8 个,1 个编组	选取"组一"后回车
选择对象:	回车
命令:	

结果如图 4-7（b）所示。

另外，如果在“选择对象”提示下，直接选择某一组中的一个对象，该组中的全部对象则被选中，此时的编组为打开。若想关闭编组，可用“Ctrl+A”切换。

七、栏选方式

也叫围线方式，在“选择对象”提示下键入 F 后回车，可构造一个开放的多点围线，与围线相交的对象均被选择，如图 4-8 所示。栏选方法与圈交方法相似，只是栏选不闭合，并且栏选可以自交。

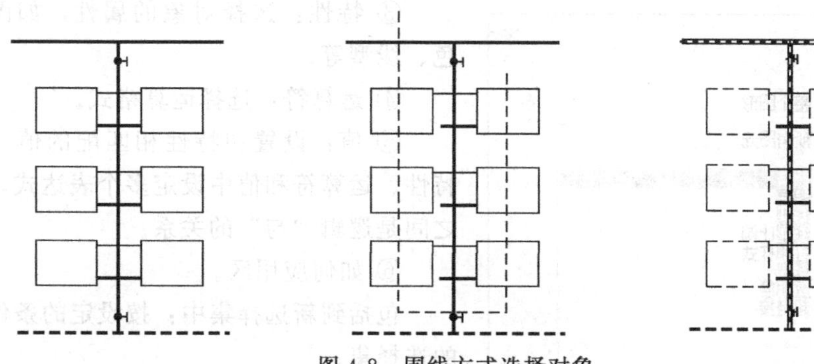

图 4-8　围线方式选择对象

八、最后方式

在“选择对象”提示下键入 L 后回车，选中图形窗口内最后一个创建的对象。

九、前一方式

在“选择对象”提示下键入 P 后回车，则将执行当前编辑命令以前最近一次创建的可见对象。对象必须在当前空间（模型空间或图纸空间）中，并且一定不要将对象的图层设定为冻结或关闭状态。

十、删（扣）除方式

在“选择对象”提示下键入 R 后回车，我们可以点击一个对象让它退出选择集。删除模式的替换模式是在选择单个对象时按下“Shift”键，或者是使用“自动”选项。

十一、添加方式

又称返回到加入方式，在扣除模式下，即“删除对象”提示下键入 A，回车，AutoCAD 会提示“选择对象”，这时返回到加入模式。

十二、交替选择对象

如果有两个以上的对象相互重叠在某一个位置，或相互位置非常接近，此时不想全部选择，则可以配合“Ctrl”键来进行选择。

AutoCAD 支持循环选择对象。在选择对象之前，按住“Ctrl”键，再点取需要选择的对象，被选择的对象将被高亮显示。如果显示的不是需要的对象，则可以继续点取，同一位置的其他对象将被依次选中。当选中希望的对象时，松开“Ctrl”键并回车确认即可。

十三、快速选择对象

选择工具→快速选择选项，或在命令行中输入 QSELECT 命令，或单击鼠标右键，在弹出的菜单中选择快速选择选项，系统都会弹出“快速选择”对话框，如图 4-9 所示。

对话框中各项含义如下。

① 应用到：可以设置本次操作的对象是整个图形或当前选择集。

② 对象类型：指定对象的类型，调整选择的范围。

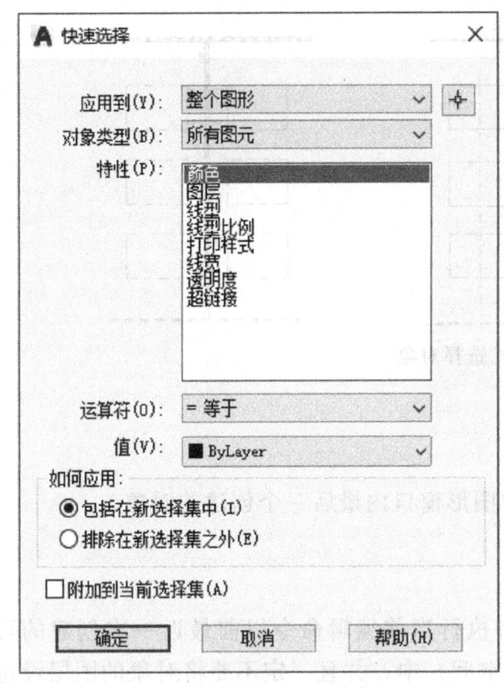

图 4-9 “快速选择”对话框

③ 特性：选择对象的属性，如图层、颜色、线型等。

④ 运算符：选择运算格式。

⑤ 值：设置和特性相匹配的值。可以在特性、运算符和值中设定多个表达式，各条件之间是逻辑“与”的关系。

⑥ 如何应用区。

包括到新选择集中：按设定的条件创建新的选择集。

排除在新选择集之外：符合设定条件的对象被排除在选择集之外。

⑦ 附加到当前选择集：如果选中该复选框，表示符合条件的对象被增加到当前选择集中，否则，符合条件的选择集将取代当前的选择集。

十四、子对象

用户可以逐个选择原始形状，这些形状是复合实体的一部分或三维实体上的顶点、边和面。可以选择这些子对象的其中之一，也可以创建多个子对象的选择集。选择集可以包含多种类型的子对象，如图 4-10（a）所示。

按住“Ctrl”键操作与选择 SELECT 命令的“子对象”选项相同。

如选择复合三维实体上的子对象需按住“Ctrl”键选择复合实体上的面、边和顶点，如图 4-10（b）所示。

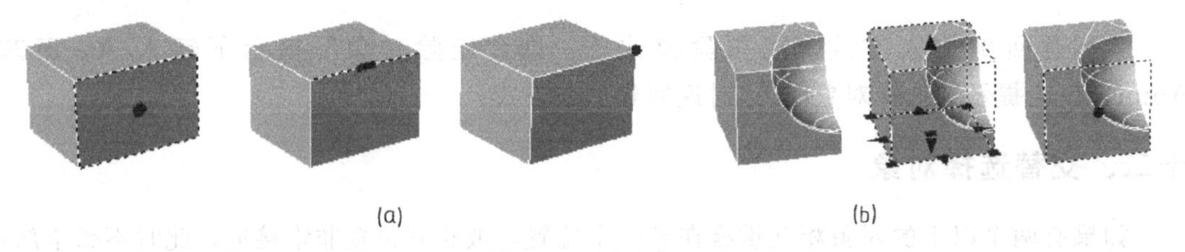

图 4-10 子对象

第二节 夹点编辑

夹点又称穴点、关键点，是指图形对象上可以控制对象位置、大小的关键点。比如直线，中点可以控制其位置，两个端点可以控制其长度和位置，所以一条直线有三个夹点。

当在命令提示状态下选择了图形对象时，会在图形对象上显示出蓝色小方框表示的夹点。

部分常见对象的夹点模式如图 4-11 所示。

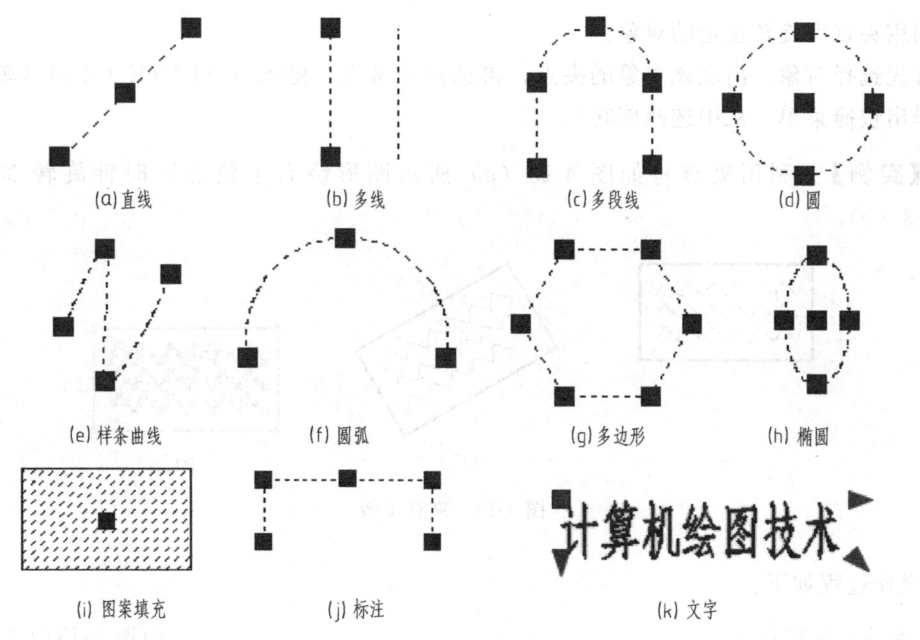

图 4-11 常见对象的夹点模式

在选取图形对象后，选中一个或多个夹点，再单击鼠标右键，系统会弹出屏幕夹点编辑快捷菜单。在菜单中列出了一系列可以进行的编辑项目，用户可以选取相应的菜单命令进行编辑。

一、利用夹点删除对象

在命令状态下选中对象后，对象目标出现夹点，单击键盘上的“Delete”键即可删除所选对象。

二、利用夹点移动对象

利用夹点移动对象，可以选中目标后，单击鼠标右键，在随位菜单中选择“移动”操作。也可以选中某个夹点进行移动，则所选对象随之一起移动，在目标点按下鼠标左键即可，所选对象就移动到新的位置，如图 4-12 所示。

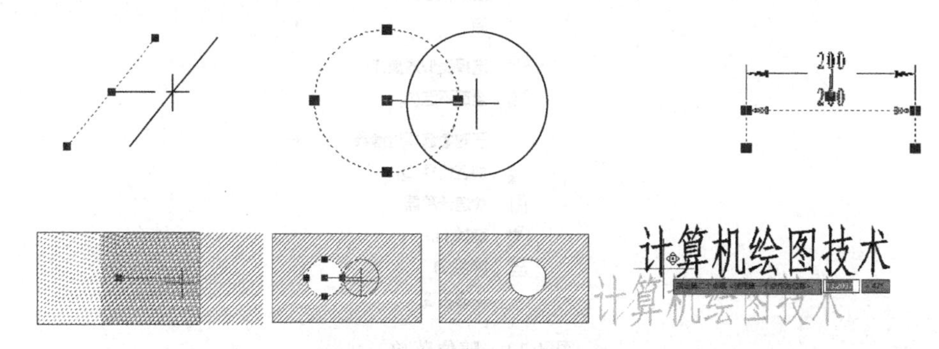

图 4-12 常见对象的夹点移动

三、利用夹点旋转对象

利用夹点可旋转选定的对象。

首先选择对象，出现该对象的夹点，再选择一基点，键入 ROTATE（RO）（单击鼠标右键弹出快捷菜单，从中选择旋转）。

★【实例】 利用夹点将如图 4-13（a）所示图形绕右上角点顺时针旋转 30°变成图4-13（b）。

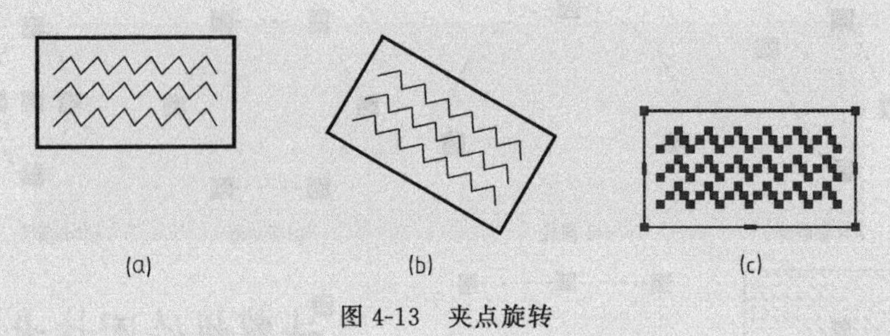

图 4-13 夹点旋转

操作过程如下。

命令: 选定对象　　　　如图 4-13(c) 所示

将十字光标放到任意夹点上（例如中心夹点），单击鼠标右键，弹出如图 4-14 所示的随位菜单，点击“旋转”，命令行出现如下提示：

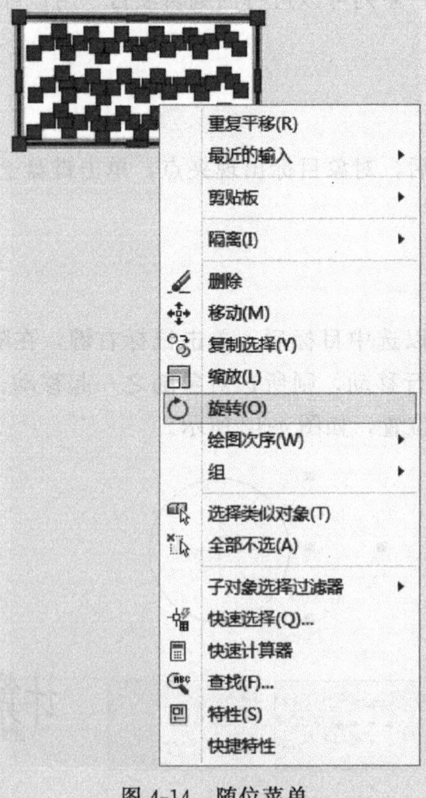

图 4-14 随位菜单

```
命令:_rotate
UCS 当前的正角方向:ANGDIR= 逆时针   ANGBASE= 0
找到 37 个
指定基点:                                    指定图形旋转的基点(a 中的右上角点)
指定旋转角度,或[复制(C)/参照(R)]<0>:- 30              输入旋转角度- 30°,回车
命令:
```

屏幕出现如图 4-13（b）所示图形。

四、利用夹点复制对象

利用夹点可将选定的对象多重复制。

首先选择对象，出现该对象的夹点，再选择一基点，键入 COPY（CO）（单击鼠标右键弹出快捷菜单，从中选择复制选择）。

★【实例】 利用夹点将如图 4-15（a）所示图形再复制三个变成图 4-15（b）。

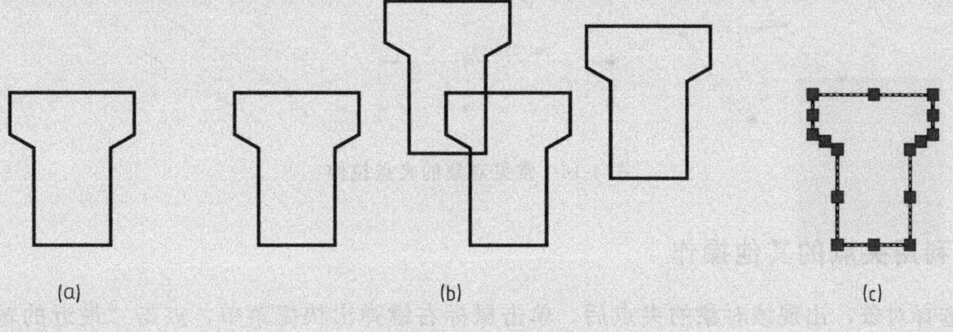

图 4-15　夹点复制

操作过程如下。

```
命令: 选定对象                                             如图 4-15(c) 所示
```

将十字光标放到任意夹点上（例如中心夹点），单击鼠标右键，弹出如图 4-14 所示的随位菜单，点击“复制选择”，命令行出现如下提示：

```
命令:_copy 找到 8 个
当前设置:复制模式= 多个
指定基点或[位移(D)/模式(O)]<位移>:           指定复制图形的基点(此例为左下角点)
指定第二个点或[阵列(A)]<使用第一个点作为位移>:          原有的为第一复制对象
指定第二个点或[阵列(A)/退出(E)/放弃(U)]<退出>:         点击第二复制对象的基点
指定第二个点或[阵列(A)/退出(E)/放弃(U)]<退出>:         点击第三复制对象的基点
指定第二个点或[阵列(A)/退出(E)/放弃(U)]<退出>: 点击第四复制对象的基点   回车
命令:
```

屏幕出现如图 4-15（b）所示图形。

五、利用夹点拉伸对象

利用夹点拉伸对象，选中对象的两侧夹点，该夹点和光标一起移动，在目标位置按下鼠标左键，则选取的夹点将会移动到新的位置，如图 4-16 所示。

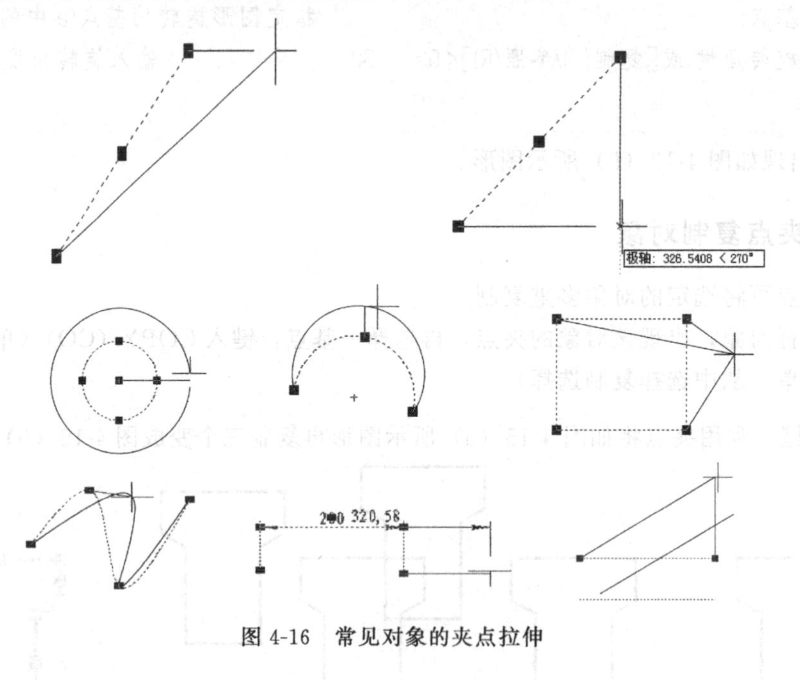

图 4-16　常见对象的夹点拉伸

六、利用夹点的其他操作

选择对象，出现该对象的夹点后，单击鼠标右键弹出快捷菜单，点击“最近的输入”，子菜单列出最近使用过的命令，可以从中选择所要的操作，如图 4-17 所示。

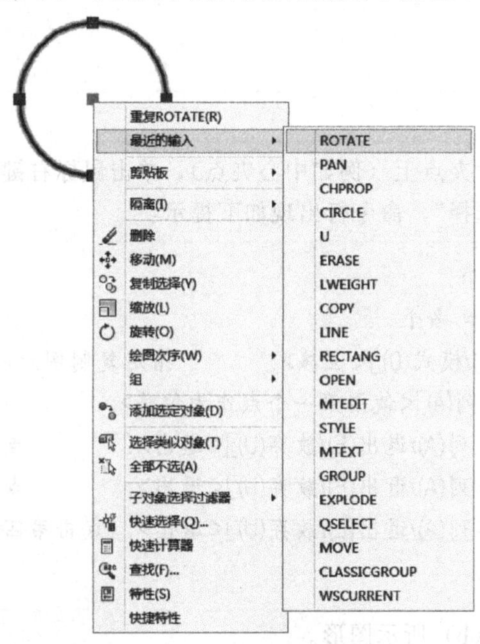

图 4-17　夹点的左后操作菜单

第三节　基本编辑命令与技巧

理论上来说，掌握基本的绘图命令之后，就可以进行二维绘图了。事实上，如果要达到快速精确制图，还必须熟练地掌握基本的编辑命令，因为在二维绘图工作中，大量的工作需要编辑命令来完成。夹点编辑固然简捷，但它的功能不够强大，要完成复杂的编辑任务，基本的编辑命令是不可或缺的。

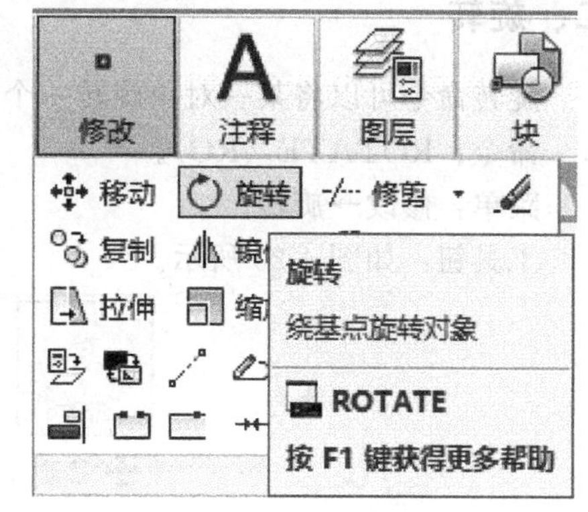

图 4-18　工具钮

一、移动

移动命令可以将一组或一个对象从一个位置移动到另一个位置。

命令：MOVE（M）。

菜单：修改→移动。

工具钮：如图 4-18 所示。

命令及提示如下。

```
命令:_move
选择对象:
选择对象:
指定基点或[位移(D)]<位移>:
指定第二个点或 <使用第一个点作为位移>:
```

参数说明如下。

① 选择对象：选择欲移动的对象。

② 指定基点或 [位移 (D)]<位移>：指定移动的基点或直接输入位移。

③ 指定第二个点或 <使用第一个点作为位移>：如果点取了某点，则指定位移第二点。如果直接回车，则用第一点的数值作为位移移动对象。

技巧： 采用诸如对象捕捉等辅助绘图手段来精确移动对象。

★【实例】 将过滤器从 A 点移到 B 点，如图 4-19 所示。

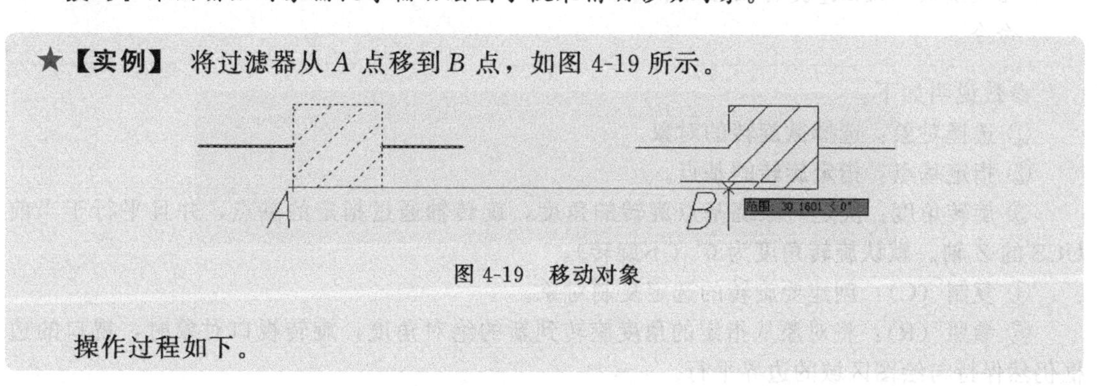

图 4-19　移动对象

操作过程如下。

```
命令:_move
选择对象:找到 1 个                                          选择过滤器
选择对象:                                                回车结束对象选择
指定基点或位移:                                      点取 A 点,作为下次的插入点
指定位移的第二点或 <用第一点作位移> :                        点取 B 点,插入过滤器
命令:
```

二、旋转

旋转命令可以将某一对象旋转一个指定角度或参照一个对象进行旋转。

命令：ROTATE（RO）。

菜单：修改→旋转。

工具钮：如图 4-20 所示。

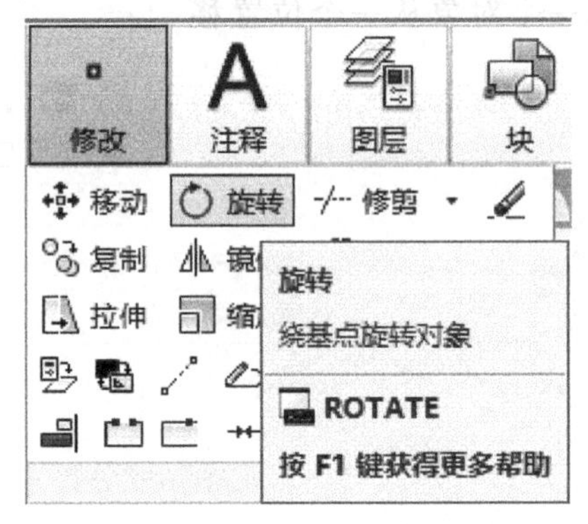

图 4-20　工具钮

命令及提示如下。

```
命令:_rotate
UCS 当前的正角方向: ANGDIR= 逆时针  ANGBASE= 0
选择对象:
选择对象:
指定基点:
指定旋转角度,或[复制(C)/参照(R)]<0>:
命令:
```

参数说明如下。

① 选择对象：选择欲旋转的对象。

② 指定基点：指定旋转的基点。

③ 旋转角度：决定对象绕基点旋转的角度，旋转轴通过指定的基点，并且平行于当前 UCS 的 Z 轴。默认旋转角度为 0°（不旋转）。

④ 复制（C）：创建要旋转的选定复制对象。

⑤ 参照（R）：将对象从指定的角度旋转到新的绝对角度，旋转视口对象时，视口的边框仍然保持与绘图区域的边界平行。

★【实例】

① 通过拖动将图示平坡屋面旋转，如图 4-21 所示。

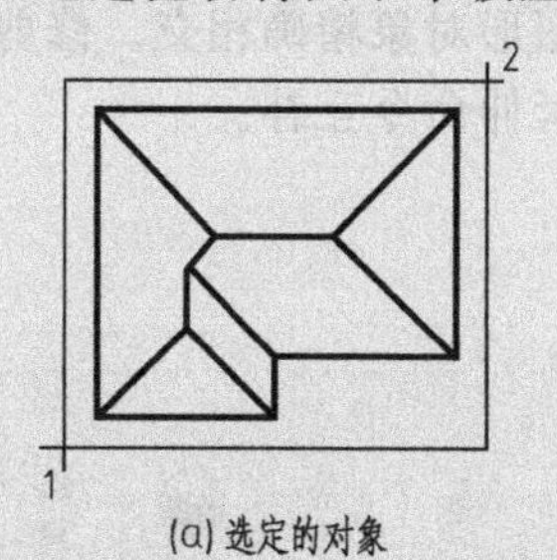

(a) 选定的对象

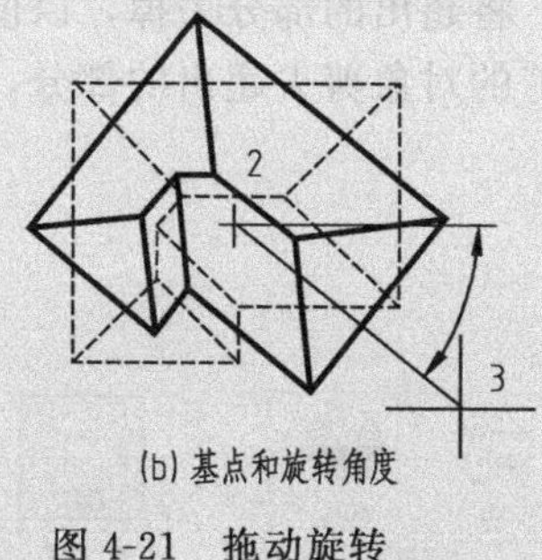

(b) 基点和旋转角度

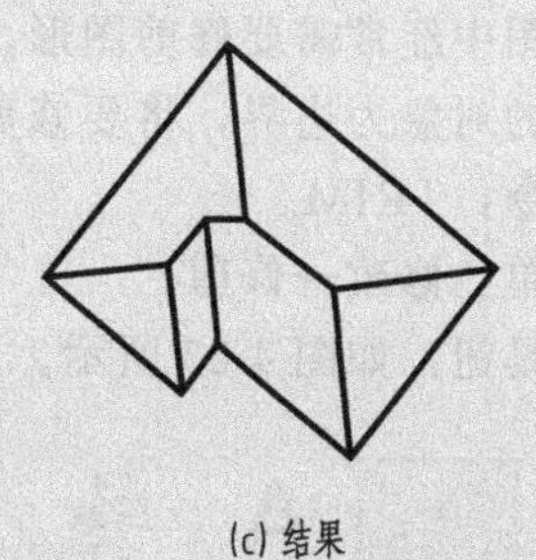

(c) 结果

图 4-21 拖动旋转

操作过程如下。

```
命令:_rotate
UCS 当前的正角方向:ANGDIR=逆时针   ANGBASE=0
选择对象:指定对角点:找到 15 个                    选择平坡屋面(矩形 1~2 范围)
选择对象:                                         回车结束对象选择
指定基点:                                         拾取 2 点,作为旋转基点
指定旋转角度,或[复制(C)/参照(R)]<0>:              拾取 3 点
命令:
```

② 使用“参照”选项，旋转对象与绝对角度对齐，如图 4-22 所示。

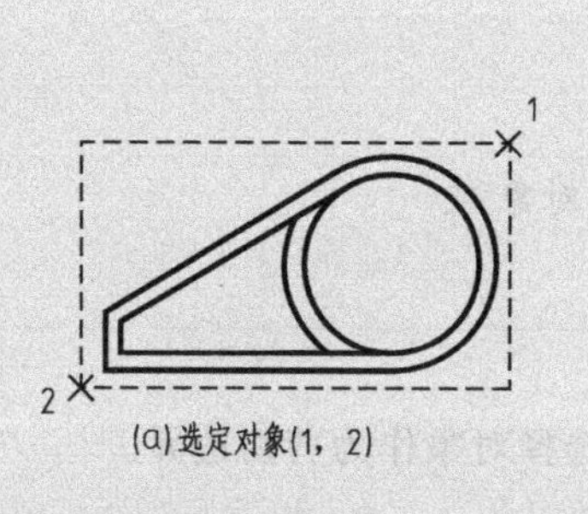

(a) 选定对象(1，2)

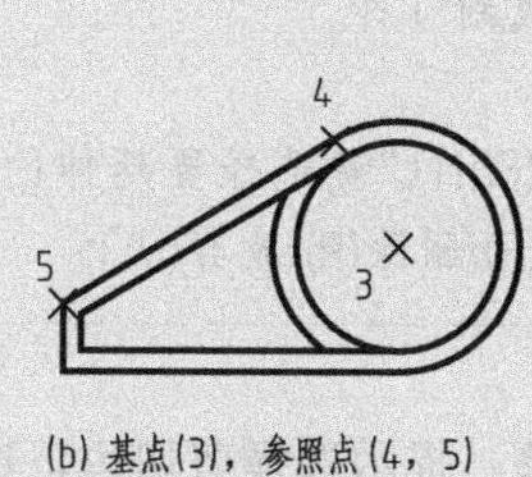

(b) 基点(3)，参照点(4，5)

(c) 结果

图 4-22 参照旋转

操作过程如下。

```
命令:_rotate
UCS 当前的正角方向:ANGDIR=逆时针   ANGBASE=0
选择对象:指定对角点:找到 8 个                        选择对象(矩形 1 至 2 范围)
选择对象:                                            回车结束对象选择
指定基点:                                            拾取 3 点,作为旋转基点
指定旋转角度,或[复制(C)/参照(R)]<0>:R 回车           输入 R(参照)并结束选项
指定参照角 <0>:  指定第二点:                         指定参照点 4、5
指定新角度或[点(P)]<0>:90 回车                       输入新角度 90°回车结束操作
命令:
```

三、修剪

绘图中经常需要修剪图形，将超出的部分去掉，以便使图形对象精确相交。修剪命令是以指定的对象为边界，将要修剪的对象剪去超出的部分，与延伸命令互补。

命令：TRIM。

菜单：修改→修剪。

工具钮：如图 4-23 所示。

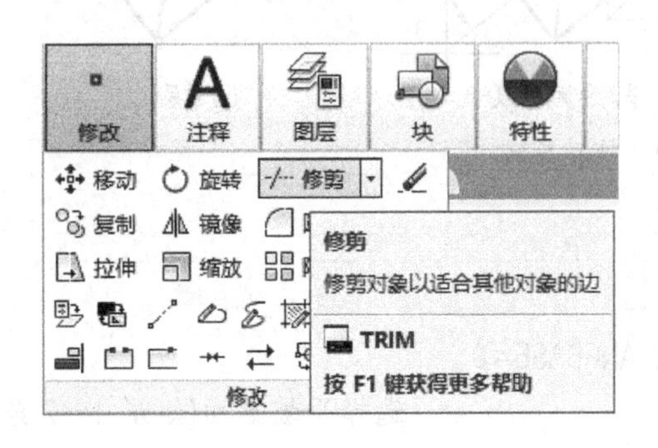

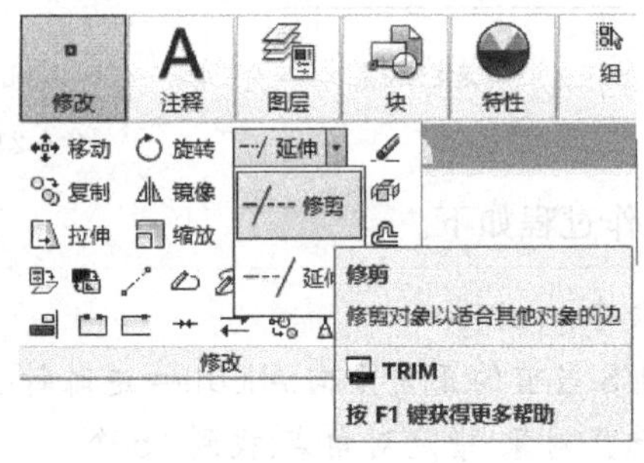

图 4-23　工具钮

命令及提示如下。

```
命令:_trim
当前设置:投影= UCS 边=无
选择剪切边...
选择对象或 <全部选择>:找到 1 个
选择对象:
选择要修剪的对象,或按住“Shift”键选择要延伸的对象,或
[栏选(F)/窗交(C)/投影(P)/边(E)/删除(R)/放弃(U)]:
```

参数说明如下。

① 选择剪切边... 选择对象：提示选择剪切边，选择对象作为剪切边界。

② 选择要修剪的对象：选择欲修剪的对象。

③ 按住 Shift 键选择要延伸的对象：延伸选定对象而不是修剪它们。此选项提供了一种在修剪和延伸之间切换的简便方法。

④ 栏选（F）：选择与选择栏相交的所有对象。选择栏是一系列临时线段，它们是用两个或多个栏选点指定的。选择栏不构成闭合环。

⑤ 窗交（C）：选择矩形区域（由两点确定）内部或与之相交的对象。

⑥ 投影（P）：按投影模式剪切，选择该项后，提示输入投影选项。

⑦ 边（E）：按边的模式剪切，选择该项后，提示输入隐含边延伸模式。确定对象是在另一对象的延长边处进行修剪，还是仅在三维空间中与该对象相交的对象处进行修剪。

a. 延伸：沿自身自然路径延伸剪切边使它与三维空间中的对象相交。

b. 不延伸：指定对象只在三维空间中与其相交的剪切边处修剪。

⑧ 删除（R）：删除选定的对象。此选项提供了一种用来删除不需要的对象的简便方式，

而无须退出 TRIM 命令。

⑨ 放弃（U）：放弃上一次延伸操作。

技巧： 对块中包含的图元或多线等进行操作前，必须先将它们分解，使之失去块、多线的性质才能进行修剪编辑。

★**【实例】** 如图 4-24（a）所示以直线 1、2 为边界，将直线 3、4 剪去，如图 4-24（b）所示。

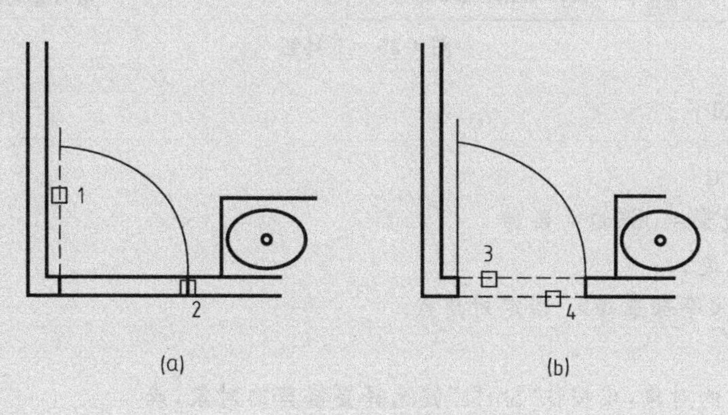

图 4-24 **修剪**

操作过程如下。

```
命令:_trim
当前设置:投影= UCS,边=无
选择剪切边...
选择对象或<全部选择>:找到 11 个                    点取直线 1、2,作为剪切边
选择对象:                                          回车结束对象选择
选择要修剪的对象,或按住“Shift”键选择要延伸的对象,或
[栏选(F)/窗交(C)/投影(P)/边(E)/删除(R)/放弃(U)]e     选择边选项
输入隐含边延伸模式[延伸(E)/不延伸(N)]<不延伸>:e          让边延伸
选择要修剪的对象,或按住“Shift”键选择要延伸的对象,或
[栏选(F)/窗交(C)/投影(P)/边(E)/删除(R)/放弃(U)]:     点取 3、4 直线
选择要修剪的对象,或按住“Shift”键选择要延伸的对象,或
[栏选(F)/窗交(C)/投影(P)/边(E)/删除(R)/放弃(U)]:     回车结束修剪命令
命令:
```

四、延伸

延伸是以指定的对象为边界，延伸某对象与之精确相交，与修剪命令互补。

命令：EXTEND。

菜单：修改→延伸。

工具钮：如图 4-25 所示。

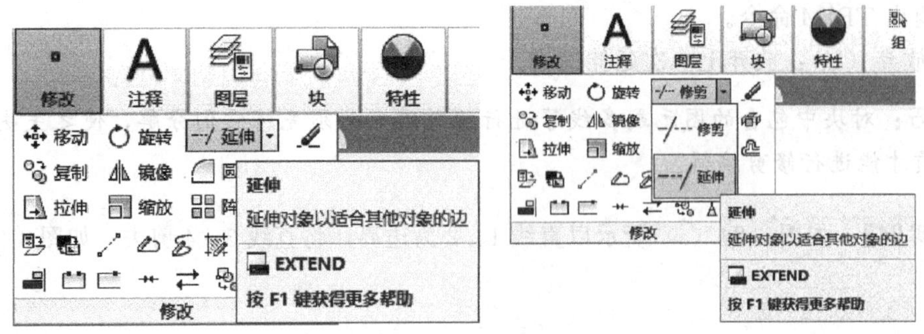

图 4-25 工具钮

命令及提示如下。

```
命令:_extend
当前设置:投影= UCS,边= 延伸
选择边界的边...
选择对象或<全部选择> :指定对角点:
选择对象:
选择要延伸的对象,或按住“Shift”键选择要修剪的对象,或
[栏选(F)/窗交(C)/投影(P)/边(E)/放弃(U)]:
```

参数说明如下。

① 选择边界的边... 选择对象：使用选定对象来定义对象延伸到的边界。

② 选择要延伸的对象：选择欲延伸的对象，按“Enter”键结束命令。

③ 按住“Shift”键选择要修剪的对象：将选定对象修剪到最近的边界而不是将其延伸。这是在修剪和延伸之间切换的简便方法。

④ 栏选（F）：选择与选择栏相交的所有对象。选择栏是一系列临时线段，它们是用两个或多个栏选点指定的。选择栏不构成闭合环。

⑤ 窗交（C）：选择矩形区域（由两点确定）内部或与之相交的对象。

⑥ 投影（P）：按投影模式延伸，选择该项后，提示输入投影选项。

⑦ 边（E）：按边的模式延伸，选择该项后，提示输入隐含边延伸模式。

⑧ 放弃（U）：放弃上一次延伸操作。

★【实例】 将图 4-26（a）所示图形变成图 4-26（c）。

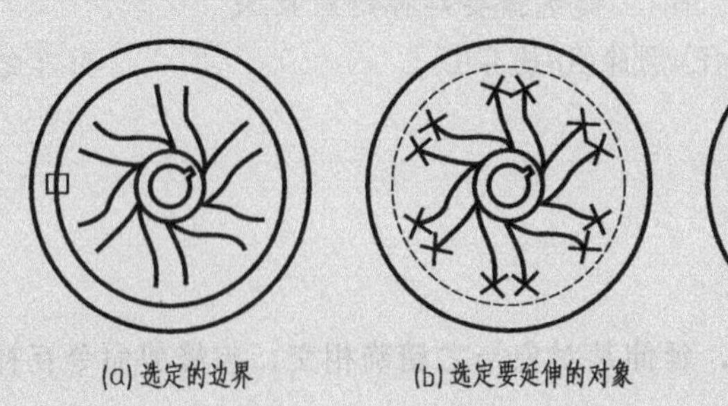

(a) 选定的边界　(b) 选定要延伸的对象　(c) 结果

图 4-26 延伸

操作过程如下。

```
命令:_extend
当前设置:投影= UCS,边= 延伸
选择边界的边...
选择对象或<全部选择>:  指定对角点:                    点取次圆,作为边界的边
选择对象:                                              回车结束边界选择
选择要延伸的对象,或按住"Shift"键选择要修剪的对象,或
[栏选(F)/窗交(C)/投影(P)/边(E)/放弃(U)]:                          点取六组轮毂
选择要延伸的对象,或按住"Shift"键选择要修剪的对象,或
[栏选(F)/窗交(C)/投影(P)/边(E)/放弃(U)]:       如图 4-26(b)所示,回车结束延伸命令
命令:
```

五、删除对象

删除命令用来将图形中不需要的对象彻底清除干净。

命令：ERASE（E）。

菜单：修改→删除。

工具钮：如图 4-27 所示。

命令及提示如下。

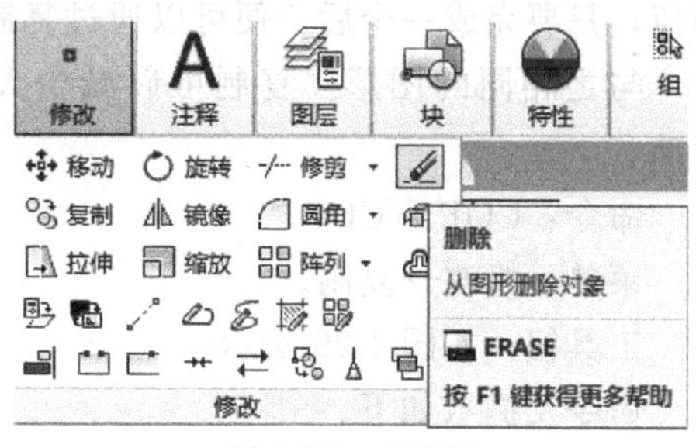

图 4-27　工具钮

```
命令: _erase
选择对象:
```

参数说明：选择对象——选择要删除的对象，可以采用任意的对象选择方式进行选择。

技巧：

① 如果先选择了对象，在显示了夹点后，可通过“Delete”键删除对象。

② 如果先选择了对象，在显示夹点后，可通过“剪切”命令删除对象。

★**【实例】** 删除如图 4-28 所示对象，图 4-28（a）用删除命令，图 4-28（b）用直接删除命令，图 4-28（c）用剪切命令。

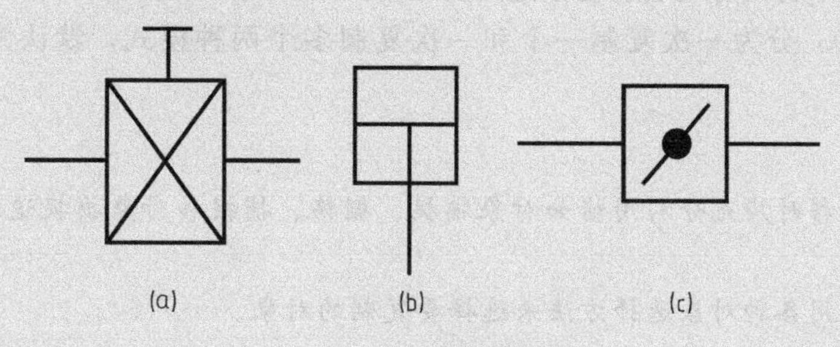

图 4-28　删除对象

操作过程如下。

```
命令:_erase
选择对象:找到 7 个                              点击图 4-28(a)中的对象
选择对象:                                       回车结束对象选择
命令:                                           点击图 4-28(b)中的圆对象
命令:_.erase 找到 3 个                           单击“Del”键
命令:                                           单击图 4-28(c)中的圆弧对象
命令:                                           按“Ctrl+ X”
命令:_cutclip 找到 6 个
```

六、复制

对图形中相同的或相近的对象，不管其复杂程度如何，只要完成一个后，便可以通过复制命令产生若干个与之相同的图形。复制可以减少大量的重复性劳动。

命令：COPY(CO)。

菜单：修改→复制。

工具钮：如图 4-29 所示。

命令及提示如下。

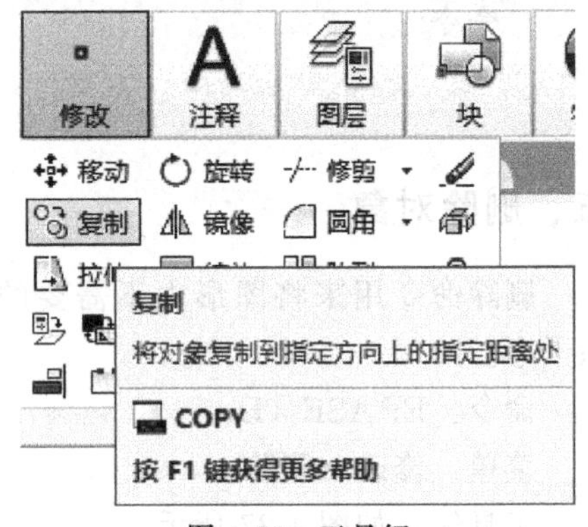

图 4-29　工具钮

```
命令:_copy
选择对象:
选择对象:
当前设置:复制模式= 多个
指定基点或[位移(D)/模式(O)]<位移>:
```

参数说明如下。

① 选择对象：选择欲复制的对象。

② 当前设置：复制模式为多个复制。

③ 位移（D）：原对象与目标对象之间的距离。

④ 模式（O）：分为一次复制一个和一次复制多个两种模式，默认为一次复制多个模式。

技巧：

① 在确定位移时应充分利用诸如对象捕捉、栅格、捕捉和对象捕捉追踪等辅助工具来精确制图。

② 应灵活运用各种对象选择方法来选择要复制的对象。

★**【实例】** 利用多重复制命令复制三个对象，如图 4-30 所示。

操作过程如下。

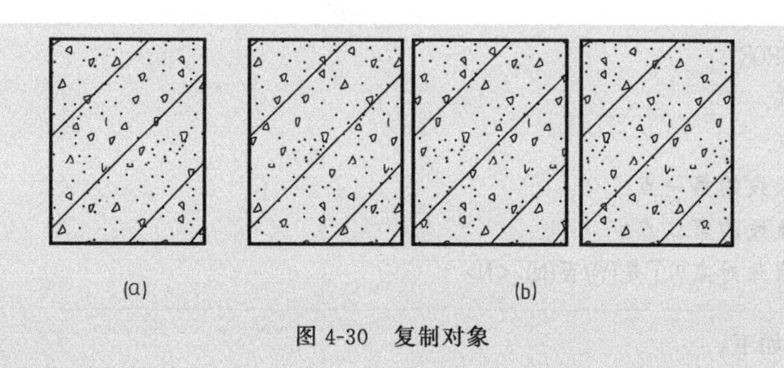

图 4-30　复制对象

命令:_copy
选择对象:指定对角点:找到 3 个　　　　选中图 4-30(a)中的断面，作为要复制的对象
选择对象:　　　　回车，结束选择对象
当前设置:复制模式=多个
指定基点或[位移(D)/模式(O)]<位移>:　　　　指定一个特征点，作为下次的插入点
指定第二个点或[阵列(A)]<使用第一个点作为位移>:　　　　指定第一个复制的位置点
指定第二个点或[阵列(A)/退出(E)/放弃(U)]<退出>:　　　　指定第二个复制的位置点
指定第二个点或[阵列(A)/退出(E)/放弃(U)]<退出>:　　　　指定第三个复制的位置点
指定第二个点或[阵列(A)/退出(E)/放弃(U)]<退出>:　　　　回车结束复制命令
命令:

七、镜像

对于对称的图形，可以只绘制一半甚至四分之一，然后通过采用镜像命令产生对称的部分。

命令：MIRROR（MI）。

菜单：修改→镜像。

工具钮：如图 4-31 所示。

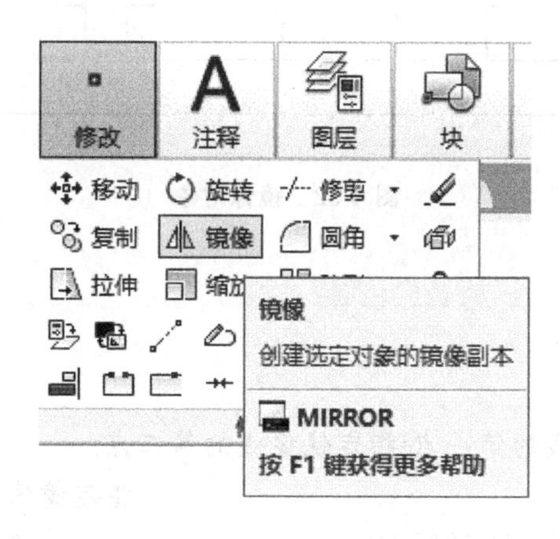

图 4-31　工具钮

命令及提示如下。

```
命令:MIRROR
选择对象:
选择对象:
指定镜像线的第一点:
指定镜像线的第二点:
是否删除源对象？[是(Y)/否(N)]<N> :
```

参数说明如下。

① 选择对象：选择欲镜像的对象。

② 指定镜像线的第一点：确定镜像轴线的第一点。

③ 指定镜像线的第二点：确定镜像轴线的第二点。

④ 是否删除源对象？[是(Y)/否(N)]<N>：Y 是删除原对象，N 是保留原对象。

技巧：

① 对于文字的镜像，可通过 MIRRTEXT 变量控制是否使文字改变方向。如果 MIRRTEXT 变量值等于 0，则文字方向不变；如果 MIRRTEXT 变量值等于 1（默认值），则镜像后文字方向改变。

② 该命令一般用于对称图形，可以只绘制其中的一半甚至是四分之一，然后采用镜像命令来产生其他对称的部分。

★【实例】 将如图 4-32（a）所示一个卫生间通过镜像命令再生成另一个对称卫生间，如图 4-32（b）所示。

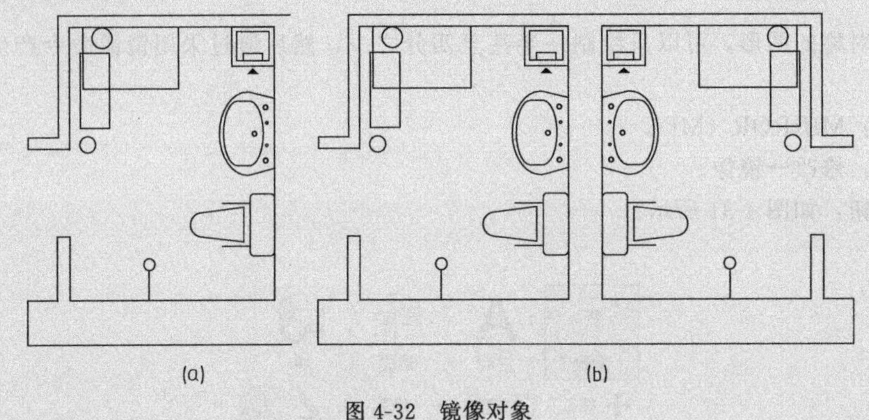

图 4-32　镜像对象

操作过程如下。

```
命令:_mirror
选择对象:找到 37 个                                      选取卫生间
选择对象:指定镜像线的第一点:指定镜像线的第二点:
                                          指定镜像线,点取上下直线的端点
是否删除源对象？[是(Y)/否(N)]<N> :                使用默认值,不删除原对象
命令:
```

八、圆角

给对象加圆角，可以对圆弧、圆、椭圆、椭圆弧、直线、多段线、射线、样条曲线和构造线执行圆角操作，还可以对三维实体和曲面执行圆角操作。如果选择网格对象执行圆角操作，可以选择在继续进行操作之前将网格转换为实体或曲面。

命令：FILLET。

菜单：修改→圆角。

工具钮：如图 4-33 所示。

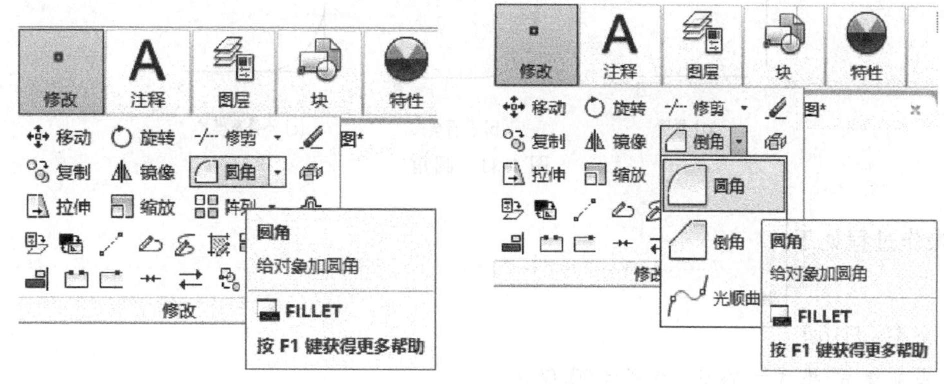

图 4-33 工具钮

命令及提示如下。

```
命令:_fillet
当前设置:模式= 修剪,半径= 0.0000
选择第一个对象或[放弃(U)/多段线(P)/半径(R)/修剪(T)/多个(M)]:
选择第二个对象,或按住“Shift”键选择对象以应用角点或[半径(R)]:
```

参数说明如下。

① 选择第一个对象：选择倒圆角的第一个对象。

② 选择第二个对象：选择倒圆角的第二个对象。

③ 放弃（U）：恢复在命令中执行的上一个操作。

④ 多段线（P）：对多段线进行倒圆角。

⑤ 半径（R）：更改当前半径值，输入的值将成为后续 FILLET 命令的当前半径。修改此值并不影响现有的圆角圆弧。

⑥ 修剪（T）：设定修剪模式。如果设置成修剪模式，则不论两个对象是否相交或不足，均自动进行修剪。如果设定成不修剪，则仅仅增加一条指定半径的圆弧。

⑦ 多个（M）：控制 FILLET 是否将选定的边修剪到圆角圆弧的端点。

技巧：

① 如果将圆角半径设置为 0，则在修剪模式下，点取不平行的两条直线，它们将会自动准确相交。

② 如果为修剪模式，拾取点时应点取要保留的那一部分，让另一段被修剪。

③ 倒圆角命令不仅适用于直线，对圆和圆弧以及直线之间同样可以倒圆角。

④ 对多段线倒圆角时，如果多段线本身是封闭的，则在每一个顶点处自动倒圆角。如果多段线的最后一段和开始点是相连而不封闭的，则该多段线的第一个顶点将不会被倒圆角。

★【实例】 用两种不同的修剪模式将直线 A 和直线 B 连接起来，圆角半径为 50，如图 4-34（a）所示。

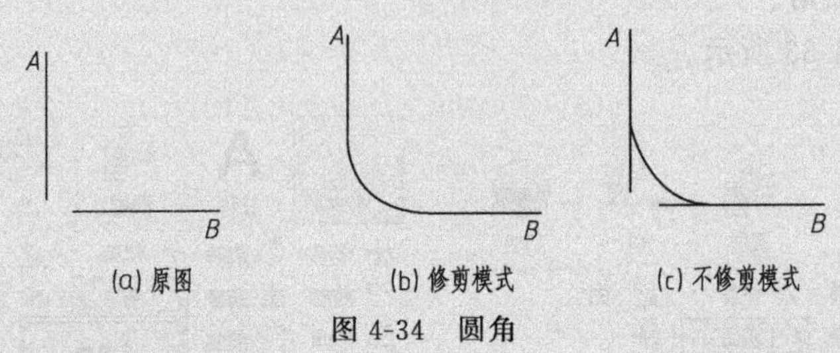

图 4-34 圆角

操作过程如下。

```
命令:_fillet
当前模式:模式= 修剪,半径= 10.0000
选择第一个对象或[放弃(U)/多段线(P)/半径(R)/修剪(T)/多个(M)]:R 回车
                                                    指定圆角半径
指定圆角半径<10.0000> :50 回车
选择第一个对象或[放弃(U)/多段线(P)/半径(R)/修剪(T)/多个(M)]:   点取直线 A
选择第二个对象:                                            点取直线 B
命令:
```

结果如图 3-34（b）所示。

```
命令:_fillet
当前模式:模式= 修剪,半径= 10.0000
选择第一个对象或[放弃(U)/多段线(P)/半径(R)/修剪(T)/多个(M)]:R 回车
指定圆角半径<10.0000> :50 回车
选择第一个对象或[放弃(U)/多段线(P)/半径(R)/修剪(T)/多个(M)]:T 回车
                                                    更改修剪模式
输入修剪模式选项[修剪(T)/不修剪(N)]<修剪> :N 回车          设置为不修剪
选择第一个对象或[放弃(U)/多段线(P)/半径(R)/修剪(T)/多个(M)]:
                                                    点取直线 A
选择第二个对象:                                            点取直线 B
命令:
```

结果如图 3-34（c）所示。

注意：对象之间可以有多个圆角存在，一般选择靠近期望的圆角端点的对象倒角。选择对象的位置对圆角的影响如图 4-35 所示。

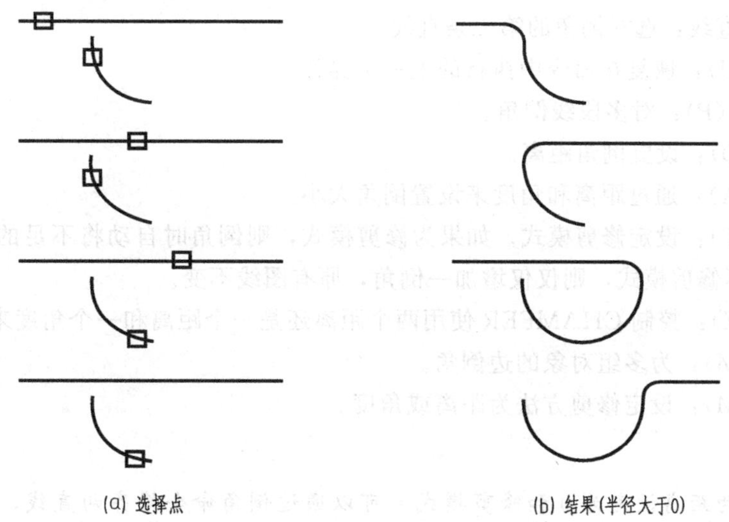

图 4-35　选择对象的位置对圆角的影响

九、倒角

按用户选择对象的次序应用指定的距离和角度给对象加倒角。可以倒角直线、多段线、射线和构造线，还可以倒角三维实体和曲面。如果选择网格进行倒角，则可以先将其转换为实体或曲面，然后再完成此操作。

命令：CHAMFER。

菜单：修改→倒角。

工具钮：如图 4-36 所示。

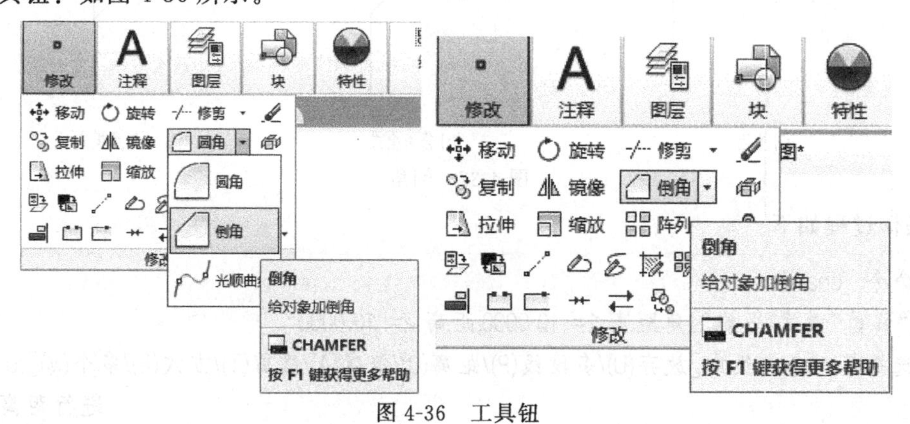

图 4-36　工具钮

命令及提示如下。

```
命令:_chamfer
("修剪"模式)当前倒角距离 1= 0.0000,距离 2= 0.0000
选择第一条直线或[放弃(U)/多段线(P)/距离(D)/角度(A)/修剪(T)/方式(E)/多个(M)]:
选择第二条直线,或按住 Shift 键选择直线以应用角点或[距离(D)/角度(A)/方法(M)]:
```

参数说明如下。

① 第一条直线：选择倒角的第一条直线。

② 第二条直线：选择倒角的第二条直线。

③ 放弃（U）：恢复在命令中执行的上一个操作。

④ 多段线（P）：对多段线倒角。

⑤ 距离（D）：设置倒角距离。

⑥ 角度（A）：通过距离和角度来设置倒角大小。

⑦ 修剪（T）：设定修剪模式。如果为修剪模式，则倒角时自动将不足的补齐，超出的剪掉；如果为不修剪模式，则仅仅增加一倒角，原有图线不变。

⑧ 方式（E）：控制 CHAMFER 使用两个距离还是一个距离和一个角度来创建倒角。

⑨ 多个（M）：为多组对象的边倒角。

⑩ 方法（M）：设定修剪方法为距离或角度。

技巧：

① 如果将两距离设定为 0 和修剪模式，可以通过倒角命令修齐两直线，而不论这两条不平行直线是否相交或需要延伸才能相交。

② 若选择直线时的拾取点对修剪的位置有影响，一般保留拾取点的线段，而超过倒角的线段将自动被修剪。

③ 对多段线倒角时，如果多段线的最后一段和开始点是相连而不封闭的，则该多段线的第一个顶点将不会被倒圆角。

★**【实例】** 用两种不同的修剪模式将直线 *A* 和直线 *B* 连接起来，距离为 50，角度为 45°，如图 4-37（a）所示。

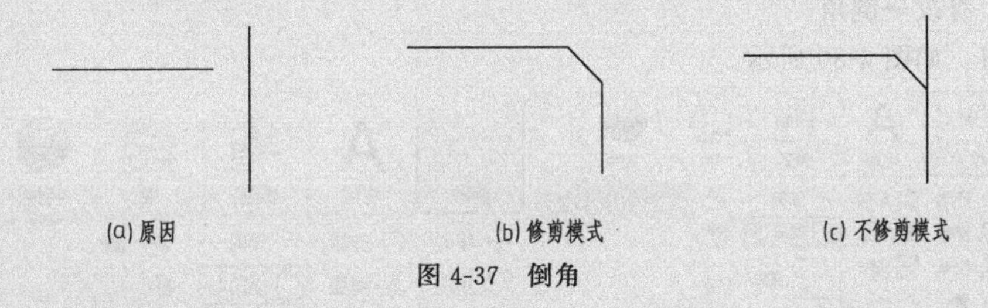

(a) 原因　　(b) 修剪模式　　(c) 不修剪模式

图 4-37　倒角

操作过程如下。

```
命令:_chamfer
("修剪"模式)当前倒角距离 1= 10.0000,距离 2= 10.0000
选择第一条直线或[放弃(U)/多段线(P)/距离(D)/角度(A)/修剪(T)/方式(E)/多个(M)]:d 回车
                                                                    进行距离设置
指定第一个倒角距离<10.0000> :20                              输入第一个倒角距离为 20
指定第二个倒角距离<20.0000> :                                默认第二个倒角距离为 20
选择第一条直线或[放弃(U)/多段线(P)/距离(D)/角度(A)/修剪(T)/方式(E)/多个(M)]:a 回车
                                                                    进行角度设置
指定第一条直线的倒角长度<20.0000> :                                      回车默认
指定第一条直线的倒角角度<0> :45                                      指定角度为 45°
```

```
选择第一条直线或[放弃(U)/多段线(P)/距离(D)/角度(A)/修剪(T)/方式(E)/多个(M)]:
                                                          点取第一条直线
选择第二条直线:                                           点取第二条直线
命令:
```

结果如图 4-37（b）所示。

```
命令:_chamfer
("修剪"模式)当前倒角长度= 20.0000,角度= 45
选择第一条直线或[放弃(U)/多段线(P)/距离(D)/角度(A)/修剪(T)/方式(E)/多个(M)]:t 回车
                                                          进行修剪模式设置
输入修剪模式选项[修剪(T)/不修剪(N)]<修剪> :n 回车          设为不修剪模式
选择第一条直线或[放弃(U)/多段线(P)/距离(D)/角度(A)/修剪(T)/方式(E)/多个(M)]:
                                                          点取第一条直线
选择第二条直线:                                           点取第二条直线
命令:
```

结果如图 4-37（c）所示。

十、光顺曲线

用于在两条选定直线或曲线之间的间隙中创建样条曲线。选择端点附近的每个对象，生成的样条曲线的形状取决于指定的连续性，选定对象的长度保持不变。有效对象包括直线、圆弧、椭圆弧、螺旋、开放的多段线和开放的样条曲线。

命令：BLEND。

菜单：修改→光顺曲线。

工具钮：如图 4-38 所示。

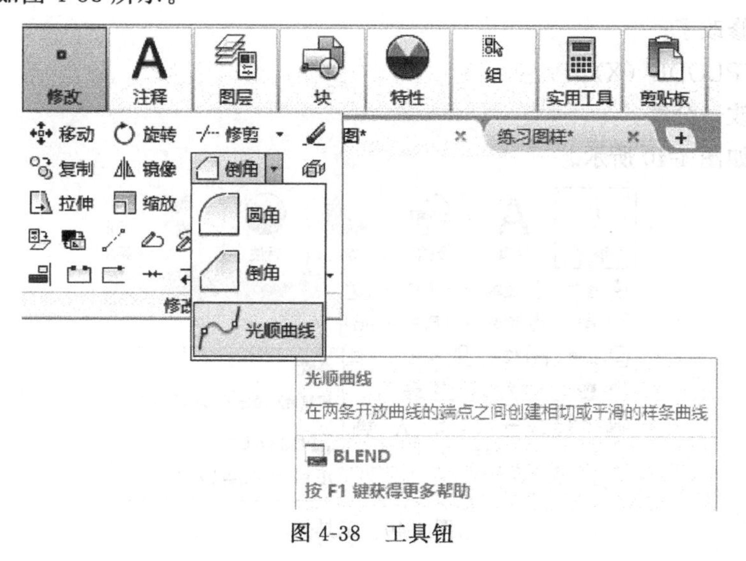

图 4-38　工具钮

命令及提示如下。

```
命令:_blend
连续性= 相切
选择第一个对象或[连续性(CON)]:
选择第二个点:
```

★【实例】 在如图 4-39（a）所示的两圆弧中间创建样条曲线，如图 4-39（b）所示。

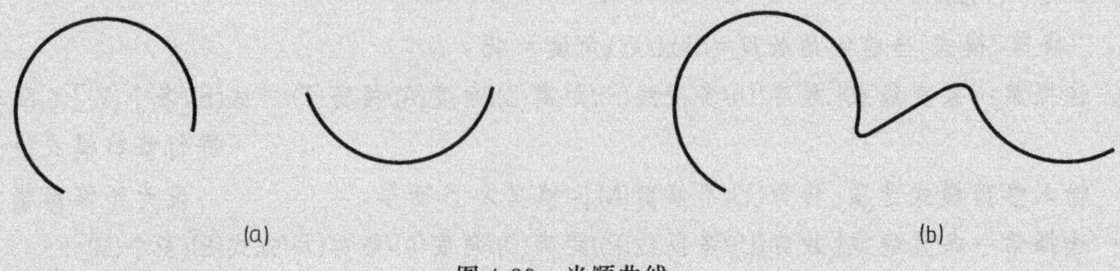

图 4-39　光顺曲线

操作过程如下。

```
命令:_BLEND
连续性= 相切
选择第一个对象或[连续性(CON)]:                     点击左边圆弧右端点
选择第二个点:                                      点击右边圆弧左端点
命令:
```

十一、分解

块、多段线、尺寸和图案填充等对象是一个整体。如果要对其中单一的元素进行编辑，普通的编辑命令无法实现。但如果将这些对象分解成若干个单独的对象，就可以采用普通的编辑命令进行修改了。

命令：EXPLODE（X）。

菜单：修改→分解。

工具钮：如图 4-40 所示。

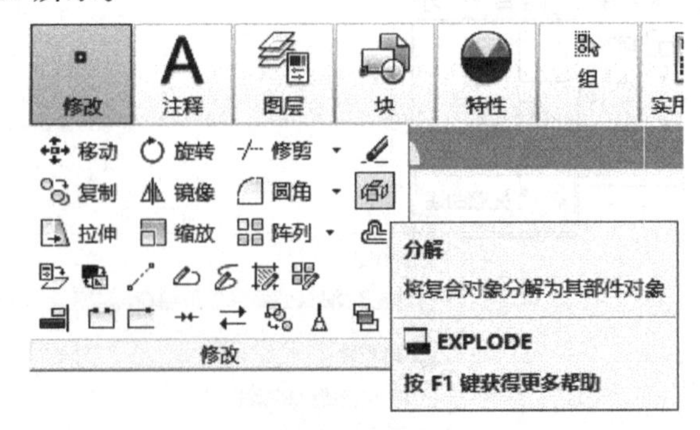

图 4-40　工具钮

命令及提示如下。

```
命令:_explode
选择对象:
```

参数说明：选择对象——选择要分解的对象，可以是块、多线、多段线等。

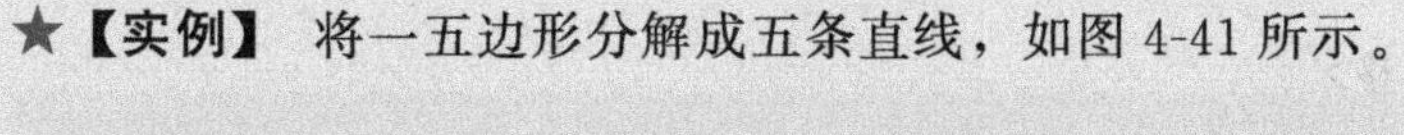

★【实例】 将一五边形分解成五条直线，如图 4-41 所示。

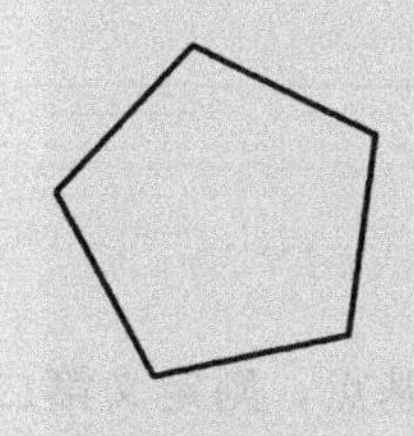 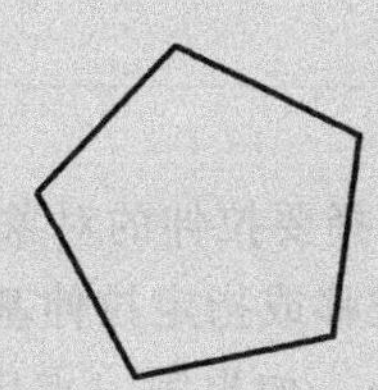 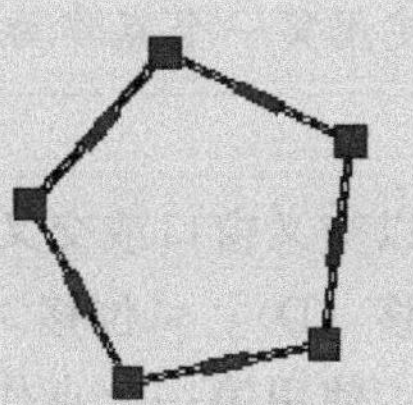 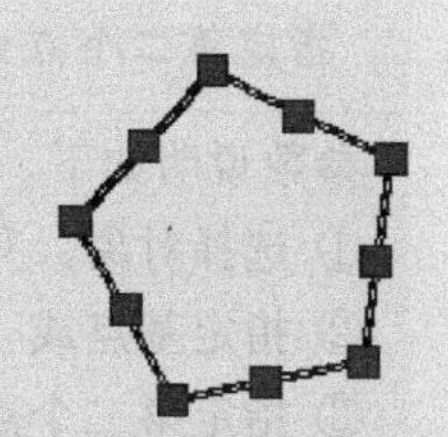

图 4-41 分解示例

操作过程如下。

命令:x(EXPLODE)	
选择对象:	点取五边形
找到 1 个	
选择对象:	回车结束命令
命令:	

十二、拉伸

拉伸是调整图形大小、位置的一种十分灵活的工具。若干对象（例如圆、椭圆和块）无法拉伸。

命令：STRETCH。

菜单：修改→拉伸。

工具钮：如图 4-42 所示。

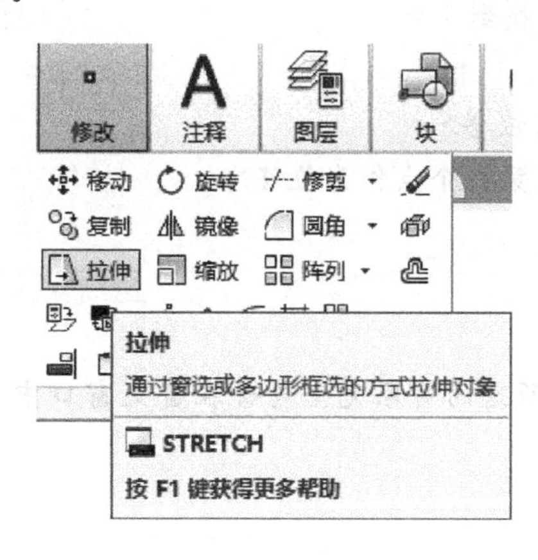

图 4-42 工具钮

命令及提示如下。

```
命令:_stretch
以交叉窗口或交叉多边形选择要拉伸的对象...
选择对象:指定对角点:
选择对象:
指定基点或[位移(D)]<位移>:
指定第二个点或<使用第一个点作为位移>:
```

参数说明如下。

① 选择对象：只能以交叉窗口或交叉多边形选择要拉伸的对象。

② 指定基点或［位移（D)］＜位移＞：定义位移或指定拉伸基点。

③ 指定第二个点或＜使用第一个点作为位移＞：如果第一点定义了基点，则定义第二点来确定位移。

★【实例】 将如图 4-43（a）所示五边形拉伸成如图 4-43（b）所示图形。

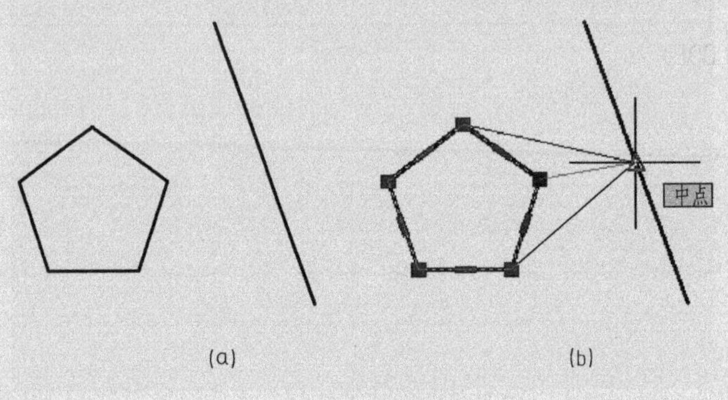

图 4-43 拉伸

操作过程如下。

```
命令:_stretch
以交叉窗口或交叉多边形选择要拉伸的对象...
选择对象:指定对角点:找到 1 个                用交叉窗口方式选中五边形
选择对象:                                    回车结束对象选择
指定基点或[位移(D)]<位移>:                   拾取五边形最右边的角点
指定第二个点或<使用第一个点作为位移>:        点取直线的中点
命令:
```

注意： 如果选择对象时所选的对象完全包含在窗交窗口中或单独选定对象，此命令就变成了移动命令。

十三、缩放

在绘图过程中经常发现绘制的图形过大或过小。通过比例缩放可以快速实现图形的大小转换，使缩放后对象的比例保持不变。缩放时可以指定一定的比例，也可以参照其他对象进行缩放。

命令：SCALE（SC）。

菜单：修改→缩放。

工具钮：如图 4-44 所示。

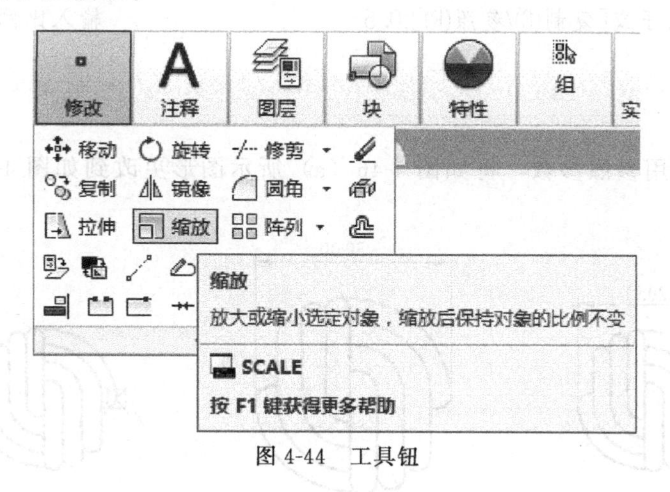

图 4-44　工具钮

```
命令及提示如下。
命令:SCALE
选择对象:
选择对象:
指定基点:
指定比例因子或[复制(C)/参照(R)]:
```

参数说明如下。

① 选择对象：选择欲比例缩放的对象。

② 指定基点：指定比例缩放的基点。

③ 指定比例因子：按指定的比例放大选定对象的尺寸。大于 1 的比例因子使对象放大。介于 0 和 1 之间的比例因子使对象缩小。还可以拖动光标使对象变大或变小。

④ 复制（C）：创建要缩放的选定复制对象。

⑤ 参照（R）：按参照长度和指定的新长度缩放所选对象。

★【实例】 使用比例因子将图示阀块缩小 1 半，如图 4-45 所示。

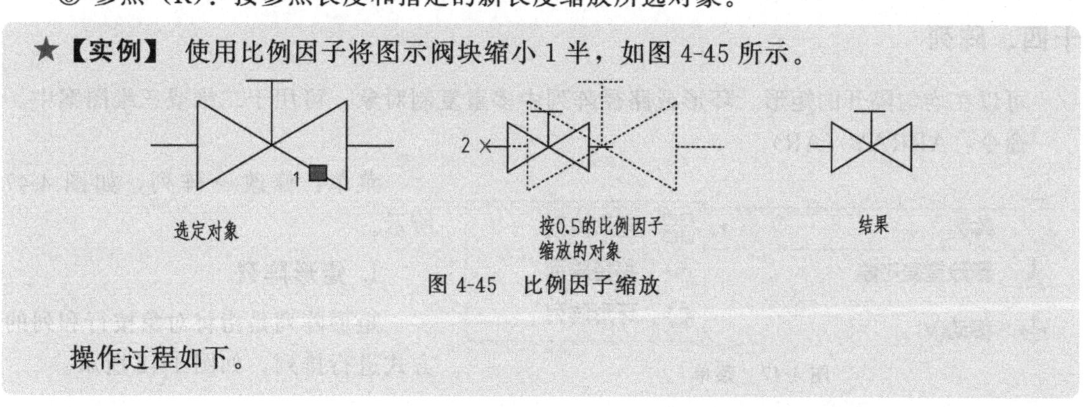

图 4-45　比例因子缩放

操作过程如下。

命令:_scale	
选择对象:找到 1 个	选择阀块 1
选择对象:	回车结束对象选择
指定基点:	拾取 2 点，作为缩放的基点
指定比例因子或[复制(C)/参照(R)]:0.5	输入比例因子，缩小 1 倍
命令:	

★【实例】 使用参照参数，将如图 4-46（a）所示图形更改到如图 4-46（b）所设置尺寸。

(a)

(b)

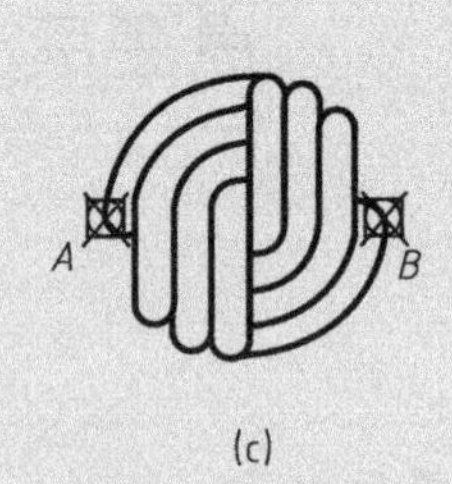

(c)

图 4-46 比例因子缩放

操作过程如下。

命令:_scale	
选择对象:指定对角点:找到 24 个	选择图形
选择对象:	回车结束对象选择
指定基点:	单击 A 点[图 4-46(c)]
指定比例因子或[复制(C)/参照(R)]:r	回车结束
指定参照长度<1.0000>: 指定第二点:	单击 A、B 两点[图 4-46(c)]
指定新的长度或[点(P)]<1.0000>: 30	输入更改后的数值
命令:	

十四、阵列

可以在均匀隔开的矩形、环形或路径阵列中多重复制对象。可用于二维或三维图案中。命令：ARRAY（AR）。

菜单：修改→阵列，如图 4-47 所示。

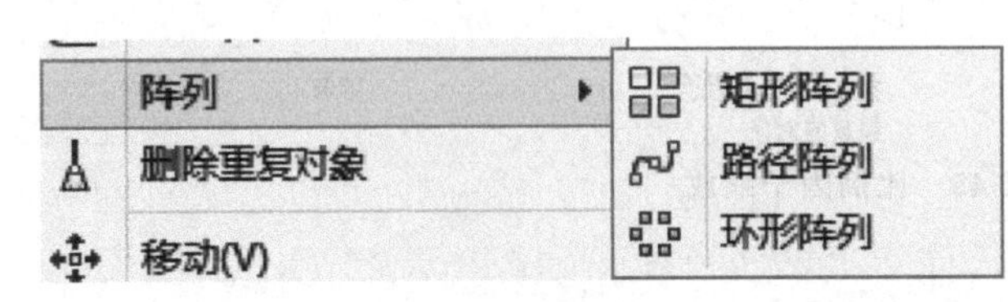

图 4-47 菜单

1. 矩形阵列

矩形阵列是指将对象按行和列的方式进行排列，如图 4-48 所示。

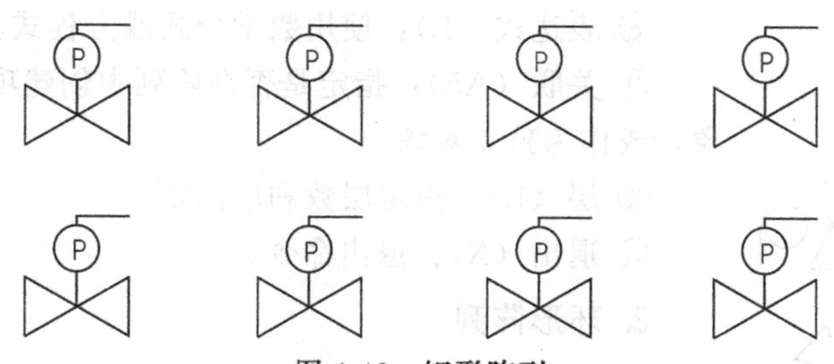

图 4-48 矩形阵列

菜单：修改→阵列→矩形阵列。

工具钮：如图 4-49 所示。

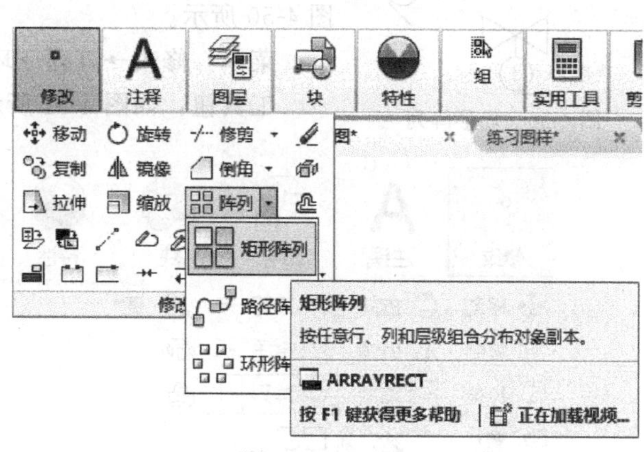

图 4-49 工具钮

创建矩形阵列的步骤：

① 命令：_ arrayrect。

② 选择要排列的对象，并按“Enter”键。

③ 指定栅格的对角点以设置行数和列数，在定义阵列时会显示预览栅格。

④ 指定栅格的对角点以设置行间距和列间距。

⑤ 按“Enter”键。

命令及提示如下。

```
命令:_arrayrect
选择对象:
选择对象:
类型= 矩形  关联= 是
为项目数指定对角点或[基点(B)/角度(A)/计数(C)]<计数>:
输入行数或[表达式(E)]<4>:
输入列数或[表达式(E)]<4>:
指定对角点以间隔项目或[间距(S)]<间距>:
指定行之间的距离或[表达式(E)]<93.4002>:
指定列之间的距离或[表达式(E)]<125.141>:
按 Enter 键接受或[关联(AS)/基点(B)/行(R)/列(C)/层(L)/退出(X)]<退出>:
```

参数说明如下。

① 选择对象：使用对象选择方法选择欲阵列的对象，选择完成后回车结束。

② 项目：指定阵列中的项目数。

③ 计数（C）：分别指定行和列的值。

④ 基点（B）：指定阵列的基点。

⑤ 角度（A）：指定行轴的旋转角度，行和列轴保持相互正交。

⑥ 行数：编辑阵列中的行数和行间距，以及它们之间的增量标高。

⑦ 列数：编辑阵列中的列数和列间距。

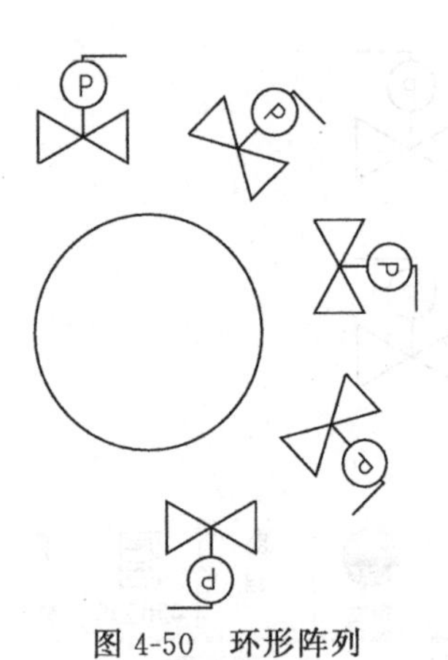

图 4-50　环形阵列

⑧ 表达式（E）：使用数学公式或方程式获取的值。

⑨ 关联（AS）：指定是否在阵列中创建项目作为关联阵列对象，或作为独立对象。

⑩ 层（L）：指定层数和层间距。

⑪ 退出（X）：退出命令。

2. 环形阵列

围绕中心点或旋转轴在环形阵列中均匀分布复制的对象，如图 4-50 所示。

菜单：修改→阵列→环形阵列。

工具钮：如图 4-51 所示。

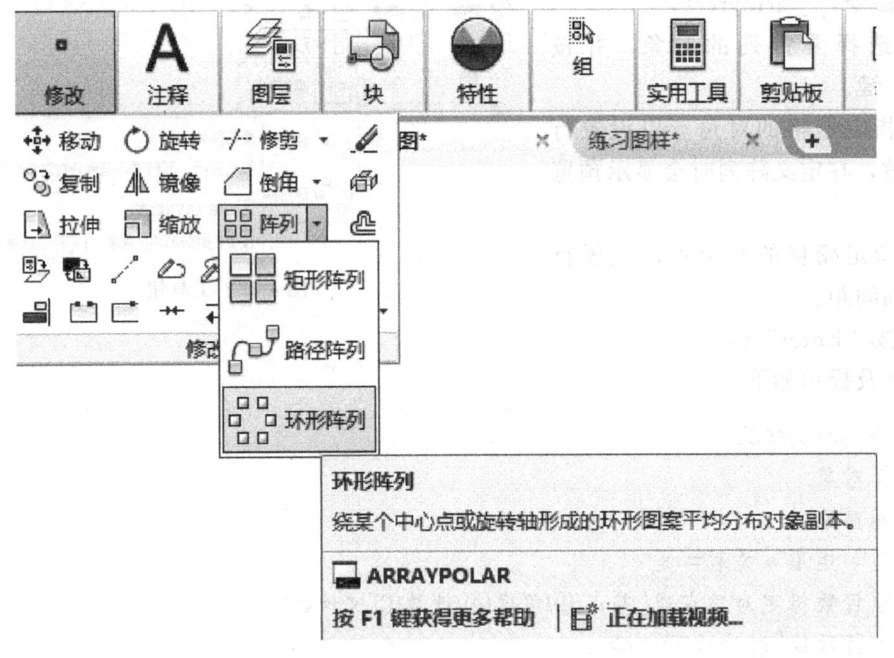

图 4-51　工具钮

创建环形阵列的步骤：

① 命令：_ arraypolar。

② 选择要排列的对象。

③ 执行以下操作之一：

a. 指定中心点。

b. 指定基点。

c. 输入 a（旋转轴）并指定两个点来定义自定义旋转轴。在定义阵列时显示预览。

④ 指定项目数。

⑤ 指定要填充的角度。

⑥ 按“Enter”键。

也可以通过定义项目间的角度创建阵列。

命令及提示如下。

```
命令:_arraypolar
选择对象:
选择对象:
类型=极轴  关联=是
指定阵列的中心点或[基点(B)/旋转轴(A)]:
输入项目数或[项目间角度(A)/表达式(E)]<3>:
指定填充角度(+ = 逆时针、- = 顺时针)或[表达式(EX)]<360>:
按 Enter 键接受或[关联(AS)/基点(B)/项目(I)/项目间角度(A)/填充角度(F)/行(ROW)/层(L)/旋转项目(ROT)/退出(X)]
<退出>:
```

参数说明如下。

① 选择对象：拾取欲阵列的对象。

② 中心点：指定分布阵列项目所围绕的点，旋转轴是当前 UCS 的 Z 轴。一般采用系统默认值。

③ 基点（B）：指定阵列的基点。

④ 旋转轴（A）：指定由两个指定点定义的自定义旋转轴。

⑤ 项目：指定阵列中的项目数。

⑥ 项目间角度（A）：指定项目之间的角度。

⑦ 表达式（E）：使用数学公式或方程式获取的值。

⑧ 填充角度：指定阵列中第一个和最后一个项目之间的角度，正值为逆时针阵列；负值为顺时针阵列，可在屏幕上拾取。

⑨ 关联（AS）：指定是否在阵列中创建项目作为关联阵列对象，或作为独立对象。

⑩ 行（ROW）：编辑阵列中的行数和行间距，以及它们之间的增量标高。

⑪ 层（L）：指定阵列中的层数和层间距。

⑫ 旋转项目（ROT）：控制在排列项目时是否旋转项目。

⑬ 退出（X）：退出命令。

3. 路径阵列

沿路径或部分路径均匀分布复制对象，路径可以是直线、多段线、三维多段线、样条曲线、螺旋、圆弧、圆或椭圆，如图 4-52 所示。

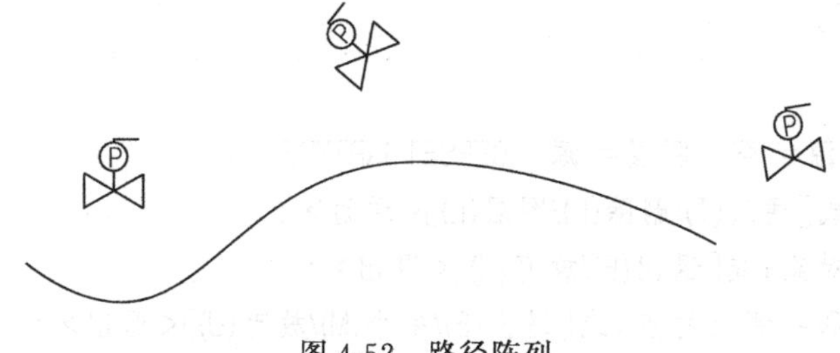

图 4-52 路径阵列

菜单：修改→阵列→路径阵列。

工具钮：如图 4-53 所示。

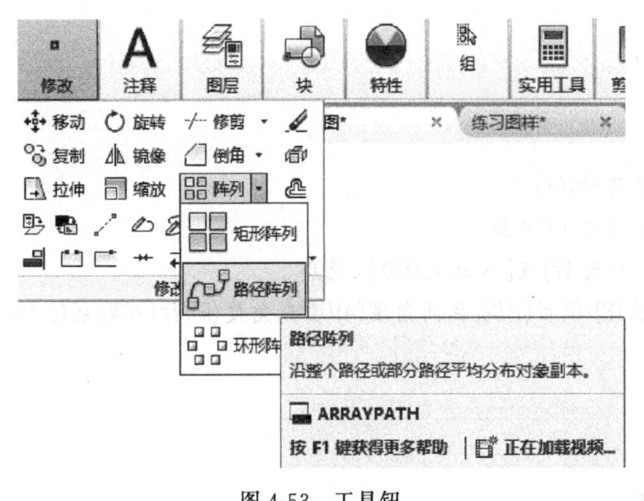

图 4-53　工具钮

创建路径阵列的步骤：

① 命令：_arraypath。

② 选择要排列的对象，并按“Enter”键。

③ 选择路径曲线：在定义阵列时显示预览。

④（可选）输入 O（方向），然后指定基点，或按“Enter”键将选定路径的端点用作基点。然后指定以下方法之一：

a. 与路径起始方向一致的方向。

b. 普通：对象对齐垂直于路径的起始方向。

⑤ 执行以下操作之一：

a. 指定项目的间距。

b. 输入 d（分割）：以沿整个路径长度均匀地分布项目。

c. 输入 t（全部）：并指定第一个和最后一个项目之间的总距离。

d. 输入 e（表达式）：并定义表达式。

⑥ 按“Enter”键。

十五、偏移

单一对象可以将其偏移，从而产生复制的对象，可以用来创建同心圆、平行线和平行曲线。偏移时根据偏移距离会重新计算其大小。

命令：OFFSET（O）。

菜单：修改→偏移。

工具钮：如图 4-54 所示。

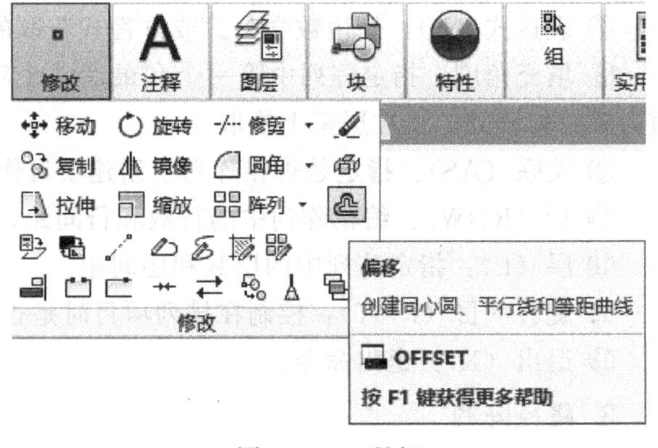

图 4-54　工具钮

命令及提示如下。

```
命令:_offset
当前设置:删除源= 否   图层= 源   OFFSETGAPTYPE= 0
指定偏移距离或[通过(T)/删除(E)/图层(L)]<通过>:
选择要偏移的对象,或[退出(E)/放弃(U)]<退出>:
指定要偏移的那一侧上的点,或[退出(E)/多个(M)/放弃(U)]<退出>:
```

参数说明如下。

① 指定偏移距离：在距现有对象指定的距离处创建对象，输入偏移距离，该距离可以通过键盘键入，也可以通过点取两个点来定义，如图 4-55 所示。

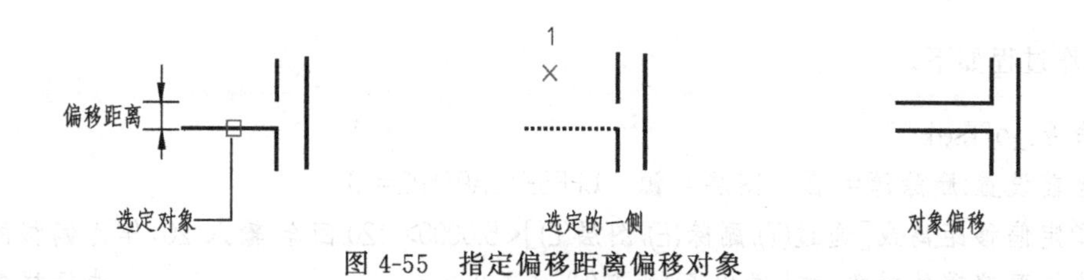

图 4-55 指定偏移距离偏移对象

② [通过（T)]：创建通过指定点的对象，如图 4-56 所示。

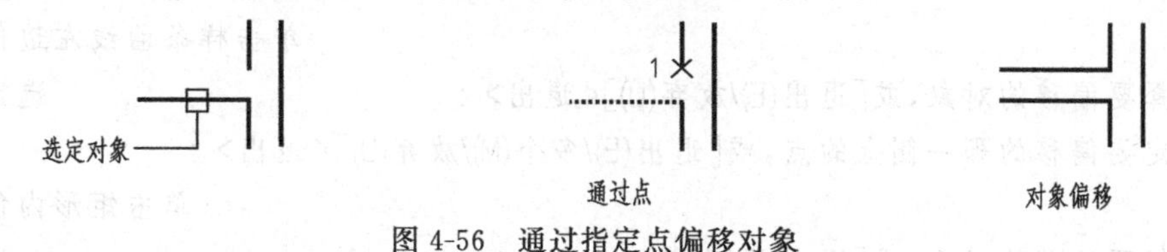

图 4-56 通过指定点偏移对象

③ 删除（E)：偏移源对象后将其删除。

④ 图层（L)：确定将偏移对象创建在当前图层上还是源对象所在的图层上。

⑤ 选择要偏移的对象：选择将要偏移的对象。

⑥ 退出（E)：回车则退出偏移命令。

⑦ 放弃（U)：输入“U”，重新选择将要偏移的对象。

⑧ 指定要偏移的那一侧上的点：指定点来确定往哪个方向偏移。

⑨ 退出（E)：退出 OFFSET 命令。

⑩ 多个（M)：输入“多个”偏移模式，这将使用当前偏移距离重复进行偏移操作。

⑪ 放弃（U)：恢复前一个偏移。

技巧：

① 在画相互平行的直线时，只要知道它们之间的距离，就可以通过偏移命令快速实现。

② 偏移命令一次只能对一个对象进行偏移，但可以偏移多次。

★**【实例】** 将样条曲线、矩形、圆和直线［如图 4-57（a）所示］。分别向左、内和上偏移 20，再向右、外或下偏移 40，如图 4-57（b）所示。

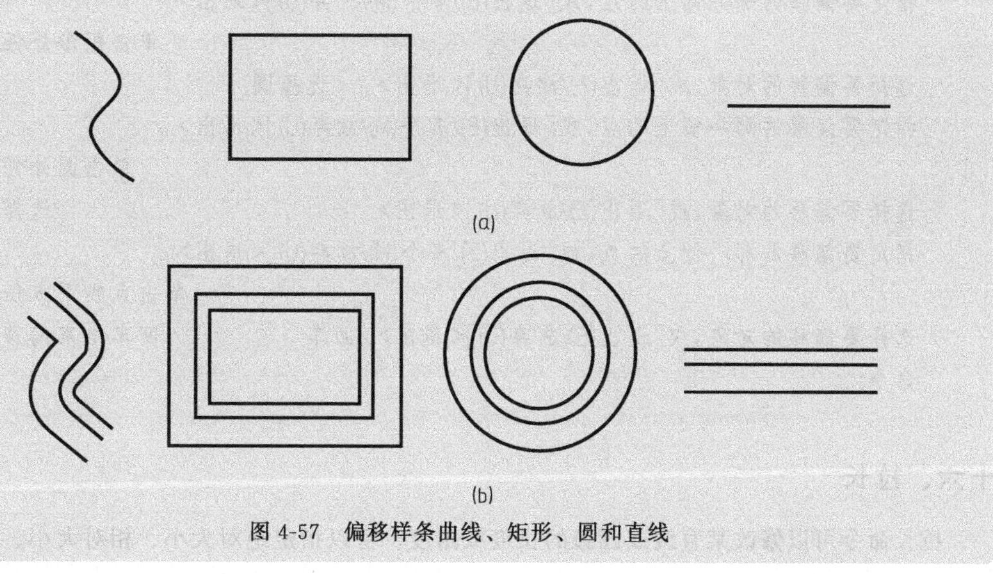

图 4-57 偏移样条曲线、矩形、圆和直线

操作过程如下。

```
命令:_offset
当前设置:删除源= 否   图层= 源   OFFSETGAPTYPE= 0
指定偏移距离或[通过(T)/删除(E)/图层(L)]<5.0000> :20 回车 输入 20,作为偏移的距离
选择要偏移的对象,或[退出(E)/放弃(U)]<退出> :                    选择样条曲线
指定要偏移的那一侧上的点,或[退出(E)/多个(M)/放弃(U)]<退出> :
                                                        单击样条曲线左边任一点
选择要偏移的对象,或[退出(E)/放弃(U)]<退出> :                        选择矩形
指定要偏移的那一侧上的点,或[退出(E)/多个(M)/放弃(U)]<退出> :
                                                            单击矩形内任一点
选择要偏移的对象,或[退出(E)/放弃(U)]<退出> :                          选择圆
指定要偏移的那一侧上的点,或[退出(E)/多个(M)/放弃(U)]<退出> :
                                                              单击圆内任一点
选择要偏移的对象,或[退出(E)/放弃(U)]<退出> :                        选择直线
指定要偏移的那一侧上的点,或[退出(E)/多个(M)/放弃(U)]<退出> :
                                                          单击直线上方任一点
选择要偏移的对象,或[退出(E)/放弃(U)]<退出> :  回车          回车结束偏移命令
命令:  OFFSET                                              再回车调入偏移命令
当前设置:删除源= 否   图层= 源   OFFSETGAPTYPE= 0
指定偏移距离或[通过(T)/删除(E)/图层(L)]<20.0000> :40 回车
                                                        输入 40,作为偏移的距离
选择要偏移的对象,或[退出(E)/放弃(U)]<退出> :                    选择样条曲线
指定要偏移的那一侧上的点,或[退出(E)/多个(M)/放弃(U)]<退出> :
                                                        单击样条曲线右边任一点
选择要偏移的对象,或[退出(E)/放弃(U)]<退出> :                        选择矩形
指定要偏移的那一侧上的点,或[退出(E)/多个(M)/放弃(U)]<退出> :
                                                            单击矩形外任一点
选择要偏移的对象,或[退出(E)/放弃(U)]<退出> :  选择圆
指定要偏移的那一侧上的点,或[退出(E)/多个(M)/放弃(U)]<退出> :
                                                              单击圆外任一点
选择要偏移的对象,或[退出(E)/放弃(U)]<退出> :                        选择直线
指定要偏移的那一侧上的点,或[退出(E)/多个(M)/放弃(U)]<退出> :
                                                          单击直线下方任一点
选择要偏移的对象,或[退出(E)/放弃(U)]<退出> :回车            回车结束偏移命令
命令:
```

十六、拉长

拉长命令可以修改某直线或圆弧的长度或角度。可以指定绝对大小、相对大小、相对百

分比大小，甚至可以动态修改其大小。

命令：LENGTHEN。

菜单：修改→拉长。

工具钮：如图 4-58 所示。

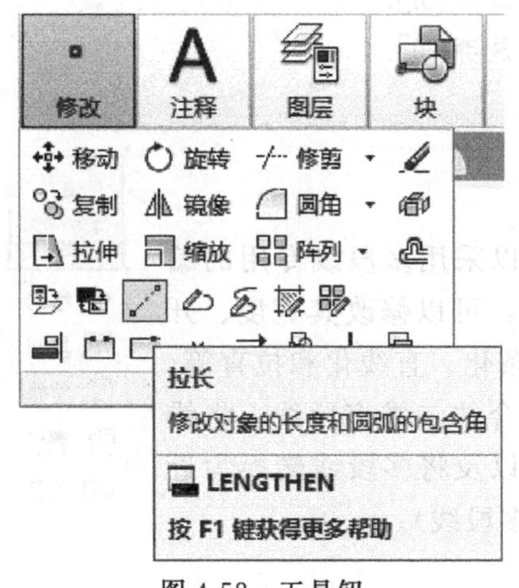

图 4-58 工具钮

命令及提示如下。

```
命令:LENGTHEN
选择对象或[增量(DE)/百分数(P)/全部(T)/动态(DY)]:de
输入长度增量或[角度(A)]<0.0000>:
选择要修改的对象或[放弃(U)]:
```

参数说明如下。

① 选择对象：选择欲拉长的直线或圆弧对象，此时显示该对象的长度或角度。

② 增量（DE）：定义增量大小，正值为增，负值为减。

③ 百分数（P）：定义百分数来拉长对象，类似于缩放的比例。

④ 全部（T）：定义最后的长度或圆弧的角度。

⑤ 动态（DY）：动态拉长对象。

⑥ 输入长度增量或［角度（A）］：输入长度增量或角度增量。

⑦ 选择要修改的对象或［放弃（U）］：点取欲修改的对象，输入 U 则放弃上一步操作。

★【实例】 将如图 4-59（a）所示直线拉长 100 个单位，如图 4-59（b）所示。

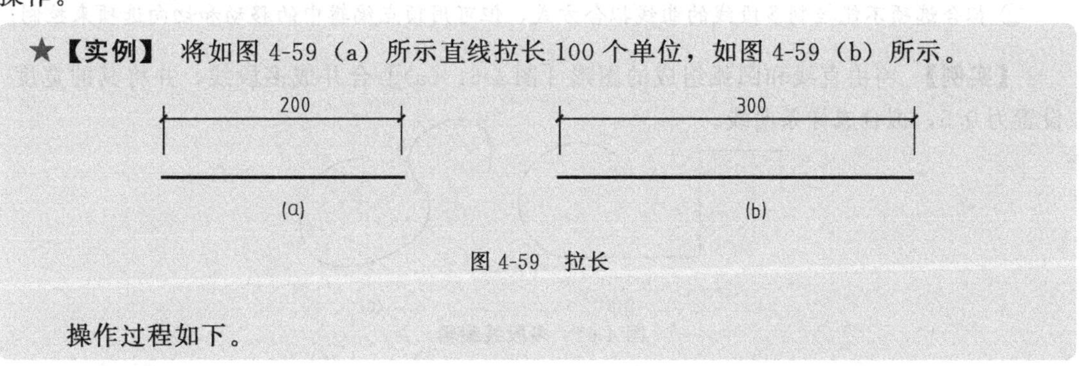

图 4-59 拉长

操作过程如下。

```
命令:_lengthen
选择对象或[增量(DE)/百分数(P)/全部(T)/动态(DY)]:de          选择增量项
输入长度增量或[角度(A)]< 0.0000> :100                       输入增加值
选择要修改的对象或[放弃(U)]:                                选择要拉长的对象
选择要修改的对象或[放弃(U)]:                                回车结束对象选择
```

十七、编辑多段线

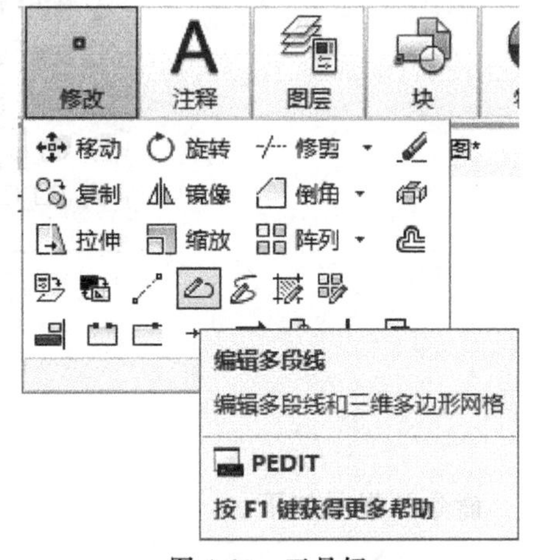

图 4-60　工具钮

多段线是一个对象，可以采用多段线专用的编辑命令来编辑。编辑多段线，可以修改其宽度、开口或封闭、增减顶点数、样条化、直线化和拉直等。编辑多段线的常见用途包含合并二维多段线、将线条和圆弧转换为二维多段线以及将多段线转换为近似 B 样条曲线的曲线（拟合多段线）。

命令：PEDIT（PE）。

菜单：修改→对象→多段线。

工具钮：如图 4-60 所示。

命令及提示如下。

```
命令:PEDIT
选择多段线或[多条(M)]:
输入选项[闭合(C)/合并(J)/宽度(W)/编辑顶点(E)/拟合(F)/样条曲线(S)/非曲线化(D)/线型生成(L)/反转(R)/放弃(U)]:
```

技巧：

① 用 PEDIT 命令可以对矩形、正多边形、图案填充等命令产生的边界进行修改。

② 可用合并命令将未闭合的圆弧闭合成圆。

③ 在选择多段线的提示下输入 M，可同时选择多条多段线、多段线形体或可变为多段线的形体进行调整编辑。

注意：

① 修改线宽后，要用重生成命令（REGEN）才能看到改变效果。

② 拟合选项不能控制多段线的曲线拟合方式，但可用顶点编辑中的移动和切向选项来控制。

★**【实例】** 将由直线和圆弧组成的图形［图 4-61（a）］合并成多段线，并将其的宽度设置为 0.5，拟合成样条曲线。

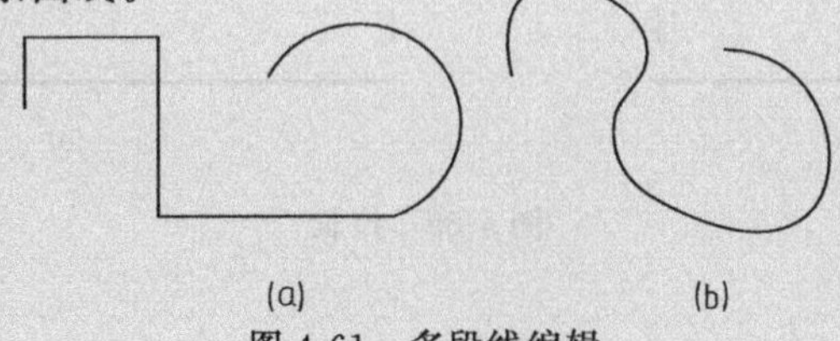

(a)　　(b)

图 4-61　多段线编辑

操作过程如下。

```
命令:PEDIT
选择多段线或[多条(M)]:                                              点击其中一条直线
选定的对象不是多段线
是否将其转换为多段线? <Y>                                  先要把直线和圆弧转换为多段线
输入选项[闭合(C)/合并(J)/宽度(W)/编辑顶点(E)/拟合(F)/样条曲线(S)/非曲线化(D)/线型
生成(L)/放弃(U)]:j                                                       执行合并选项
选择对象:找到 1 个                                                     点击第一条直线
选择对象:找到 1 个,总计 2 个                                           点击第二条直线
选择对象:找到 1 个,总计 3 个                                           点击第三条直线
选择对象:找到 1 个,总计 4 个                                           点击第四条直线
选择对象:找到 1 个,总计 5 个                                               点击圆弧
选择对象:                                                          回车结束选择对象
4 条线段已添加到多段线                                系统提示已将四条线段转换为多段线
输入选项[闭合(C)/合并(J)/宽度(W)/编辑顶点(E)/拟合(F)/样条曲线(S)/非曲线化(D)/线型
生成(L)/放弃(U)]:w                                                       执行线宽选项
指定所有线段的新宽度:0.5                                               指定线宽为 0.5
输入选项[闭合(C)/合并(J)/宽度(W)/编辑顶点(E)/拟合(F)/样条曲线(S)/非曲线化(D)/线型
生成(L)/放弃(U)]:f                                                       执行拟合选项
输入选项[闭合(C)/合并(J)/宽度(W)/编辑顶点(E)/拟合(F)/样条曲线(S)/非曲线化(D)/线型
生成(L)/放弃(U)]:                                   回车结束命令,结果如图 4-61(b)所示
```

十八、编辑样条曲线

样条曲线可以通过 SPLINEDIT 命令来编辑其数据点或通过点，修改样条曲线的参数或将样条拟合多段线转换为样条曲线。

命令：SPLINEDIT。

工具钮：如图 4-62 所示。

菜单：修改→对象→样条曲线。

命令及提示如下。

编辑样条曲线

编辑样条曲线或样条曲线拟合多段线

SPLINEDIT

按 F1 键获得更多帮助

图 4-62　工具钮

```
命令:_splinedit
选择样条曲线:
输入选项[闭合(C)/合并(J)/拟合数据(F)/编辑顶点(E)/转换为多段线(P)/反转(R)/放弃(U)/退
出(X)]<退出>:
```

十九、打断

打断命令可以将对象一分为二或去掉其中一段减小其长度。

命令：BREAK。

菜单：修改→打断。

工具钮：如图 4-63 所示。

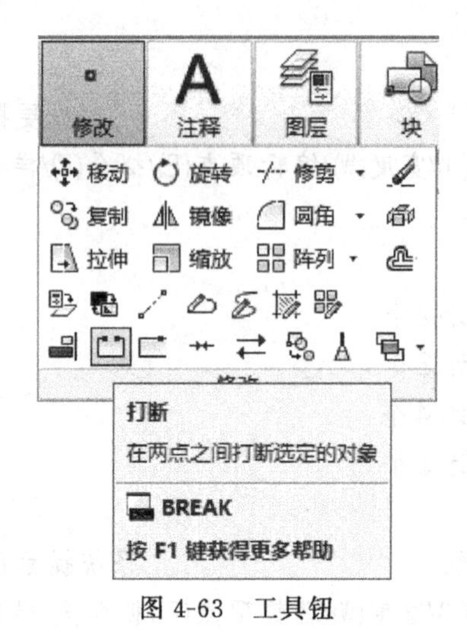

图 4-63 工具钮

命令及提示如下。

```
命令:_break
选择对象:
指定第二个打断点或[第一点(F)]:
```

参数说明如下。

① 选择对象：选择打断的对象。如果在后面的提示中不输入 F 来重新定义第一点，则拾取该对象的点为第一点。

② 指定第二个打断点：拾取打断的第二点。如果输入@指第二点和第一点相同，即将选择对象分成两段。

③ 第一点（F）：输入 F 重新定义第一点。

技巧： 打断圆或圆弧时拾取点的顺序很重要，因为打断总是逆时针方向，所以拾取点时也得按逆时针方向点取。

★**【实例】** 将图 4-64（a）所示温度计图例圆打断成一段圆弧，如图 4-64（b）所示。

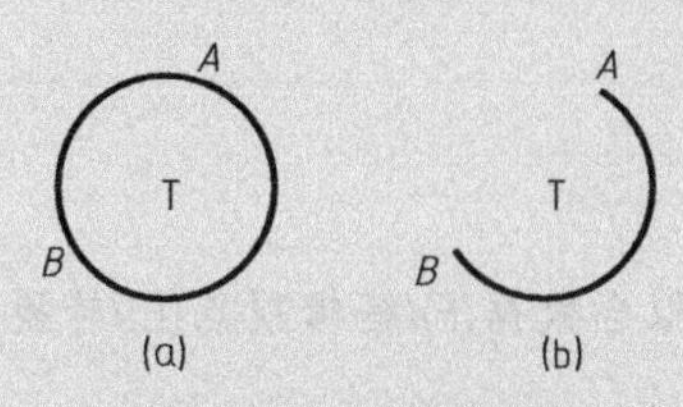

图 4-64 打断

操作过程如下。

```
命令:_break 选择对象:                                    在 A 点处选中圆
指定第二个打断点或[第一点(F)]:                            点击 B 处一点
命令:
```

二十、打断于点

打断于点命令可以将对象一分为二。

工具钮：如图 4-65 所示。

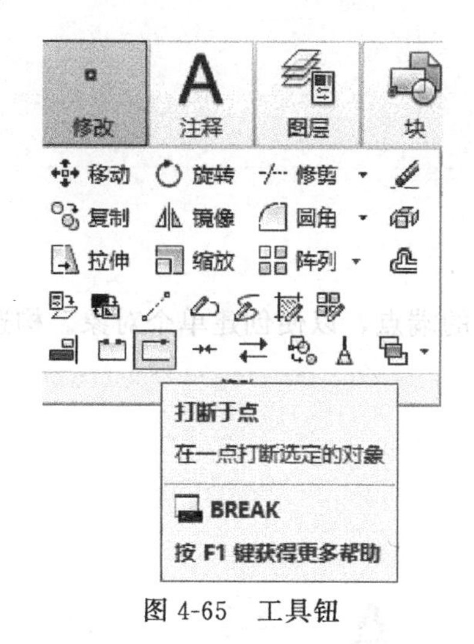

图 4-65　工具钮

命令及提示如下。

```
命令:BREAK
选择对象:
指定第二个打断点或[第一点(F)]:
命令:
```

打断于一点命令包含在打断命令之中。在打断于点命令中，在选择对象后有一个提示，即“指定第二个打断点或［第一点（F)］:”，这个第一点即是“打断于一点”的意思。唯一的区别是使用这个命令打断下来的一段在屏幕上不会消去，会保留在屏幕上，变成一个独立的对象。

★【实例】 将如图 4-66（a）所示图形在 *A* 点处打断，如图 4-66（c）所示。

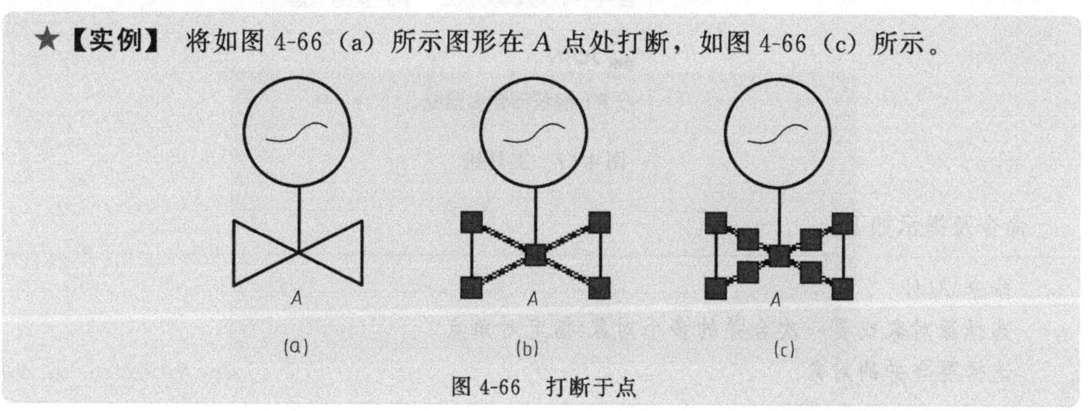

图 4-66　打断于点

操作过程如下。

```
命令:_break 选择对象:                              选中一条直线,如图 4-66(b)所示
指定第二个打断点或[第一点(F)]:f
指定第一个打断点:                                  在 A 点处点取一点
指定第二个打断点:@
命令:break 选择对象:                               选中另一条直线,如图 4-66(b)所示
指定第二个打断点或[第一点(F)]:f
指定第一个打断点:                                  在 A 点处点取一点
指定第二个打断点:@
命令:
```

二十一、合并

用于合并线性和弯曲对象的端点，以便创建单个对象。构造线、射线和闭合的对象无法合并。

命令：JOIN。

菜单：修改→合并。

工具钮：如图 4-67 所示。

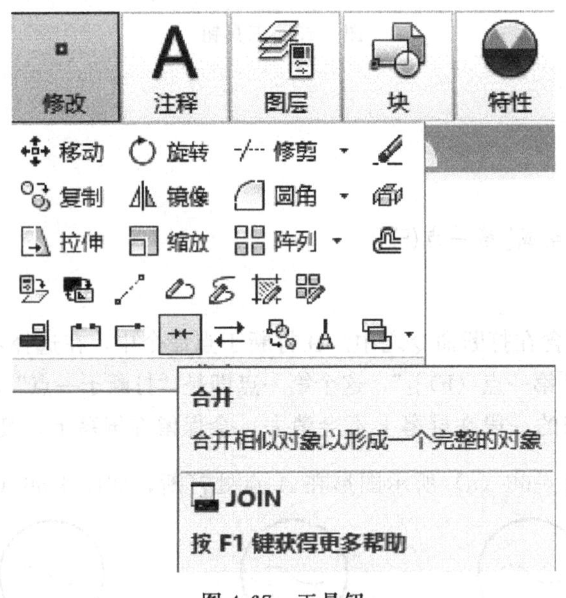

图 4-67　工具钮

命令及提示如下。

```
命令:JOIN
选择源对象或要一次合并的多个对象:指定对角点:
选择要合并的对象:
```

★【实例】 将如图 4-68（a）所示两段线段合并成一条，如图 4-68（c）所示。

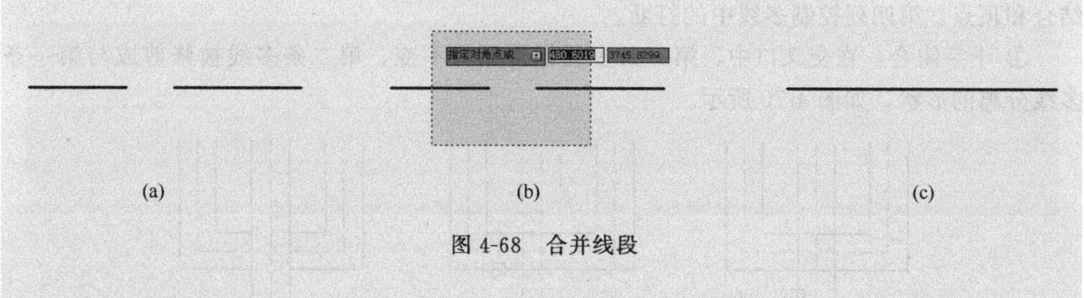

图 4-68 合并线段

操作过程如下。

```
命令:_join
选择源对象或要一次合并的多个对象:指定对角点:找到 2 个
                                        选择 2 段线段,如图 4-68(b)所示
选择要合并的对象:                                        回车结束命令
2 条直线已合并为 1 条直线                              如图 4-68(c)所示
命令:
```

二十二、编辑多线

“编辑多线”命令可以对多线的交接、断开、形体进行控制和编辑。由于多线是一个整体，除可以将其作为一个整体编辑外，对其特征能用“多线编辑”命令。

命令：MLEDIT。

菜单：修改→对象→多线。

选项及说明：启用“多线编辑”命令，弹出“多线编辑工具”对话框，它形象地显示出了多线的编辑方式。点取相应的图形按钮，就选择不同的编辑方式，如图 4-69 所示：以四

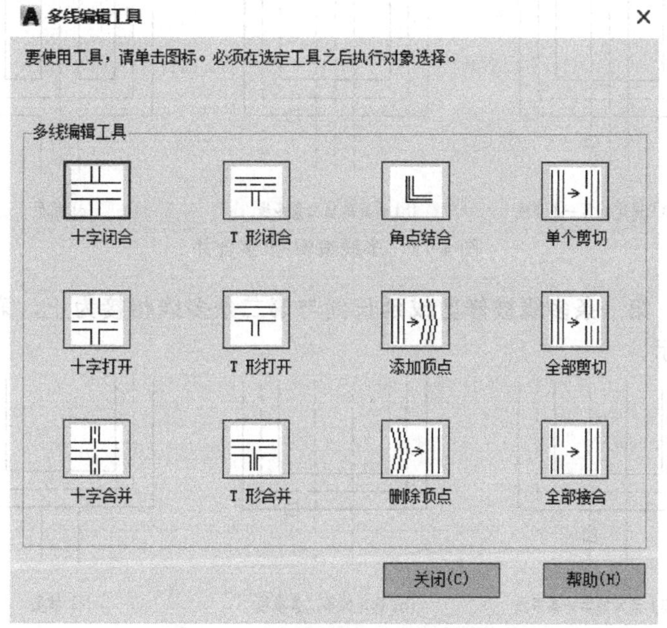

图 4-69 “多线编辑工具”对话框

列显示样例图像。第一列控制交叉的多线，第二列控制T形相交的多线，第三列控制角点结合和顶点，第四列控制多线中的打断。

① 十字闭合：在交叉口中，第一条多线保持原样不变，第二条多线被修剪成与第一条多线分离的形状，如图4-70所示。

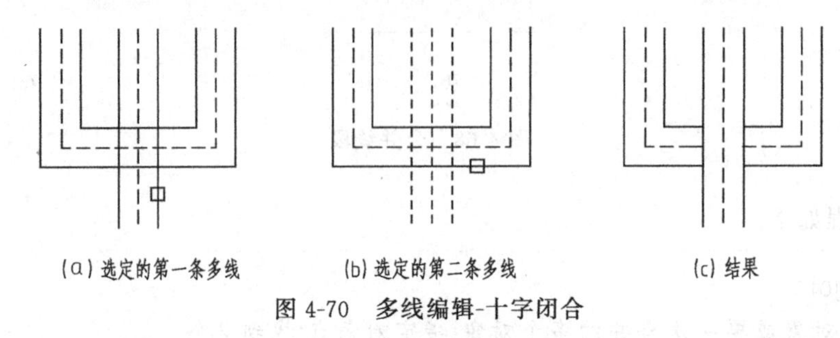

图4-70 多线编辑-十字闭合

② 十字打开：在交叉口中，第一条多线保持原样不变，第二条多线的外边的线被修剪到与第一条多线交叉的位置，内侧的线保持原状，如图4-71所示。

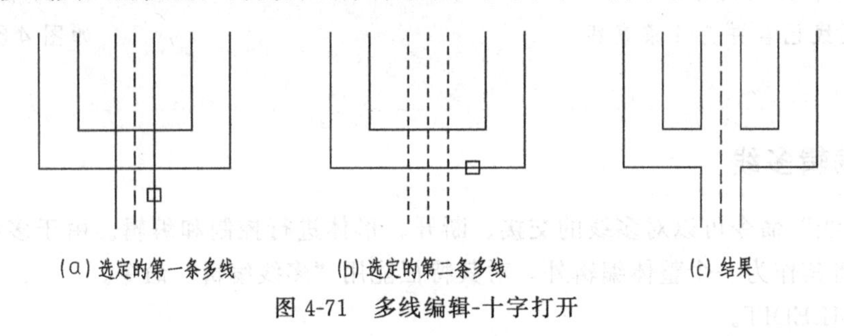

图4-71 多线编辑-十字打开

③ 十字合并：在交叉口中，第一条多线和第二条多线的所有直线都修剪到交叉部分，如图4-72所示。

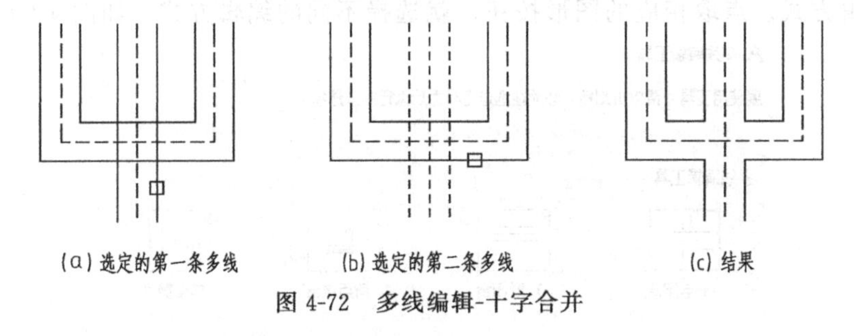

图4-72 多线编辑-十字合并

④ T形闭合：第一条多线被修剪或延长到与第二条多线相接为止，第二条多线保持原样，如图4-73所示。

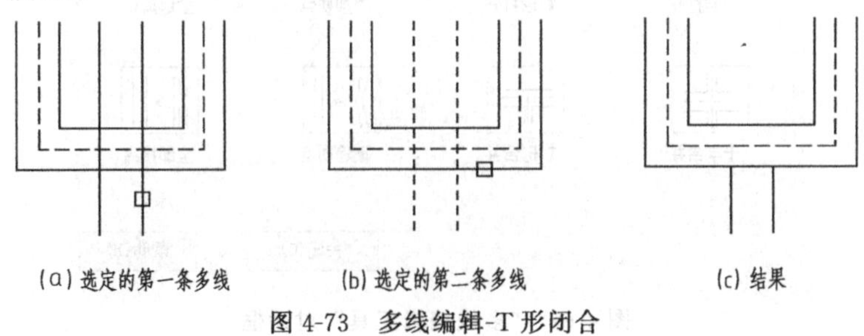

图4-73 多线编辑-T形闭合

⑤ T 形打开：第一条多线被修剪或延长到与第二条多线相接为止，第二条多线的最外部的线则被修剪到与第一条多线交叉的部分，如图 4-74 所示。

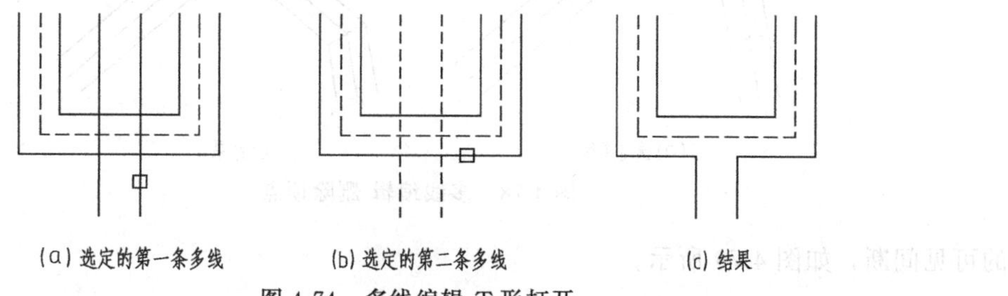

图 4-74　多线编辑-T 形打开

⑥ T 形合并：第一条多线被修剪或延长到与第二条多线相接为止，第二条多线被修剪到与第一条多线交叉的部分，如图 4-75 所示。

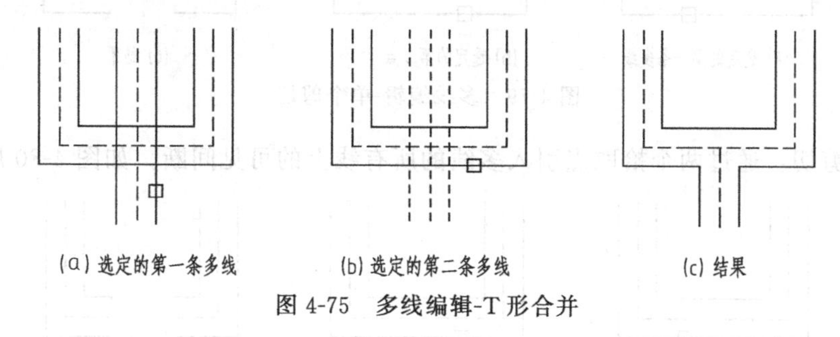

图 4-75　多线编辑-T 形合并

⑦ 角点结合：可以为两条多线生成一角连线，即将多线修剪或延伸到它们的交点处，如图 4-76 所示。

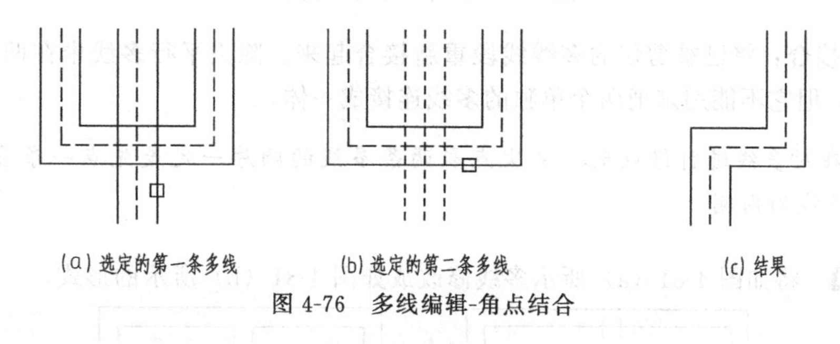

图 4-76　多线编辑-角点结合

⑧ 添加顶点：向多线上添加一个顶点，如图 4-77 所示。

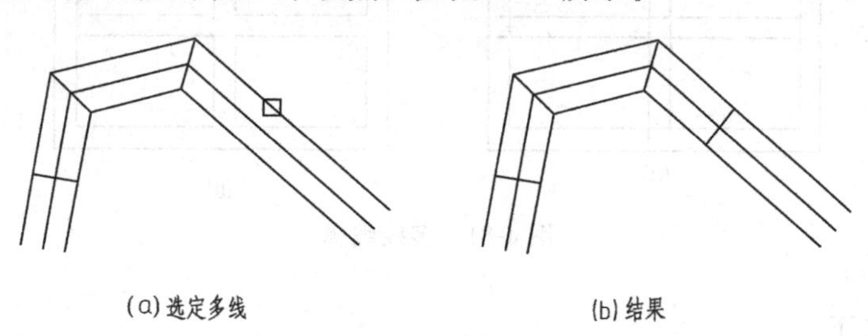

图 4-77　多线编辑-添加顶点

⑨ 删除顶点：从多线上删除一个顶点，如图 4-78 所示。

⑩ 单个剪切：在选定多线元素中创建可见打断，通过两个拾取点引入多线中的一条线

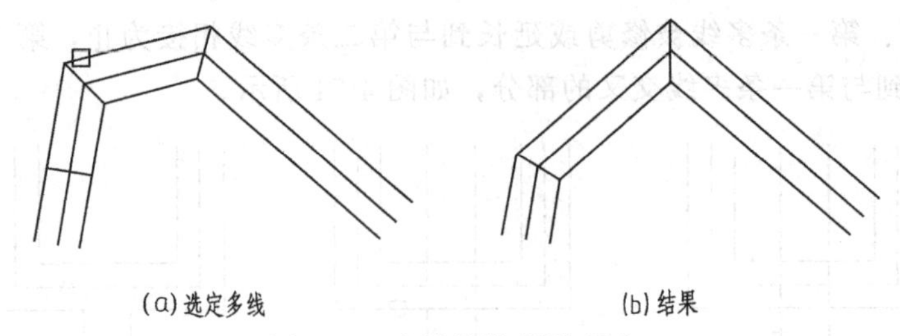

图 4-78　多线编辑-删除顶点

的可见间断，如图 4-79 所示。

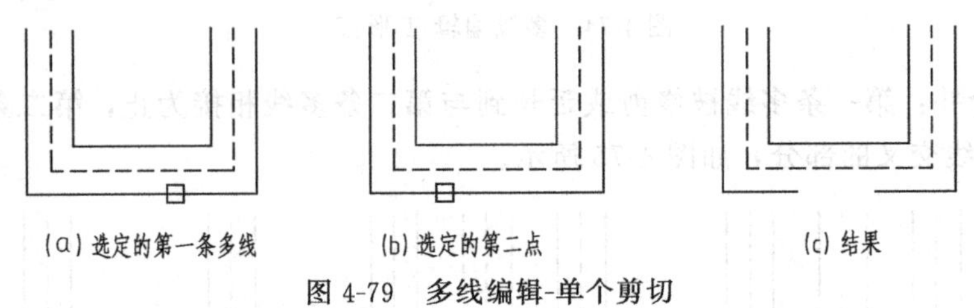

图 4-79　多线编辑-单个剪切

⑪ 全部剪切：通过两个拾取点引入多线的所有线上的可见间断，如图 4-80 所示。

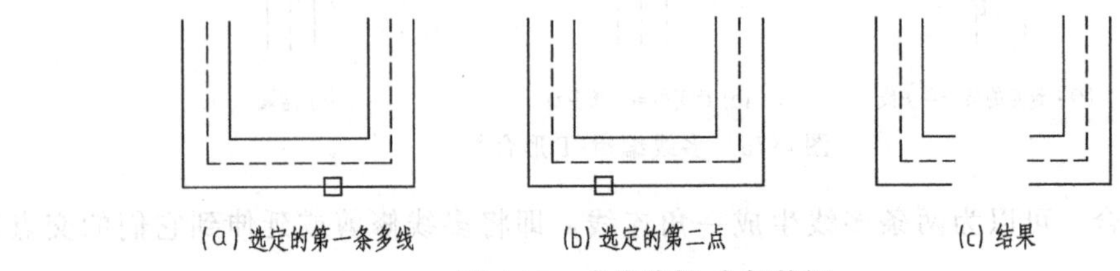

图 4-80　多线编辑-全部剪切

⑫ 全部接合：将已被剪切的多线线段重新接合起来。除去平行多线中在两个拾取点间的所有间断，但它不能用来把两个单独的多线连接成一体。

技巧： 在对多线进行修改时，依次点取两条多线的顺序一定是先点一条多线的外侧，再点另一条多线的内侧。

★**【实例】** 将如图 4-81（a）所示多线修改成如图 4-81（b）所示的形式。

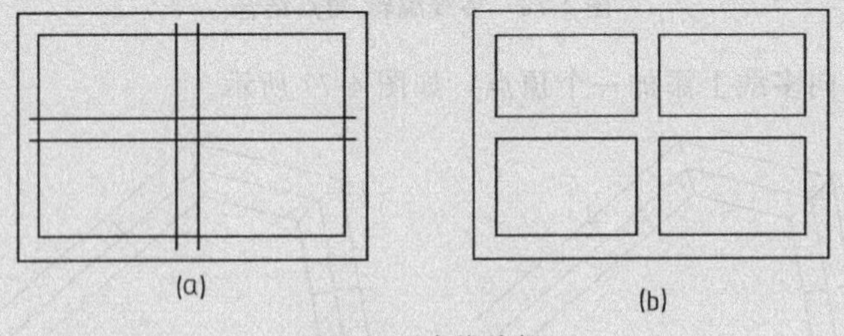

图 4-81　多线编辑

操作过程如下。

① 命令：MLEDIT。调出“多线编辑”对话框

② 选择开放式 T 形交叉按钮，依次对上、下、左、右四个交叉口进行修改。

③ 选择开放式十字交叉按钮，对中间的交叉口进行修改。

二十三、特性编辑

1. 特性匹配

如果要将选定对象的特性应用于其他对象上，通过特性匹配命令可以快速实现。可应用的特性类型包含颜色、图层、线型、线型比例、线宽、打印样式、透明度和其他指定的特性。

命令：MATCHPROP。

菜单：修改→特性匹配。

工具钮：如图 4-82 所示。

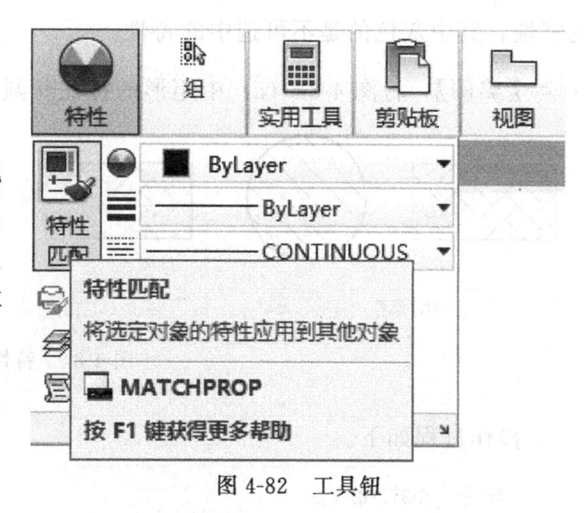

图 4-82 工具钮

命令及提示如下。

```
命令:MATCHPROP
选择源对象:
当前活动设置: 颜色 图层 线型 线型比例 线宽 透明度 厚度 打印样式
标注 文字 图案填充 多段线 视口 表格材质 阴影显示 多重引线
选择目标对象或[设置(S)]:
```

参数说明如下。

① 选择源对象：该对象的全部或部分特性是要被复制的特性。

② 选择目标对象：该对象的全部或部分特性是要改动的特性。

③ 设置（S）：设置复制的特性，输入该参数后，将弹出“特性设置”对话框，如图4-83所示。

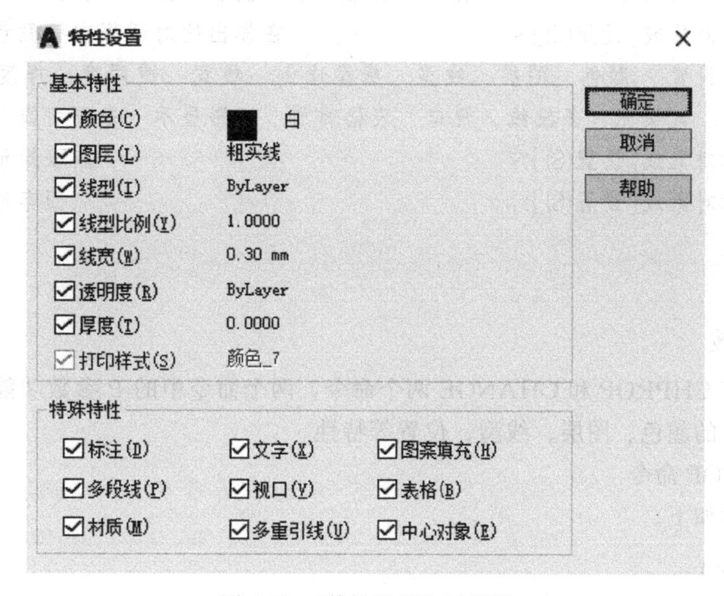

图 4-83 “特性设置”对话框

在该对话框中，包含了不同的特性复选框，可以选择其中的部分或全部特性作为要复制的特性，其中灰色的是不可选中的特性。

★【实例】 将图 4-84（a）中矩形的特性除颜色外改成圆的特性。

 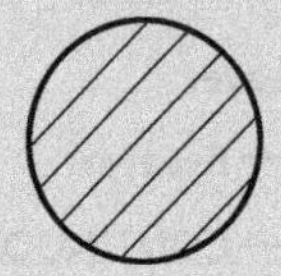  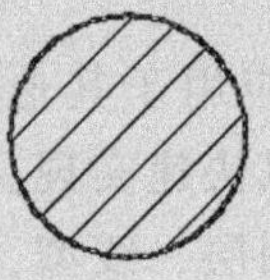 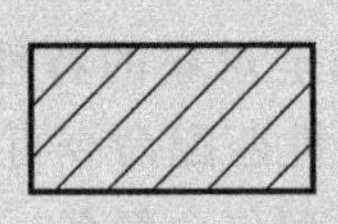 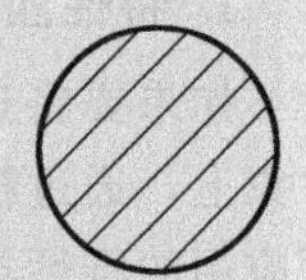

(a) 原图　　(b) 修改　　(c) 结果

图 4-84　特性匹配

操作过程如下。

```
命令:'_matchprop
选择源对象:                                                    点取圆
当前活动设置: 颜色 图层 线型 线型比例 线宽 透明度 厚度 打印样式
标注 文字图案填充 多段线 视口 表格材质 阴影显示 多重引线
选择目标对象或[设置(S)]:s                      在弹出的对话框中将颜色复选框取消
当前活动设置: 颜色 图层 线型 线型比例 线宽 透明度 厚度 打印样式
标注文字 图案填充 多段线 视口 表格材质 阴影显示 多重引线
选择目标对象或[设置(S)]:                                      点取矩形
选择目标对象或[设置(S)]:                                回车结束特性修改
命令:'_matchprop
选择源对象:                                            点取圆内填充图案
当前活动设置: 颜色 图层 线型 线型比例 线宽 透明度 厚度 打印样式
标注文字 图案填充 多段线 视口 表格材质 阴影 显示 多重引线
选择目标对象或[设置(S)]:s                      在弹出的对话框中将颜色复选框取消
当前活动设置: 颜色 图层 线型 线型比例 线宽 透明度 厚度打印 样式
标 注文字图 案填充 多段线 视口 表格材质 阴影显示 多重引线
选择目标对象或[设置(S)]:                            点取矩形内填充图案
选择目标对象或[设置(S)]:                                回车结束特性修改
命令:
```

2. 特性修改

特性修改有 CHPROP 和 CHANGE 两个命令，两个命令中的 P 参数功能基本相同，可以修改所选对象的颜色、图层、线型、位置等特性。

(1) CHPROP 命令

命令及提示如下。

```
命令:CHPROP
选择对象:找到 1 个
选择对象:
```

```
输入要更改的特性[颜色(C)/图层(LA)/线型(LT)/线型比例(S)/线宽(LW)/厚度(T)/透明度(TR)/材质(M)/注释性(A)]:
```

参数说明如下。

① 选择对象：选择要修改特性的对象。

② 颜色（C）：修改颜色，如要修改为红色，可输入 red。

③ 图层（LA）：修改图层，可将其置入已设置的一个图层。

④ 线型（LT）：修改线条的线型。

⑤ 线型比例（S）：修改线型比例。

⑥ 线宽（LW）：修改线宽。

⑦ 厚度（T）：修改厚度。

⑧ 透明度（TR）：更改选定对象的透明度级别，将透明度设定为 ByLayer 或 ByBlock，或输入 0 到 90 之间的值。

⑨ 材质（M）：如果附着材质，将会更改选定对象的材质。

⑩ 注释性（A）：修改选定对象的注释性特性。

★**【实例】** 修改某对象的颜色。

操作过程如下。

```
命令:chprop
选择对象:找到 1 个                                        点取要修改的对象
选择对象:                                                 回车结束对象选择
输入要更改的特性[颜色(C)/图层(LA)/线型(LT)/线型比例(S)/线宽(LW)/厚度(T)/透明度(TR)/材质(M)/注释性(A)]:c                                        进入颜色修改
输入新颜色<随层> :red                                     输入目标颜色
输入要更改的特性[颜色(C)/图层(LA)/线型(LT)/线型比例(S)/线宽(LW)/厚度(T)/透明度(TR)/材质(M)/注释性(A)]:                              回车结束特性修改
```

（2）CHANGE 命令

命令及提示如下。

```
命令:change
选择对象:找到 1 个
选择对象:
指定修改点或[特性(P)]:p
输入要更改的特性[颜色(C)/标高(E)/图层(LA)/线型(LT)/线型比例(S)/线宽(LW)/厚度(T)/透明度(TR)/材质(M)/注释性(A)]:
```

参数说明如下。

① 选择对象：选择要修改特性的对象。

② 指定修改点：指定修改点，该修改点对不同的对象有不同的含义。

③ 特性（P）：进入特性修改，操作如同 CHPROP 命令。

不同对象的修改有不同的含义：

a. 直线——将离修改点较近的点移到修改点上，修改后的点受到某些绘图环境设置（如正交模式）的影响。

b. 圆——使圆通过修改点。如果回车，则提示输入新的半径。

c. 块——将块的插入点改到修改点，并提示输入旋转角度。

d. 属性——将属性定义改到修改点，提示输入新的属性定义的类型、高度、旋转角度、标签、提示及缺省值等。

e. 文字——将文字的基点改到修改点，提示输入新的文本类型、高度、旋转角度和字串内容等。

★**【实例】** 修改图 4-85（a）所示圆的半径使之通过 *A* 点，并将宽度改为 1，如图 4-85（b）、（c）所示。

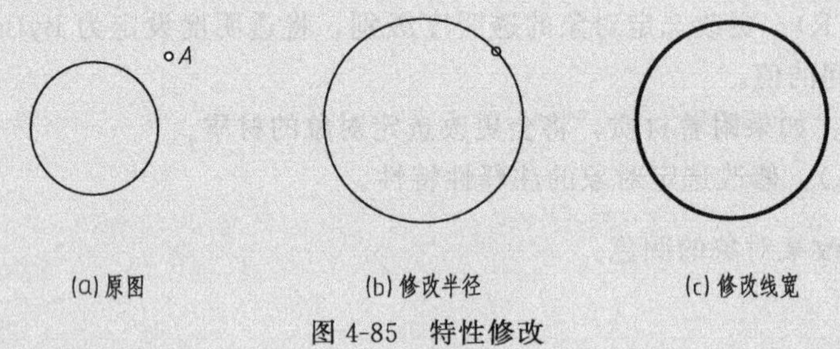

(a)原图　　(b)修改半径　　(c)修改线宽

图 4-85　特性修改

操作过程如下。

```
命令:change
选择对象:找到 1 个                                    选中圆为修改对象
选择对象:
指定修改点或[特性(P)]:                                忽略特性修改,直接修改点
指定新的圆半径<不修改>:                               捕捉到 A 点
```

结果如图 4-85（b）所示。

```
命令:change                                           重复命令
选择对象:找到 1 个                                    选中圆为修改对象
选择对象:指定修改点或[特性(P)]:p                      进行特性修改
输入要更改的特性[颜色(C)/标高(E)/图层(LA)/线型(LT)/线型比例(S)/线宽(LW)/厚度(T)/透
明度(TR)/材质(M)/注释性(A)]:lw                        进行线宽修改
输入新线宽<随层>:1                                    设定线宽的值为 1
输入要更改的特性[颜色(C)/标高(E)/图层(LA)/线型(LT)/线型比例(S)/线宽(LW)/厚度(T)/透
明度(TR)/材质(M)/注释性(A)]:                          回车结束命令
命令:
```

点击特性打开“线宽设置”对话框，勾选☑显示线宽(D)，如图 4-86 所示，则图形显示线宽，如图 4-85（c）所示。

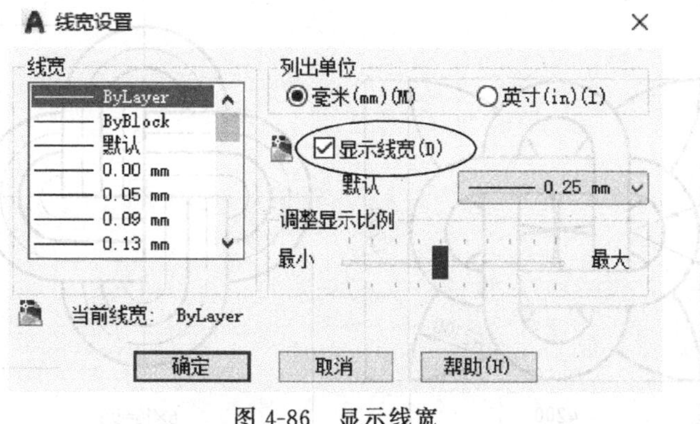

图 4-86　显示线宽

思考与练习

1. AutoCAD 2018 的对象选择有几种方法？常用的有哪些？
2. AutoCAD 夹点是什么意思？
3. 编辑命令有什么特点？
4. 偏移命令有什么特点？
5. 用阵列命令绘制如图 4-87 所示各图。

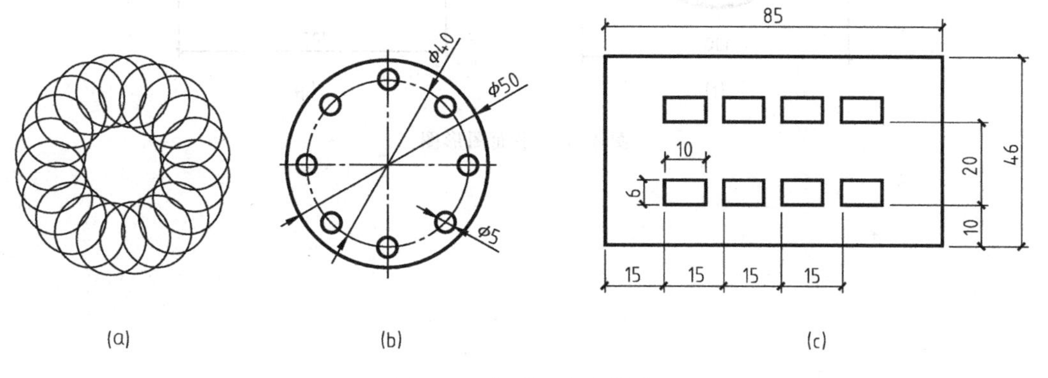

图 4-87　用阵列命令绘图

6. 绘制如图 4-88 所示平面图形。

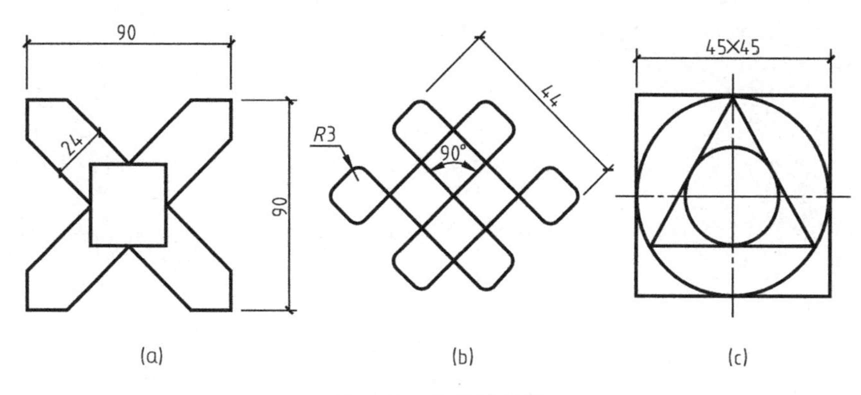

图 4-88　平面图形图

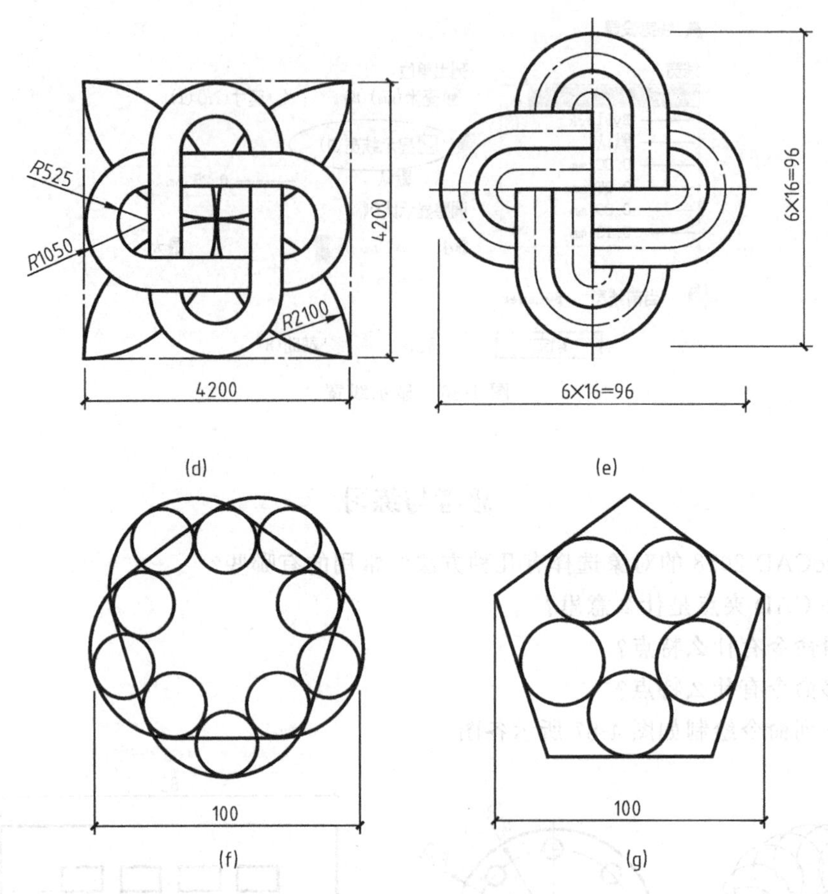

图 4-88 平面图形图

第五章 图块与图案填充

第一节 图块的创建与插入

块是由多个图素组成的一个整体。在绘制图形过程中，使用块可以大量简化绘图中重复的工作，提高工作效率。

一、图块的创建

在使用块之前必须先创建块。块的创建有两种方法，这两种方法的区别主要在于用BLOCK创建块是保存在图形中，而用WBLOCK写块则是保存在硬盘中。也就是说，前者其他图形无法引用，只能在创建图形中引用；后者则不然，因为存在硬盘中，所以其他图形可以引用。

1. 用BLOCK创建块

命令：BLOCK。

快捷键：B。

菜单：绘图→块→创建。

工具钮如图5-1所示。

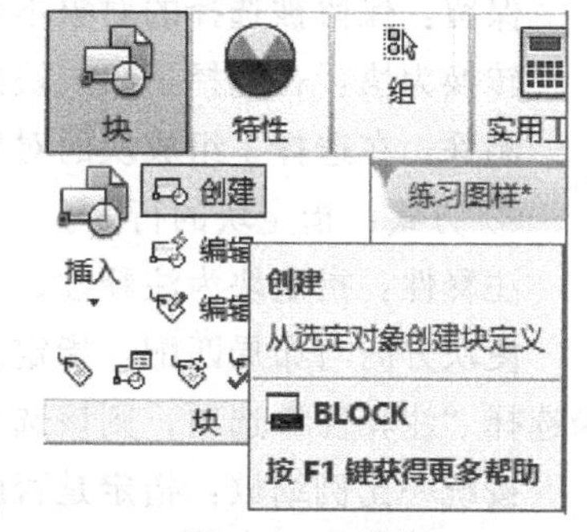

图5-1 工具钮

创建块时，首先要画出一个想创建的图形，然后再执行块的命令，执行块命令后会弹出如图5-2所示的对话框。

下面详细地介绍一下各项的含义。

① 名称：和事物的称呼一样，就是给块先起一个名字，以便在以后使用的过程中能够识别出来。名称最多可以包含255个字符，包括字母、数字、空格，以及操作系统或程序未作他用的任何特殊字符。

块名称及块定义保存在当前图形中。

② 基点：定义块的基点，默认值是（0，0，0）。改基点在插入块时作为插入的基准点。所以在选择时一定要注意，选择一个便于插入的点。按“拾取点(K)”按钮，就可以拾取到基点的坐标了。

③ 对象：指定新块中要包含的对象，以及创建块之后如何处理这些对象，是保留还是

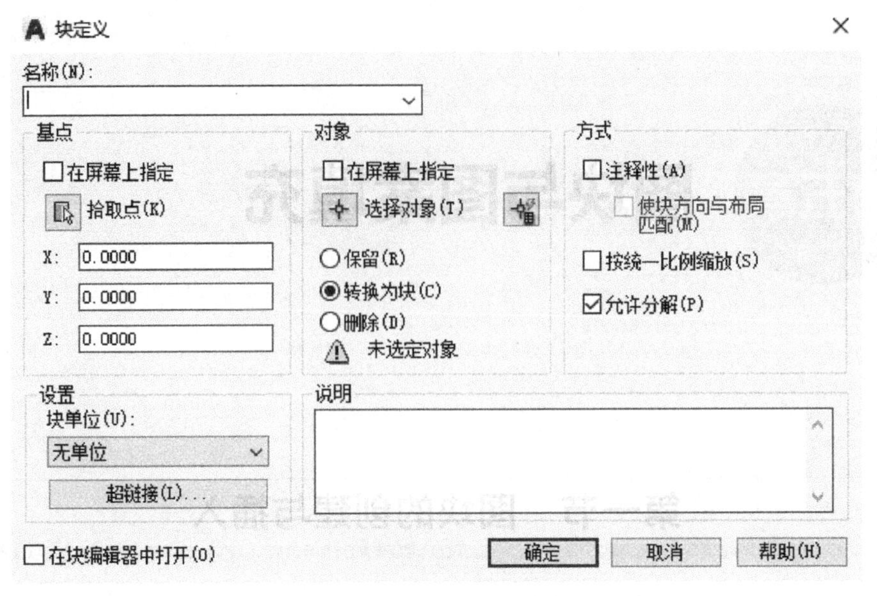

图 5-2 “块定义”对话框

删除选定的对象或者是将它们转换成块实例。

选择对象(T)：点击后返回绘图屏幕，要求用户选择屏幕上的图形作为块中包含的对象。

：点击后会弹出“快速选择”对话框。用户可以通过“快速选择”对话框来设定块中包含的对象。

保留：保留被选择的对象不变，即不变成块。

转换为块：在选择了组成块的对象后，将被选择的对象转换成块。该项为缺省设置。

删除：在选择了组成块的对象后，将被选择的对象删除，但所作块依然存在。

④ 方式：指定块的行为。

注释性：指定块为注释性。单击信息图标以了解有关注释性对象的详细信息。

使块方向与布局匹配：指定在图纸空间视口中的块参照的方向与布局的方向匹配。如果未选择“注释性”选项，则该选项不可用。

按统一比例缩放：指定是否阻止块参照不按统一比例缩放。

允许分解：指定块参照是否可以被分解。

⑤ 设置：指定块的设置。

块单位：指定块参照插入单位。

超链接：打开“插入超链接”对话框，可以使用该对话框将某个超链接与块定义相关联。

⑥ 说明：对创建的块进行简要的说明。

⑦ 在块编辑器中打开：单击“确定”后，在块编辑器中打开当前的块定义。

2. 用 WBLOCK 写块

命令：WBLOCK。

快捷键：W。

在执行写块的命令后，会弹出如图 5-3 所示的对话框。

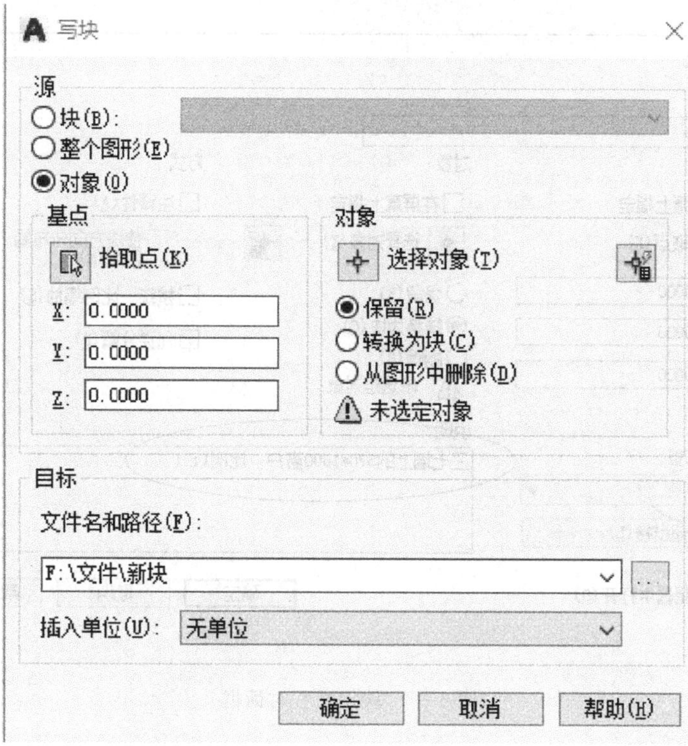

图 5-3 “写块”对话框

下面详细地介绍一下各项的含义。

(1) 源

① 块：选择该项后，点击右侧的下拉列表可以选择已经定义好的块来将其写入硬盘。

② 整个图形：无须选择对象，系统会将整个图形作为块的形式写入硬盘。

③ 对象：其含义同“块定义”对话框。

(2) 目标

① 文件名和路径：选择图形保存的位置。缺省设置是在安装 AutoCAD 的目录下。最好是更改，以便以后在使用过程中方便。

②“文件名”和“插入单位”同“块定义”对话框。

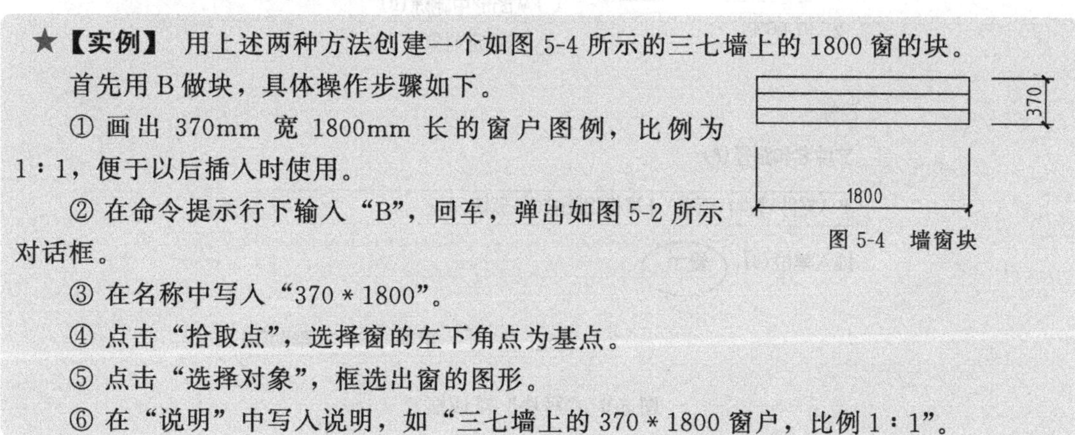

★【实例】 用上述两种方法创建一个如图 5-4 所示的三七墙上的 1800 窗的块。

首先用 B 做块，具体操作步骤如下。

① 画出 370mm 宽 1800mm 长的窗户图例，比例为 1∶1，便于以后插入时使用。

② 在命令提示行下输入“B”，回车，弹出如图 5-2 所示对话框。

图 5-4 墙窗块

③ 在名称中写入“370＊1800”。

④ 点击“拾取点”，选择窗的左下角点为基点。

⑤ 点击“选择对象”，框选出窗的图形。

⑥ 在“说明”中写入说明，如“三七墙上的 370＊1800 窗户，比例 1∶1”。

⑦ 如图 5-5 所示，设置好后点击“确定”按钮。

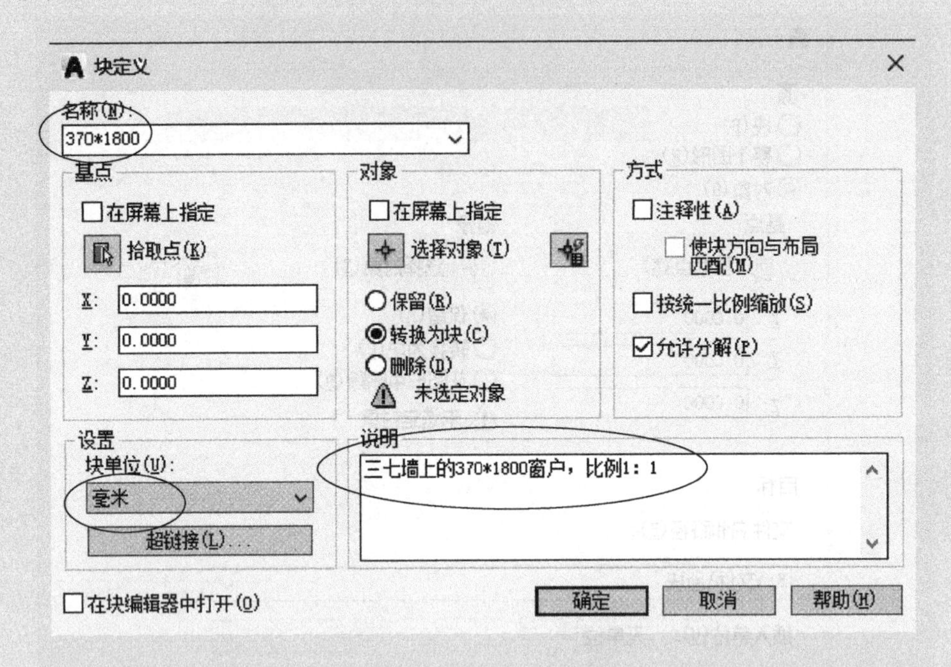

图 5-5 “块定义”对话框

再用 W 做，块具体操作步骤如下。

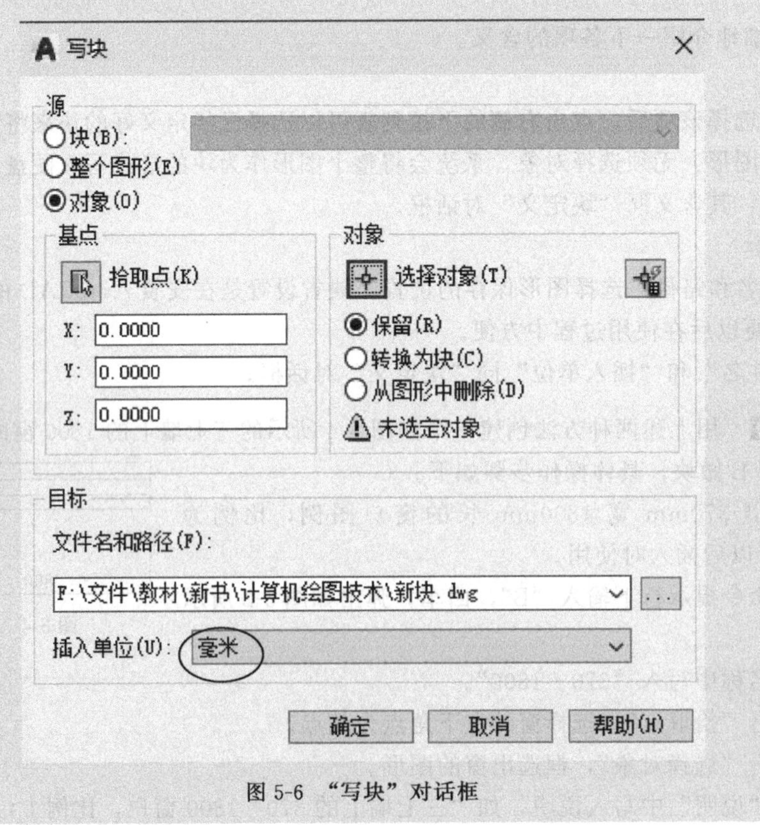

图 5-6 “写块”对话框

① 画出 370 * 1800 窗的图形，比例为 1∶1，便于以后插入时使用。

② 在命令提示行下输入“W”，回车，弹出如图 5-3 所示对话框。

③ 点击“拾取点”，选择窗的左下角点为基点。

④ 点击“选择对象”，框选出窗的图形。

⑤ 在“文件名和路径”处右侧下拉列表中选择一个要存储的位置，并输入文件名 370 * 1800。

⑥ 点击“确定”按钮即可，结果如图 5-6 所示。

这样就做好了一个存储在硬盘上的窗的块。根据经验，存储在硬盘上经常使用的块在作图过程中非常方便。建议将常用的块用 W 方式做块。

二、图块的插入

创建块的目的就是为了引用。下面就看看如何将已经做好的块用到图形中。

命令：INSERT。

快捷键：I。

菜单：插入→块。

工具钮：如图 5-7 所示。

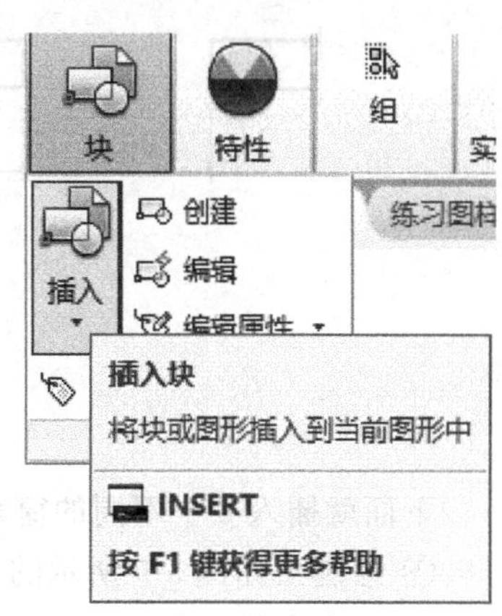

图 5-7 工具钮

执行块插入命令后，弹出如图 5-8 所示对话框。

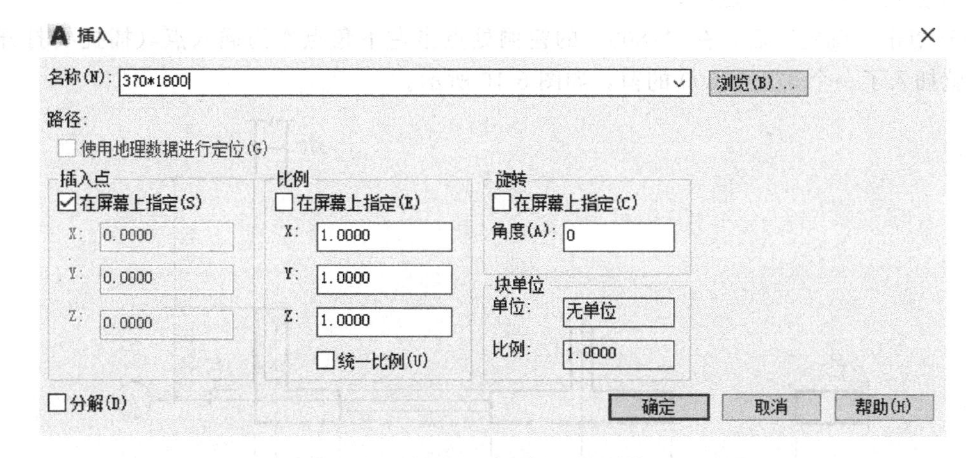

图 5-8 “插入”对话框

该对话框中各项含义如下。

① 名称：可以在下拉列表中选择插入块名，也可以点击“浏览”在存储位置中选择已经存储的块名。最右边是块的预览。

② 在屏幕上指定：选择该项后，则在屏幕上指定一点作为插入点。

③ 缩放比例：X、Y、Z 三个坐标方向可以单独指定比例，也可以指定为统一比例。

④ 旋转：可以在屏幕上指定，也可以直接输入角度。详细操作方法见下面的实例。

⑤ 分解：将块插入后分解为一般元素。

★【实例】 将前面做好的 370 * 1800 的窗插入到如图 5-9 所示的窗洞中。

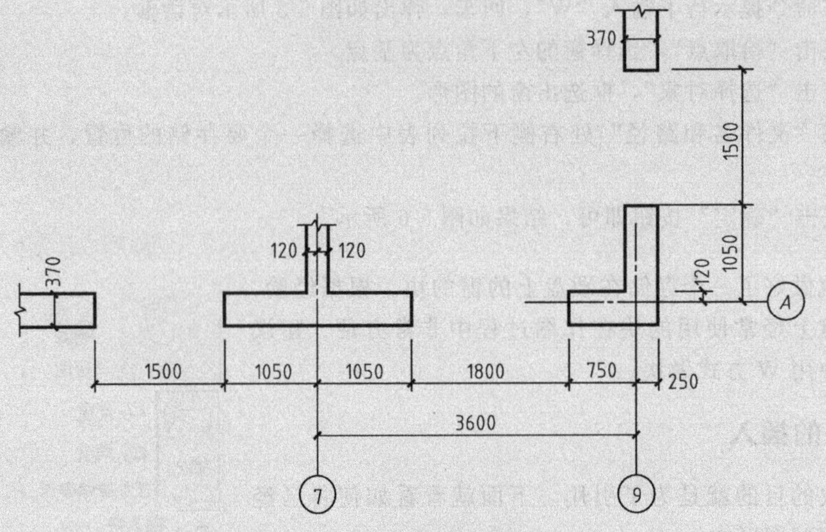

图 5-9 墙中开窗洞示意图

下面就插入 3 个不同的窗来完成本实例，具体操作步骤如下。

① 绘制出如图 5-9 所示的图形，墙为三七（370）墙。

② 在命令提示行中输入“I”，回车，弹出如图 5-8 所示对话框。

③ 单击“浏览”，在保存的路径下找到名称为“370 * 1800”的块。

④ 点击“打开”后返回。

⑤ 点击“确定”后，在“1800”的窗洞处点击左下角点作为插入点（捕捉要打开）。这样就插入了一个 370 * 1800 的窗，如图 5-10 所示。

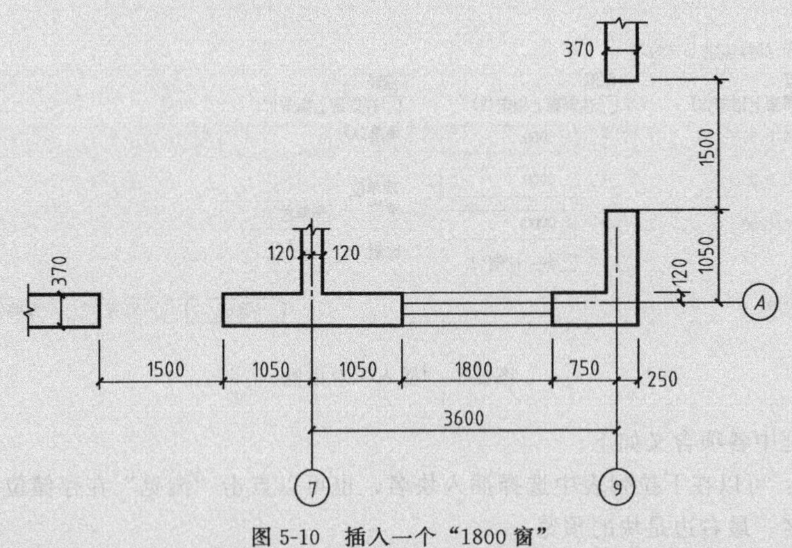

图 5-10 插入一个“1800 窗”

接下来插入一个“1500”的窗。

① 回车重复插入命令。

② 在比例中 X 处输入“15/18”，如图 5-11 所示，其他选项不变。

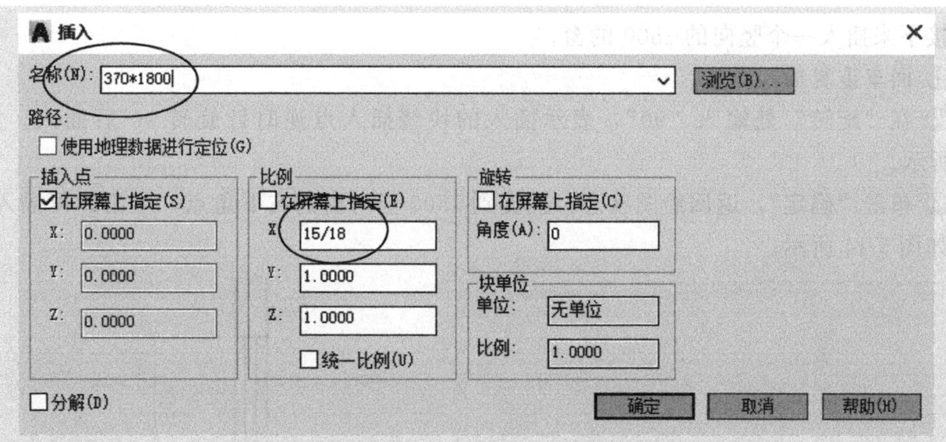

图 5-11　更改图块 X 比例

③ 单击“确定”，然后返回到绘图界面，单击 1500 窗洞的左下角点插入窗。这时 X 方向的比例就更改了，也就是变成了 370 * 1500 的窗了，结果如图 5-12 所示。

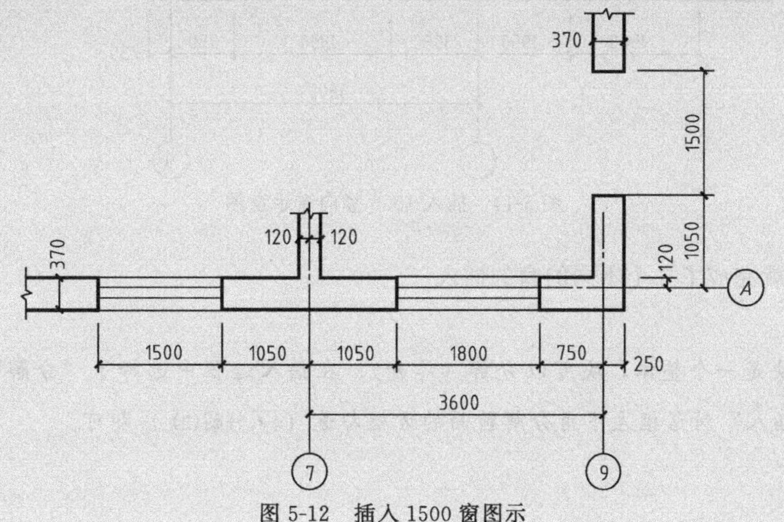

图 5-12　插入 1500 窗图示

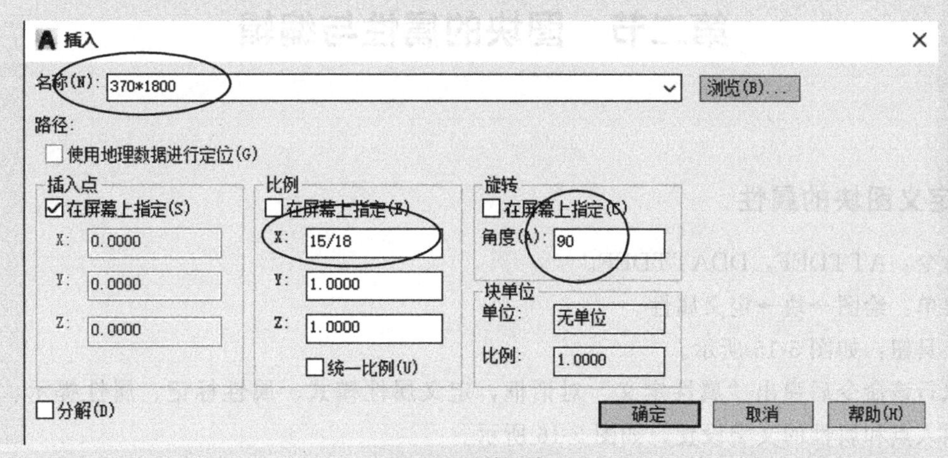

图 5-13　输入角度

接下来插入一个竖向的 1500 的窗。

① 回车重复插入命令。

② 在“旋转”处输入“90”，表示插入的块绕插入点逆时针旋转 90°后插入，如图 5-13所示。

③ 单击“确定”，返回绘图状态，捕捉到 1500 竖向窗的右下角点，单击即可插入窗，结果如图 5-14 所示。

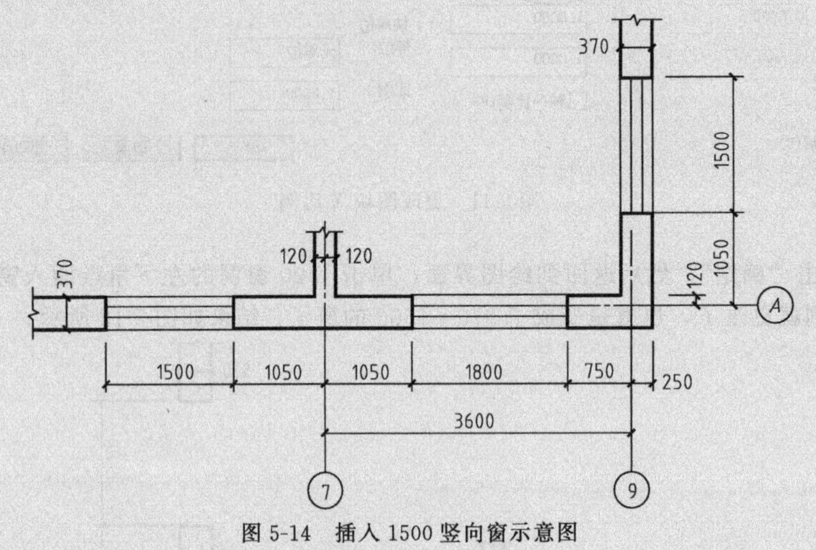

图 5-14 插入 1500 竖向窗示意图

这样，就完成了 3 个不同的窗的插入。

注意：块是一个整体，块可以分解（炸开）。在插入过程中选择了“分解”，即将如图 5-13 所示“插入”对话框左下角分解前面的方框勾选（☑分解(D)）即可。

第二节 图块的属性与编辑

一、定义图块的属性

命令：ATTDEF，DDATTDEF。

菜单：绘图→块→定义属性。

工具钮：如图 5-15 所示。

执行该命令后弹出“属性定义”对话框，定义属性模式、属性标记、属性提示、属性值、插入点和属性的文字设置，如图 5-16 所示。

各项含义如下。

① 模式：通过复选框设定属性的模式。

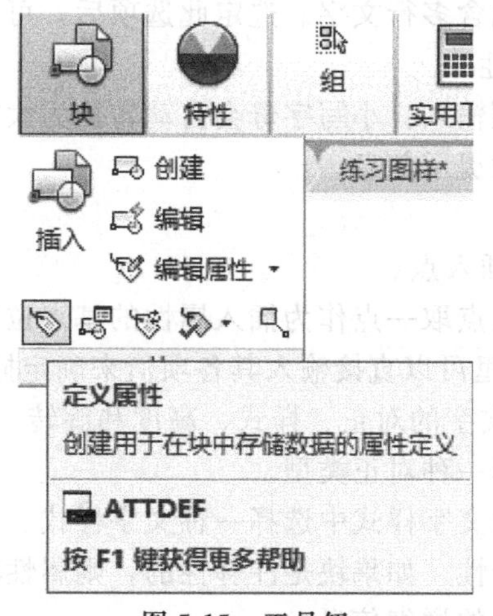

图 5-15　工具钮

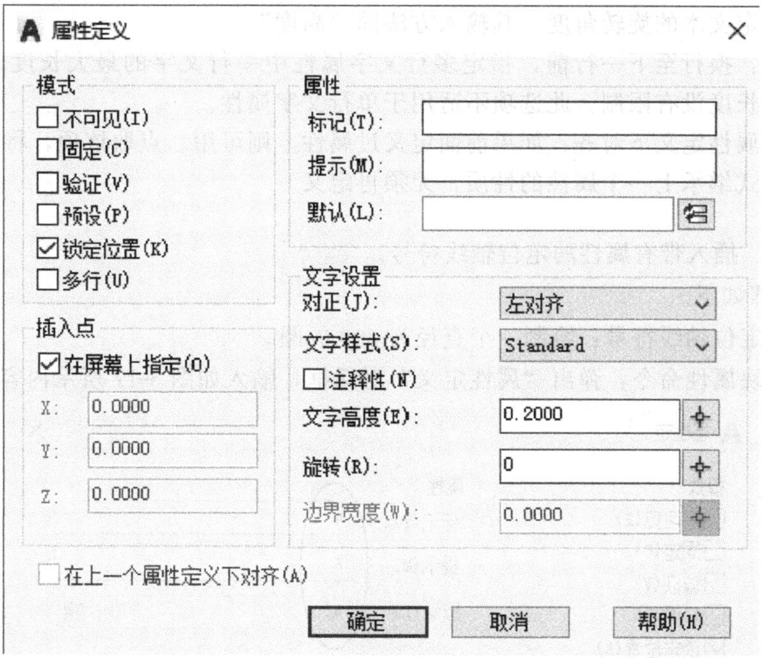

属性定义
模式
不可见(I)
固定(C)
验证(V)
预设(P)
锁定位置(K)
多行(U)
属性
标记(T):
提示(M):
默认(L):
插入点
在屏幕上指定(O)
X: 0.0000
Y: 0.0000
Z: 0.0000
文字设置
对正(J): 左对齐
文字样式(S): Standard
注释性(N)
文字高度(E): 0.2000
旋转(R): 0
边界宽度(W): 0.0000
在上一个属性定义下对齐(A)
确定　取消　帮助(H)

图 5-16　“属性定义”对话框

不可见：正常显示下（attmode＝1），属性值是不会显示出来的，除非使 ATTDISP＝ON（attmode＝2）。

固定：属性值是一个常数，块插入时不要求输入，也不提供事后的属性值修改。

验证：插入块时，慎重起见，还会再提示一次，验证属性值是否正确。

预设：当插入一个含有预置属性的块时，直接以原属性当初定义的默认值为属性值，不再要求输入，但可以用 ATTEDIT 进行修改。

锁定位置：锁定块参照中属性的位置。解锁后，属性可以相对于使用夹点编辑的块的其他部分移动，并且可以调整多行文字属性的大小。在动态块中，由于属性的位置包括在动作的选择集中，因此必须将其锁定。

多行：指定属性值可以包含多行文字。选定此选项后，可以指定属性的边界宽度。

② 属性：在这里设置属性。

标记：属性的标签，必须输入。小写字母会自动转换为大写字母。

提示：作为输入数据时的提示信息。

默认：指定默认属性值。

③ 插入点：设置属性的插入点。

在屏幕上指定：在屏幕上点取一点作为插入属性的基点位置的 X、Y、Z 坐标。

X、Y、Z 文本框：在这里可以直接输入其各项值来确定插入点。

④ 文字设置：设定属性文字的对正、样式、高度和旋转。

对正：在下拉菜单中选择一种对正类型。

文字样式：在已经建立的文字样式中选择一种文字样式。

注释性：指定属性为注释性。如果块是注释性的，则属性将与块的方向相匹配。单击信息图标以了解有关注释性对象的详细信息。

文字高度：即可以点取此按钮回到屏幕上点取两点来确定高度，也可以在文本框内输入高度。

旋转：指定文本的旋转角度。其输入方法同“高度”。

边界宽度：换行至下一行前，指定多行文字属性中一行文字的最大长度。值 0.000 表示对文字行的长度没有限制。此选项不适用于单行文字属性。

在上一个属性定义下对齐：如果前面定义过属性，则可用。点取该项，将当前属性定义的点和文字样式继承上一个属性的性质，无须再定义。

★**【实例】** 插入带有属性的定位轴线符号。

操作步骤如下。

① 绘制定位轴线符号：绘制一个直径为 800 的圆。

② 执行块属性命令：弹出“属性定义”对话框，输入如图 5-17 所示内容。

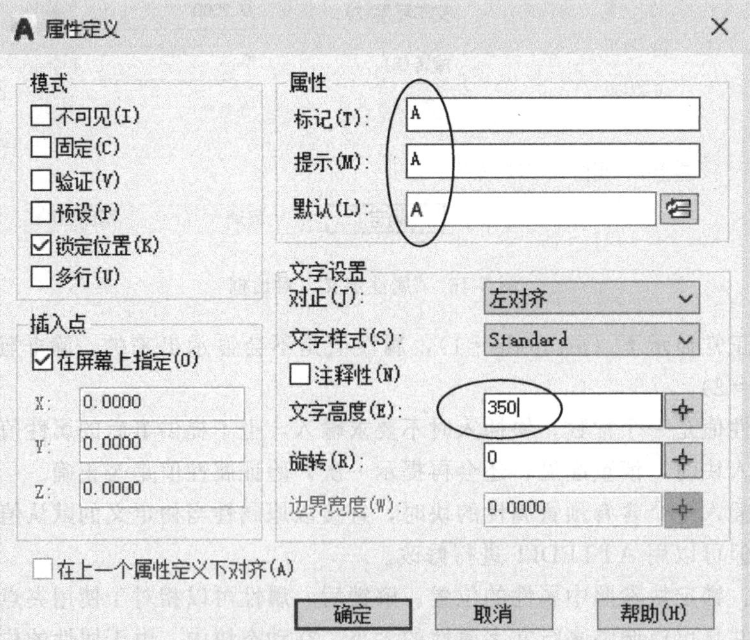

图 5-17 “属性定义”对话框

③ 确定插入点：点击“确定”按钮后，在屏幕上确定插入属性“A”的位置，如图 5-18 所示。

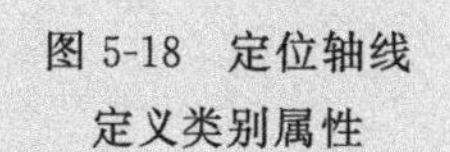

图 5-18　定位轴线定义类别属性

④ 以“WBLOCK”写块，根据图形和它的属性标记建立外部块，如图 5-19 所示。

⑤ 单击“拾取点”前面的按钮，确定插入点的位置，如图 5-20 所示。

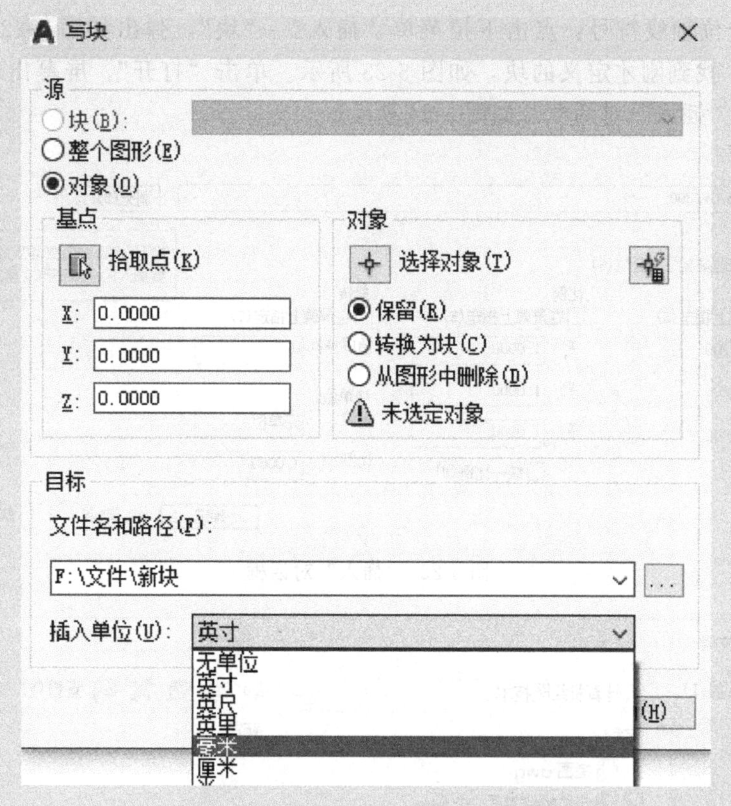

图 5-19　将带有属性的定位轴线做成外部块

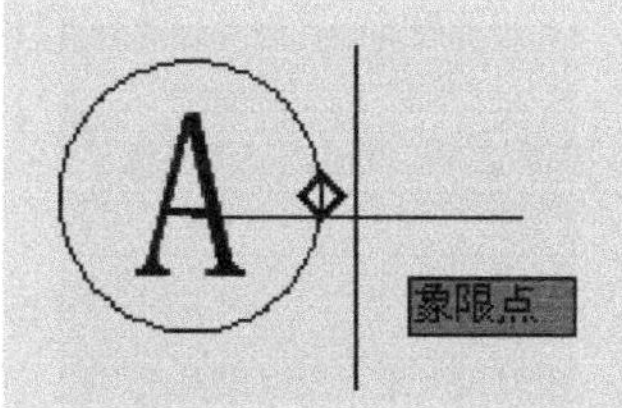

图 5-20　确定“象限点”为块的插入点

注意：在选择基准点时，点取“拾取点”按钮后，为了方便插入块，在拾取时有一点技巧，即当定位轴线在左侧插入时，请在选择时选择右象限点；当定位轴线在右侧插入时，请在选择时选择左象限点；当定位轴线在上侧插入时，请在选择时选择下象限点；当定位轴线在下侧插入时，请在选择时选择上象限点。这里配合定位轴线使用，作出四个方位插入的块，使用起来非常方便。

⑥ 确定完插入点后，返回到图 5-19 所示的“写块”对话框，点取“选择对象”前面的按钮，系统回到屏幕图形状态，将图形和属性全部选中，如图 5-21 所示。此时系统又重新回到图 5-19 所示的“写块”对话框，点击“确定”按钮，即完成带属性的块的定义。

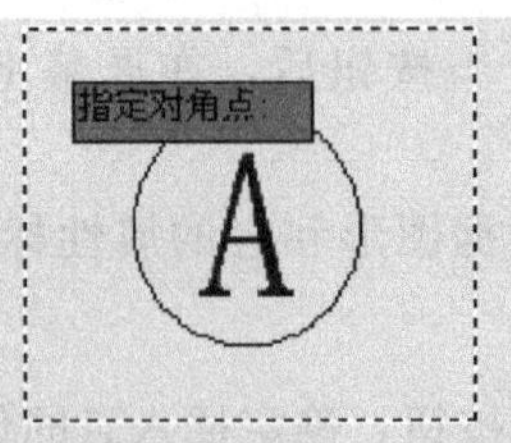

图 5-21　属性和图形一起选中

⑦ 插入定位轴线符号：点击下拉菜单“插入”-“块”，弹出如图 5-22 所示对话框。单击“浏览”，找到刚才定义的块，如图 5-23 所示。单击“打开”，屏幕出现有已定义块名称和预览的“插入”对话框，如图 5-24 所示。

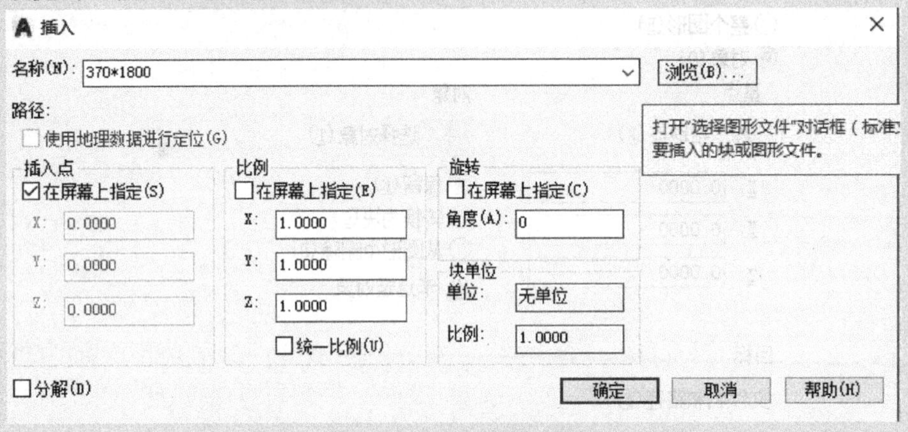

图 5-22　“插入”对话框

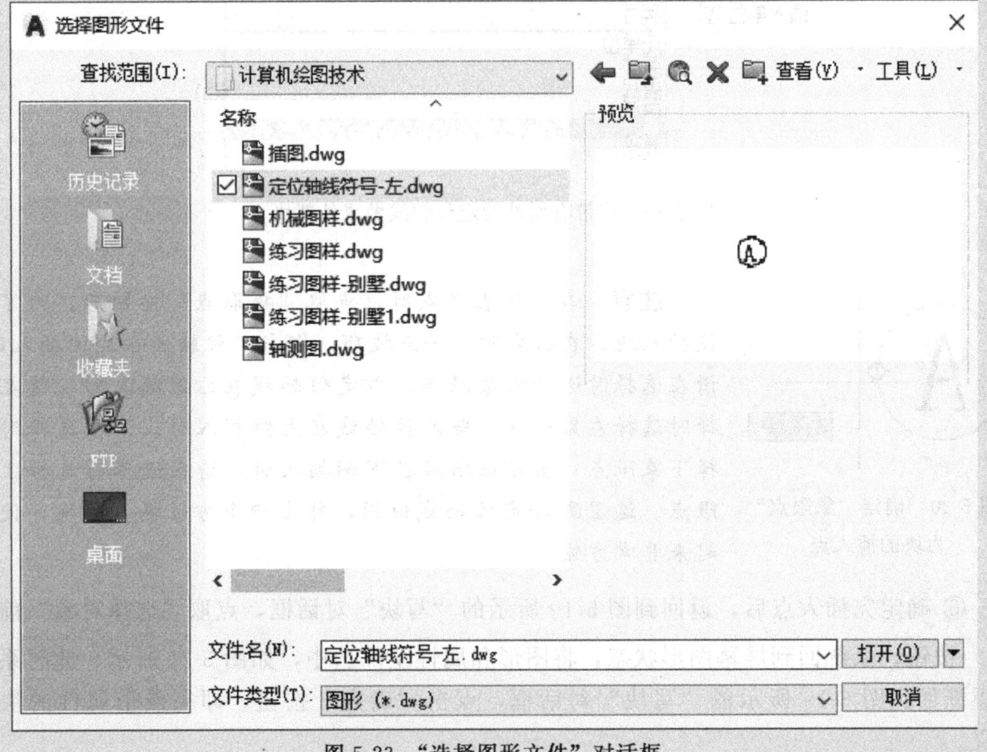

图 5-23　“选择图形文件”对话框

插入

名称(N): 定位轴线符号-左　浏览(B)...

路径: F:\文件\教材\新书\计算机绘图技术\定位轴线符号-左.dwg

☐使用地理数据进行定位(G)

插入点　☑在屏幕上指定(S)　X: 0.0000　Y: 0.0000　Z: 0.0000

比例　☐在屏幕上指定(E)　X: 1.0000　Y: 1.0000　Z: 1.0000　☐统一比例(U)

旋转　☐在屏幕上指定(C)　角度(A): 0

块单位　单位: 毫米　比例: 0.0394

☐分解(D)　确定　取消　帮助(H)

图 5-24　有名称和预览的“插入”对话框

单击“确定”按钮，屏幕出现带有插入点的块，如图 5-25 所示。点击鼠标左键确定插入点后，屏幕出现“编辑属性”对话框，如图 5-26 所示。如果想将默认的“A”改为“C”，就用键盘输入“C”，屏幕上的块就变成如图 5-27 所示的形式。

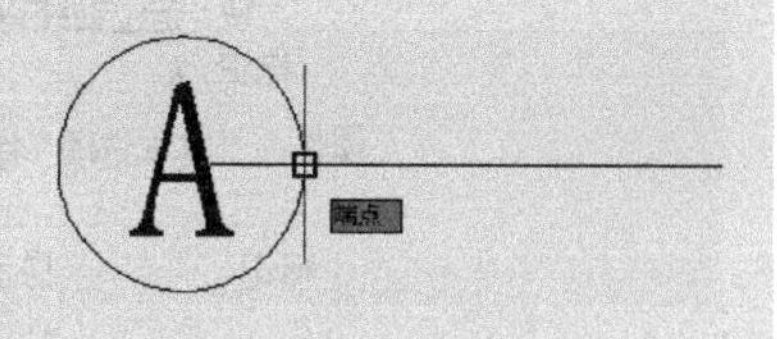

图 5-25　带有插入点的块

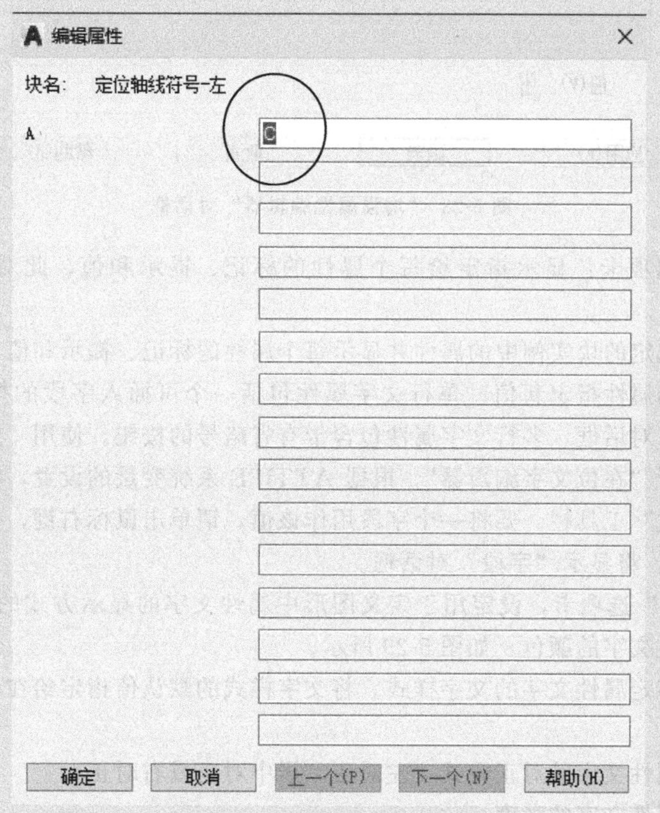

图 5-26　“编辑属性”对话框

图 5-27　改变属性的块

注意：定义带有属性的块时一定要先定义属性，然后再定义块。

二、编辑块的属性

命令：EATTEDIT。

输入命令后，选择带有属性块，弹出“增强属性编辑器”对话框，如图 5-28 所示。

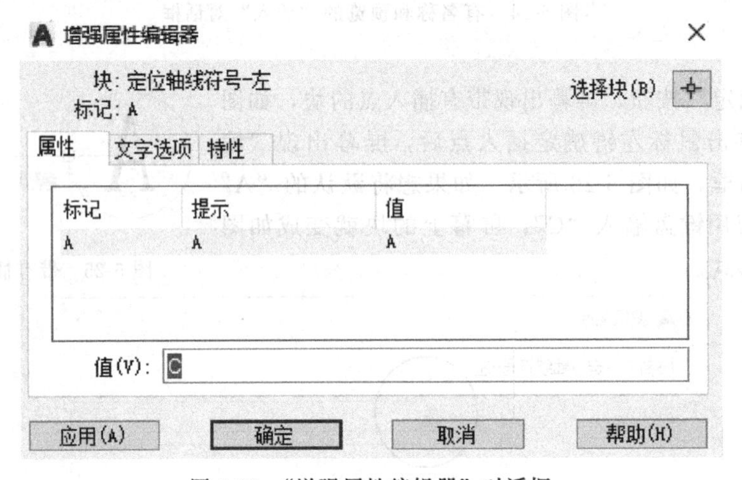

图 5-28　“增强属性编辑器”对话框

①“属性”选项卡：显示指定给每个属性的标记、提示和值，此对话框只能更改属性值。

列出：列出选定的块实例中的属性并显示每个属性的标记、提示和值。

值：为选定的属性指定新值。单行文字属性包括一个可插入字段的按钮。单击该按钮时，显示“字段”对话框。多行文字属性包含带有省略号的按钮。使用“文字格式”工具栏和标尺单击以打开“在位文字编辑器”。根据 ATTIPE 系统变量的设置，将显示缩略版或完整版的“文字格式”工具栏。要将一个字段用作该值，请单击鼠标右键，然后单击快捷菜单中的“插入字段”，将显示“字段”对话框。

②“文字选项”选项卡，设定用于定义图形中属性文字的显示方式的特性，在“特性”选项卡上更改属性文字的颜色，如图 5-29 所示。

文字样式：指定属性文字的文字样式。将文字样式的默认值指定给在此对话框中显示的文字特性。

对正：指定属性文字的对正方式（左对正、居中对正或右对正）。

高度：指定属性文字的高度。

旋转：指定属性文字的旋转角度。

注释性：指定属性为注释性。单击信息图标以了解有关注释性对象的详细信息。

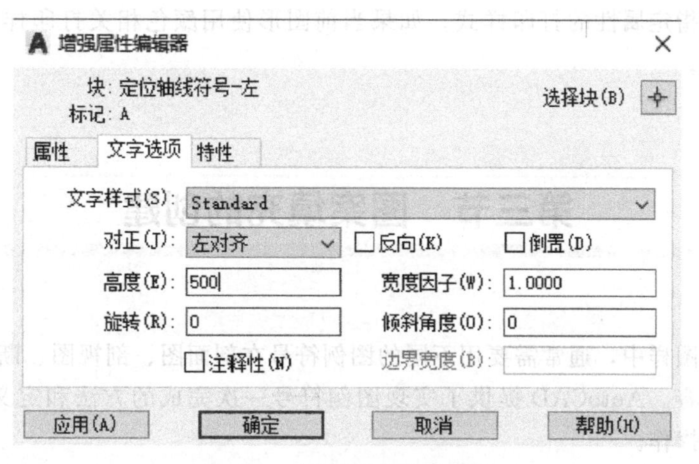

图 5-29 “文字选项”选项卡

反向：指定属性文字是否反向显示。对多行文字属性不可用。

倒置：指定属性文字是否倒置显示。对多行文字属性不可用。

宽度因子：设置属性文字的字符间距。输入小于 1.0 的值将压缩文字。输入大于 1.0 的值则扩大文字。

倾斜角度：指定属性文字自其垂直轴线倾斜的角度。对多行文字属性不可用。

边界宽度：换行至下一行前，指定多行文字属性中一行文字的最大长度。值 0.000 表示一行文字的长度没有限制。此选项不适用于单行文字属性。

③“特性”选项卡：定义属性所在的图层以及属性文字的线宽、线型和颜色。如果图形使用打印样式，可以使用“特性”选项卡为属性指定打印样式，如图 5-30 所示。

增强属性编辑器

块: 定位轴线符号-左
标记: A
选择块(B)

属性 | 文字选项 | 特性

图层(L): 0
线型(T): ByLayer
颜色(C): ByLayer　线宽(W): ByLayer
打印样式(S): ByLayer

应用(A)　确定　取消　帮助(H)

图 5-30 “特性”选项卡

图层：指定属性所在图层。

线型：指定属性的线型。

颜色：指定属性的颜色。

线宽：指定属性的线宽。如果 LWDISPLAY 系统变量关闭，将不显示对此选项所做的更改。

打印样式：指定属性的打印样式。如果当前图形使用颜色相关打印样式，则“打印样式”列表不可用。

第三节　图案填充的创建

在各类工程图样中，通常需要用不同的图例符号在剖面图、剖视图、断面图或某一区域上表示不同的内容。AutoCAD 提供了实现图例符号一次完成的方法和定义，即图案填充、图案填充编辑的操作。

一、图案填充

命令：BHATCH。

菜单：绘图→图案填充。

工具钮：如图 5-31 所示。

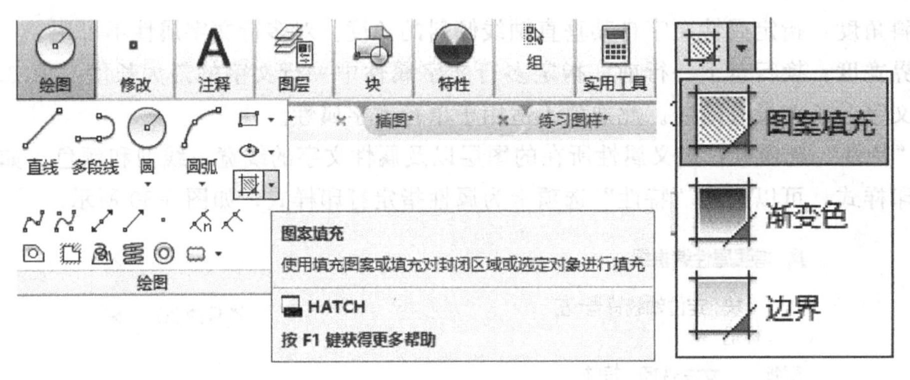

图 5-31　工具钮

执行命令后，在命令栏输入 T（设置），回车后系统将弹出对话框，“图案填充和渐变色”选项卡用来定义要应用的填充图案的外观。默认状态下此对话框是折叠的，点击右下角的按钮，对话框全部展开，如图 5-32 所示。点击，又会重新折叠。

1. 类型和图案

指定图案填充的类型、图案、颜色和背景色。

① 类型：即图案填充的类型。包含了“预定义”“用户定义”和“自定义”三种。“预定义”指该图案已经定义好了，用户直接用即可。预定义图案存储在随程序提供的 acad. pat 或 acadiso. pat 文件中。“用户定义”指使用当前线型定义的图案。“自定义”指定义在其他 PAT 文件中的图案，如 ACAD. PAT。这些文件已添加到搜索路径中。

② 图案：在下拉列表框显示了目前图案的名称。显示选择的 ANSI、ISO 和其他行业标准填充图案。选择“实体”可创建实体填充。只有将“类型”设定为“预定义”，“图案”选项才可用。

点取图案右侧的按钮，系统将弹出“填充图案选项板”对话框，如图 5-33 所示。在该

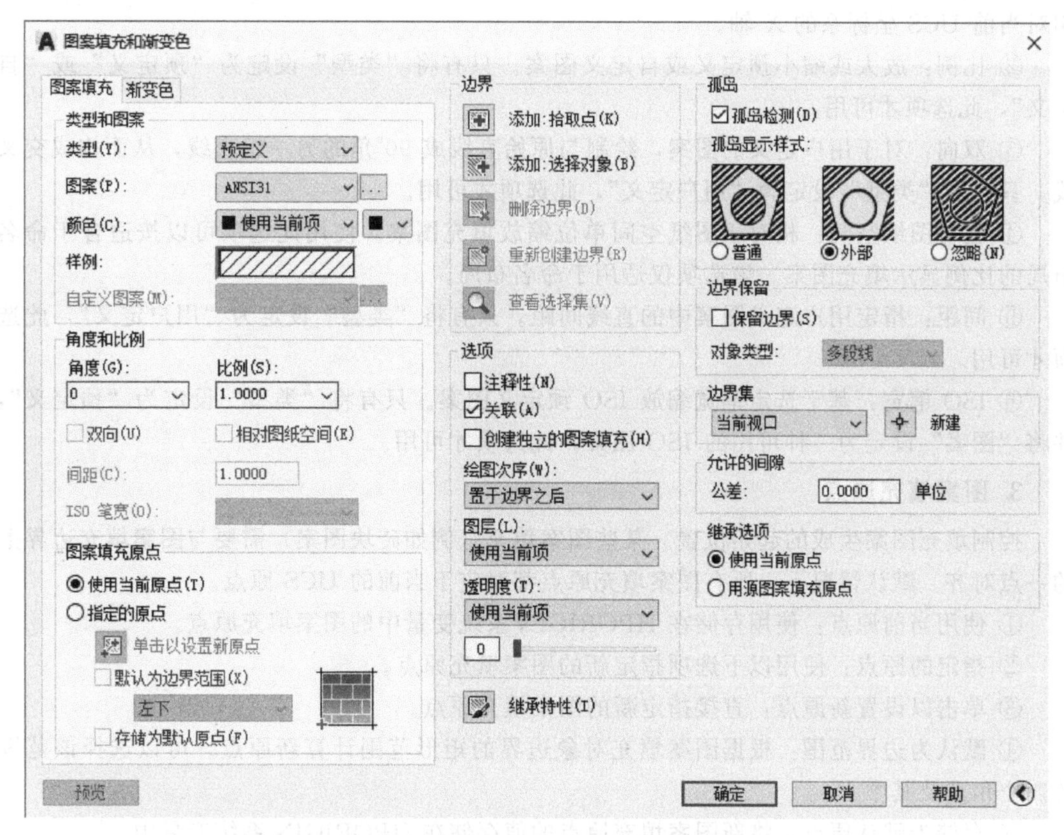

图 5-32 “图案填充和渐变色对话框-图案填充”选项卡

对话框中，可以预览所有预定义图案的图像。

③ 颜色：使用填充图案和实体填充的指定颜色替代当前颜色。

④ 背景色：为新图案填充对象指定背景色。选择“无”可关闭背景色。

⑤ 样例：显示选定图案的预览图像。单击样例可显示“填充图案选项板”对话框。

⑥ 自定义图案：列出可用的自定义图案。最近使用的自定义图案将出现在列表顶部。只有将“类型”设定为“自定义”，“自定义图案”选项才可用。单击按钮，显示“填充图案选项板”对话框，在该对话框中可以预览所有自定义图案的图像。

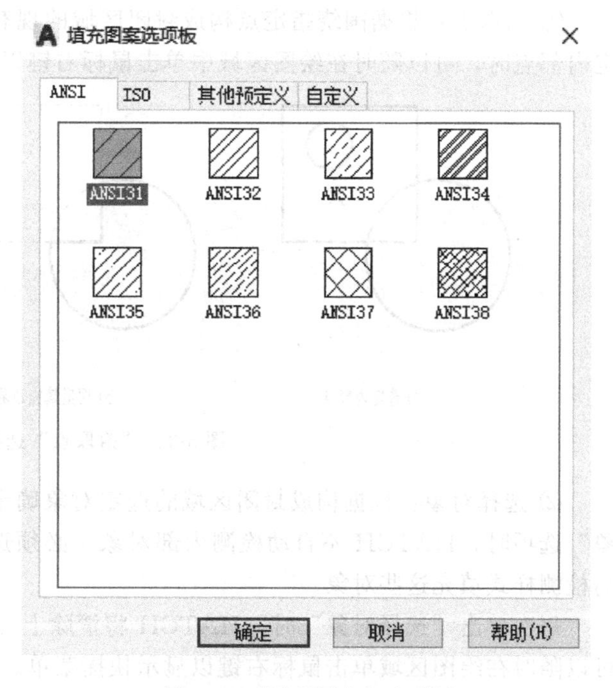

图 5-33 “填充图案”选项板

2. 角度和比例

指定选定填充图案的角度和比例。

① 角度：设置填充图案的角度，

相对当前 UCS 坐标系的 X 轴。

② 比例：放大或缩小预定义或自定义图案。只有将“类型”设定为“预定义”或“自定义”，此选项才可用。

③ 双向：对于用户定义的图案，绘制与原始直线成 90°角的另一组直线，从而构成交叉线。只有将“类型”设定为“用户定义”，此选项才可用。

④ 相对图纸空间：相对于图纸空间单位缩放填充图案。使用此选项可以按适合于命名布局的比例显示填充图案。该选项仅适用于命名布局。

⑤ 间距：指定用户定义图案中的直线间距。只有将“类型”设定为“用户定义”，此选项才可用。

⑥ ISO 笔宽：基于选定笔宽缩放 ISO 预定义图案。只有将“类型”设定为“预定义”，并将“图案”设定为一种可用的 ISO 图案，此选项才可用。

3. 图案填充原点

控制填充图案生成的起始位置。某些图案填充（例如砖块图案）需要与图案填充边界上的一点对齐。默认情况下，所有图案填充原点都对应于当前的 UCS 原点。

① 使用当前原点：使用存储在 HPORIGIN 系统变量中的图案填充原点。

② 指定的原点：使用以下选项指定新的图案填充原点。

③ 单击以设置新原点：直接指定新的图案填充原点。

④ 默认为边界范围：根据图案填充对象边界的矩形范围计算新原点。可以选择该范围的四个角点及其中心。

⑤ 存储为默认原点：将新图案填充原点的值存储在 HPORIGIN 系统变量中。

4. “边界”面板

定义图案填充和填充的边界、图案、填充特性和其他参数。

① 拾取点：根据围绕指定点构成封闭区域的现有对象来确定边界，如图 5-34 所示。指定内部点时，可以随时在绘图区域中单击鼠标右键以显示包含多个选项的快捷菜单。

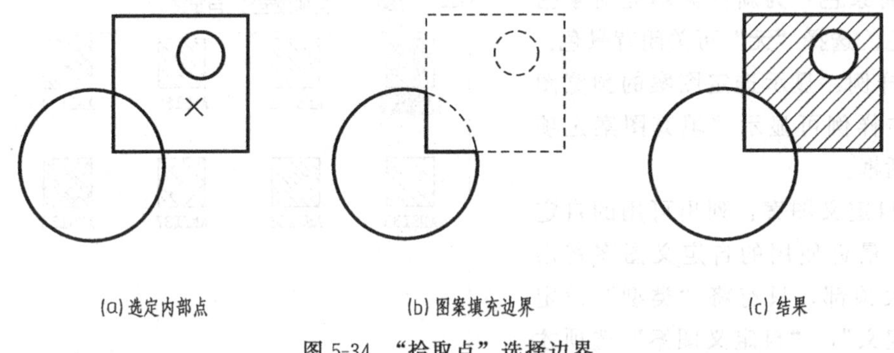

图 5-34 “拾取点”选择边界

② 选择对象：根据构成封闭区域的选定对象确定边界，如图 5-35 所示。使用“选择对象”选项时，HATCH 不自动检测内部对象。必须选择选定边界内的对象，以按照当前孤岛检测样式填充这些对象。

每次单击“选择对象”时，HATCH 将清除上一选择集，如图 5-36 所示。选择对象时，可以随时在绘图区域单击鼠标右键以显示快捷菜单。可以利用此快捷菜单放弃最后一个或所有选定对象、更改选择方式、更改孤岛检测样式或预览图案填充或填充。

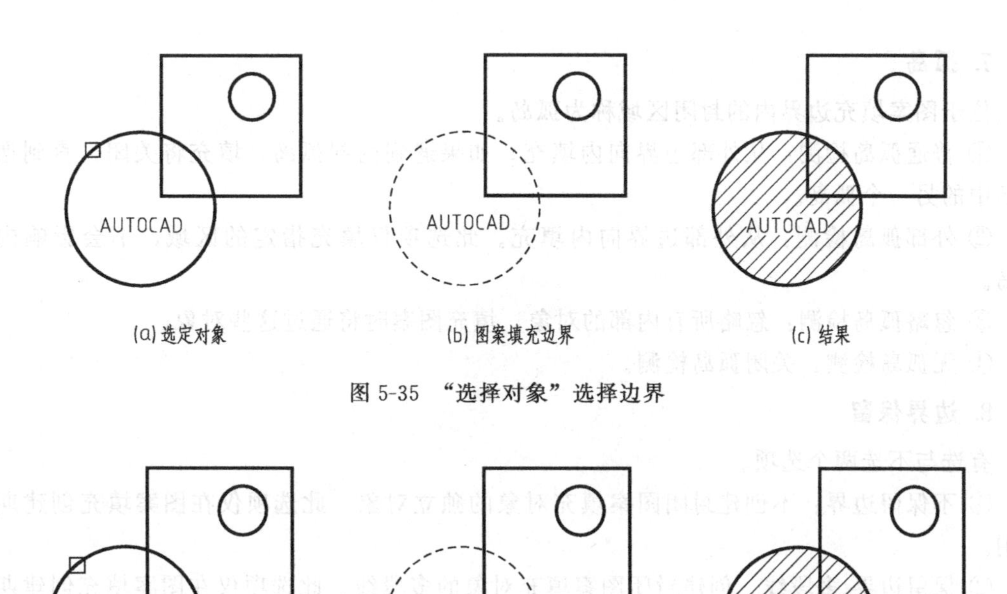

(a) 选定对象　　(b) 图案填充边界　　(c) 结果

图 5-35 “选择对象”选择边界

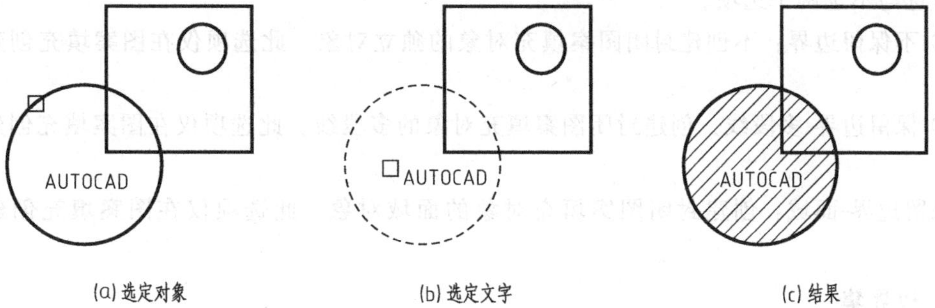

AUTOCAD　　AUTOCAD　　AUTOCAD

(a) 选定对象　　(b) 选定文字　　(c) 结果

图 5-36 “清除上一选择集”选择边界

③ 删除边界：从边界定义中删除之前添加的任何对象。

④ 重新创建边界：围绕选定的图案填充或填充对象创建多段线或面域，并使其与图案填充对象相关联（可选）。

⑤ 查看选择集：在用户定义了边界后，可以通过该按钮来查看选择集。

5. 选项

控制几个常用的图案填充或填充选项。

① 注释性：指定图案填充为注释性。此特性会自动完成缩放注释过程，从而使注释能够以正确的大小在图纸上打印或显示。

② 关联：指定图案填充或填充为关联图案填充。关联的图案填充或填充在用户修改其边界对象时将会更新。

③ 创建独立的图案填充：控制当指定了几个单独的闭合边界时，是创建单个图案填充对象，还是创建多个图案填充对象。

④ 绘图次序：为图案填充或填充指定绘图次序。图案填充可以放在所有其他对象之后、所有其他对象之前、图案填充边界之后或图案填充边界之前。

⑤ 图层：指定将图案填充对象添加到的图层。

⑥ 透明度：设定新图案填充对象的透明度级别，替代默认对象透明度。

⑦ 滑块：“图案填充类型”设定为“渐变色”时，此选项指定将某种颜色的明色（选定颜色与白色混合）用于一种颜色的渐变填充。

6. 继承特性

使用选定图案填充对象的图案填充或填充特性对指定的边界进行图案填充或填充。

7. 孤岛

位于图案填充边界内的封闭区域称为孤岛。

① 普通孤岛检测：从外部边界向内填充。如果遇到内部孤岛，填充将关闭，直到遇到孤岛中的另一个孤岛。

② 外部孤岛检测：从外部边界向内填充。此选项仅填充指定的区域，不会影响内部孤岛。

③ 忽略孤岛检测：忽略所有内部的对象，填充图案时将通过这些对象。

④ 无孤岛检测：关闭孤岛检测。

8. 边界保留

有选与不选两个选项。

① 不保留边界：不创建封闭图案填充对象的独立对象。此选项仅在图案填充创建期间可用。

② 保留边界-多段线：创建封闭图案填充对象的多段线。此选项仅在图案填充创建期间可用。

保留边界-面域：创建封闭图案填充对象的面域对象。此选项仅在图案填充创建期间可用。

9. 边界集

指定对象的有限集称为边界集，以便通过创建图案填充时的拾取点进行计算。

① 使用当前视口：从当前视口范围内的所有对象定义边界集。此选项仅在图案填充创建期间可用。

② 使用边界集：从使用“定义边界集”选定的对象定义边界集。此选项仅在图案填充创建期间可用。

10. 允许的间隙

设定将对象用作图案填充边界时可以忽略的最大间隙。默认值为 0，此值指定对象必须封闭区域而没有间隙。移动切片或按图形单位输入一个值（0～5000），以设定将对象用作图案填充边界时可以忽略的最大间隙。任何小于等于指定值的间隙都将被忽略，并将边界视为封闭。

11. 继承选项

有两个项目。

① 使用当前原点：使用选定图案填充对象（除图案填充原点外）设定图案填充的特性。

② 用源图案填充原点：使用选定图案填充对象（包括图案填充原点）设定图案填充的特性。

二、渐变色填充

命令：GRADIENT。

菜单：绘图→渐变色。

工具钮：如图 5-37 所示。

执行 GRADIENT 命令后，在命令栏输入 T（设置），回车后系统将弹出对话框。“渐变色”选项卡用来定义要应用的渐变填充的外观。默认状态下此对话框也是折叠的，点击右下角的Ⓢ按钮，对话框全部展开，如图 5-38 所示。点击Ⓢ，又会重新折叠。

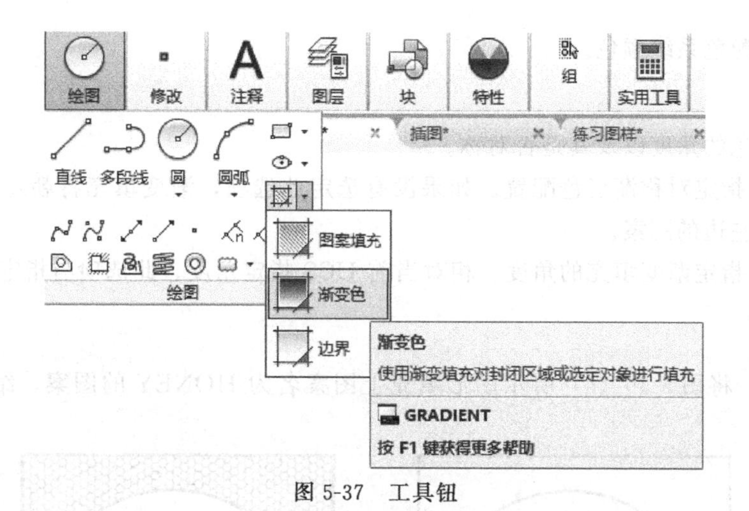

图 5-37　工具钮

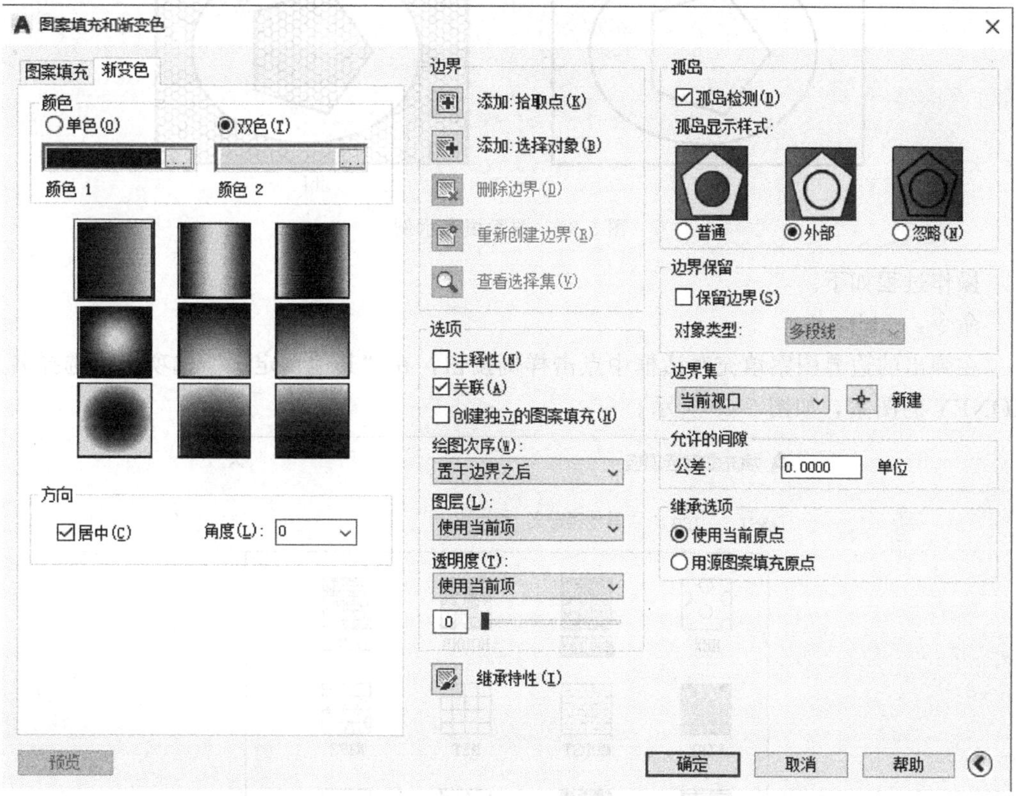

图 5-38　“图案填充和渐变色对话框-渐变色”选项卡

1. 颜色

指定是使用单色还是使用双色混合色填充图案填充边界。

① 单色：指定填充是使用一种颜色与指定染色（颜色与白色混合）间的平滑转场还是使用一种颜色与指定着色（颜色与黑色混合）间的平滑转场。

② 双色：指定在两种颜色之间平滑过渡的双色渐变填充。

③ 颜色样例：指定渐变填充的颜色（可以是一种颜色，也可以是两种颜色）。单击“浏览”按钮［…］以显示“选择颜色”对话框，从中可以选择 AutoCAD 颜色索引（ACI）颜

色、真彩色或配色系统颜色。

2. 方向

指定渐变色的角度以及其是否对称。

① 居中：指定对称渐变色配置。如果没有选定此选项，渐变填充将朝左上方变化，创建光源在对象左边的图案。

② 角度：指定渐变填充的角度。相对当前 UCS 指定角度。此选项与指定给图案填充的角度互不影响。

★**【实例】** 将图 5-39（a）所示图形填充上图案名为 HONEY 的图案，结果如图 5-39（b）所示。

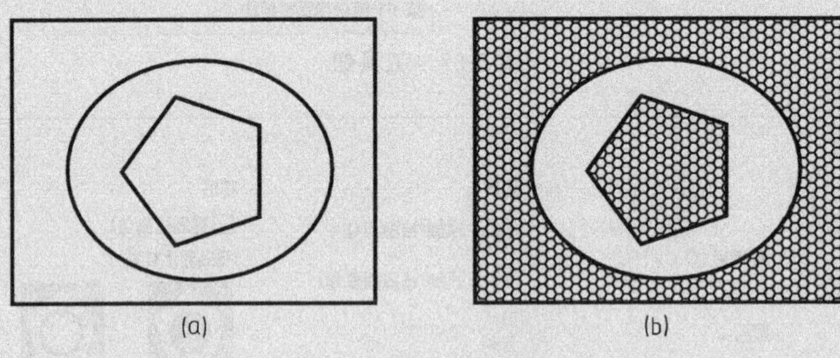

图 5-39 图案填充示例

操作过程如下。

命令：_ bhatch。

在弹出的边界图案填充对话框中点击样例按钮，在“其他预定义”选项卡中选择名为 HONEY 的图案，如图 5-40 所示。

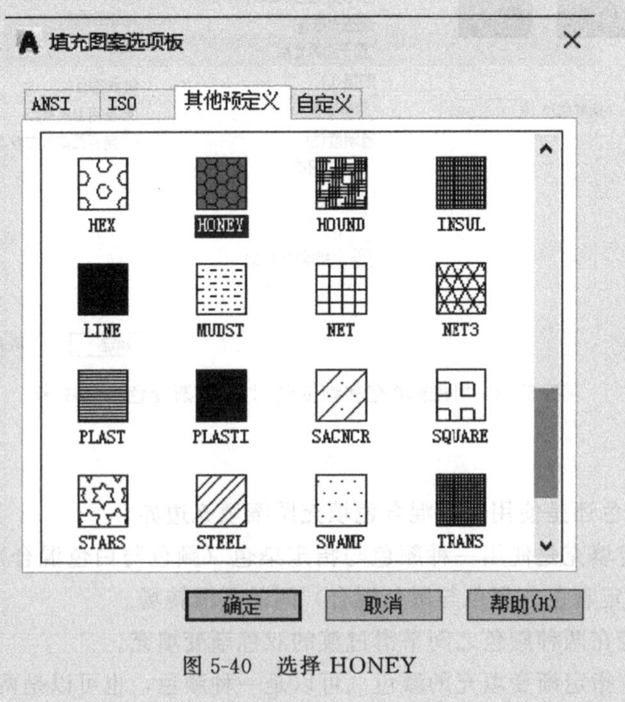

图 5-40 选择 HONEY

点击拾取点按钮，在屏幕上五边形内任意点击一点，返回对话框，确定后完成填充。重复此操作，在椭圆和矩形之间任意点击一点，确定后即得如图 5-39（b）所示图形。

技巧：

① 填充图案时应该整体填充，如果用分解命令将其分解，将会增加图形文件的字节数，因此最好不要分解填充图样。

② 填充图案时，图形的边界必须是封闭的，因此填充前最好用 BOUNDARY 命令生成填充边界。

③ 有时因为填充的区域比较大，系统计算时非常慢且容易出错。对于大面积图案填充时，可先用直线将其划分为几个小块，然后逐一填充。

第四节　图案填充的编辑

命令：HATCHEDIT。

菜单：修改→对象→图案填充。

工具钮：如图 5-41 所示。

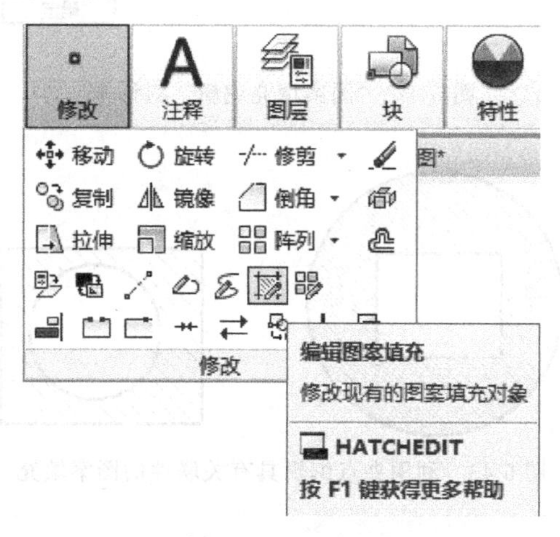

图 5-41　工具钮

执行 HATCHEDIT 命令后会要求选择要编辑修改的填充图案，选择完毕后会弹出“图案填充编辑”对话框，如图 5-42 所示。

与“边界图案填充”对话框基本相同，只是其中有一些选项按钮被禁止使用，其他项目均可以更改设置，结果反映在选择的填充图案上。

对关联和不关联的图案的编辑，其中的一些参数如图案类型、比例、角度等的修改基本一致，如果修改影响到边界，其结果不相同。

图 5-43 表示了用夹点编辑具有关联性的图案填充。操作过程是用夹点把圆的半径放大。

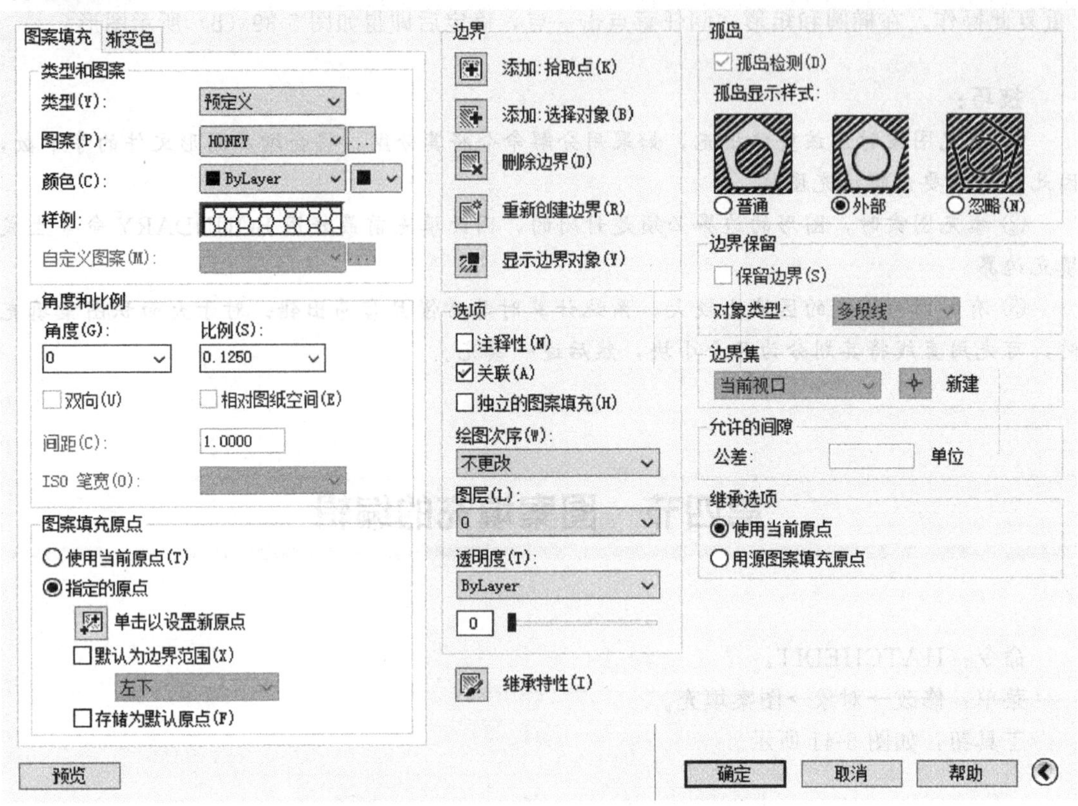

图 5-42 “图案填充编辑”对话框

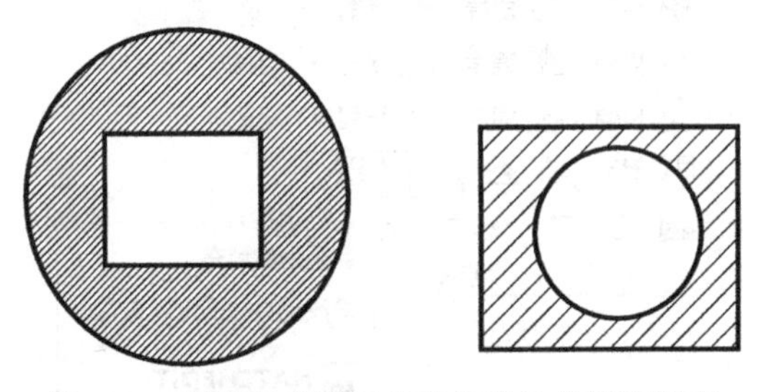

图 5-43 利用夹点编辑具有关联性的图案填充

思考与练习

1. 创建块和写块有何不同？

2. 属性块与普通块有什么不同？先定义属性还是先定义块？

3. 如何分解块？

4. 图案填充对所填充区域有要求吗？填充区域不封闭可以吗？

5. 如何修改图案填充？图案填充可分解吗？

6. 创建块，名称为 A，如图 5-44 (a) 所示；插入块 A，两行三列排列，如图 5-44 (b) 所示；修改块，名称仍为 A，观察插入的多个块的形状有何变化，如图 5-44 (c) 所示。

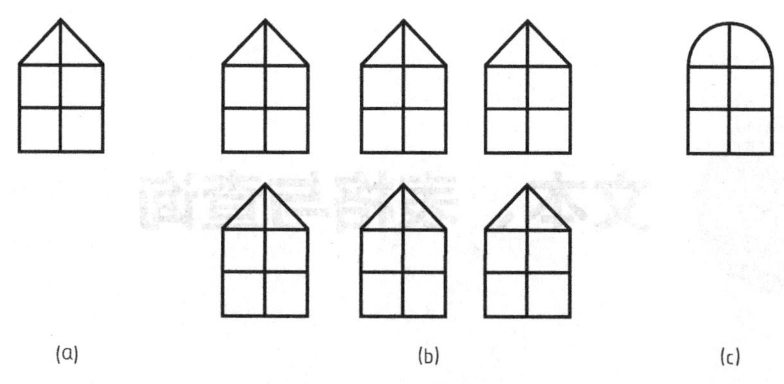

图 5-44　块操作练习

7. 按尺寸和图案绘制如图 5-45 所示平面图形。

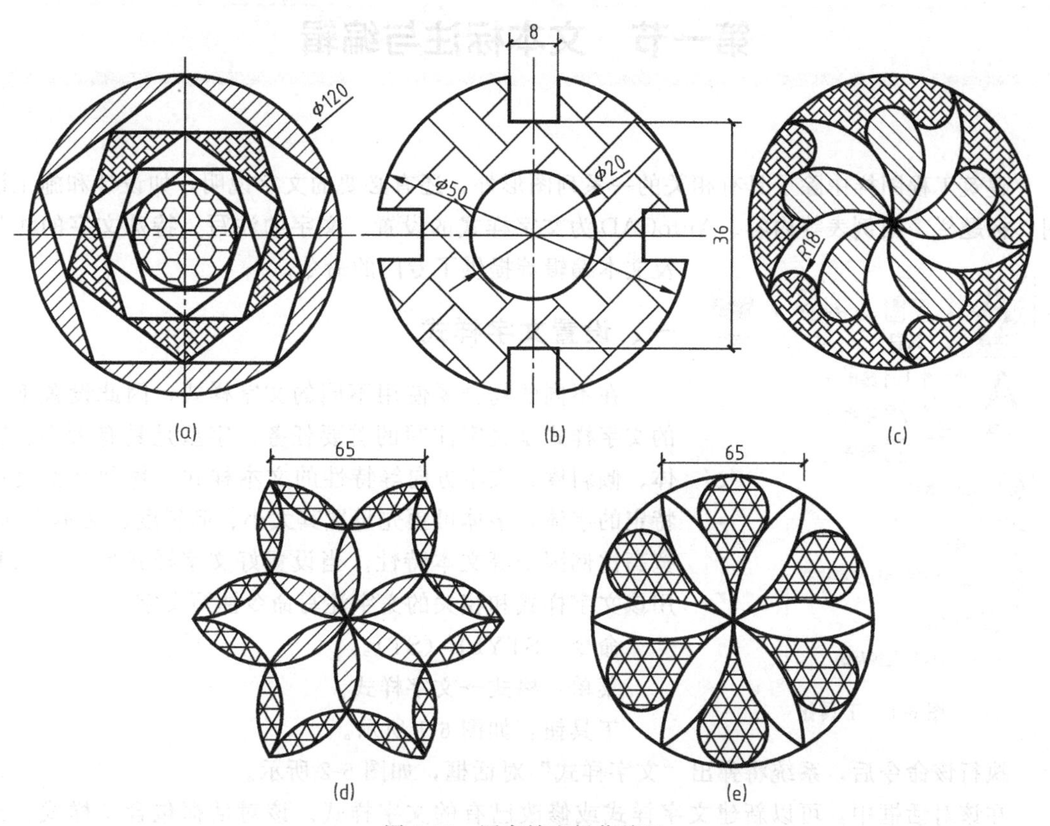

图 5-45　图案填充操作练习

第六章 文本、表格与查询

第一节 文本标注与编辑

建筑工程图样中除了具有相关的一系列图形外，还有必要的文字说明，如设计和施工说明、标题栏、图例表等内容。AutoCAD为文字样式的设置、文字的注写、特殊文字的注写及文本编辑等提供了专门的命令。

一、设置文字样式

在不同的场合要使用不同的文字样式，因此设置不同的文字样式是文字注写的首要任务。字型是具有大小、字体、倾斜度、文本方向等特性的文本样式。每种字型使用特定的字体，字体可预先设置其大小、倾斜度、文本方向、宽高比例因子等文本特性。当设置好文字样式后，可以利用该文字样式和相关的文字注写命令注写文字。

命令：STYLE（ST）。

菜单：格式→文字样式。

工具钮：如图6-1所示。

图6-1 工具钮

执行该命令后，系统将弹出“文字样式”对话框，如图6-2所示。

在该对话框中，可以新建文字样式或修改已有的文字样式。该对话框包含了样式、预览、字体、大小、效果等区域。

1. 当前文字样式

列出当前文字样式，默认为“Standard”。

2. 样式

显示图形中的样式列表，样式名前的“▲”图标指示样式是注释性。样式名最长可达255个字符，名称中可包含字母、数字和特殊字符，如美元符号（$）、下划线（_）和连字符（-）等。

样式列表过滤器：显示当前文字样式，点取下拉列表框可以选择已创建的文字样式。点取相应的文字样式后，该文字样式的其他选项也显示出来。

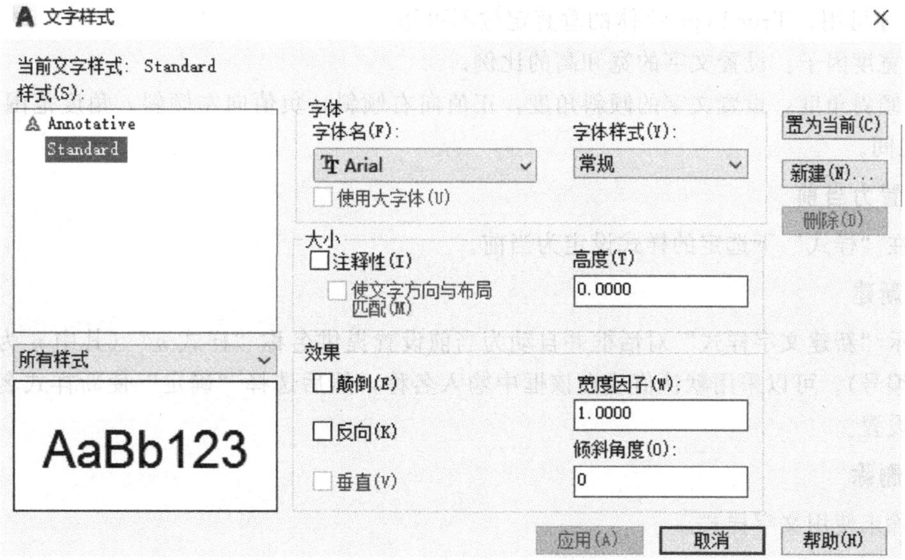

图 6-2 “文字样式”对话框

3. 预览

显示随着字体的更改和效果的修改而动态更改的样例文字。

4. 字体

更改样式的字体，如果更改现有文字样式的方向或字体文件，当图形重生成时所有具有该样式的文字对象都将使用新值。

① 字体名：列出 Fonts 文件夹中所有注册的 TrueType 字体和所有编译的形（SHX）字体的字体族名。从列表中选择名称后，该程序将读取指定字体的文件。除非文件已经由另一个文字样式使用，否则将自动加载该文件的字符定义。可以定义使用同样字体的多个样式。

② 字体样式：指定字体格式，比如斜体、粗体或者常规字体，选定“使用大字体”后，该选项变为“大字体”，用于选择大字体文件。

③ 使用大字体：指定亚洲语言的大字体文件，只有 SHX 文件可以创建“大字体”。

5. 大小：更改文字的大小

① 注释性：指定文字为注释性。单击信息图标以了解有关注释性对象的详细信息。

② 使文字方向与布局匹配：指定图纸空间视口中的文字方向与布局方向匹配，如果清除注释性选项，则该选项不可用。

③ 高度或图纸文字高度：根据输入的值设置文字高度，输入大于 0.0 的高度将自动为此样式设置文字高度，如果输入 0.0，则文字高度将默认为上次使用的文字高度，或使用存储在图形样板文件中的值。在相同的高度设置下，TrueType 字体显示的高度可能会小于 SHX 字体。如果选择了注释性选项，则输入的值将设置图纸空间中的文字高度。

6. 效果

修改字体的特性，例如宽度因子、倾斜角度以及是否颠倒显示、反向或垂直对齐。

① 颠倒：以水平线作为镜像轴线的垂直镜像效果。

② 反向：以垂直线作为镜像轴线的垂直镜像效果。

③ 垂直：在垂直方向上书写文字。显示垂直对齐的字符，只有在选定字体支持双向时

“垂直”才可用。TrueType 字体的垂直定位不可用。

④ 宽度因子：设置文字的宽和高的比例。

⑤ 倾斜角度：设置文字的倾斜角度，正值向右倾斜，负值向左倾斜，角度范围在－85°和 85°之间。

7. 置为当前

将在“样式”下选定的样式设定为当前。

8. 新建

显示“新建文字样式”对话框并自动为当前设置提供名称“样式 *n*”（其中 *n* 为所提供样式的编号）。可以采用默认值或在该框中输入名称，然后选择“确定”使新样式名使用当前样式设置。

9. 删除

删除未使用文字样式。

10. 应用

将对话框中所做的样式更改应用到当前样式和图形中具有当前样式的文字。

★【实例】 设置“计算机绘图技术”文字样式。

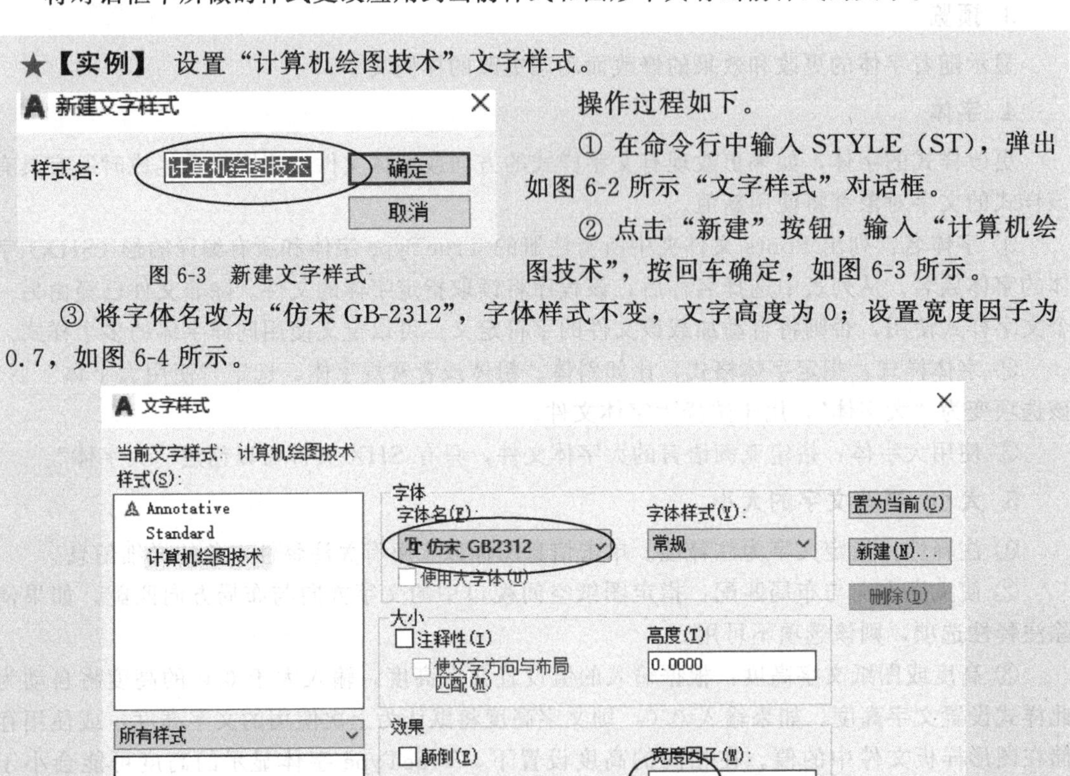

图 6-3 新建文字样式

操作过程如下。

① 在命令行中输入 STYLE（ST），弹出如图 6-2 所示“文字样式”对话框。

② 点击“新建”按钮，输入“计算机绘图技术”，按回车确定，如图 6-3 所示。

③ 将字体名改为“仿宋 GB-2312”，字体样式不变，文字高度为 0；设置宽度因子为 0.7，如图 6-4 所示。

图 6-4 “文字样式”对话框

④ 完成“计算机绘图技术”文字样式的设置。

技巧：对于同一字体可以使用不同的高度。这要求在设置文字样式时使高度为 0，只有这样才可以手动地调整文字高度。

如图 6-5 所示，表示了几种不同设置的文字样式效果。

二、书写文字

文字书写命令分为单行文本输入 TEXT、DTEXT 命令和多行文本输入 MTEXT 命令。另外还可以将外部文本输入到 AutoCAD 中。

1. 单行文本输入

在 AutoCAD 中，TEXT 或 DTEXT 命令功能相同，都可以用来输入单行文本。使用单行文字创建一行或多行文字，每行文字都是独立的对象，可对其进行重定位、调整格式或进行其他修改。

命令：TEXT，DTEXT（DT）。

菜单：绘图→文字→单行文字。

工具钮：如图 6-6 所示。

建筑　　倾斜30度

图 6-5　文字样式效果

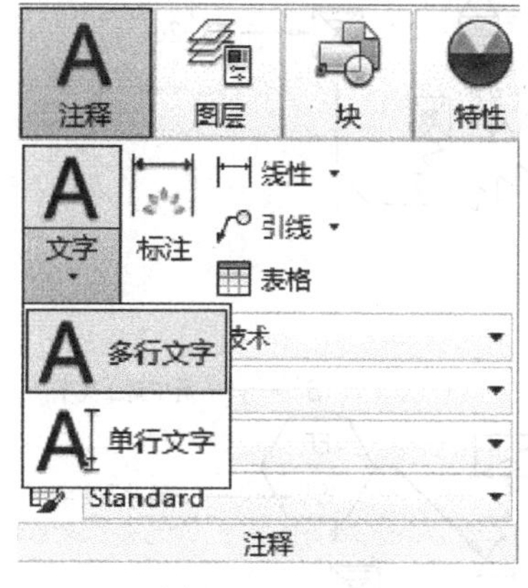

图 6-6　工具钮

命令及提示如下。

```
命令: TEXT(DTEXT)
当前文字样式:"计算机绘图技术"文字高度:2.5000 注释性:否 对正:左
指定文字的起点或 [对正(J)/样式(S)]:
指定高度 <2.5000> :
指定文字的旋转角度 <0> :
(输入文字)
```

参数说明如下。

① 起点：指定文字对象的起点，缺省情况下对正点为左对齐。如果前面输入过文本，此处以回车相应起点提示，则跳过随后的高度和旋转角度的提示，直接提示输入文字，此时使用前面设定好的参数，同时起点自动定义为最后绘制的文本的下一行。

② 对正（J）：输入对正参数，在出现的提示中可以选择文字对正选项，如图 6-7 所示。

注意：左对齐是默认选项。要左对齐文字，不必在“对正”提示下输入选项。

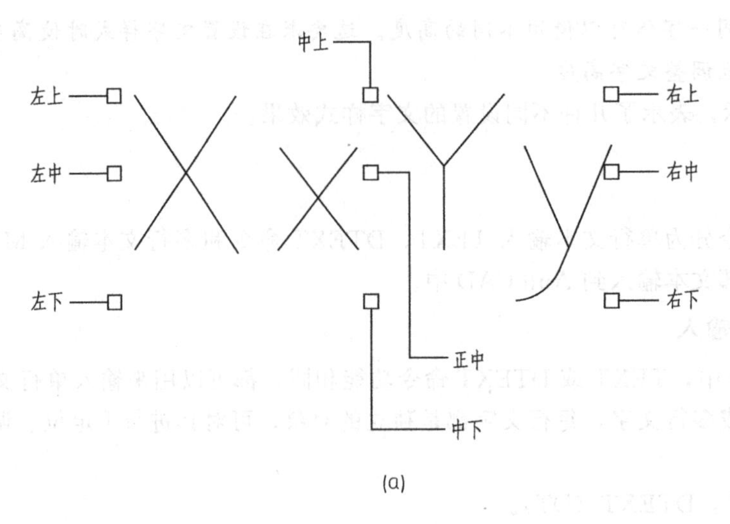

(a)

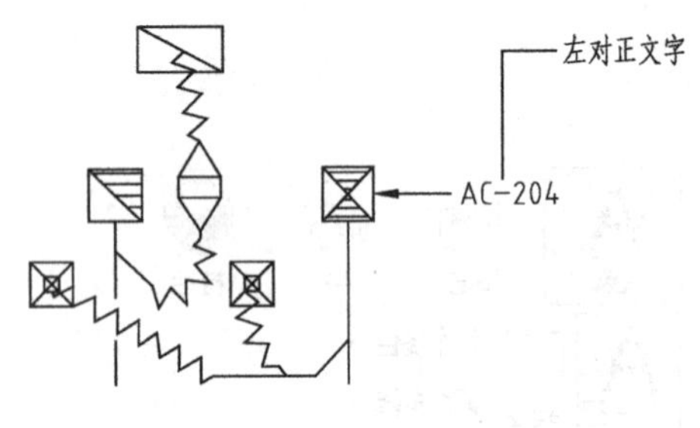

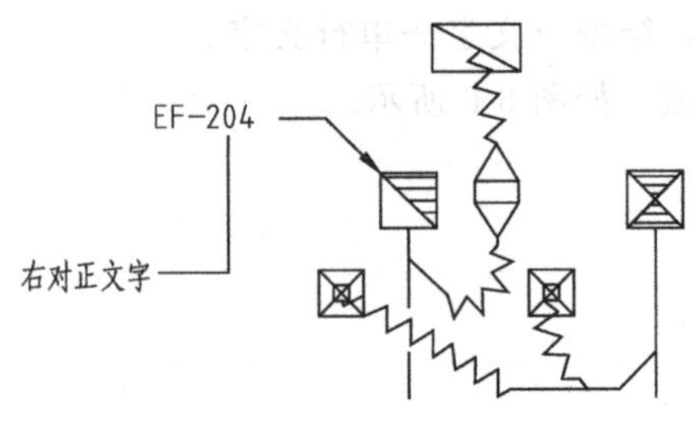

(b)

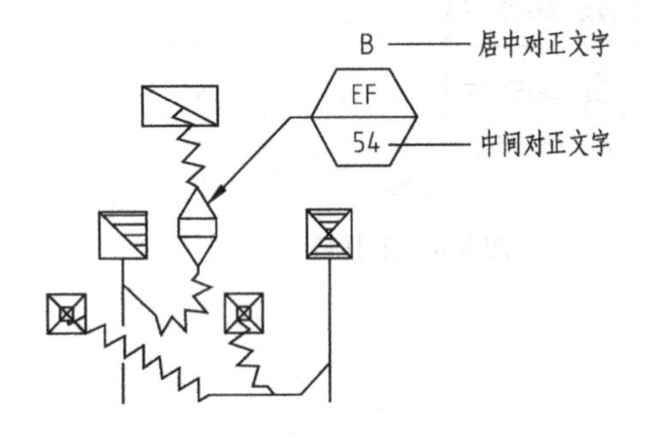

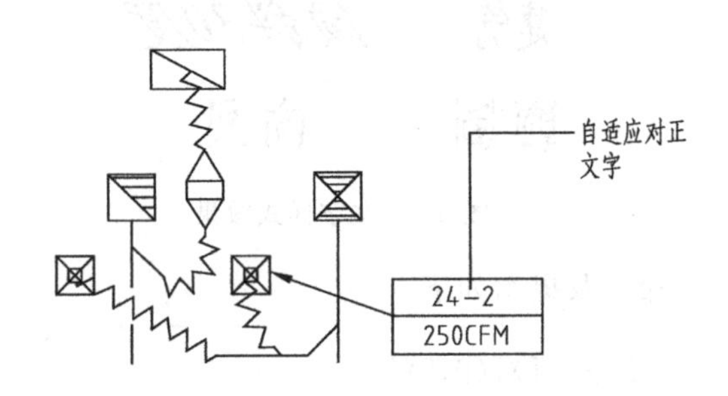

(c)

图 6-7 文字对正

③ 样式（S）：选择该选项，出现如下提示。

输入样式名——输入随后书写文字的样式名称。

？——如果不清楚已经设定的样式，键入“？”则在命令窗口列表显示已经设定的样式。

★【实例】 注写如图 6-8 所示文字。

计算机绘图技术

图 6-8 注写文字

操作过程如下。

```
命令: _text
当前文字样式:"计算机绘图技术"文字高度:2.5000  注释性:否  对正:左
指定文字的起点或 [对正(J)/样式(S)]:                     指定文字左下角点
指定高度 <2.5000> : 20                                 指定文字的高度为 20
指定文字的旋转角度 <0> :回车                            不旋转文字
计算机绘图技术  回车                          输入文字  回车结束命令
命令:
```

技巧：

① 在系统提示输入字型名时，这时输入"?"，将会列出当前字型的字体、高度等字型参数。

② TEXT 命令允许在输入一段文本后，退出此命令去做别的工作，然后又进入此命令继续前面的文字注写工作，特征是上次最后输入的文本会显亮，且字高、角度等文本特性与上次的设定相同。

2. 多行文字输入 MTEXT

在 AutoCAD 中可以一次输入多行文本，而且可以设定其中的不同文字具有不同的字体或样式、颜色、高度等特性。可以输入一些特殊字符，并可以输入堆叠式分数，设置不同的行距，进行文本的查找与替换，导入外部文件等。多行文字对象和输入的文本文件最大为 256 KB。

命令：MTEXT（T）。

工具钮：如图 6-9 所示。

菜单：绘图→文字→多行文字。

命令及提示如下。

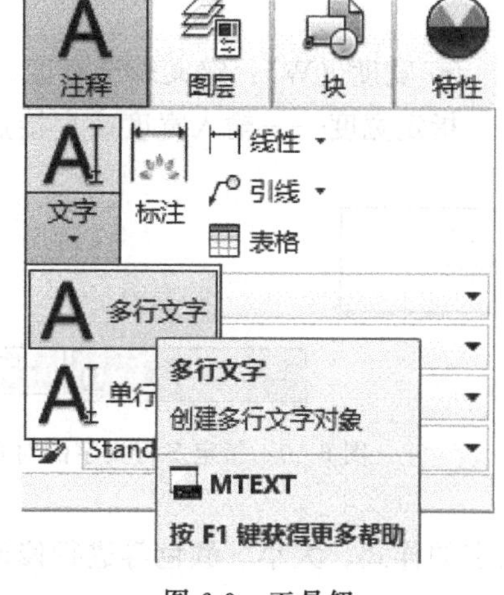

图 6-9 工具钮

```
命令: _mtext
当前文字样式: "计算机绘图技术" 文字高度: 20 注释性: 否
指定第一角点:
指定对角点或 [高度(H)/对正(J)/行距(L)/旋转(R)/样式(S)/宽度(W)/栏(C)]:
```

参数说明如下。

① 指定第一角点：定义多行文本输入范围的一个角点。

② 指定对角点：定义多行文本输入范围的另一个角点。

③ 高度（H）：用于设定矩形范围的高度。出现如下提示。

指定高度<>——定义高度。

④ 对正（J）：设置对正样式。出现如下提示：

左上（TL）——左上角对齐。

中上（TC）——中上对齐。

右上（TR）——右上角对齐。

左中（ML）——左侧中间对齐。

正中（MC）——正中对齐。

右中（MR）——右侧中间对齐。

左下（BL）——左下角对齐。

中下（BC）——中间下方对齐。

右下（BR）——右下角对齐。

⑤ 行距（L）：设置行距类型。出现如下提示：

至少（A）——确定行间距的最小值。回车出现输入行距比例或间距提示。

输入行距比例或间距——输入行距或比例。

精确（E）——精确确定行距。

⑥ 旋转（R）：指定旋转角度。

指定旋转角度——输入旋转角度。

⑦ 样式（S）：指定文字样式。

输入样式名或［?］——输入已定义的文字样式名，键入“?”则列表显示已定义的文字样式。

⑧ 宽度（W）：定义矩形宽度。

指定宽度——输入宽度或直接点取一点来确定宽度。

⑨ 栏（C）：显示用于设置栏的选项，例如类型、列数、高度、宽度及栏间距大小。

图 6-10　指定多行文字的对角点

在指定了矩形的两个角点后，如图 6-10所示，系统将弹出“在位文字编辑器”对话框，输入文字的内容即可，如图 6-11所示。“在位文字编辑器”对话框中可以对文字的样式、大小、颜色等进行修改。

图 6-11　在“在位文字编辑器”对话框中输入文字

3. 特殊文字的书写

在 AutoCAD 中有些字符是无法通过键盘输入的，这些字符为特殊字符。特殊字符主要包括：上划线、下划线、度符号（°）、直径符号、正负号等。在前面介绍多行文本输入文字时已经介绍了特殊字符的输入方式之一，在单行文字输入中，必须采用特定的编码来进行。

表 6-1 列出了以上几种特殊字符的代码，其大小可通用。

表 6-1 特殊字符的代码

代码	对应字符
%%o	上划线
%%u	下划线
%%d	度
%%c	直径
%%p	正负号
%%%	百分号
%%nnn	ASCIInnn 码对应的字符

三、编辑文本

在 AutoCAD 中同样可以对已经输入的文字进行编辑修改。根据选择的文字对象是单行文本还是多行文本的不同，弹出相应的对话框来修改文字。如果采用特性编辑器，还可以同时修改文字的其他特性。

命令：DDEDIT。

菜单：修改→对象→文字，如图 6-12 所示。

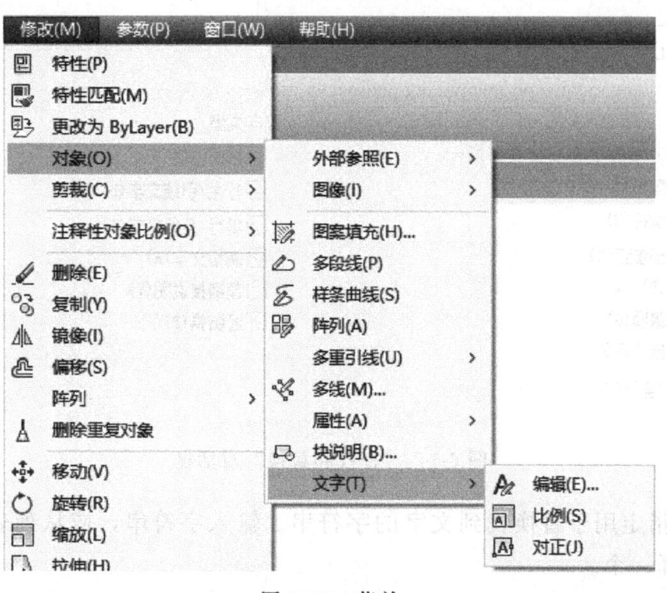

图 6-12 菜单

执行文字编辑命令后，首先要求选择欲修改编辑的文字，如果选择的对象是单行文字，则直接在屏幕上修改即可。如果选择的对象是多行文字，则弹出“在位文字编辑器”对话框，操作和输入多行文字与前面介绍的相同。

此外，还可以选择“比例”“对正”选项更改相应选项。

四、查找与替换文本

对文字内容进行编辑时，如果当前输入的文本较多，不便于快速查找和修改内容，可以通过使用 AutoCAD 中的查找与替换功能轻松查找和替换文字。

命令：FIND。

菜单：编辑→查找。

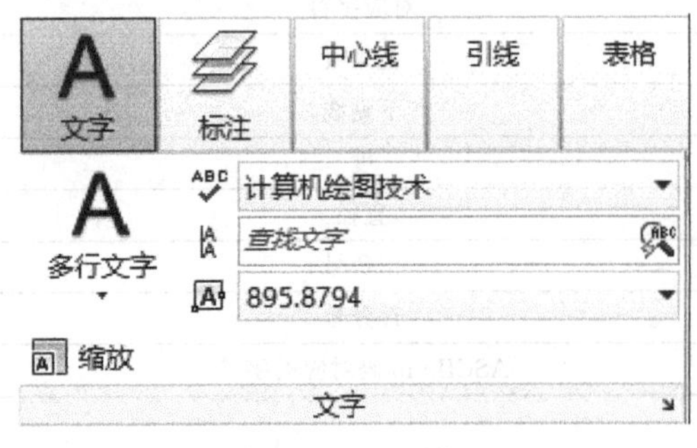

图 6-13 工具钮

工具钮：如图 6-13 所示。

打开“查找和替换”对话框，按折叠按钮后全部展开，如图 6-14 所示。

该对话框指定要查找、替换或选择的文字和控制搜索的范围及结果。对话框包含了查找内容、替换为、查找位置、搜索选项和文字类型等区域。

① 查找内容：指定要查找的字符串，输入包含任意通配符的文字字符串，或从列表中选择最近使用过的六个字符串的其中之一。

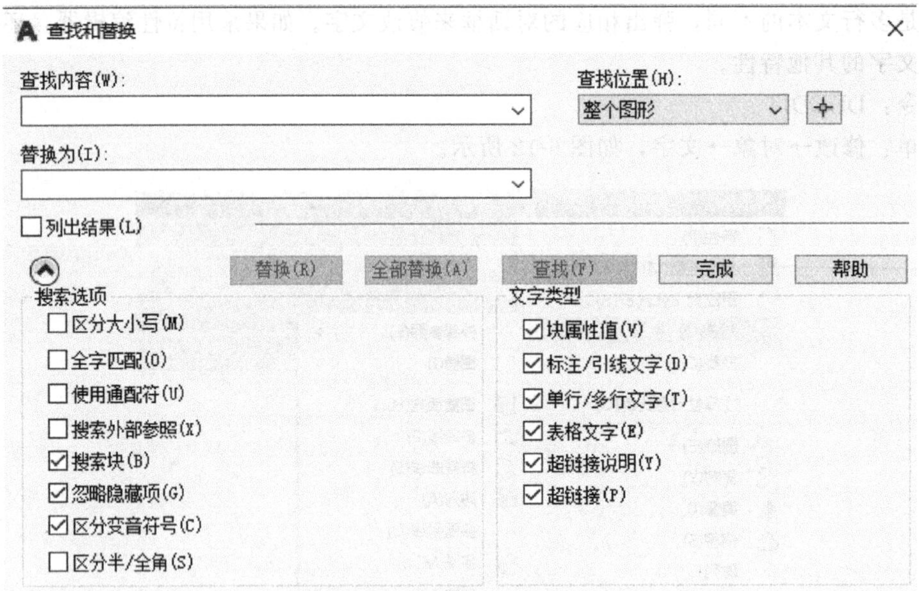

图 6-14 “查找和替换”对话框

② 替换为：指定用于替换找到文字的字符串。输入字符串，或从列表中最近使用过的六个字符串中选择一个。

③ 查找位置：指定是搜索整个图形、当前布局还是搜索当前选定的对象。如果已选择一个对象，则默认值为“所选对象”。如果未选择对象，则默认值为“整个图形”。可以用“选择对象”按钮临时关闭该对话框，并创建或修改选择集。

④“选择对象”按钮：暂时关闭对话框，允许用户在图形中选择对象。按“Enter”键返回该对话框。选择对象时，默认情况下“查找位置”将显示“所选对象”。

⑤ 列出结果：在显示位置（模型或图纸空间）、对象类型和文字的表格中列出结果，可以按列对生成的表格进行排序。

⑥ 搜索选项：定义要查找的对象和文字的类型。

区分大小写：将“查找”中的文字的大小写包括为搜索条件的一部分。

全字匹配：仅查找与“查找”中的文字完全匹配的文字。例如，如果选择“全字匹配”

然后搜索“Front Door”，则 FIND 找不到文字字符串“Front Doormat”。

使用通配符：可以在搜索中使用通配符。

搜索外部参照：在搜索结果中包括外部参照文件中的文字。

搜索块：在搜索结果中包括块中的文字。

忽略隐藏项：在搜索结果中忽略隐藏项。隐藏项包括已冻结或关闭的图层上的文字、以不可见模式创建的块属性中的文字以及动态块内处于可见性状态的文字。

区分变音符号：在搜索结果中区分变音符号标记或重音。

区分半/全角：在搜索结果中区分半角和全角字符。

⑦ 文字类型：指定要包括在搜索中的文字对象的类型。默认情况下，选定所有选项。

块属性值：在搜索结果中包括块属性文字值。

标注/引线文字：在搜索结果中包括标注和引线对象文字。

单行/多行文字：在搜索结果中包括文字对象（例如单行和多行文字）。

表格文字：在搜索结果中包括在 AutoCAD 表格单元中找到的文字。

超链接说明：在搜索结果中包括在超链接说明中找到的文字。

超链接：在搜索结果中包括超链接 URL。

★【实例】 将如图 6-15（a）所示文字替换为如图 6-15（b）所示文字。

AUTOCAD建筑丛书　　AutoCAD建筑丛书

(a)　　(b)

图 6-15　文字替换

操作过程如下。

① 在命令行输入 FIND 或选择下拉菜单“编辑”→“查找”，打开如图 6-14 所示的“查找和替换”对话框。在“查找内容”中输入“AUTO”，在“替换为”中输入“Auto”，如图 6-16 所示。

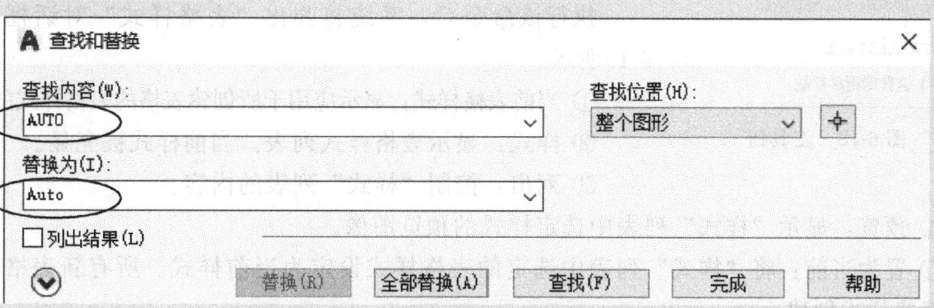

查找和替换

查找内容(W):　AUTO

查找位置(H):　整个图形

替换为(I):　Auto

列出结果(L)

替换(R)　全部替换(A)　查找(F)　完成　帮助

图 6-16　输入查找和替换的文字

② 单击 全部替换(A)，弹出如图 6-17 所示的完成提示，单击 确定，系统又返回到“查找和替换”对话框，单击 完成 即可。

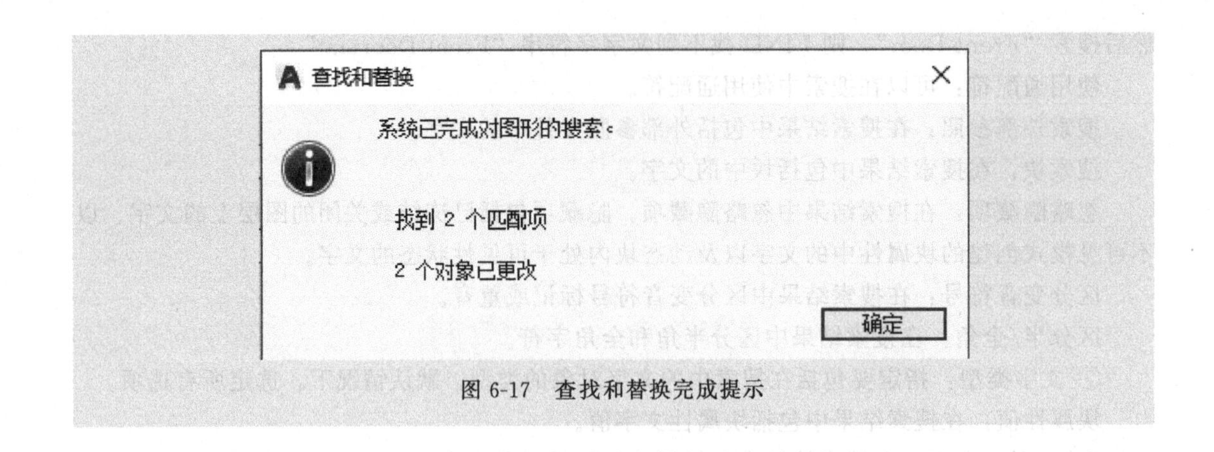

图 6-17　查找和替换完成提示

第二节　表格与编辑

图 6-18　工具钮

建筑工程图样中常常要绘制各类表格，如标题栏、材料用量表等。在 AutoCAD 的较低版本中，用户只能通过各种命令来绘制表格。在较高版本中，可以通过插入表格的方法快速、准确完成表格的绘制，也可以用专门的命令编辑表格。

一、设置表格样式

设置当前表格样式，以及创建、修改和删除表格样式。

命令：TABLESTYLE。

菜单：格式→表格样式。

工具钮：如图 6-18 所示。

执行该命令后，系统将弹出“表格样式”对话框，如图 6-19所示。

① 当前表格样式：显示应用于所创建表格的表格样式的名称。

② 样式：显示表格样式列表。当前样式被亮显。

③ 列出：控制“样式”列表的内容。

④ 预览：显示“样式”列表中选定样式的预览图像。

⑤ 置为当前：将“样式”列表中选定的表格样式设定为当前样式。所有新表格都将使用此表格样式创建。

⑥ 新建：显示“创建新的表格样式”对话框，如图 6-20 所示。从中可以定义新的表格样式，比如“计算机绘图技术”。单击 继续 ，又弹出“新建表格样式”对话框，如图 6-21 所示。在此可以定义新的表格样式。

⑦ 修改：显示“修改表格样式”对话框，如图 6-22 所示，从中可以修改表格样式。

⑧ 删除：删除“样式”列表中选定的表格样式。不能删除图形中正在使用的样式。

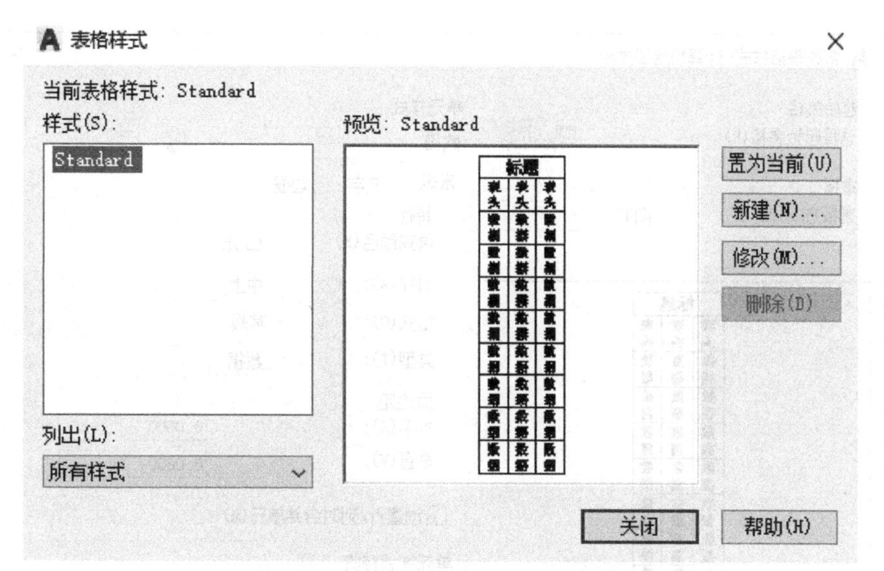

图 6-19 “表格样式”对话框

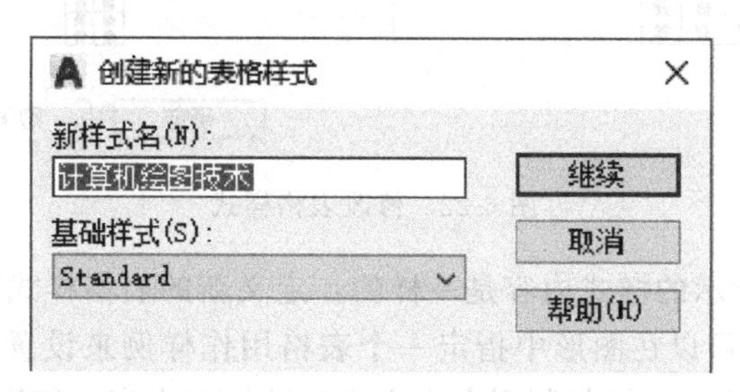

图 6-20 创建新表格样式

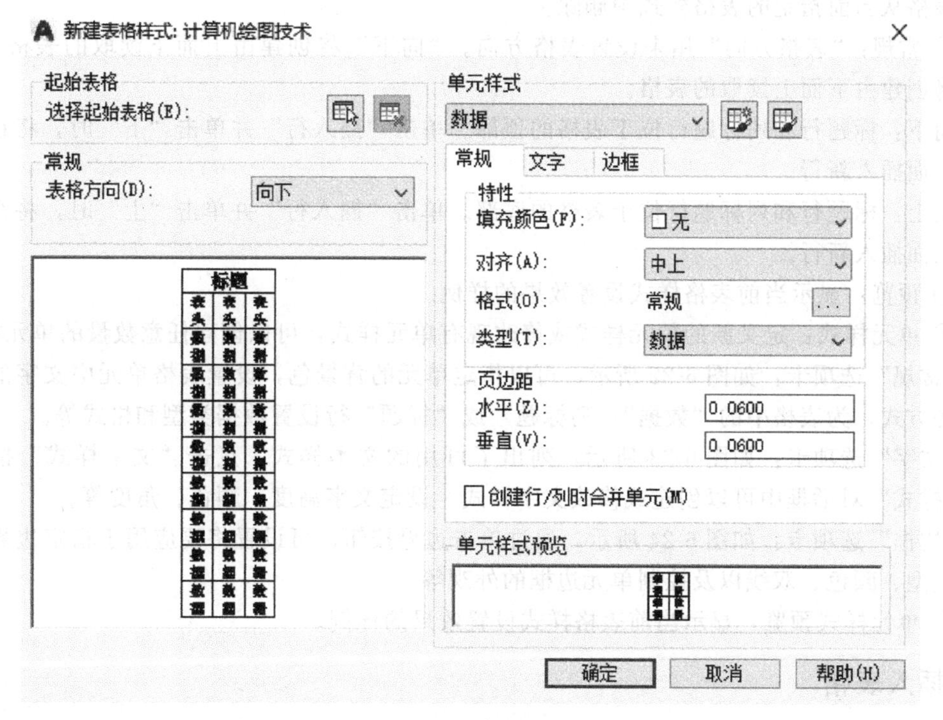

图 6-21 新建表格样式

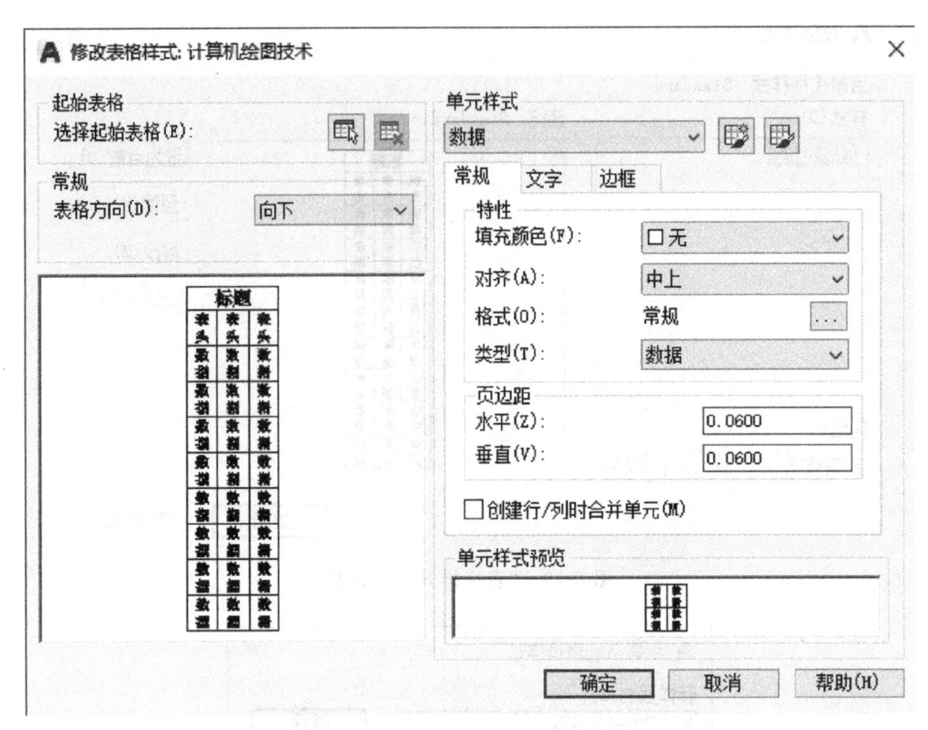

图 6-22　修改表格样式

图 6-21 和图 6-22 所示的样式内容是一样的：定义新的表格样式或修改现有表格样式。

① 起始表格：用户可以在图形中指定一个表格用作样例来设置此表格样式的格式。选择表格后，可以指定要从该表格复制到表格样式的结构和内容。使用“删除表格”图标，可以将表格从当前指定的表格样式中删除。

② 常规：“表格方向”用来设置表格方向。“向下”将创建由上而下读取的表格。“向上”将创建由下而上读取的表格。

向下：标题行和列标题行位于表格的顶部。单击“插入行”并单击“下”时，将在当前行的下面插入新行。

向上：标题行和列标题行位于表格的底部。单击“插入行”并单击“上”时，将在当前行的上面插入新行。

③ 预览：显示当前表格样式设置效果的样例。

④ 单元样式：定义新的单元样式或修改现有单元样式，可以创建任意数量的单元样式。

“常规”选项卡：如图 6-22 所示，可以指定单元的背景色，设置表格单元中文字的对正和对齐方式，为表格中的“数据”“列标题”或“标题”行设置数据类型和格式等。

“文字”选项卡：如图 6-23 所示，列出了可用的文本样式、点击“文字样式”按钮在“文字样式”对话框中可以创建或修改文字样式、设定文字高度、颜色、角度等。

“边框”选项卡：如图 6-24 所示，通过单击边界按钮，可设置将要应用于指定边界的线宽、线型、颜色、双线以及控制单元边框的外观等。

⑤ 单元样式预览：显示当前表格样式设置效果的样例。

二、插入表格

表格是在行和列中包含数据的复合对象，完成表格样式设定后，即可根据设置的表格样

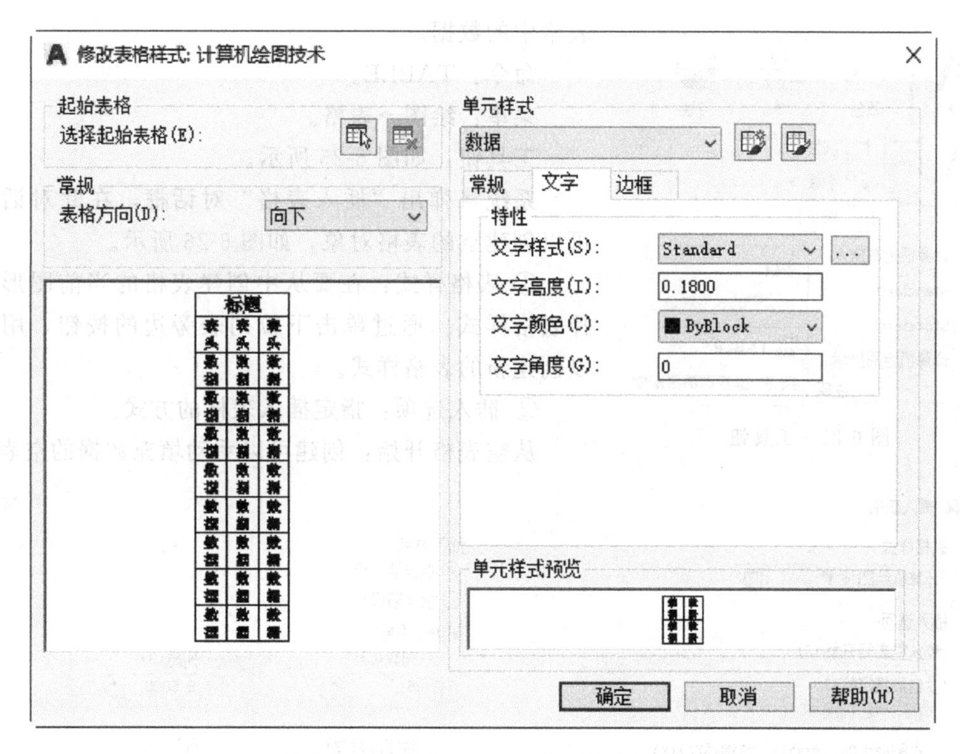

图 6-23　修改表格样式-“文字”选项卡

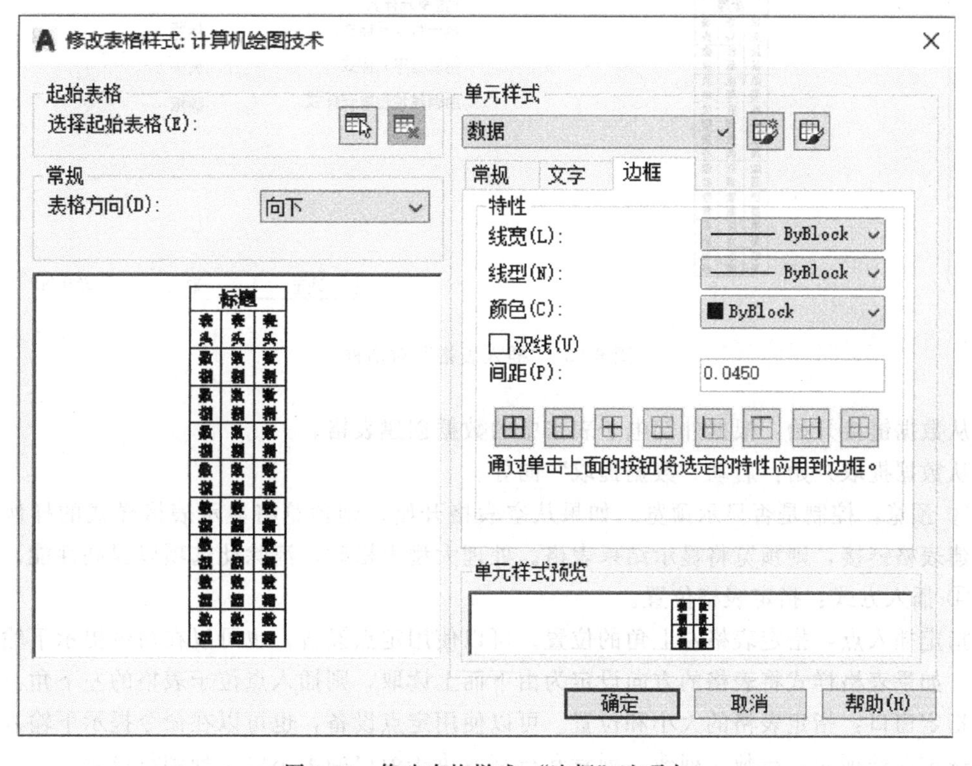

图 6-24　修改表格样式-“边框”选项卡

式创建表格，并在表格中输入相应的表格内容，还可以将表格链接至 Microsoft Excel 电子

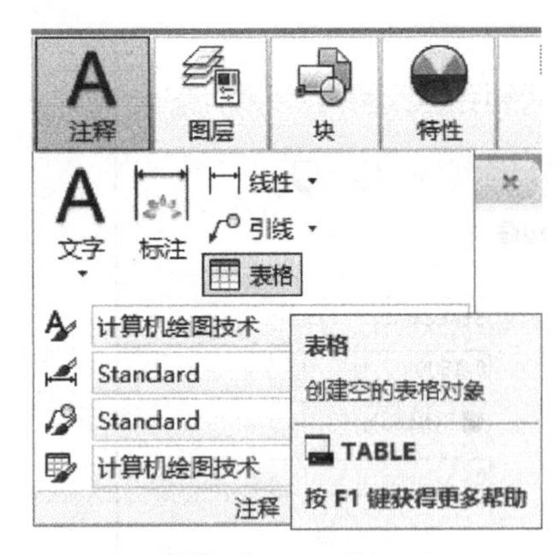

图 6-25　工具钮

表格中的数据。

命令：TABLE。

菜单：绘图→表格。

工具钮：如图 6-25 所示。

系统将弹出“插入表格”对话框，在此对话框中可以创建空的表格对象，如图 6-26 所示。

① 表格样式：在要从中创建表格的当前图形中选择表格样式。通过单击下拉列表旁边的按钮，用户可以创建新的表格样式。

② 插入选项：指定插入表格的方式。

从空表格开始：创建可以手动填充数据的空表格。

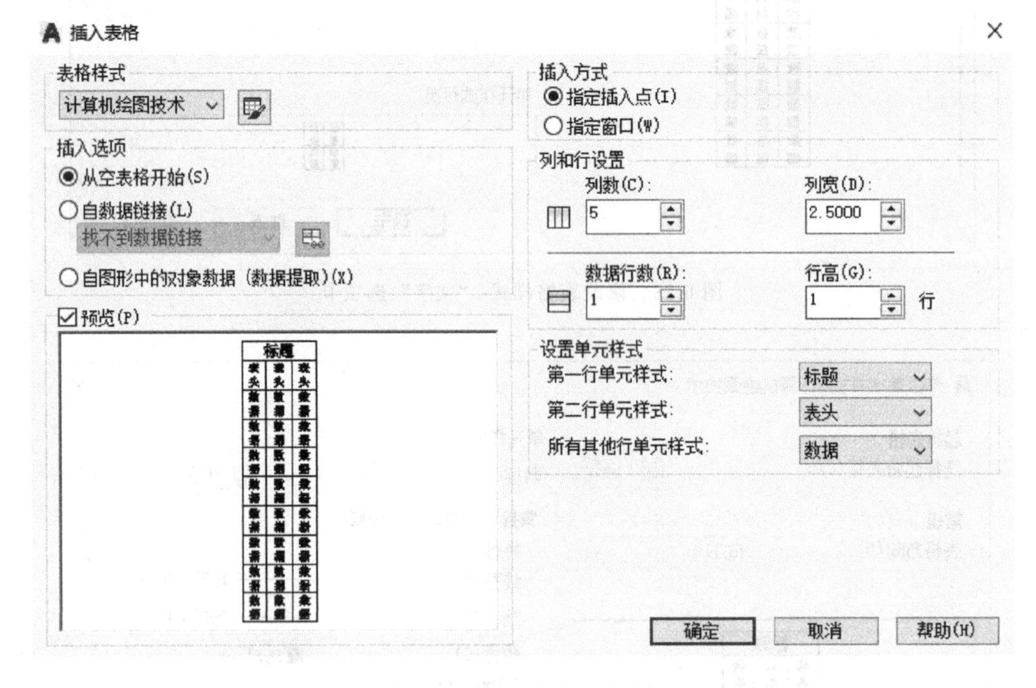

图 6-26　“插入表格”对话框

从数据链接开始：根据外部电子表格中的数据创建表格。

从数据提取开始：启动“数据提取”向导。

③ 预览：控制是否显示预览。如果从空表格开始，则预览将显示表格样式的样例。如果创建表格链接，则预览将显示结果表格。处理大型表格时，清除此选项以提高性能。

④ 插入方式：指定表格位置。

指定插入点：指定表格左上角的位置。可以使用定点设备，也可以在命令提示下输入坐标值。如果表格样式将表格的方向设定为由下而上读取，则插入点位于表格的左下角。

指定窗口：指定表格的大小和位置。可以使用定点设备，也可以在命令提示下输入坐标值。选定此选项时，行数、列数、列宽和行高取决于窗口的大小以及列和行设置。

⑤ 列和行设置：设置列和行的数目和大小。

列图标：表示列。

行图标：表示行。

列：指定列数。选定“指定窗口”选项并指定列宽时，“自动”选项将被选定，且列数由表格的宽度控制。如果已指定包含起始表格的表格样式，则可以选择要添加到此起始表格的其他列的数量。

列宽：指定列的宽度。选定“指定窗口”选项并指定列数时，则选定了“自动”选项，且列宽由表格的宽度控制。最小列宽为一个字符。

数据行数：指定行数。选定“指定窗口”选项并指定行高时，则选定了“自动”选项，且行数由表格的高度控制。带有标题行和表格头行的表格样式最少应有三行。最小行高为一个文字行。如果已指定包含起始表格的表格样式，则可以选择要添加到此起始表格的其他数据行的数量。

行高：按照行数指定行高。文字行高基于文字高度和单元边距，这两项均在表格样式中设置。选定“指定窗口”选项并指定行数时，则选定了“自动”选项，且行高由表格的高度控制。

⑥ 设置单元样式：对于那些不包含起始表格的表格样式，请指定新表格中行的单元格式。

第一行单元样式：指定表格中第一行的单元样式。默认情况下，使用标题单元样式。

第二行单元样式：指定表格中第二行的单元样式。默认情况下，使用表头单元样式。

所有其他行单元样式：指定表格中所有其他行的单元样式。默认情况下，使用数据单元样式。

★**【实例】** 创建一个样式为“建筑工程材料表”的七行八列表格，行高为 20 行，列宽为 60，如图 6-27 所示。

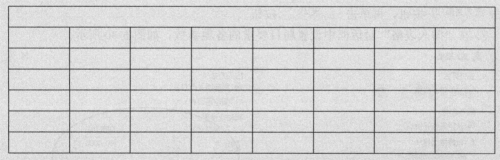

图 6-27 “建筑工程材料表”表格

操作过程如下。

① 在命令行输入 table 或单击下拉菜单“绘图”→“表格”，弹出如图 6-26 所示的“插入表格”对话框。

② 点击“插入表格”对话框中“表格样式”按钮，弹出如图 6-19 所示的“表格样式”对话框。

③ 点击“表格样式”对话框中的 新建(N)... 按钮，弹出“创建新的表格样式”对话框，将新样式命名为“建筑工程材料表”，如图 6-28 所示。

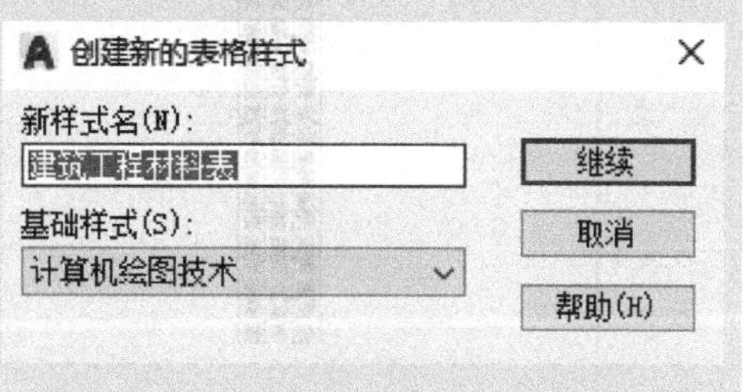

图 6-28 “建筑工程材料表”样式

④ 点击“创建新的表格样式”对话框中的 继续 按钮，弹出的“新建表格样式”对话框，分别将“数据”“表头”“标题”文字高度改为10，如图6-29所示。

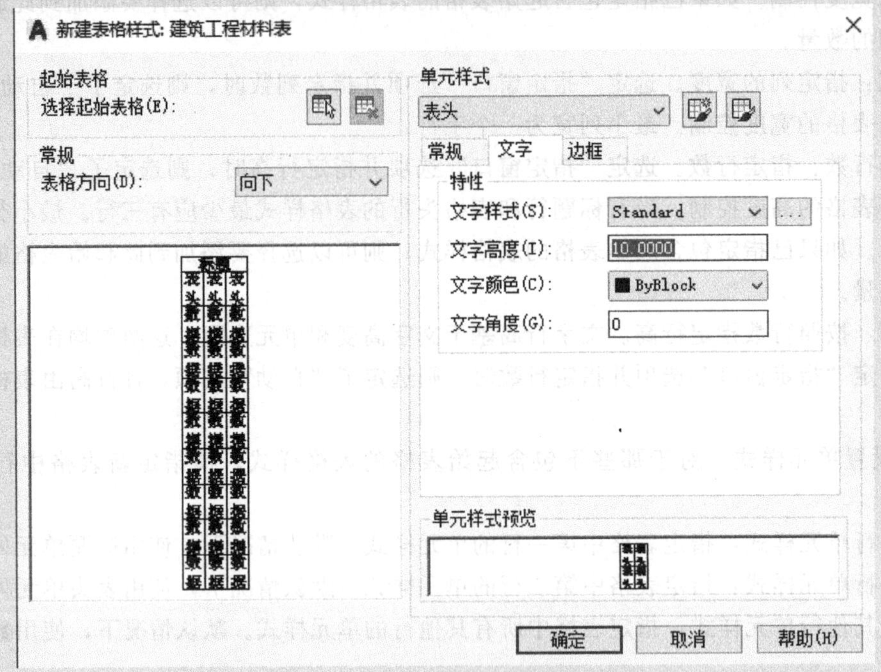

图6-29 “新建表格样式”中修改参数

⑤ 单击“新建表格样式”对话框中 确定 按钮，回到“表格样式”对话框中，单击 置为当前(U) 按钮，再单击 关闭 按钮。

⑥ 在“插入表格”对话框中设置题目要求的各项参数，如图6-30所示。

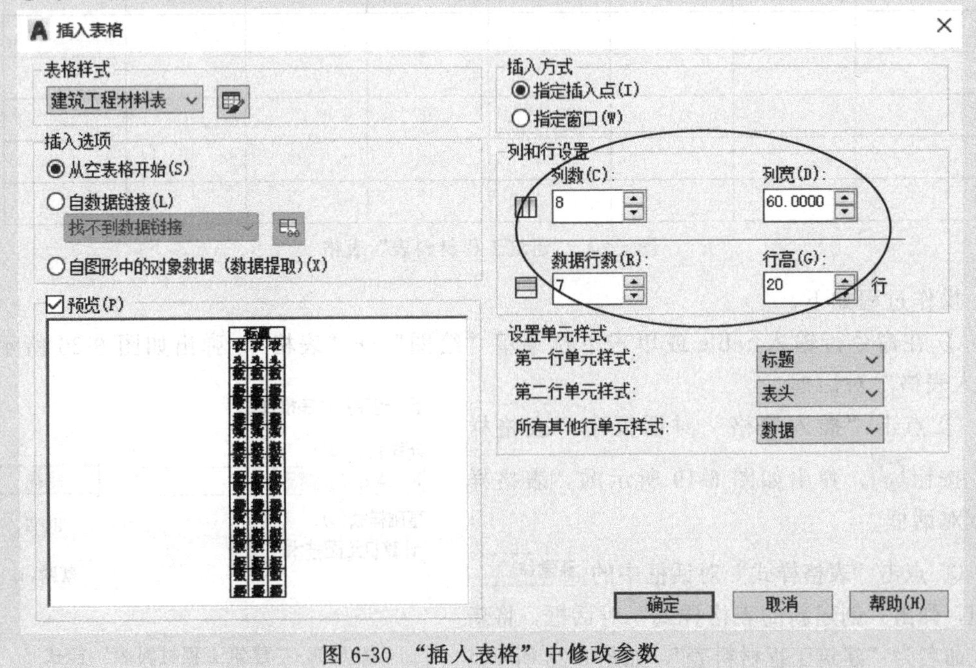

图6-30 “插入表格”中修改参数

⑦ 单击“插入表格”对话框中 确定 按钮，屏幕出现带有插入点的表格，在屏幕上指定插入后点击鼠标左键，屏幕上表格如图 6-31 所示，这时如果回车，则出现如图 6-27 所示表格。

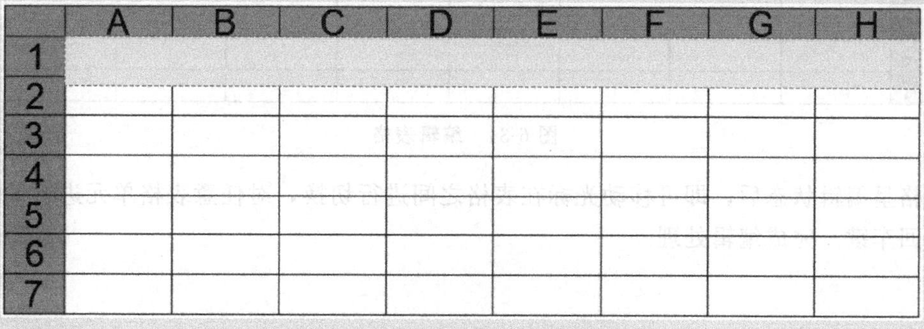

	A	B	C	D	E	F	G	H
1								
2								
3								
4								
5								
6								
7								

图 6-31　文字格式编辑器

注意：如果在如图 6-27 所示表格的灰色区域中输入文字如“建筑工程材料表”，如图 6-32 所示，然后再回车，即完成了默认表格标题的文字书写，如图 6-33 所示。

	A	B	C	D	E	F	G	H
1				建筑工程材料表				
2								
3								
4								
5								
6								
7								

图 6-32　“文字格式编辑器”中输入文字

建筑工程材料表							

图 6-33　有标题的表格

三、编辑表格

表格创建完成后，用户也可以修改表格。

① 在命令行输入 TABLEDIT 命令。

操作如下。

命令: TABLEDIT　回车	调入编辑表格命令
拾取表格单元:	在屏幕上点击要编辑的单元格

屏幕出现如图 6-34 所示的表格，可以编辑。

② 用鼠标左键直接双击表格，也出现如图 6-34 所示的表格，可以编辑。

	A	B	C	D	E	F	G	H
1				建筑工程材料表				
2								
3								
4								
5								
6								
7								

图 6-34　编辑表格

表格呈编辑状态后，即可移动光标在表格之间进行切换，对任意表格单元进行编辑，然后单击回车键，完成编辑处理。

第三节　对象查询

查询命令提供了制图或编辑过程中的下列功能：了解对象的数据信息，计算某表达式的值，计算距离、面积、质量特性，识别点的坐标等。

一、距离

通过距离命令可以直接查询屏幕上两点之间的距离，和 XY 平面的夹角，在 XY 平面中倾角以及 X、Y、Z 方向上的增量。

命令：MEASUREGEOM。

菜单：工具→查询→距离。

工具钮：如图 6-35 所示。

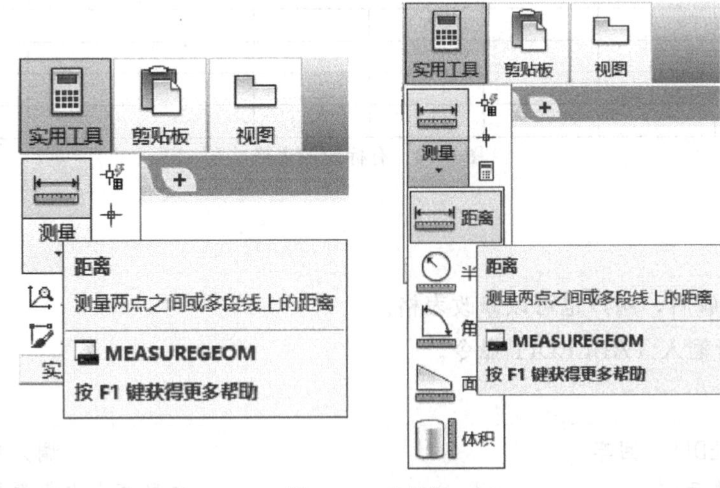

图 6-35　工具钮

命令及提示如下。

（1）直接用键盘输入命令“DIST”

```
命令: DIST
指定第一点:
指定第二个点或 [多个点(M)]:
```

(2) 单击菜单或命令按钮

```
命令: _MEASUREGEOM
输入选项 [距离(D)/半径(R)/角度(A)/面积(AR)/体积(V)] <距离>:
```

参数说明如下。

① 距离（D）：测量指定点之间的距离。

多个点（M）：显示连续点之间的总距离。如果输入 Arc、Length 或 Undo，将显示用于选择多段线的选项。

② 半径（R）：测量指定圆弧或圆的半径和直径。

③ 角度（A）：测量指定圆弧、圆、直线或顶点的角度。

圆弧：测量圆弧的角度。

圆：测量圆中指定的角度。角度会随光标的移动进行更新。

直线：测量两条直线之间的角度。

顶点：测量顶点的角度。

④ 面积（AR）：测量对象或定义区域的面积和周长，但无法计算自交对象的面积。

指定角点：计算由指定点所定义的面积和周长。如果输入“圆弧”“长度”或“放弃”，将显示用于选择多段线的选项。

增加面积：打开“加”模式，并在定义区域时即时保持总面积。可以使用“增加面积”选项计算各个定义区域和对象的面积、各个定义区域和对象的周长、所有定义区域和对象的总面积和所有定义区域和对象的总周长。

减少面积：从总面积中减去指定的面积。命令提示下和工具提示中将显示总面积和周长。

⑤ 体积（V）：测量对象或定义区域的体积。

对象：测量对象或定义区域的体积。可以选择三维实体或二维对象。如果选择二维对象，则必须指定该对象的高度。如果通过指定点来定义对象，则必须至少指定三个点才能定义多边形。所有点必须位于与当前 UCS 的 *XY* 平面平行的平面上。如果未闭合多边形，则将计算面积，就如同输入的第一个点和最后一个点之间存在一条直线。如果输入 Arc、Length 或 Undo，将显示用于选择多段线的选项。

增加体积：打开“加”模式，并在定义区域时保存最新总体积。

减去体积：打开“减”模式，并从总体积中减去指定体积。

★**【实例】** 查询如图 6-36 所示图形中 *A* 点到 *B* 点之间的距离。

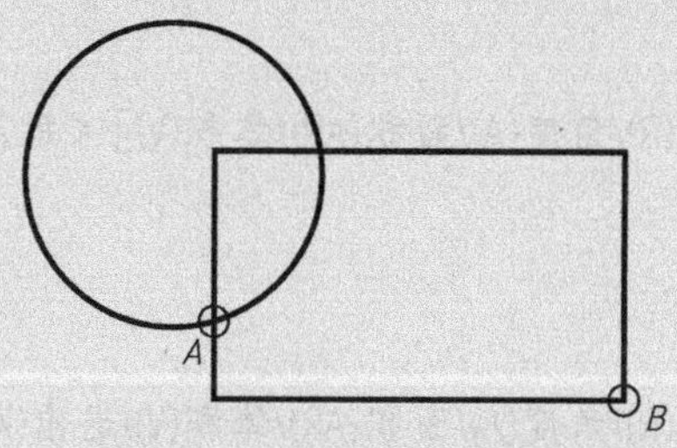

图 6-36 测量两点间的距离

操作过程如下。

```
命令: DIST
指定第一点:                                                    点取 A 点
指定第二个点或 [多个点(M)]:                                    点取 B 点
距离= 444.2556,XY 平面中的倾角= 349,  与 XY 平面的夹角= 0
X 增量= 436.3677,  Y 增量= - 83.3443,  Z 增量= 0.0000
命令:
```

二、半径

命令：MEASUREGEOM。

菜单：工具→查询→半径。

工具钮：如图 6-37 所示。

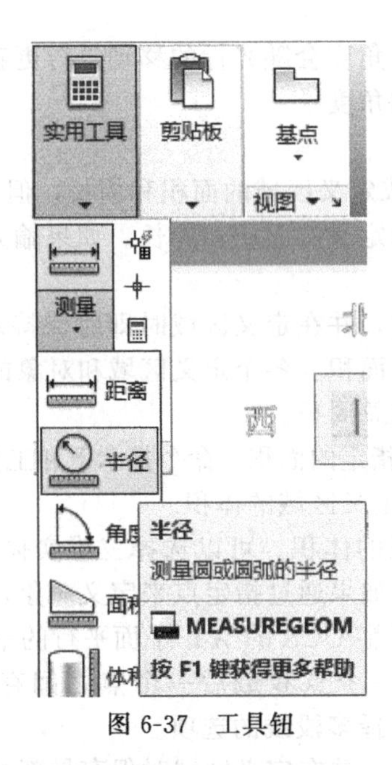

图 6-37　工具钮

★【实例】 查询如图 6-36 所示图形中圆的直径。

操作过程如下。

```
命令: _MEASUREGEOM
输入选项 [距离(D)/半径(R)/角度(A)/面积(AR)/体积(V)] <距离>：_radius 选择半径
选择圆弧或圆:                                                  选择要度量的圆
半径= 158.4309
直径= 316.8619
输入选项 [距离(D)/半径(R)/角度(A)/面积(AR)/体积(V)/退出(X)] <半径>：按"Esc"结束
命令:
```

三、角度

命令：MEASUREGEOM。

菜单：工具→查询→角度。

工具钮：如图 6-38 所示。

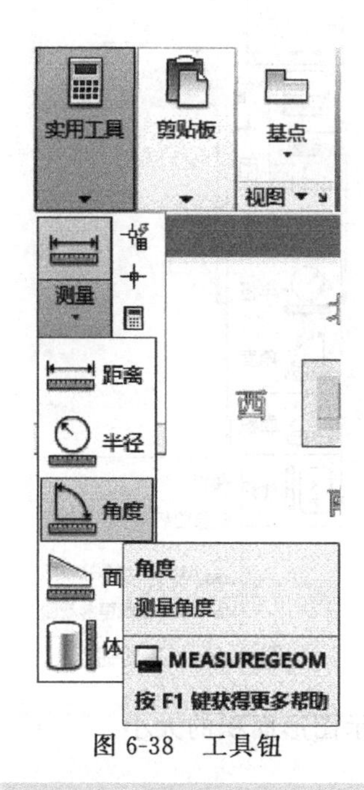

图 6-38　工具钮

★**【实例】** 查询如图 6-39 所示图形中 β 角的大小。

图 6-39　测量角度

操作过程如下。

```
命令: _MEASUREGEOM
输入选项 [距离(D)/半径(R)/角度(A)/面积(AR)/体积(V)] <距离>: _angle 选择角度
选择圆弧、圆、直线或 <指定顶点>:                                    指定角度的起点
选择第二条直线:                                                      指定角度的终点
角度= 50°                                                      自动测量并显示角度值
输入选项 [距离(D)/半径(R)/角度(A)/面积(AR)/体积(V)/退出(X)] <角度>：按“Esc”结束
命令:
```

四、面积

命令：MEASUREGEOM。

菜单：工具→查询→面积。

工具钮：如图 6-40 所示。

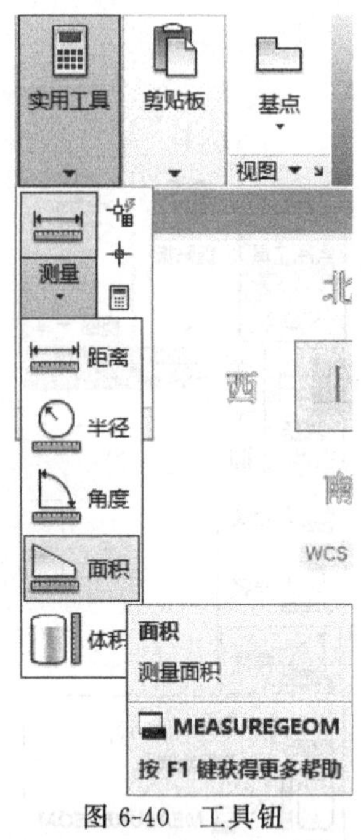

图 6-40 工具钮

★**【实例】** 查询如图 6-39 所示图形面积的大小。

操作过程如下。

```
命令: _MEASUREGEOM
输入选项 [距离(D)/半径(R)/角度(A)/面积(AR)/体积(V)] <距离>: _area          选择面积
指定第一个角点或 [对象(O)/增加面积(A)/减少面积(S)/退出(X)] <对象(O)>:
                                                            指定图形的一个角点
指定下一个点或 [圆弧(A)/长度(L)/放弃(U)]:
                                       (按顺时针或逆时针方向)依次指定第二点
指定下一个点或 [圆弧(A)/长度(L)/放弃(U)]:
                                       (按顺时针或逆时针方向)依次指定第三点
指定下一个点或 [圆弧(A)/长度(L)/放弃(U)/总计(T)] <总计>:
                                       (按顺时针或逆时针方向)依次指定第四点
指定下一个点或 [圆弧(A)/长度(L)/放弃(U)/总计(T)] <总计>:
                                       (按顺时针或逆时针方向)依次指定第五点
指定下一个点或 [圆弧(A)/长度(L)/放弃(U)/总计(T)] <总计>:
                                       (按顺时针或逆时针方向)依次指定第六点
指定下一个点或 [圆弧(A)/长度(L)/放弃(U)/总计(T)] <总计>:  回车
区域= 44977.8307,周长= 1079.7607                            自动测量并显示面积值
输入选项 [距离(D)/半径(R)/角度(A)/面积(AR)/体积(V)/退出(X)] <面积>:  按“Esc”结束
命令:
```

五、体积

命令：MEASUREGEOM。

菜单：工具→查询→体积。

工具钮：如图 6-41 所示。

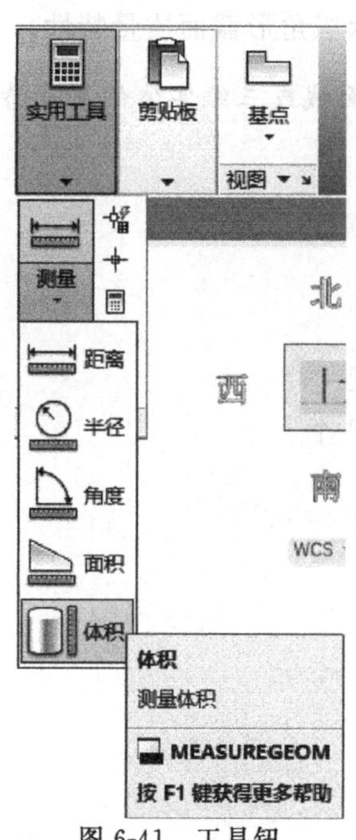

图 6-41 工具钮

★【实例】 查询如图 6-42 所示截面的三棱柱体积的大小，三棱柱高度为 100。

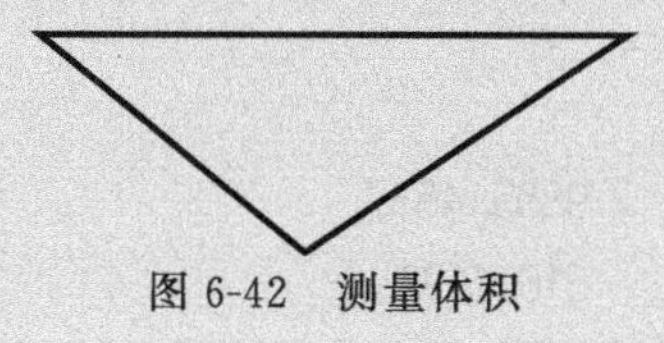

图 6-42 测量体积

操作过程如下。

```
命令: _MEASUREGEOM
输入选项 [距离(D)/半径(R)/角度(A)/面积(AR)/体积(V)] <距离>: _volume        选择体积
指定第一个角点或 [对象(O)/增加体积(A)/减去体积(S)/退出(X)] <对象(O)>:
                                                                 指定截面的第一角点
指定下一个点或 [圆弧(A)/长度(L)/放弃(U)]:                          指定截面的第二角点
指定下一个点或 [圆弧(A)/长度(L)/放弃(U)]:                          指定截面的第三角点
指定下一个点或 [圆弧(A)/长度(L)/放弃(U)/总计(T)] <总计>:  回车
指定高度: 100                                                     输入高度数值
体积= 985545.3688                                                自动测量并显示体积值
输入选项 [距离(D)/半径(R)/角度(A)/面积(AR)/体积(V)/退出(X)] <体积>:   按"Esc"结束
命令:
```

六、体积面域/质量特性

命令：MASSPROP。

菜单：工具→查询→面域/质量特性。

★【实例】 查询如图 6-42 所示三角形截面质量特性。

注意： MASSPROP 是计算面域或三维实体的质量特性，所以一般的平面图形先要转换成面域才能查询质量特性。

操作过程如下。

```
命令: _region                                   调用“面域”命令
选择对象: 找到 1 个                              指定三角形第一个角点
选择对象: 找到 1 个,总计 2 个                     指定三角形第二个角点
选择对象: 找到 1 个,总计 3 个                     指定三角形第三个角点
选择对象:                                        回车
已提取 1 个环。
已创建 1 个面域。                                 系统提示面域创建完成
命令:

命令: _massprop                                 调用“面域/质量特性”命令
选择对象: 找到 1 个                              单击刚创建的面域
选择对象:                                        回车后出现文本窗口显示以下信息

——————————    面域    ——————————

面积:                 9855.4537
周长:                 516.1199
边界框:           X: 2090.4378  --  2319.6585
                  Y: 1143.9343  --  1229.9252
质心:             X: 2201.2155
                  Y: 1201.2616
惯性矩:           X: 14225758199.5598
                  Y: 47774766570.5352
惯性积:           XY: 26060682869.9642
旋转半径:         X: 1201.4326
                  Y: 2201.7144
主力矩与质心的 X-Y 方向:
                  I: 4032009.3335 沿 [0.9995 0.0307]
                  J: 21665125.1313 沿 [- 0.0307 0.9995]
是否将分析结果写入文件? [是(Y)/否(N)] <否> :       回车(不写入操作)
```

列表显示可以将选择的图形对象的类型 、所在空间、图层、大小、位置等特性在文本窗口中显示。

七、列表

命令：LIST。

菜单：工具→查询→列表。

命令及提示如下。

```
命令:_list
选择对象:
```

参数说明：选择对象——选择欲查询的对象。

★【实例】 查询如图 6-43 所示两直线是否相交。

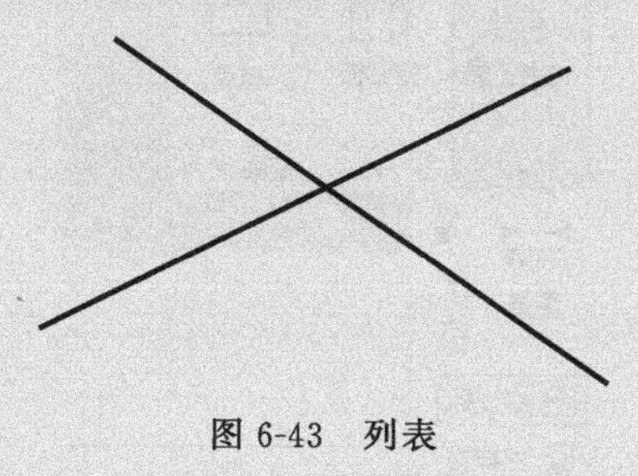

图 6-43 列表

操作过程如下。

```
命令: _list                                    调用"列表"命令
选择对象:找到 1 个                              选择一条直线
选择对象:找到 1 个,总计 2 个                    选择另一条直线
选择对象:                          回车后出现文本窗口显示以下信息

直线    图层:0
        空间:模型空间
线宽:0.30 毫米
句柄= 272
自点,X= 2105.2444  Y= 1223.6026  Z=    0.0000
到点,X= 2297.9243  Y= 1317.0215  Z=    0.0000
长度= 214.1323,在 XY 平面中的角度=     26
增量 X= 192.6799,增量 Y=   93.4189,增量 Z=    0.0000
直线    图层:0
        空间:模型空间
线宽:0.30 毫米
句柄= 273
自点,X= 2131.7314  Y= 1326.8823  Z=    0.0000
```

到点,X= 2312.4662　Y= 1203.8809　Z=　0.0000
长度= 218.6194,在 XY 平面中的角度=　326
增量 X= 180.7348,增量 Y= － 123.0015,增量 Z=　0.0000

结果显示两直线在同一个平面上，所以相交。

八、点坐标

命令：ID。

菜单：实用工具→查询→点坐标。

工具钮：如图 6-44 所示。

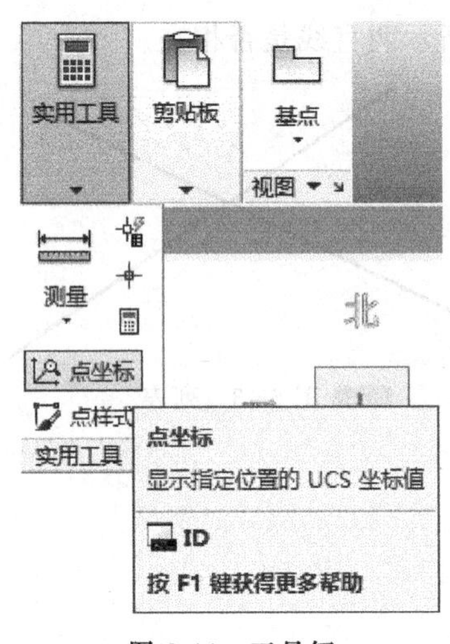

图 6-44　工具钮

命令及提示如下。

```
命令:'_id
指定点:
```

参数说明：指定点——点取欲查其坐标的点。

★【实例】 查询如图 6-43 所示两条直线交点的坐标。

操作过程如下。

```
命令:'_id                                          调用"点坐标"命令
指定点:                                            点击两条直线交点
X= 2209.3336      Y= 1274.0692      Z= 0.0000
命令:
```

九、时间

时间命令可以显示图形的编辑时间，最后一次修改时间等信息。

命令：TIME。

菜单：工具→查询→时间。

命令及提示如下。

```
命令:'_time
执行该命令后,将在文本窗口显示当前时间、图形编辑次数、创建时间、上次更新时间、累计编辑时间、经过计时器时间、下次自动保存时间等信息,并出现以下提示:
输入选项[显示(D)开(ON)/关(OFF)/重置(R)]:
```

参数说明如下。

① 显示（D）：显示以上信息。

② 开（ON）：打开计时器。

③ 关（OFF）：关闭计时器。

④ 重置（R）：将计时器重置为零。

十、状态

状态命令可以显示图形的显示范围、绘图功能、参数设置、磁盘空间利用情况等信息。

命令：STATUS。

菜单：工具→查询→状态。

命令及提示如下。

```
命令:status
```

随即显示该文件中的对象个数、图形界限、显示范围、基点、捕捉分辨率、栅格间距、当前图层、当前颜色、当前线型、当前线宽、打印样式、当前标高、厚度、填充模式、栅格显示模式、正交模式、快速文字模式、捕捉模式、对象捕捉模式、可用图形文件磁盘空间、可用临时磁盘空间、可用物理内存、可用交换文件空间等信息。

十一、设置变量

变量在 AutoCAD 中扮演着十分重要的角色。变量值的不同直接影响着系统的运行方式和结果。熟悉系统变量是精通使用 AutoCAD 的前提。显示或修改系统变量可以通过 SETVAR 命令进行，也可以直接在命令提示后键入变量名称。在命令的执行过程中输入的参数或在对话框中设定的结果，都可以直接修改相应的系统变量。

命令：SETVAR。

菜单：工具→查询→设置变量。

命令及提示如下。

```
命令:'_setvar
输入变量名或[?]:?
输入要列出的变量< * >:
```

参数说明如下。

① 变量名：输入变量名即可以查询该变量的设定值。

② ?：输入问号“?”，则出现“输入要列出的变量＜＊＞”的提示。直接回车后，将分页列表显示所有变量及其设定值。

思考与练习

1. 书写如图 6-45 所示文字，并将如图 6-45（b）所示文字编辑成如图 6-45（c）所示文字。

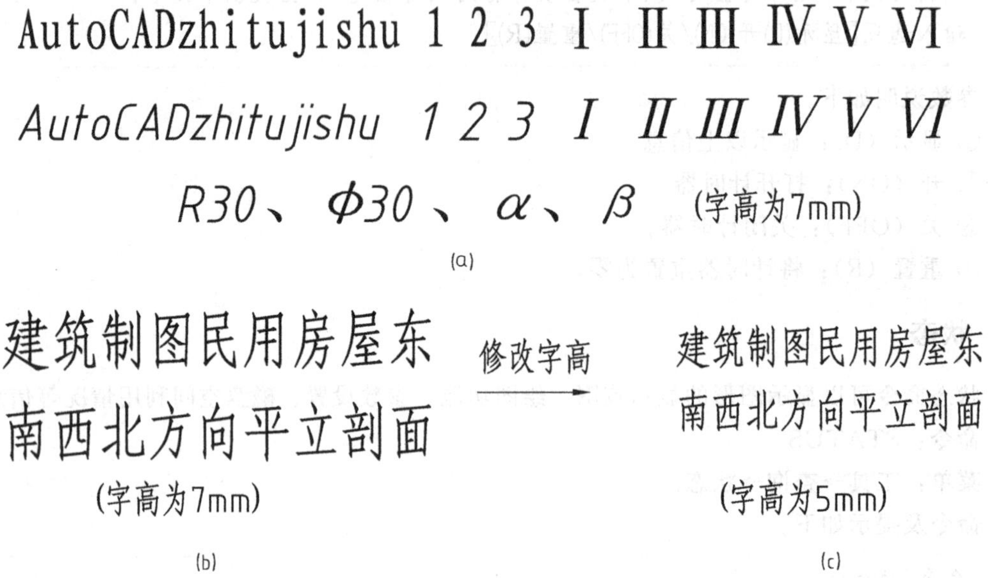

AutoCADzhitujishu 1 2 3 Ⅰ Ⅱ Ⅲ Ⅳ Ⅴ Ⅵ

AutoCADzhitujishu 1 2 3 Ⅰ Ⅱ Ⅲ Ⅳ Ⅴ Ⅵ

R30、Φ30、α、β（字高为7mm）

(a)

建筑制图民用房屋东
南西北方向平立剖面
（字高为7mm）

(b)

修改字高

建筑制图民用房屋东
南西北方向平立剖面
（字高为5mm）

(c)

图 6-45 书写并修改文字

2. 绘制 A3 图幅、图框，并填写图标，如图 6-46 所示。

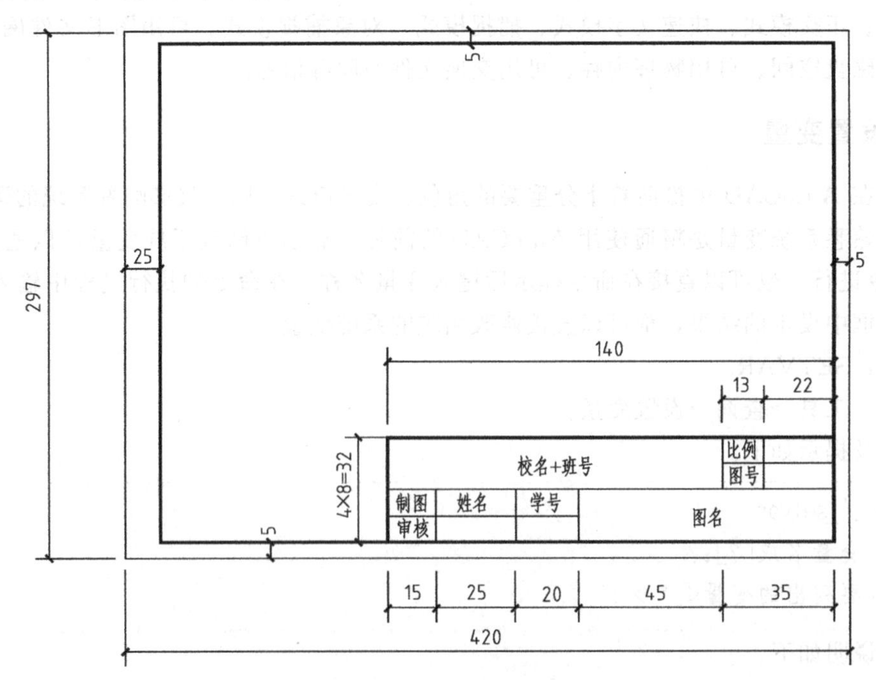

图 6-46 A3 图格式

3. 绘制如图 6-47 所示图形，并查询阴影部分面积。

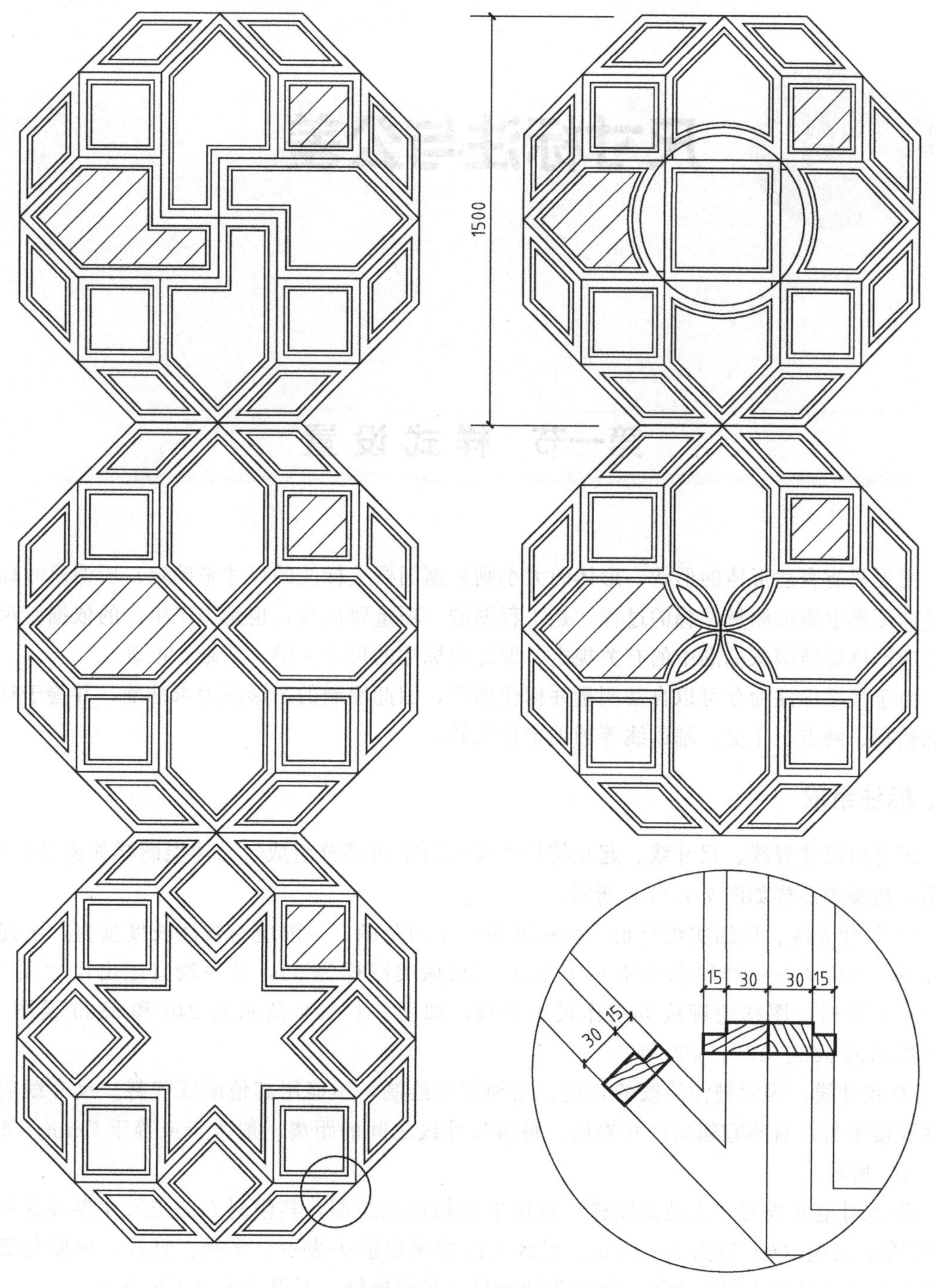

图 6-47　平面图形

第七章 尺寸标注与公差

第一节 样式设置

图形只能表达形体的形状，形体的大小则依据图样上标注的尺寸来确定。所谓尺寸标注就是向图形中添加测量注释的过程，是工程图的一项重要内容，也是施工生产的依据。尺寸标注应严格遵照国家标准中的有关规定，保证所标注的尺寸完整、清晰、准确。

由于尺寸标注命令可以自动测量并标注图形，因此绘制的图形应力求准确，并善于运用目标捕捉、网点、正交、辅助线等辅助定位工具。

一、标注组成

尺寸由尺寸界线、尺寸线、起止符号和尺寸数字四部分组成，土建类图样如图 7-1（a）所示；机械类图样如图 7-1（b）所示。

① 尺寸界线：用细实线绘制，表示被注尺寸的范围。一般应与被注长度垂直，土建类图样其一端应离开图样轮廓线不小于 2mm（机械类图样为 0），另一端宜超出尺寸线 2～3mm。必要时，图样轮廓线可用作尺寸界线，如图 7-1（a）所示的 240 和 3360 及图 7-1（b）所示的 ϕ39、ϕ35、ϕ60 等。

② 尺寸线：表示被注线段的长度。用细实线绘制，不能用其他图线代替。尺寸线应与被注长度平行，且不宜超出尺寸界线。每道尺寸线之间的距离一般大于或等于 7mm，如图 7-1（a）所示。

③ 尺寸起止符号：土建类图样一般用中粗斜短线绘制，其倾斜方向与尺寸界线成顺时针 45°角，高度（h）宜为 2～3mm。机械类图样采用箭头表示。半径、直径、角度与弧长的尺寸起止符号也用箭头表示，箭头尖端与尺寸界线接触，不得超出也不得分开。

系统提供了各种起止符号供用户选择，如图 7-2 所示。

④ 尺寸数字：表示被注尺寸的实际大小，它与绘图所选用的比例和绘图的准确程度无关。图样上的尺寸应以尺寸数字为准，不得从图上直接量取。尺寸的单位除标高和总平面图以 m（米）为单位外，其他一律以 mm（毫米）为单位，图样上的尺寸数字不再注写单位。同一张图样中，尺寸数字的大小应一致。

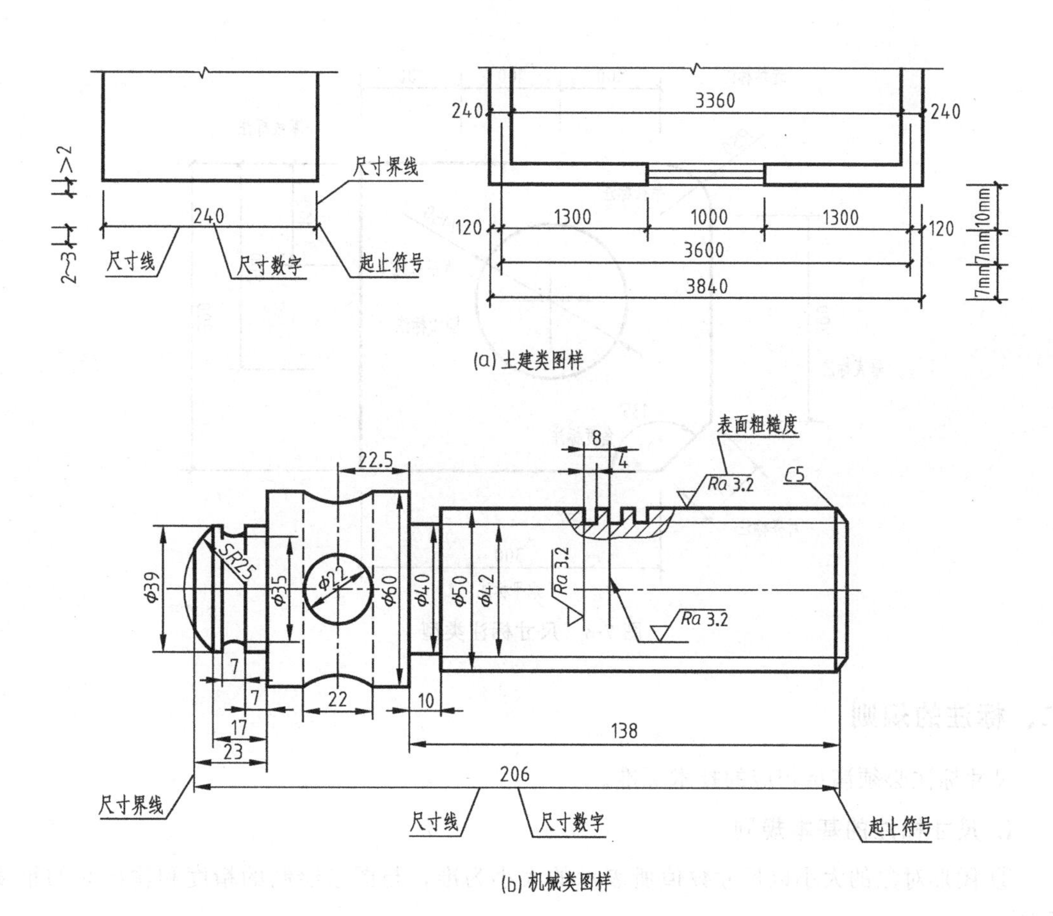

图 7-1 尺寸的组成与标注示例

⑤ 引出线：引出线是一条用来引出注释参数或说明的实线。

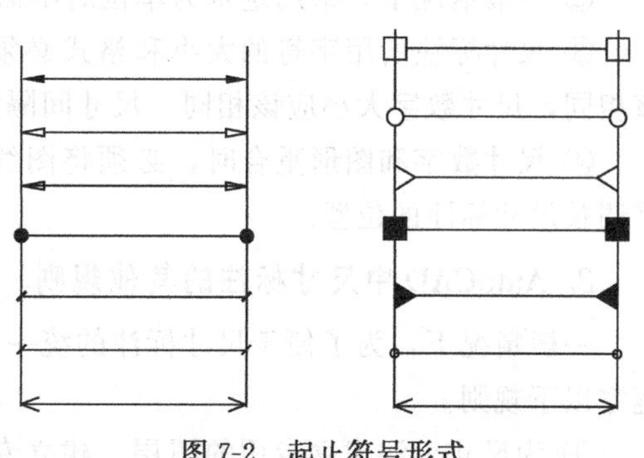

图 7-2 起止符号形式

在一般情况下，AutoCAD 都将一个尺寸作为一个图块，即尺寸线、尺寸界线、起止符号和尺寸数字不是单独的实体，而是共同构成一个图块。因此通过对尺寸标注的拉伸，尺寸数字将相应地发生变化。同样，当尺寸样式发生变化时，以该样式为基础的尺寸标注也相应变化。尺寸标注的这种特性被称为尺寸的关联性。AutoCAD 通过系统变量 DIMASO 来控制尺寸是否关联。当 DIMASO＝0 时，所标注尺寸不具有关联性，也就是说，尺寸线、尺寸界线、起止符号和尺寸数字是各自独立的实体。此时拉伸尺寸标注，标注文字不再发生变化。

除了通过系统变量控制尺寸标注的关联性外，也可用 EXPLODE 命令炸开尺寸的关联性。

如果用 DDEDIT 命令编辑尺寸文字，修改过的尺寸文本将不再具有关联性。

尺寸标注的类型有：线性标注、对齐标注、坐标标注、直径标注、半径标注、角度标注、基线标注、连续标注、引线标注和圆心标注等。

各种尺寸标注类型如图 7-3 所示。

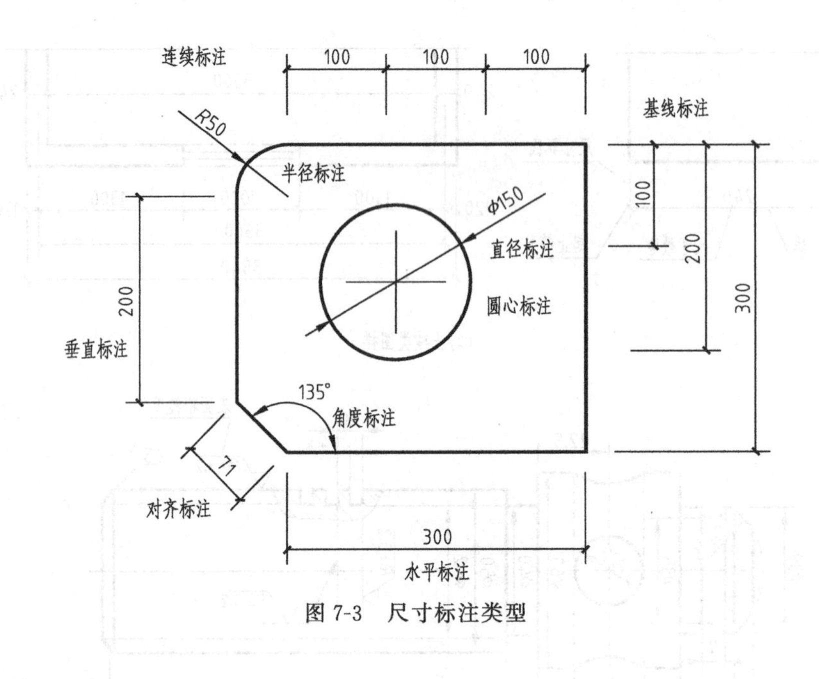

图 7-3　尺寸标注类型

二、标注的规则

尺寸标注必须满足相应的技术标准。

1. 尺寸标注的基本规则

① 图形对象的大小以尺寸数值所表示的大小为准，与图形绘制的精度和输出时的精度无关。

② 一般情况下，采用毫米为单位时不需要注写单位，否则应该明确注写尺寸所用单位。

③ 尺寸标注所用字符的大小和格式必须满足国家标准。在同一图形中，同一类终端应该相同，尺寸数字大小应该相同，尺寸间隔应该相同。

④ 尺寸数字和图形重合时，必须将图线断开。如果图线不便于断开来表示对象时，应该调整尺寸标注的位置。

2. AutoCAD 中尺寸标注的其他规则

一般情况下，为了便于尺寸标注的统一和绘图的方便，在 AutoCAD 中尺寸标注时应该遵守以下规则。

① 为尺寸标注建立专用的图层。建立专用的图层，可以控制尺寸的显示和隐藏，和其他的图线可以迅速分开，便于修改、浏览。

② 为尺寸文本建立专门的文字样式。对照国家标准，应该设定好字符的高度、宽高比、倾斜角度等。

③ 设定好尺寸标注样式。按照国家标准，创建系列尺寸标注样式，内容包含直线和终端、文字样式、调整对齐特性、单位、尺寸精度、公差格式和比例因子等。

④ 保存尺寸格式，必要时使用替代标注样式。

⑤ 采用 1∶1 比例绘图。由于尺寸标注时可以让 AutoCAD 自动测量尺寸大小，所以采用 1∶1 比例绘图，绘图时无须换算，在标注尺寸时也无须再键入尺寸大小。如果最后统一修改了绘图比例，相应应该修改尺寸标注的全局比例因子。

⑥ 标注尺寸时应该充分利用对象捕捉功能准确标注尺寸，可以获得正确的尺寸数值。为了便于修改，尺寸标注应该设定成关联的。

⑦ 在标注尺寸时，为了减小其他图线的干扰，应该将不必要的图层关闭，如剖面线层等。

三、设置标注样式

现代化的建筑工程是一个多学科共同协作的过程，建筑工程图主要以土木制图为主，但建筑工程的有些构造设备和金属配件，如门窗的铰链、各类开关等无论设计还是施工都是按照机械图的规定绘制和装配的。因此，不同的图纸需要采用不同的尺寸标注格式。设置尺寸标注格式的目的就在于保证图形实体的各个尺寸采用一致的形式、风格。尺寸标注格式可以控制尺寸线、尺寸界线、标注文字和尺寸箭头的设置，它是一组变量的集合。通过修改这些变量的值，可以更改尺寸标注格式，以适合不同的设计人员。

一般情况下，尺寸标注的流程如下：

① 设置尺寸标注图层。

② 设置供尺寸标注用的文字样式。

③ 设置尺寸标注样式。

④ 标注尺寸。

⑤ 修改调整尺寸标注。

应该设定好符合国家标准的尺寸标注格式，然后再进行尺寸标注。

命令：DIMSTYLE。

菜单：格式→标注样式；标注→标注样式。

工具钮：如图 7-4 所示。

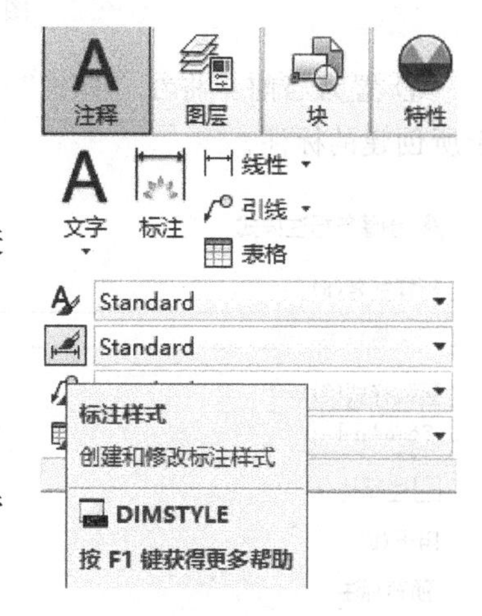

图 7-4　工具钮

启用“标注样式”命令后，系统将弹出“标注样式管理器”对话框，如图 7-5 所示。

选项及说明如下。

① 当前标注样式：显示当前标注样式的名称。默认标注样式为标准。当前样式将应用于所创建的标注。

② 样式：列出图形中的标注样式。当前样式被亮显。在列表中单击鼠标右键可显示快捷菜单及选项，可用于设定当前标注样式、重命名样式和删除样式。不能删除当前样式或当前图形使用的样式。样式名前的“▲”图标指示样式是注释性。不能对外部参照的标注样式进行更改、重命名和设置成当前标注样式，但是可以基于该标注样式创建新的标注样式。“列表”中的选定项目控制显示的标注样式。

③ 列表：在“样式”列表中控制样式显示。如果要查看图形中所有的标注样式，请选择“所有样式”。如果只希望查看图形中标注当前使用的标注样式，请选择“正在使用的样式”。

④ 不列出外部参照中的样式：如果选择此选项，在“样式”列表中将不显示外部参照图形的标注样式。

⑤ 预览：显示“样式”列表中选定样式的图示。

⑥ 说明：说明“样式”列表中与当前样式相关的选定样式。如果说明超出给定的空间，可以单击窗格并使用箭头键向下滚动。

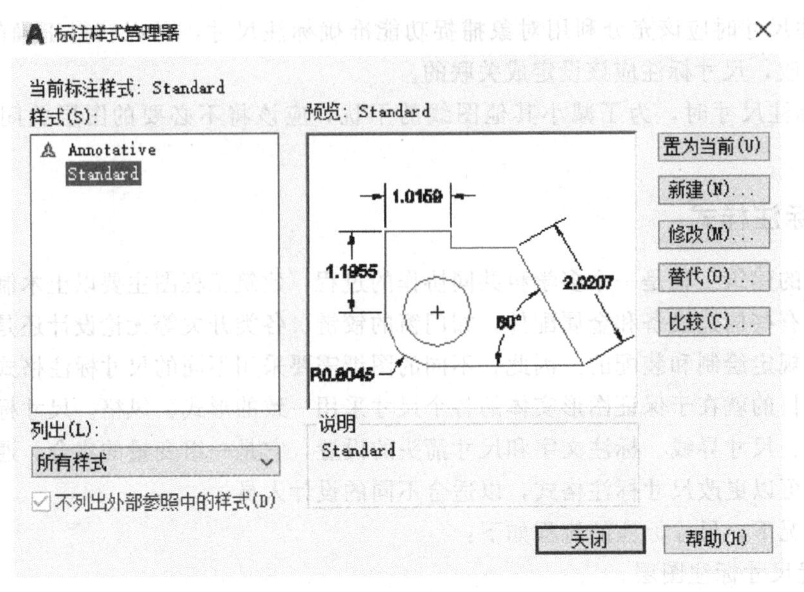

图 7-5 “标注样式管理器”对话框

⑦ 置为当前：将在“样式”下选定的标注样式设定为当前标注样式。当前样式将应用于所创建的标注。

⑧ 新建：显示“创建新标注样式”对话框，从中可以定义新的标注样式。单击 新建(N)... 按钮，弹出对话框，如图 7-6 所示。

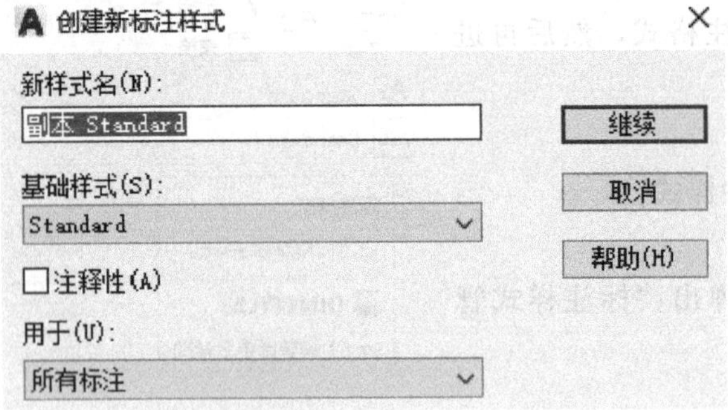

图 7-6 “创建新标注样式”对话框

这时可以在“新样式名”后键入要创建的标注样式的名称，比如“计算机绘图技术”；在基础样式后的下拉列表框中可以选择一种已有的样式作为该新样式的基础样式；点击“用于”下的下拉列表框，可以选择适用该新样式的标注类型，如图 7-7 所示。

单击“创建新标注样式”对话框中的 继续 按钮，将弹出“新建标注样式”对话框，如图 7-8 所示。

⑨ 修改：显示“修改标注样式”对话框，从中可以修改标注样式。对话框选项与“新建标注样式”对话框中的选项相同。

⑩ 替代：显示“替代当前样式”对话框，从中可以设定标注样式的临时替代值。对话框选项与“新建标注样式”对话框中的选项相同。替代将作为未保

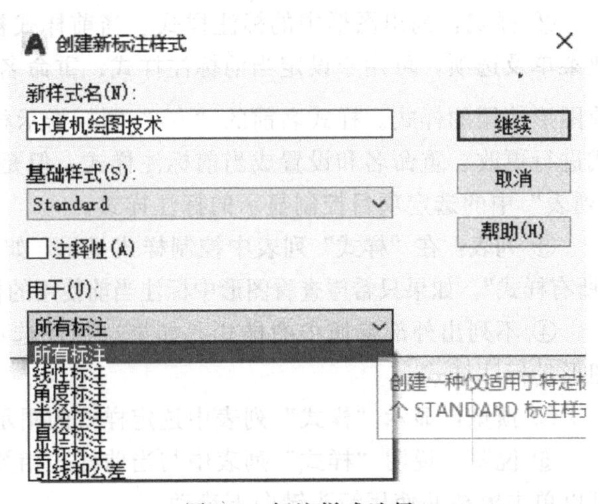

图 7-7 标注样式选择

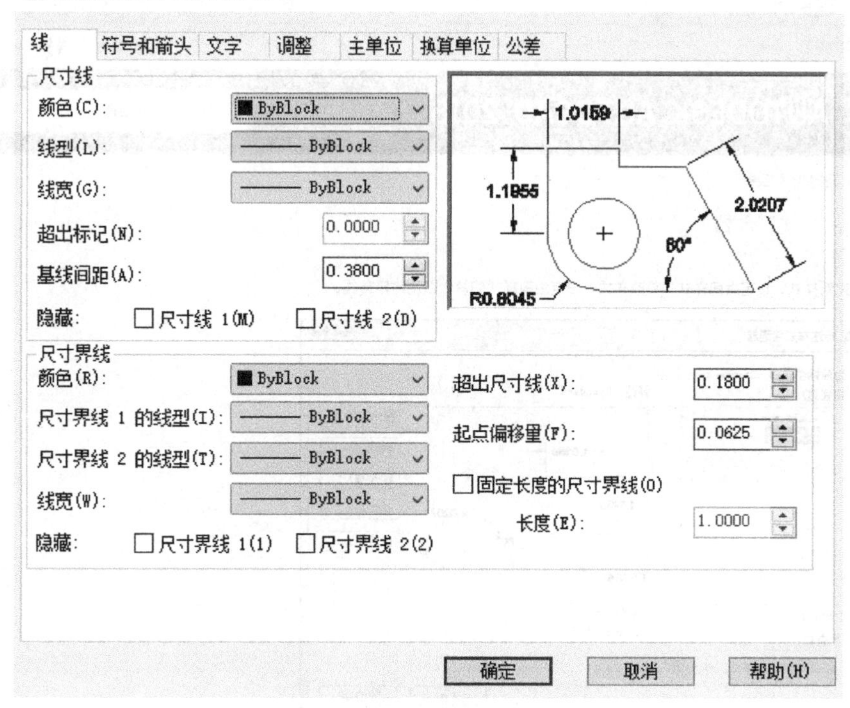

图 7-8 “新建标注样式”对话框

存的更改结果显示在“样式”列表中的标注样式下。

⑪ 比较：单击 比较(C)... 显示“比较标注样式”对话框，从中可以比较两个标注样式或列出一个标注样式的所有特性，如图 7-9 所示。

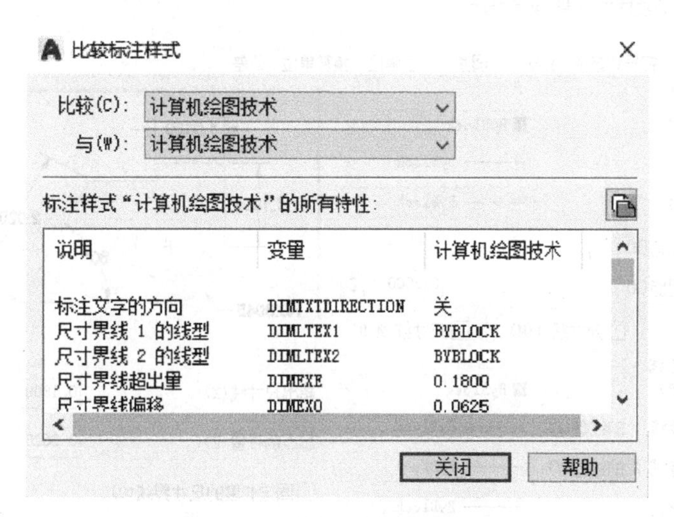

图 7-9 “比较标注样式”对话框

⑫ 关闭：关闭“标注样式管理器”对话框。

⑬ 帮助：显示“Autodesk AutoCAD 2018-帮助”中有关“标注样式管理器”对话框的解释说明，如图 7-10 所示。

“新建标注样式”对话框的各选项卡说明如下。

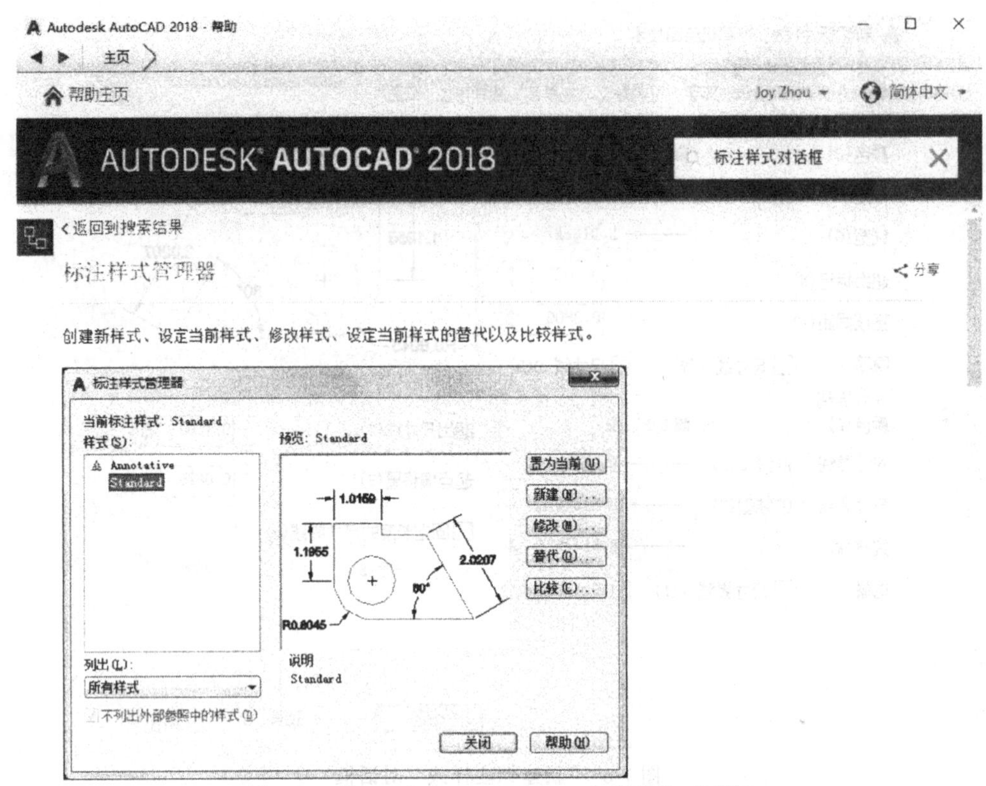

图 7-10 “Autodesk AutoCAD 2018-帮助”对话框

(1) 线

此选项卡可以设定尺寸线、尺寸界线、箭头和圆心标记的格式和特性，如图 7-11 所示。

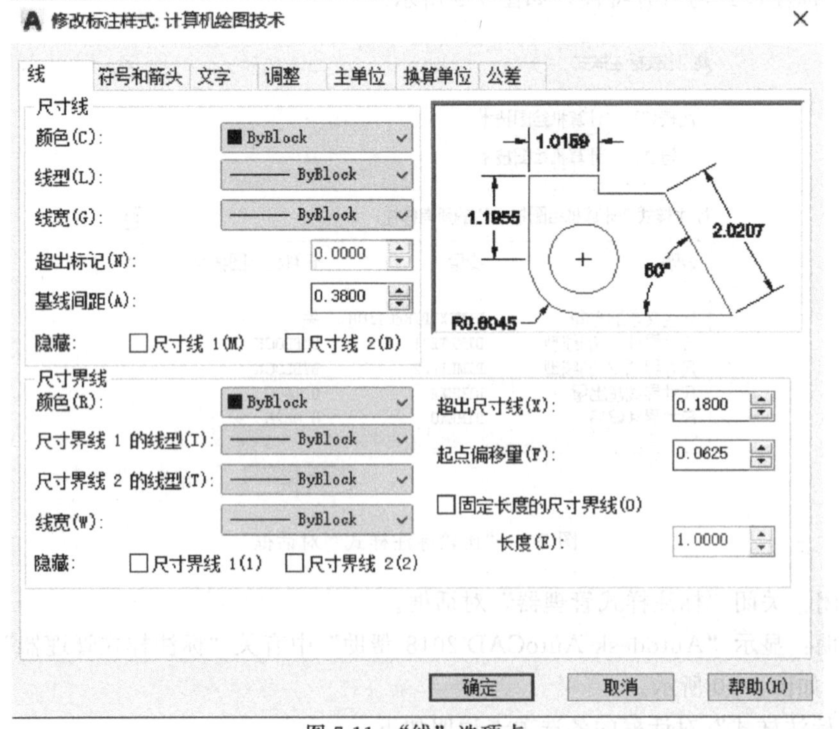

图 7-11 “线”选项卡

① 尺寸线：设定尺寸线的特性。

颜色：显示并设定尺寸线的颜色。如果单击“选择颜色”(在“颜色”列表的底部)，将显示“选择颜色”对话框，也可以输入颜色名或颜色号，可以从255种AutoCAD颜色索引(ACI)颜色、真彩色和配色系统颜色中选择颜色。

线型：设定尺寸线的线型。

线宽：设定尺寸线的线宽。

超出标记：指定当箭头使用倾斜、建筑标记、积分和无标记时尺寸线超过尺寸界线的距离。

基线间距：设定基线标注的尺寸线之间的距离。

隐藏：不显示尺寸线。“尺寸线1”不显示第一条尺寸线，“尺寸线2”不显示第二条尺寸线。

尺寸线选项说明如图7-12所示。

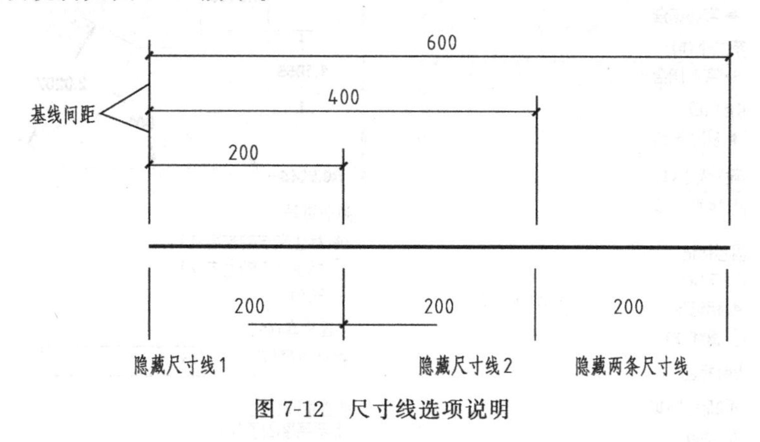

图7-12 尺寸线选项说明

② 尺寸界线：控制尺寸界线的外观。

颜色：设定尺寸界线的颜色。如果单击“选择颜色”(在“颜色”列表的底部)，将显示“选择颜色”对话框，也可以输入颜色名或颜色号。可以从255种AutoCAD颜色索引(ACI)颜色、真彩色和配色系统颜色中选择颜色。

尺寸界线1的线型：设定第一条尺寸界线的线型。

尺寸界线2的线型：设定第二条尺寸界线的线型。

线宽：设定尺寸界线的线宽。

隐藏：不显示尺寸界线。“尺寸界线1”不显示第一条尺寸界线，“尺寸界线2”不显示第二条尺寸界线。

超出尺寸线：指定尺寸界线超出尺寸线的距离。

起点偏移量：设定自图形中定义标注的点到尺寸界线的偏移距离。

固定长度的尺寸界线：启用固定长度的尺寸界线。

长度：设定尺寸界线的总长度，起始于尺寸线，直到标注原点。

尺寸界线的说明如图7-13所示。

③ 预览：显示样例标注图像，它可显示对标注样式设置所做更改的效果。

(2) 符号和箭头

此选项卡用来设定箭头、圆心标记、折断标注、弧长符号和半径折弯标注与线性折弯标

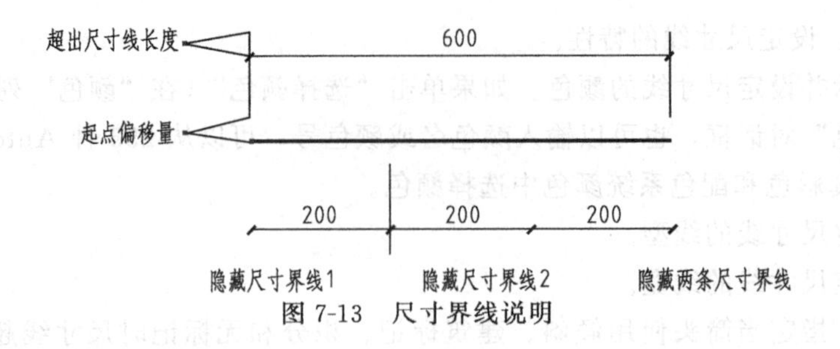

图 7-13　尺寸界线说明

注的格式和位置，如图 7-14 所示。

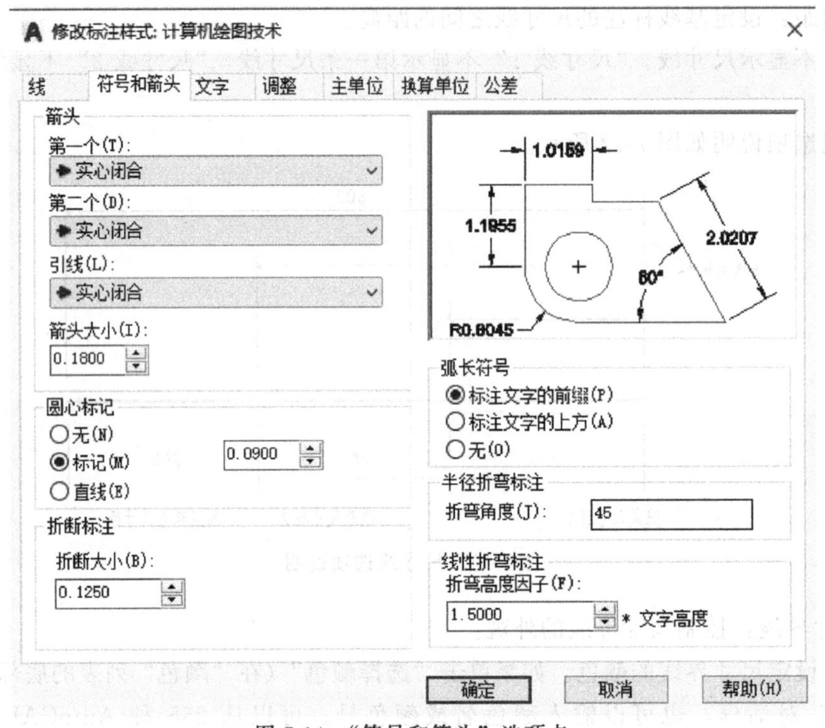

图 7-14　“符号和箭头”选项卡

① 箭头：控制标注箭头的外观。

第一个：设定第一条尺寸线的箭头，当更改第一个箭头的类型时，第二个箭头将自动更改以同第一个箭头相匹配。单击 实心闭合 的倒三角，列出各种箭头型式，如图 7-15 所示。

第二个：设定第二条尺寸线的箭头。

引线：设定引线箭头。

箭头大小：显示和设定箭头的大小。

② 圆心标记：设置要使用的圆心标记或直线的类型。

无：不创建圆心标记或中心线。该值在 DIMCEN 系统变量中存储为 0（零）。

标记：创建圆心标记。在 DIMCEN 系统变量中，圆心标记的大小存储为正值。

直线：创建中心线。中心线的大小在 DIMCEN 系统变量中存储为负值。

大小：显示和设定圆心标记或中心线的大小。如果类型为标记，则指标记的长度大小；如果类型为直线，则指中间的标注长度以及直线超出圆或圆弧轮廓线的长度。

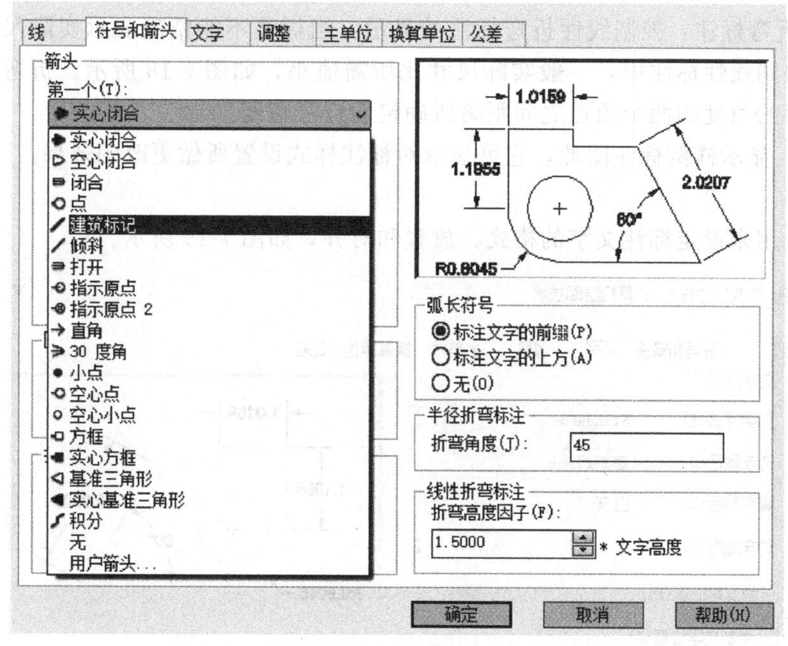

图 7-15 “符号和箭头”选项卡-显示箭头型式

圆心标记的两种不同类型如图 7-16 所示。

③ 折断标注：控制折断标注的间隙宽度。

折断大小：显示和设定用于折断标注的间隙大小。

④ 弧长符号：控制弧长标注中圆弧符号的显示。

标注文字的前缀：将弧长符号放置在标注文字之前。

标注文字的上方：将弧长符号放置在标注文字的上方。

无：不显示弧长符号。

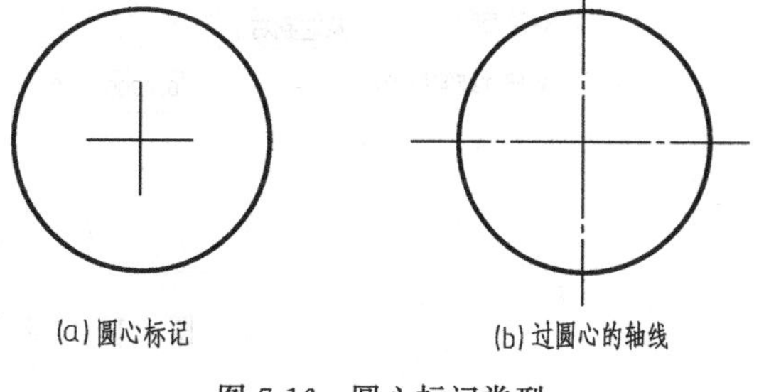

图 7-16 圆心标记类型

⑤ 半径折弯标注：控制半径折弯（Z 字形）标注的显示，半径折弯标注通常在圆或圆弧的圆心位于页面外部时创建，如图 7-17 所示。折弯角度为确定折弯半径标注中，尺寸线的横向线段的角度。

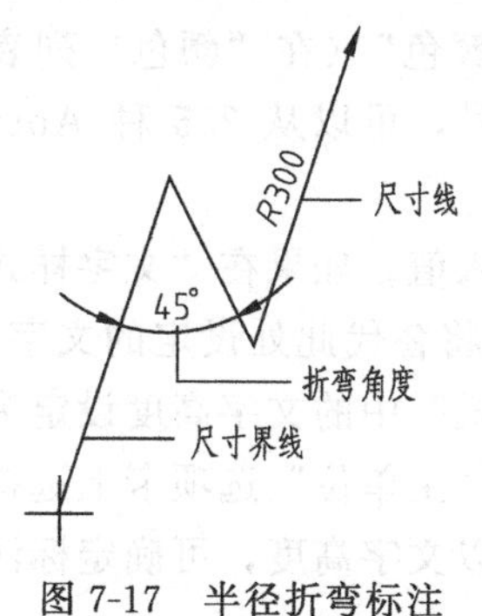

图 7-17 半径折弯标注

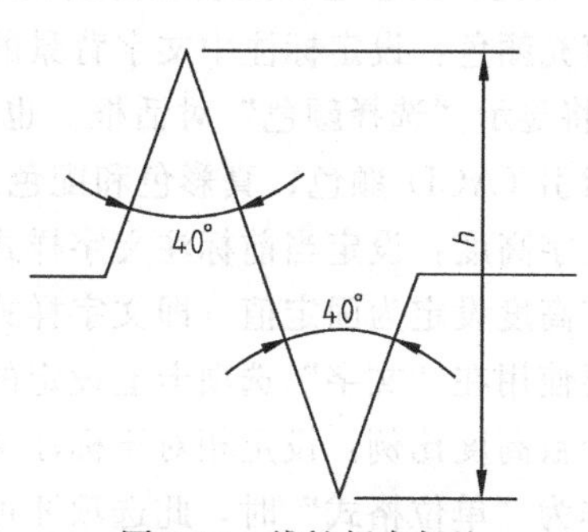

图 7-18 线性折弯标注

⑥ 线性折弯标注：控制线性折弯标注的显示。当标注不能精确表示实际尺寸时，通常将折弯线添加到线性标注中，一般实际尺寸比所需值小，如图 7-18 所示。折弯高度因子是通过形成折弯的角度的两个顶点之间距离所确定的折弯高度。

⑦ 预览：显示样例标注图像，它可显示对标注样式设置所做更改的效果。

(3) 文字

此选项卡用来设定标注文字的格式、放置和对齐，如图 7-19 所示。

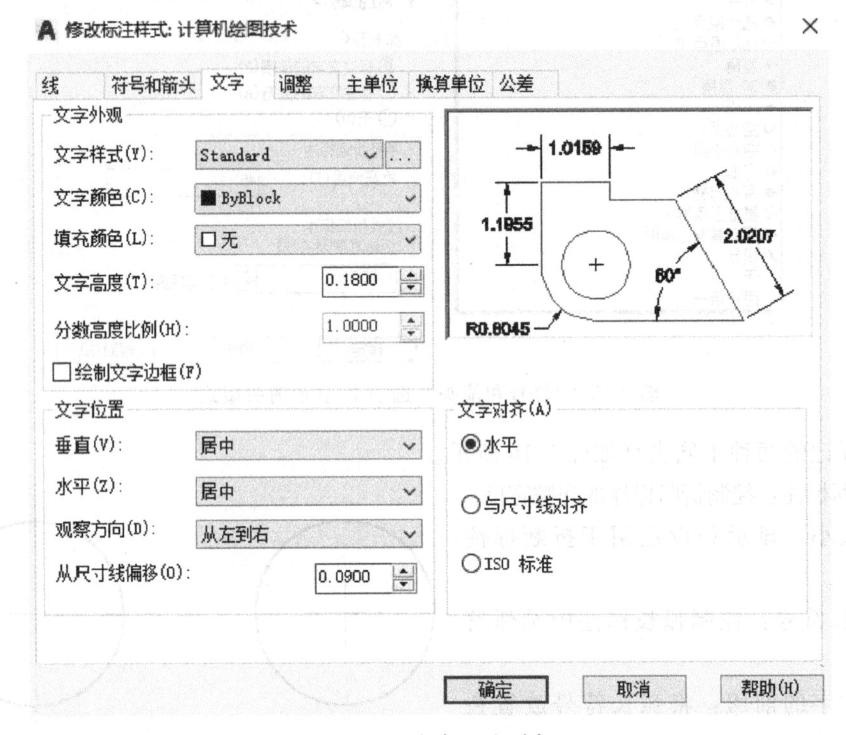

图 7-19 “文字”选项卡

① 文字外观：控制标注文字的格式和大小。

文字样式：列出可用的文本样式。

“文字样式”按钮：显示“文字样式”对话框，从中可以创建或修改文字样式。

文字颜色：设定标注文字的颜色。如果单击“选择颜色”(在“颜色”列表的底部)，将显示“选择颜色”对话框。也可以输入颜色名或颜色号，可以从 255 种 AutoCAD 颜色索引 (ACI) 颜色、真彩色和配色系统颜色中选择颜色。

填充颜色：设定标注中文字背景的颜色。如果单击“选择颜色”(在“颜色”列表的底部)，将显示“选择颜色”对话框。也可以输入颜色名或颜色号，可以从 255 种 AutoCAD 颜色索引 (ACI) 颜色、真彩色和配色系统颜色中选择颜色。

文字高度：设定当前标注文字样式的高度。在文本框中输入值。如果在“文字样式”中将文字高度设定为固定值（即文字样式高度大于 0)，则该高度将替代此处设定的文字高度。如果要使用在“文字”选项卡上设定的高度，请确保“文字样式”中的文字高度设定为 0。

分数高度比例：设定相对于标注文字的分数比例。仅当在“主单位”选项卡上选择“分数”作为“单位格式”时，此选项才可用。在此处输入的值乘以文字高度，可确定标注分数相对于标注文字的高度。

绘制文字边框：如果选择此选项，将在标注文字周围绘制一个边框。选择此选项会将存储在 DIMGAP 系统变量中的值更改为负值。

② 文字位置：控制标注文字的位置。

垂直：控制标注文字相对尺寸线的垂直位置。垂直位置选项包括以下几项。

a. 居中：将标注文字放在尺寸线的两部分中间。

b. 上方：将标注文字放在尺寸线上方。从尺寸线到文字的最低基线的距离就是当前的文字间距。

c. 外部：将标注文字放在尺寸线上远离第一个定义点的一边。

d. JIS：按照日本工业标准（JIS）放置标注文字。

e. 下方：将标注文字放在尺寸线下方。从尺寸线到文字的最低基线的距离就是当前的文字间距。

显示效果如图 7-20 所示。

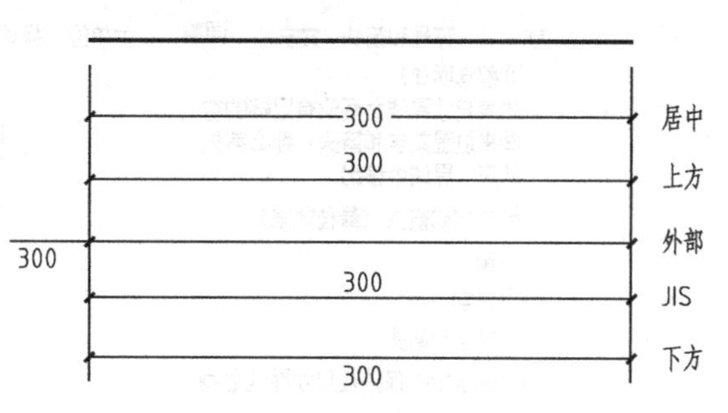

图 7-20　文字垂直位置说明

水平：控制标注文字在尺寸线上相对于尺寸界线的水平位置。水平位置选项包括以下几项。

a. 居中：将标注文字沿尺寸线放在两条尺寸界线的中间。

b. 第一条尺寸界线：沿尺寸线与第一条尺寸界线左对正。尺寸界线与标注文字的距离是箭头大小加上文字间距之和的两倍。请参见“箭头”和“从尺寸线偏移”。

c. 第二条尺寸界线：沿尺寸线与第二条尺寸界线右对正。尺寸界线与标注文字的距离是箭头大小加上文字间距之和的两倍。请参见“箭头”和“从尺寸线偏移”。显示效果如图 7-21所示。

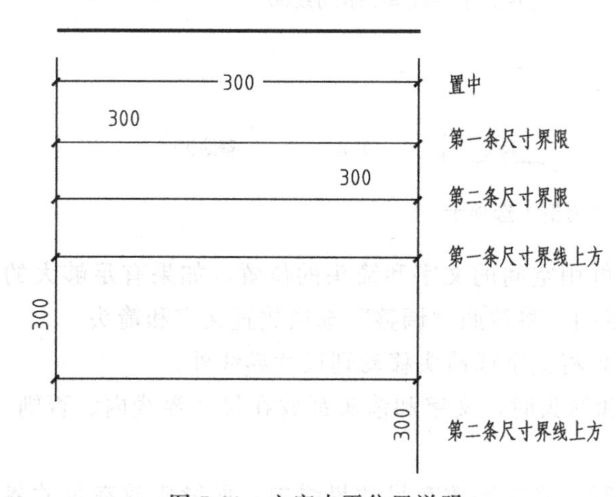

图 7-21　文字水平位置说明

观察方向：控制标注文字的观察方向。“观察方向”包括以下选项。

a. 从左到右：按从左到右阅读的方式放置文字。

b. 从右到左：按从右到左阅读的方式放置文字。

从尺寸线偏移：设定当前文字间距。文字间距是指当尺寸线断开以容纳标注文字时标注文字周围的距离，此值也用作尺寸线段所需的最小长度。当生成的线段至少与文字间距同样长时，才会将文字放置在尺寸界线内侧。当箭头、标注文字以及页边距有足够的空间容纳文字间距时，才将尺寸线上方或下方的文字置于内侧，如图 7-22 所示。

③ 文字对齐：控制标注文字放在尺寸界线外面或里面时的方向是保持水平还是与尺寸界线平行。

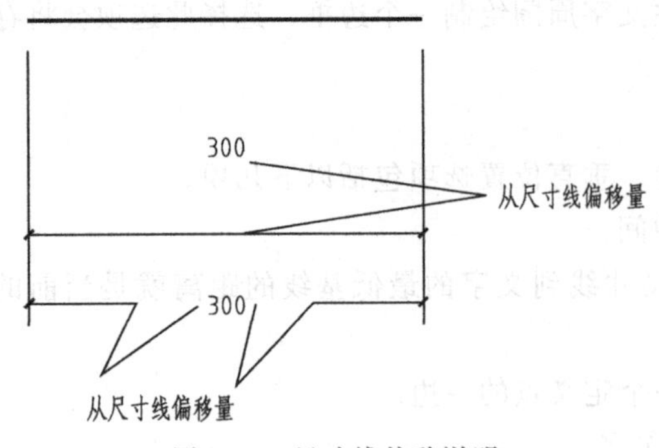

图 7-22　尺寸线偏移说明

水平：水平放置文字。

与尺寸线对齐：文字与尺寸线对齐。

ISO 标准：当文字在尺寸界线内时，文字与尺寸线对齐。当文字在尺寸界线外时，文字水平排列。

④ 预览：显示样例标注图像，它可显示对标注样式设置所做更改的效果。

(4) 调整

此选项卡可以控制标注文字、箭头、引线和尺寸线的放置，如图 7-23 所示。

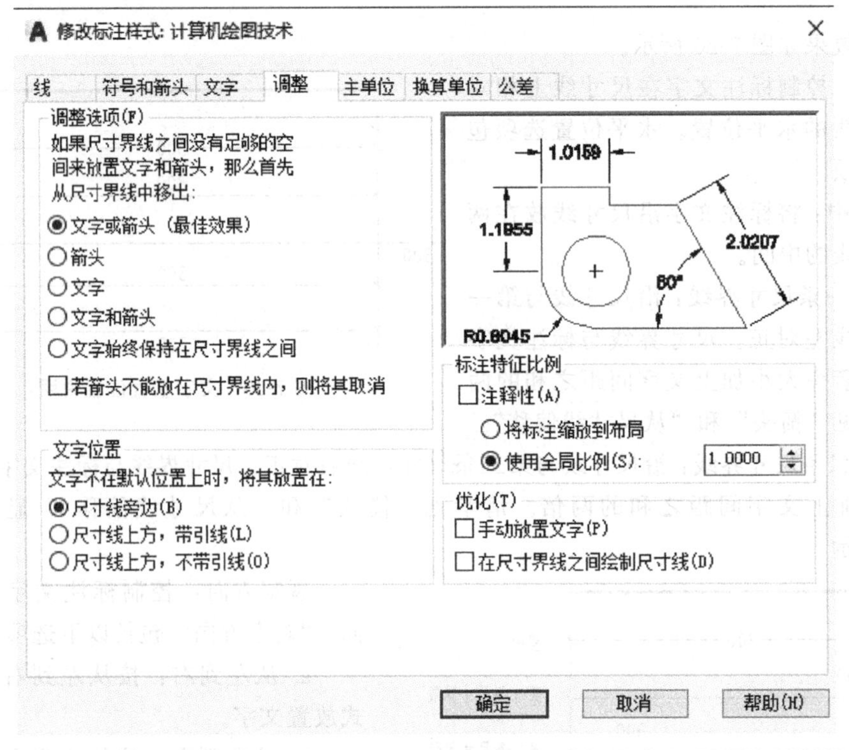

图 7-23　“调整”选项卡

① 调整选项：控制基于尺寸界线之间可用空间的文字和箭头的位置，如果有足够大的空间，文字和箭头都将放在尺寸界线内。否则，将按照“调整”选项放置文字和箭头。

文字或箭头（最佳效果）：按照最佳效果将文字或箭头移动到尺寸界线外。

a. 当尺寸界线间的距离足够放置文字和箭头时，文字和箭头都放在尺寸界线内。否则，将按照最佳效果移动文字或箭头。

b. 当尺寸界线间的距离仅够容纳文字时，将文字放在尺寸界线内，而箭头放在尺寸界线外。

c. 当尺寸界线间的距离仅够容纳箭头时，将箭头放在尺寸界线内，而文字放在尺寸界线外。

d. 当尺寸界线间的距离既不够放文字又不够放箭头时，文字和箭头都放在尺寸界线外。

箭头：先将箭头移动到尺寸界线外，然后移动文字。

a. 当尺寸界线间的距离足够放置文字和箭头时，文字和箭头都放在尺寸界线内。

b. 当尺寸界线间距离仅够放下箭头时，将箭头放在尺寸界线内，而文字放在尺寸界线外。

c. 当尺寸界线间距离不足以放下箭头时，文字和箭头都放在尺寸界线外。

文字：先将文字移动到尺寸界线外，然后移动箭头。

a. 当尺寸界线间的距离足够放置文字和箭头时，文字和箭头都放在尺寸界线内。

b. 当尺寸界线间的距离仅能容纳文字时，将文字放在尺寸界线内，而箭头放在尺寸界线外。

c. 当尺寸界线间距离不足以放下文字时，文字和箭头都放在尺寸界线外。

文字和箭头：当尺寸界线间距离不足以放下文字和箭头时，文字和箭头都移到尺寸界线外。

文字始终保持在尺寸界线之间：始终将文字放在尺寸界线之间。

若箭头不能放在尺寸界线内，则将其取消：如果尺寸界线内没有足够的空间，则不显示箭头。

图 7-24 表示了调整选项的不同设置效果。

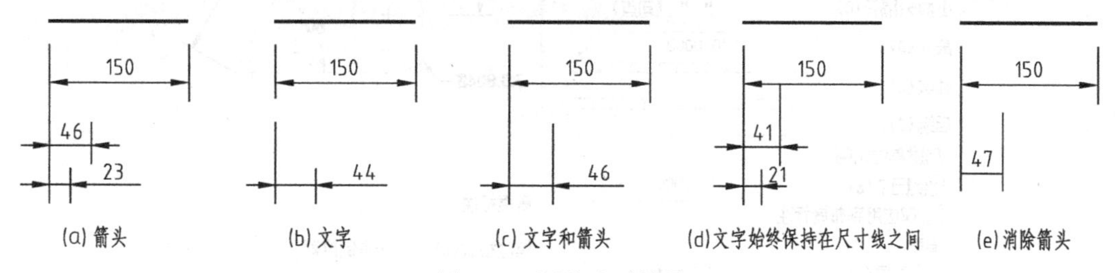

图 7-24 调整选项效果

② 文字位置：设定标注文字从默认位置（由标注样式定义的位置）移动时标注文字的位置。

尺寸线旁边：如果选定，只要移动标注文字尺寸线就会随之移动。

尺寸线上方，带引线：如果选定，移动文字时尺寸线不会移动。如果将文字从尺寸线上移开，将创建一条连接文字和尺寸线的引线。当文字非常靠近尺寸线时，将省略引线。

尺寸线上方，不带引线：如果选定，移动文字时尺寸线不会移动。远离尺寸线的文字不与带引线的尺寸线相连。

文字位置设置的效果如图 7-25 所示。

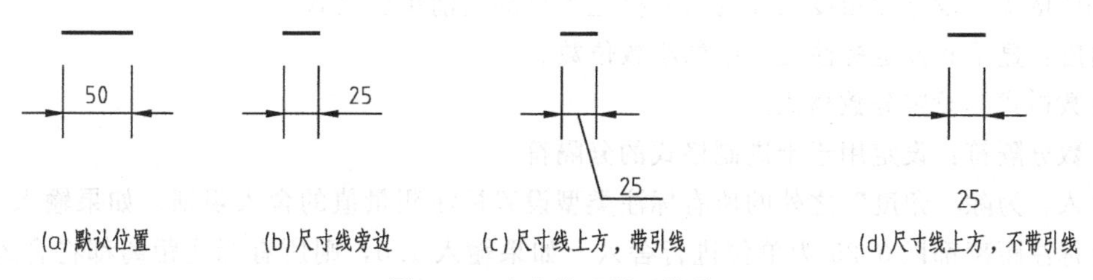

图 7-25 文字位置设置效果

③ 标注特征比例：设定全局标注比例值或图纸空间比例。

注释性：指定标注为注释性。单击信息图标以了解有关注释性对象的详细信息。

将标注缩放到布局：根据当前模型空间视口和图纸空间之间的比例确定比例因子。

使用全局比例：为所有标注样式设置设定一个比例，这些设置指定了大小、距离或间距，包括文字和箭头大小。该缩放比例并不更改标注的测量值。

④ 优化：提供用于放置标注文字的其他选项。

手动放置文字：忽略所有水平对正设置并把文字放在“尺寸线位置”提示下指定的

位置。

在尺寸界线之间绘制尺寸线：即使箭头放在测量点之外，也在测量点之间绘制尺寸线。

⑤ 预览：显示样例标注图像，它可显示对标注样式设置所做更改的效果。

(5) 主单位

此选项卡用来设定主标注单位的格式和精度，并设定标注文字的前缀和后缀，如图 7-26所示。

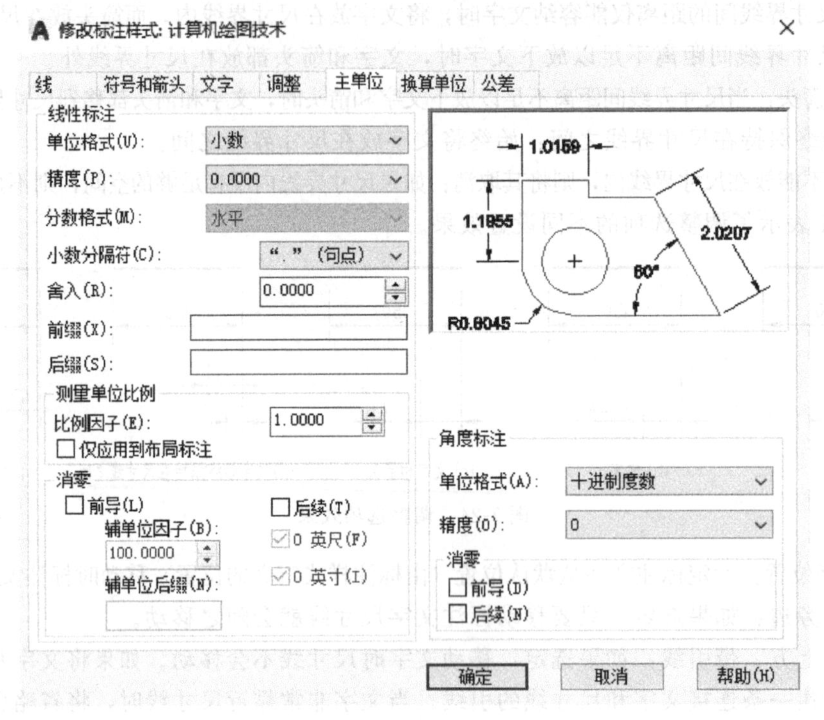

图 7-26 “主单位”选项卡

① 线性标注：设定线性标注的格式和精度。

单位格式：设定除角度之外的所有标注类型的当前单位格式。

精度：显示和设定标注文字中的小数位数。

分数格式：设定分数格式。

小数分隔符：设定用于十进制格式的分隔符。

舍入：为除“角度”之外的所有标注类型设置标注测量值的舍入规则。如果输入 0.25，则所有标注距离都以 0.25 为单位进行舍入。如果输入 1.0，则所有标注距离都将舍入为最接近的整数。小数点后显示的位数取决于“精度”设置。

前缀：在标注文字中包含前缀。可以输入文字或使用控制代码显示特殊符号。例如，输入控制代码%%c 显示直径符号。当输入前缀时，将覆盖在直径和半径等标注中使用的任何默认前缀。

后缀：在标注文字中包含后缀。可以输入文字或使用控制代码显示特殊符号。

② 测量单位比例：定义线性比例选项，主要应用于传统图形。

比例因子：设置线性标注测量值的比例因子。建议不要更改此值的默认值 1.0000。例如，如果输入 2，则 1 英寸直线的尺寸将显示为 2 英寸。该值不应用到角度标注，也不应用到舍入值或者正负公差值。

仅应用到布局标注：仅将测量比例因子应用于在布局视口中创建的标注。除非使用非关联标注，否则，该设置应保持取消复选状态。

③ 消零：控制是否禁止输出前导零和后续零以及零英尺和零英寸部分。

前导：不输出所有十进制标注中的前导零。例如，“0.5000” 变为 “.5000”。选择前导以启用小于一个单位的标注距离的显示（以辅单位为单位）。

辅单位因子：将辅单位的数量设定为一个单位。它用于在距离小于一个单位时以辅单位为单位计算标注距离。例如，如果后缀为 m 而辅单位后缀为 cm，则输入 100。

辅单位后缀：在标注值子单位中包含后缀。可以输入文字或使用控制代码显示特殊符号。例如，输入 cm 可将 “.96m” 显示为 “96cm”。

后续：不输出所有十进制标注的后续零。例如，12.5000 变成 12.5，30.0000 变成 30。

0 英尺：如果长度小于一英尺，则消除英尺-英寸标注中的英尺部分。例如，0′-6 1/2″ 变成 6 1/2″。

0 英寸：如果长度为整英尺数，则消除英尺-英寸标注中的英寸部分。例如，1′-0″变为 1′。

④ 角度标注：显示和设定角度标注的当前角度格式。

单位格式：设定角度单位格式。

精度：设定角度标注的小数位数。

⑤ 消零：控制是否禁止输出前导零和后续零。

前导：禁止输出角度十进制标注中的前导零。例如，“0.5000” 变成 “.5000”。也可以显示小于一个单位的标注距离（以辅单位为单位）。

后续：禁止输出角度十进制标注中的后续零。例如，12.5000 变成 12.5，30.0000 变成 30。

⑥ 预览：显示样例标注图像，它可显示对标注样式设置所做更改的效果。

(6) 换算单位

此选项卡用来指定标注测量值中换算单位的显示并设定其格式和精度，如图 7-27 所示。

① 显示换算单位：向标注文字添加换算测量单位。将 DIMALT 系统变量设定为 1。

② 换算单位：显示和设定除角度之外的所有标注类型的当前换算单位格式。

单位格式：设定换算单位的单位格式。

精度：设定换算单位中的小数位数。

换算单位乘数：指定一个乘数，作为主单位和换算单位之间的转换因子使用。例如，要将英寸转换为毫米，请输入 25.4。此值对角度标注没有影响，而且不会应用于舍入值或者正、负公差值。

舍入精度：设定除角度之外的所有标注类型的换算单位的舍入规则。如果输入 0.25，则所有标注测量值都以 0.25 为单位进行舍入。如果输入 1.0，则所有标注测量值都将舍入为最接近的整数。小数点后显示的位数取决于“精度”设置。

前缀：在换算标注文字中包含前缀。可以输入文字或使用控制代码显示特殊符号。例如，输入控制代码%%c 显示直径符号。

后缀：在换算标注文字中包含后缀。可以输入文字或使用控制代码显示特殊符号。例如，在标注文字中输入 cm 的结果如图 7-27 中的图例所示。输入的后缀将替代所有默认后缀。

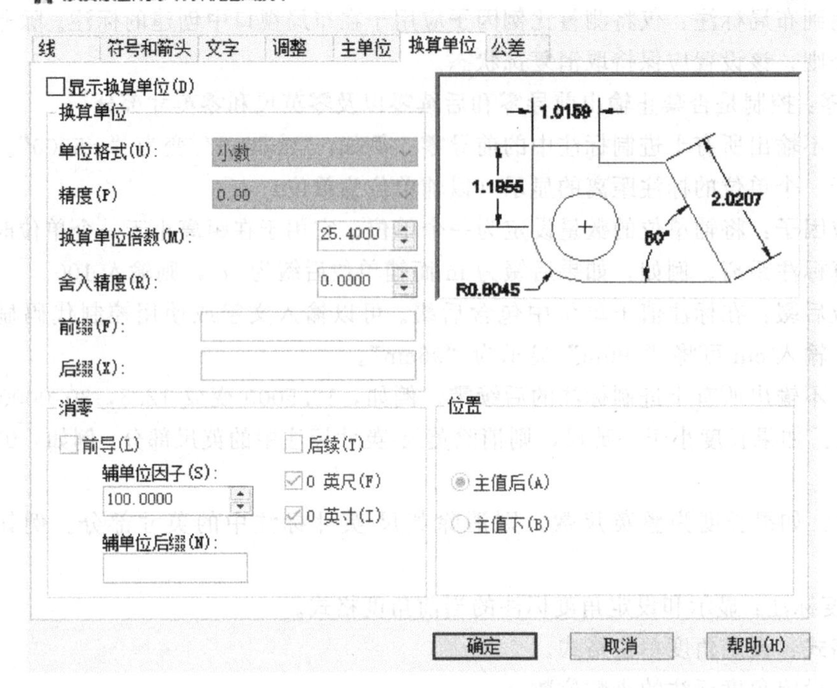

图 7-27 “换算单位”选项卡

③ 消零：控制是否禁止输出前导零和后续零以及零英尺和零英寸部分。

前导：不输出所有十进制标注中的前导零。例如，“0.5000”变成“.5000”。

辅单位因子：将辅单位的数量设定为一个单位。它用于在距离小于一个单位时以辅单位为单位计算标注距离。例如，如果后缀为 m 而辅单位后缀为 cm，则输入 100。

辅单位后缀：在标注值辅单位中包含后缀。可以输入文字或使用控制代码显示特殊符号。例如，输入 cm 可将“.96m”显示为“96cm”。

后续：不输出所有十进制标注的后续零。例如，12.5000 变成 12.5，30.0000 变成 30。

0 英尺：如果长度小于一英尺，则消除英尺-英寸标注中的英尺部分。例如，0′-6 1/2″变成 6 1/2″。

0 英寸：如果长度为整英尺数，则消除英尺-英寸标注中的英寸部分。例如，1′-0″变为 1′。

④ 位置：控制标注文字中换算单位的位置。

主值后：将换算单位放在标注文字中的主单位后面。

主值下：将换算单位放在标注文字中的主单位下面。

⑤ 预览：显示样例标注图像，它可显示对标注样式设置所做更改的效果。

(7) 公差

此选项卡用来指定标注文字中公差的显示及格式，如图 7-28 所示。

① 公差格式：控制公差格式。

方式：设定计算公差的方法。

精度：设定小数位数。

上偏差：设定最大公差或上偏差。如果在“方式”中选择“对称”，则此值将用于公差。

下偏差：设定最小公差或下偏差。

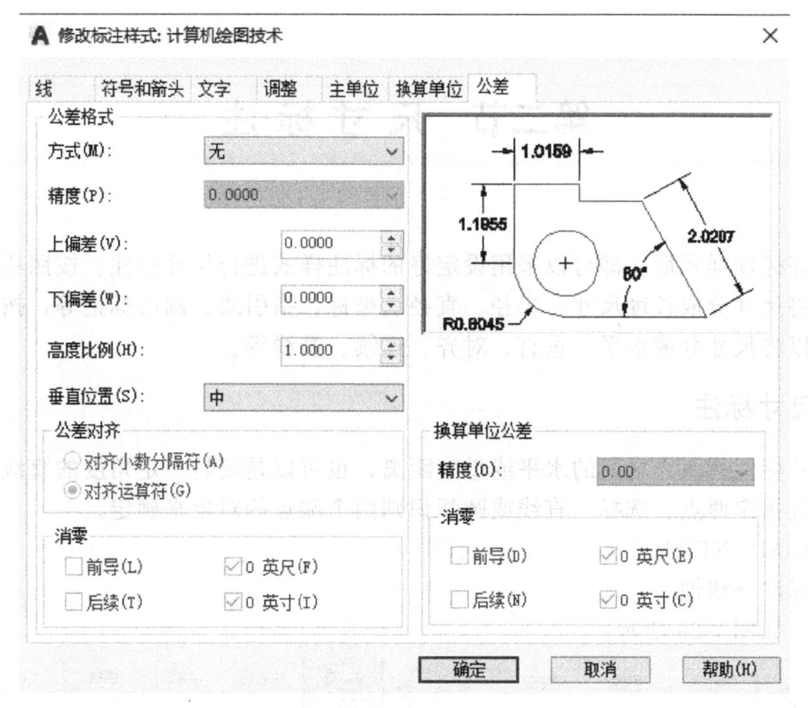

图 7-28 “公差”选项卡

高度比例：设定公差文字的当前高度。计算出的公差高度与主标注文字高度的比例存储在 DIMTFAC 系统变量中。

垂直位置：控制对称公差和极限公差的文字对正。

② 公差对齐：堆叠时，控制上偏差值和下偏差值的对齐。

对齐小数分隔符：通过值的小数分割符堆叠值。

对齐运算符：通过值的运算符堆叠值。

③ 消零：控制是否禁止输出前导零和后续零以及零英尺和零英寸部分。

前导：不输出所有十进制标注中的前导零。例如，“0.5000”变成“.5000”。

后续：不输出所有十进制标注的后续零。例如，12.5000 变成 12.5，30.0000 变成 30。

0 英尺：如果长度小于一英尺，则消除英尺-英寸标注中的英尺部分。例如，0′-6 1/2″变成 6 1/2″。

0 英寸：如果长度为整英尺数，则消除英尺-英寸标注中的英寸部分。例如，1′-0″变为 1′。

④ 换算单位公差：设定换算公差单位的格式。

精度：显示和设定小数位数。

⑤ 消零：控制是否禁止输出前导零和后续零以及零英尺和零英寸部分。

前导：不输出所有十进制标注中的前导零。例如，“0.5000”变成“.5000”。

后续：不输出所有十进制标注的后续零。例如，12.5000 变成 12.5，30.0000 变成 30。

0 英尺：如果长度小于一英尺，则消除英尺-英寸标注中的英尺部分。例如，0′-6 1/2″变成 6 1/2″。

0 英寸：如果长度为整英尺数，则消除英尺-英寸标注中的英寸部分。例如，1′-0″变为 1′。

⑥ 预览：显示样例标注图像，它可显示对标注样式设置所做更改的效果。

第二节 尺寸标注

在设定好标注样式后，即可以采用设定好的标注样式进行尺寸标注。按照所标注的对象不同，可以将尺寸分成长度尺寸、半径、直径、坐标、指引线、圆心标记等，按照尺寸形式的不同，可以将尺寸分成水平、垂直、对齐、连续、基线等。

一、线性尺寸标注

线性尺寸标注指两点之间的水平或垂直距离，也可以是旋转一定角度的直线尺寸。定义两点可以通过指定两点、选择一直线或圆弧识别两个端点的对象来确定。

命令：DIMLINEAR。

菜单：标注→线性。

工具钮：如图 7-29 所示。

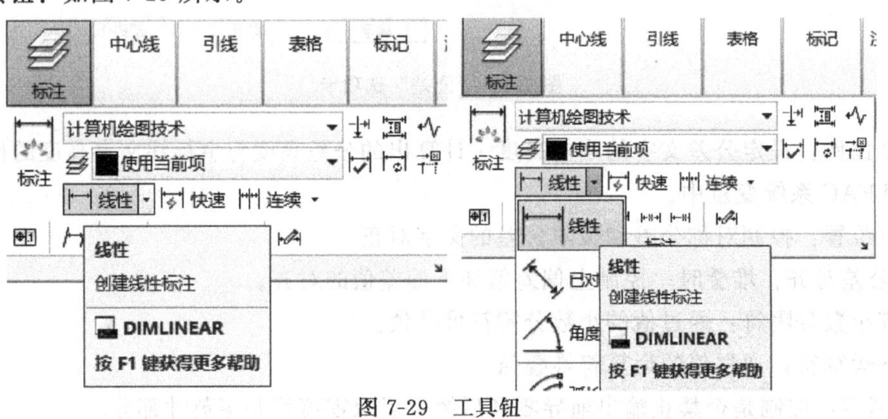

图 7-29 工具钮

命令及提示如下。

```
命令: _dimlinear
指定第一个尺寸界线原点或 <选择对象>:
指定第二条尺寸界线原点:
指定尺寸线位置或
[多行文字(M)/文字(T)/角度(A)/水平(H)/垂直(V)/旋转(R)]:
标注文字 = XX
```

参数说明如下。

① 指定第一条尺寸界线原点：定义第一条尺寸界线的位置，如果直接回车，则出现选择对象的提示。

② 指定第二条尺寸界线原点：定义第二条尺寸界线的位置。

③ 选择对象：选择对象来定义线性尺寸的大小。

④ 指定尺寸线位置：指定尺寸线的位置。

⑤ 多行文字（M）：打开多行文本编辑器，用户可以通过多行文字编辑器来编辑注写的文字。测量的数值用“<>”来表示，用户可以将其删除也可以在其前后增加其他文字。

⑥ 文字（T）：单行输入文字。测量值同样在“<>”中。

⑦ 角度（A）：设定文字的倾斜角度。

⑧ 水平（H）：强制标注两点间的水平尺寸。

⑨ 垂直（V）：强制标注两点间的垂直尺寸。

⑩ 旋转（R）：设定一旋转角度来标注该方向的尺寸。

★【实例】 用线性标注命令标注如图 7-30 所示图形。

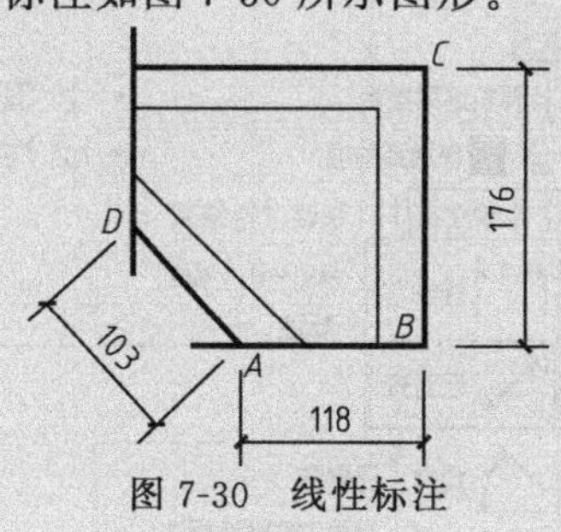

图 7-30 线性标注

操作过程如下。

```
命令: _dimlinear
指定第一条尺寸界线原点或 <选择对象>:                                   拾取 A 点
指定第二条尺寸界线原点:                                               拾取 B 点
指定尺寸线位置或[多行文字(M)/文字(T)/角度(A)/水平(H)/垂直(V)/旋转(R)]:
                                                                  指定尺寸线位置
标注文字 = 118
命令: dimlinear                                                   重复线性标注命令
指定第一条尺寸界线原点或 <选择对象>:                                   拾取 B 点
指定第二条尺寸界线原点:                                               拾取 C 点
指定尺寸线位置或[多行文字(M)/文字(T)/角度(A)/水平(H)/垂直(V)/旋转(R)]:
                                                                  指定尺寸线位置
标注文字 = 176
命令: dimlinear                                                   重复线性标注命令
指定第一条尺寸界线原点或 <选择对象>:                                   拾取 A 点
指定第二条尺寸界线原点:                                               拾取 D 点
指定尺寸线位置或[多行文字(M)/文字(T)/角度(A)/水平(H)/垂直(V)/旋转(R)]:r
                                                          输入 R,进行尺寸线旋转
指定尺寸线的角度 <0> :47                                             输入旋转角度
指定尺寸线位置或[多行文字(M)/文字(T)/角度(A)/水平(H)/垂直(V)/旋转(R)]:
                                                                  指定尺寸线位置
标注文字 = 103
命令:
```

二、已对齐尺寸标注

命令：DIMALIGNED。

菜单：标注→已对齐。

工具钮：如图 7-31 所示。

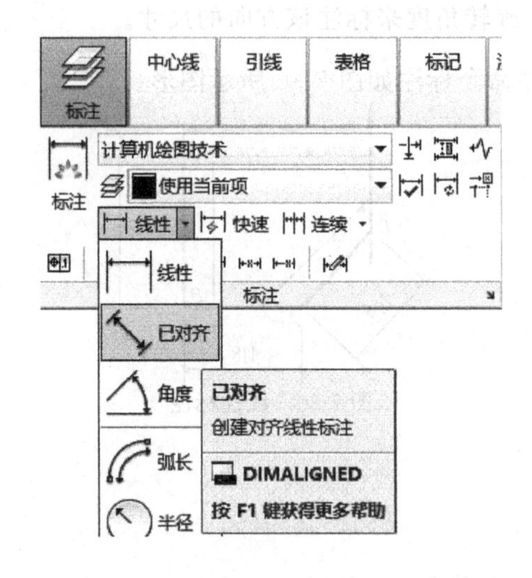

图 7-31　工具钮

命令及提示如下。

```
命令: _dimaligned
指定第一条尺寸界线原点或 <选择对象>:
指定第二条尺寸界线原点:
指定尺寸线位置或
[多行文字(M)/文字(T)/角度(A)]:
标注文字 = XX
```

参数说明如下。

① 指定第一条尺寸界线原点：定义第一条尺寸界线的位置，如果直接回车，则出现选择对象的提示。

② 指定第二条尺寸界线原点：定义第二条尺寸界线的位置。

③ 选择对象：选择对象来定义线性尺寸的大小。

④ 指定尺寸线位置：指定尺寸线的位置。

⑤ 多行文字（M）：通过多行文字编辑器来编辑注写的文字。

⑥ 文字（T）：单行输入文字。

⑦ 角度（A）：设定文字的倾斜角度。

★【实例】 用对齐标注命令标注如图 7-32 所示三角形的 AB 边。

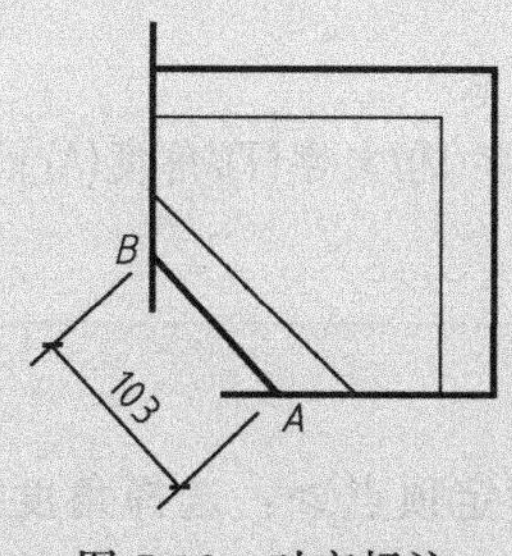

图 7-32 对齐标注

操作过程如下。

```
命令: _dimaligned
指定第一条尺寸界线原点或 <选择对象>:                                   拾取 A 点
指定第二条尺寸界线原点:                                               拾取 B 点
指定尺寸线位置或[多行文字(M)/文字(T)/角度(A)]:                      指定尺寸线位置
标注文字 = 103
命令:
```

三、角度标注

命令：DIMANGULAR。

菜单：标注→角度。

工具钮：如图 7-33 所示。

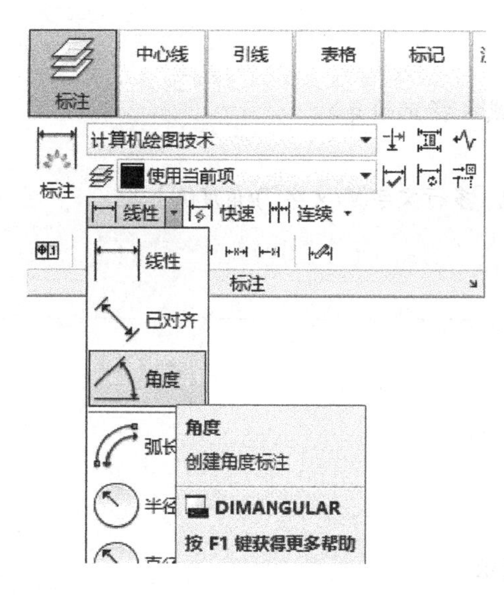

图 7-33 工具钮

命令及提示如下。

```
命令: _dimangular
选择圆弧、圆、直线或 <指定顶点>:
指定标注弧线位置或 [多行文字(M)/文字(T)/角度(A)]:
标注文字 = XX
```

参数说明如下。

① 选择圆弧、圆、直线或 <指定顶点>：选择角度标注的对象。如果直接回车，则为指定顶点标注角度。

② 指定顶点：通过指定角度的顶点和两个端点来确定角度。

③ 指定标注弧线位置：指定圆弧尺寸线的位置。

④ 多行文字（M）：通过多行文字编辑器来编辑注写的文字。

⑤ 文字（T）：单行输入文字。

⑥ 角度（A）：设定文字的倾斜角度。

★**【实例】** 用角度标注命令标注如图 7-34（a）所示的两直线的角度。

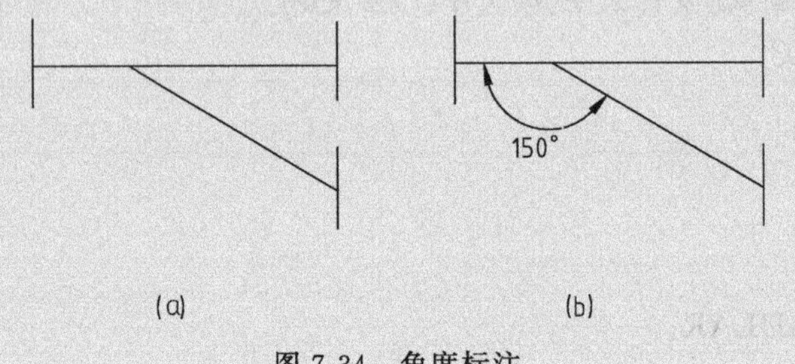

图 7-34 角度标注

操作过程如下。

```
命令: _dimangular
选择圆弧、圆、直线或 <指定顶点>:                        指定一直线
选择第二条直线:                                          指定另一直线
指定标注弧线位置或 [多行文字(M)/文字(T)/角度(A)]:        指定标注弧线位置
标注文字 = 150                                           如图 7-34(b)所示
命令:
```

四、弧长尺寸标注

命令：DIMARC。

菜单：标注→弧长。

工具钮：如图 7-35 所示。

命令及提示如下。

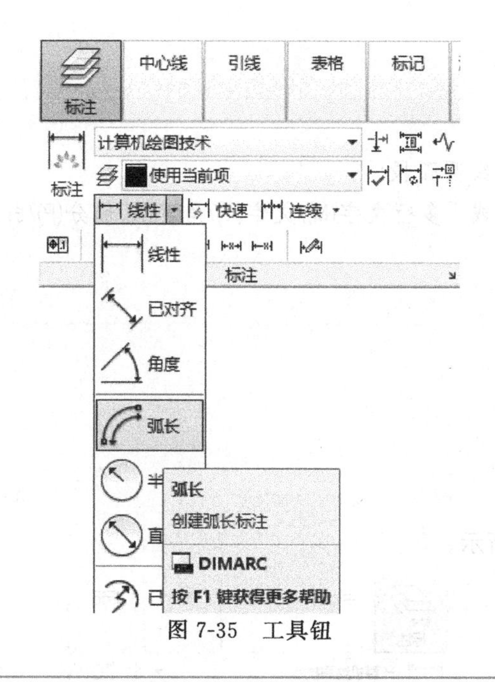

图 7-35　工具钮

```
命令: _dimarc
选择弧线段或多段线圆弧段:
指定弧长标注位置或 [多行文字(M)/文字(T)/角度(A)/部分(P)/引线(L)]:
标注文字= XX
```

参数说明如下。

① 弧长标注位置：指定尺寸线的位置并确定尺寸界线的方向。

② 多行文字（M）：通过多行文字编辑器来编辑注写的文字。

③ 文字（T）：单行输入文字。

④ 角度（A）：设定文字的倾斜角度。

⑤ 部分（P）：缩短弧长标注的长度。

⑥ 引线（L）：添加引线对象。仅当圆弧（或圆弧段）大于90°时才会显示此选项。引线是按径向绘制的，指向所标注圆弧的圆心。

⑦ 无引线：创建引线之前取消“引线”选项，要删除引线，请删除弧长标注，然后重新创建不带引线选项的弧长标注。

★【实例】 用弧长标注命令标注如图 7-36（a）所示圆弧。

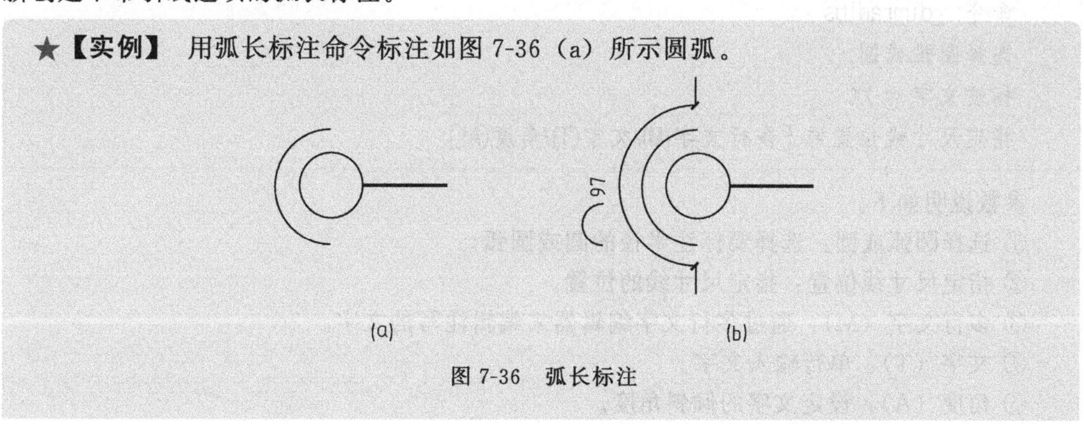

图 7-36　弧长标注

操作过程如下。

```
命令: _dimarc
选择弧线段或多段线圆弧段:                                        选择要标注的圆弧
指定弧长标注位置或 [多行文字(M)/文字(T)/角度(A)/部分(P)/引线(L)]:   确定标注位置
标注文字= 97                                                    如图 7-36(b)所示
命令:
```

五、半径尺寸标注

命令：DIMRADIUS。

菜单：标注→半径。

工具钮：如图 7-37 所示。

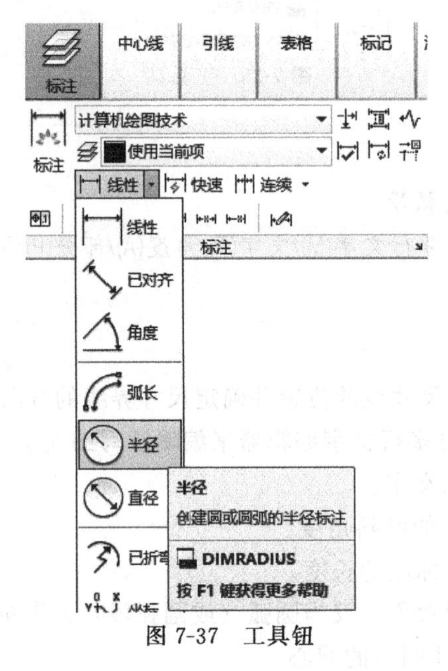

图 7-37 工具钮

命令及提示如下。

```
命令: _dimradius
选择圆弧或圆:
标注文字 = XX
指定尺寸线位置或 [多行文字(M)/文字(T)/角度(A)]:
```

参数说明如下。

① 选择圆弧或圆：选择要标注半径的圆或圆弧。

② 指定尺寸线位置：指定尺寸线的位置。

③ 多行文字（M）：通过多行文字编辑器来编辑注写的文字。

④ 文字（T）：单行输入文字。

⑤ 角度（A）：设定文字的倾斜角度。

★【实例】 标注如图 7-38（a）所示圆弧半径。

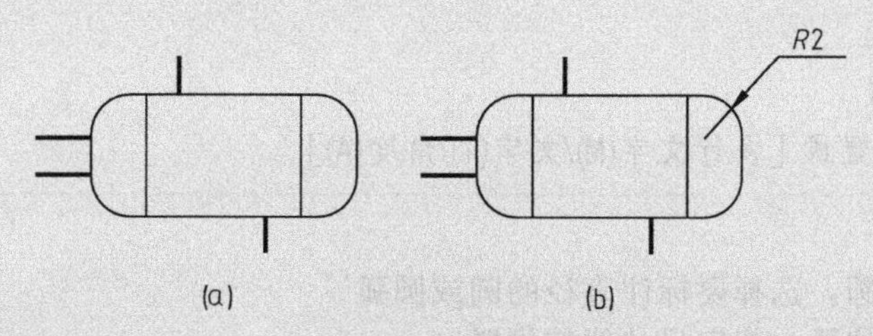

图 7-38 半径标注

操作过程如下。

命令: _dimradius
选择圆弧或圆: 点取圆弧
标注文字 = 2 系统自动算出圆弧半径
指定尺寸线位置或 [多行文字(M)/文字(T)/角度(A)]:
指定尺寸线位置,如图 7-38(b)所示
命令:

六、直径尺寸标注

命令：DIMDIAMETER。
菜单：标注→直径。
工具钮：如图 7-39 所示。

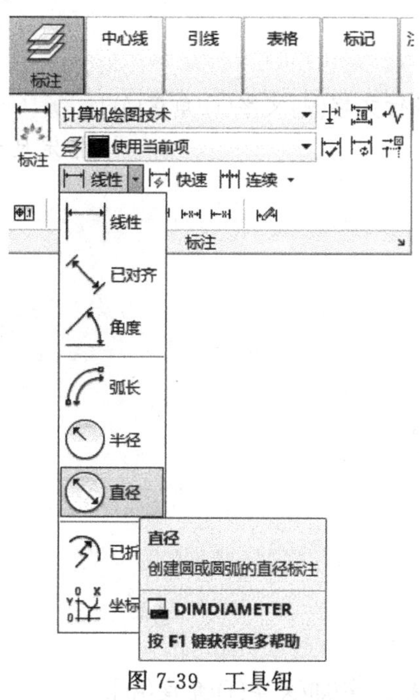

图 7-39 工具钮

命令及提示如下。

```
命令: _dimdiameter
选择圆弧或圆:
标注文字 = XX
指定尺寸线位置或 [多行文字(M)/文字(T)/角度(A)]:
```

参数说明如下。

① 选择圆弧或圆：选择要标注直径的圆或圆弧。

② 指定尺寸线位置：指定尺寸线的位置。

③ 多行文字（M）：通过多行文字编辑器来编辑注写的文字。

④ 文字（T）：单行输入文字。

⑤ 角度（A）：设定文字的倾斜角度。

★**【实例】** 标注如图 7-40（a）所示圆弧直径。

图 7-40　直径标注

操作过程如下。

```
命令: _dimdiameter
选择圆弧或圆:                                            点取圆弧
标注文字 = 9                                   系统自动算出圆弧直径
指定尺寸线位置或 [多行文字(M)/文字(T)/角度(A)]:
                                   指定尺寸线位置,如图 7-40(b)所示
命令:
```

七、已折弯标注

命令：DIMJOGGED。

菜单：标注→折弯。

工具钮：如图 7-41 所示。

命令及提示如下。

```
命令: _dimjogged
选择圆弧或圆:
指定图示中心位置:
标注文字= XX
指定尺寸线位置或 [多行文字(M)/文字(T)/角度(A)]:
指定折弯位置:
```

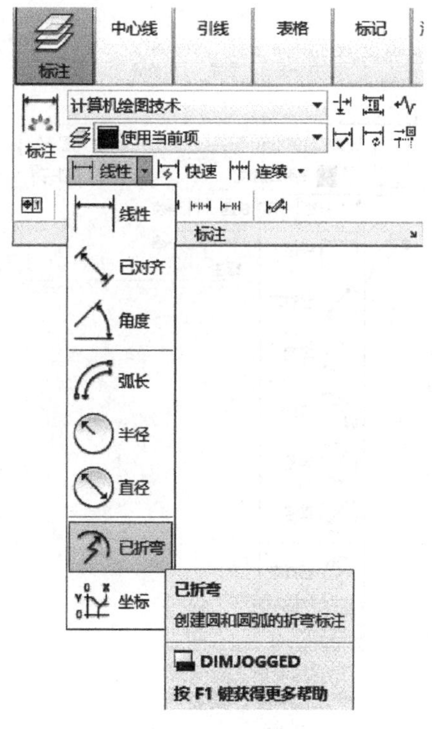

图 7-41　工具钮

参数说明如下。

① 选择圆弧或圆：选择要标注半径的圆或圆弧。

② 指定图示中心位置：指定点。

③ 多行文字（M）：通过多行文字编辑器来编辑注写的文字。

④ 文字（T）：单行输入文字。

⑤ 角度（A）：设定文字的倾斜角度。

⑥ 指定折弯位置：指定折弯的中点，折弯的横向角度由“标注样式管理器”确定。

八、坐标尺寸标注

命令：DIMORDINATE。

菜单：标注→坐标。

工具钮：如图 7-42 所示。

命令及提示如下。

```
命令: _dimordinate
指定点坐标:
指定引线端点或 [X 基准(X)/Y 基准(Y)/多行文字(M)/文字(T)/角度(A)]:
标注文字= XX
```

参数说明如下。

① 指定点坐标：指定需要标注坐标的点。

② 指定引线端点：指定坐标标注中引线的端点。

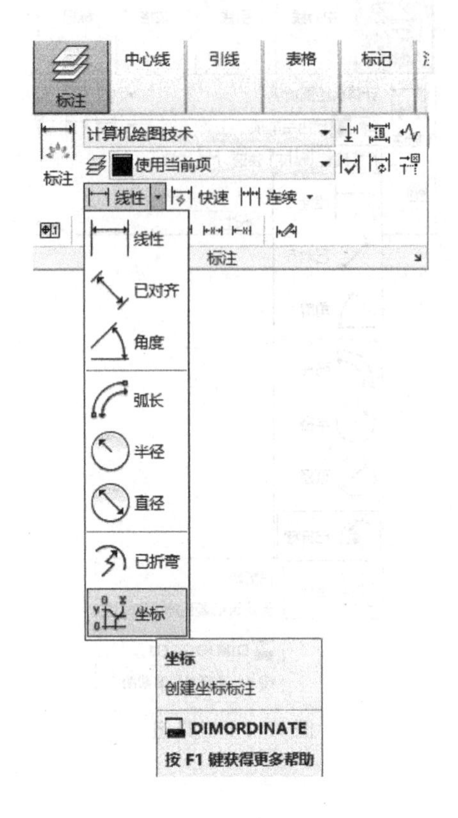

图 7-42　工具钮

③ X 基准（X）：强制标注 X 坐标。

④ Y 基准（Y）：强制标注 Y 坐标。

⑤ 多行文字（M）：通过多行文字编辑器来编辑注写的文字。

⑥ 文字（T）：单行输入文字。

⑦ 角度（A）：设定文字的倾斜角度。

★**【实例】** 标注如图 7-43 所示 A 点的 X 坐标和 C 点的 Y 坐标。

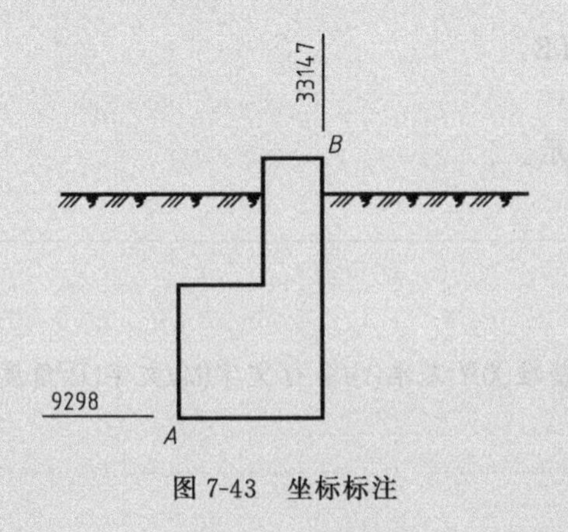

图 7-43　坐标标注

操作过程如下。

```
命令: _dimordinate
指定点坐标:                                                    点取 B 点
指定引线端点或 [X 基准(X)/Y 基准(Y)/多行文字(M)/文字(T)/角度(A)]:x 强制标注 X 坐标
指定引线端点或 [X 基准(X)/Y  基准(Y)/多行文字(M)/文字(T)/角度(A)]:  指定引线端点
标注文字 = 33147
命令:_dimordinate                                              重复命令
指定点坐标:                                                    点取 A 点
指定引线端点或 [X 基准(X)/Y 基准(Y)/多行文字(M)/文字(T)/角度(A)]:y 强制标注 Y 坐标
指定引线端点或 [X 基准(X)/Y 基准(Y)/多行文字(M)/文字(T)/角度(A)]:   指定引线端点
标注文字 = 9298
命令:
```

九、快速尺寸标注

命令：QDIM。

菜单：标注→快速标注。

工具钮：如图 7-44 所示。

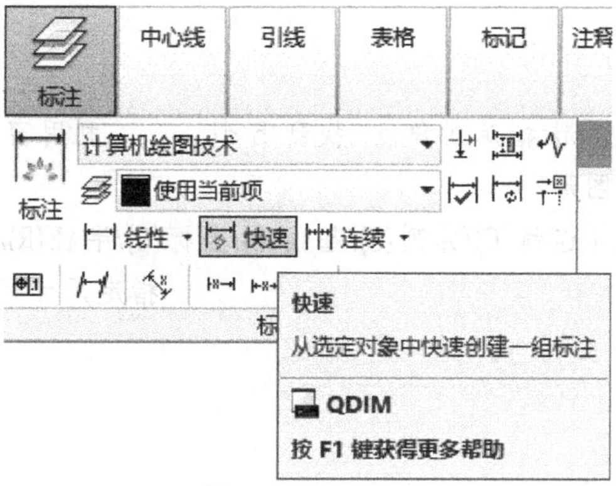

图 7-44　工具钮

命令及提示如下。

```
命令: _qdim
关联标注优先级 = 端点
选择要标注的几何图形:
选择要标注的几何图形:
指定尺寸线位置或 [连续(C)/并列(S)/基线(B)/坐标(O)/半径(R)/直径(D)/基准点(P)/编辑(E)/
设置(T)] <连续> :
```

参数说明如下。

① 选择要标注的几何图形：选择要标注的对象。如果选择的对象不单一，在标注某种尺寸时，将忽略不可标注的对象。

② 指定尺寸线位置：定义尺寸线的位置。

③ 连续（C）：采用连续方式标注所选图形。

④ 并列（S）：采用并列方式标注所选图形。
⑤ 基线（B）：采用基线方式标注所选图形。
⑥ 坐标（O）：采用坐标方式标注所选图形。
⑦ 半径（R）：对所选圆或圆弧标注半径。
⑧ 直径（D）：对所选圆或圆弧标注直径。
⑨ 基准点（P）：设定坐标标注或基线标注的基准点。
⑩ 编辑（E）：对标注点进行编辑。
⑪ 设置（T）：为指定尺寸界线原点设置默认对象捕捉。

★【实例】 使用快速标注命令标注如图 7-45（a）所示图形。

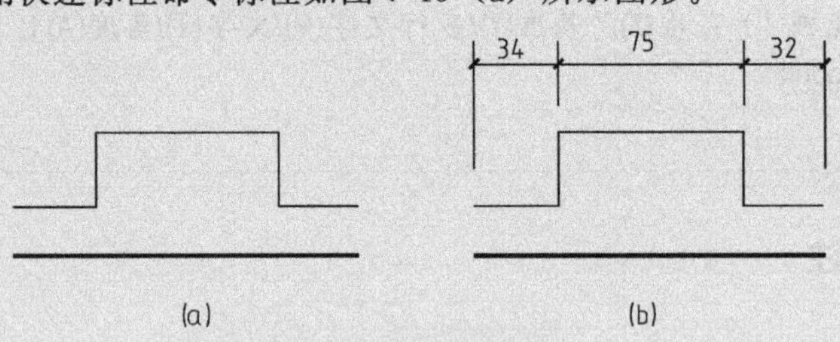

图 7-45 快速标注

操作过程如下。

命令: QDIM
选择要标注的几何图形:指定对角点: 找到 5 个　　利用窗口方式将所有线段选中
选择要标注的几何图形:　　回车结束对象选择
指定尺寸线位置或 [连续(C)/并列(S)/基线(B)/坐标(O)/半径(R)/直径(D)/基准点(P)/编辑(E)/设置(T)] <连续>:　　指定尺寸线位置,如图 7-45(b)所示
命令:

十、连续尺寸标注

命令：DIMCONTINUE。
菜单：标注→连续标注。
工具钮：如图 7-46 所示。

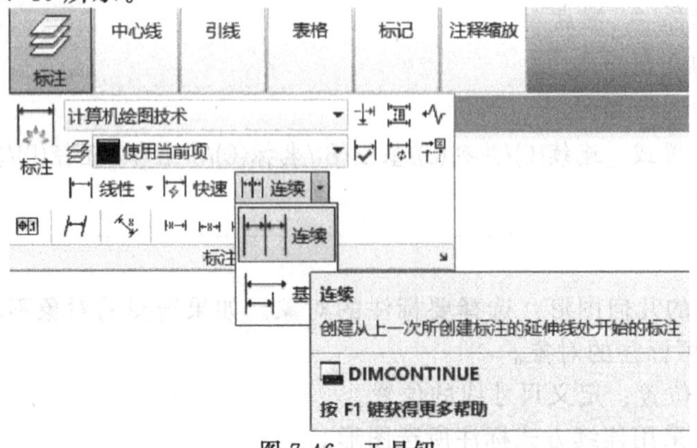

图 7-46 工具钮

命令及提示如下。

```
命令: _dimcontinue
选择基准标注:
指定第二条尺寸界线原点或 [放弃(U)/选择(S)] <选择>:
标注文字 = XX
```

参数说明如下。

① 选择基准标注：选择以线性标注为连续标注的基准位置。如果上一个命令进行了线性尺寸标注，则不出现该提示，自动以上一个线性标注为基准位置。除非在随后的参数中输入了“选择”项。

② 指定第二条尺寸界线原点：定义第二条尺寸界线的位置，第一条尺寸界线由基准确定。

③ 放弃（U）：放弃上一个基线尺寸标注。

④ 选择（S）：重新选择一线性尺寸为连续标注的基准。

★【实例】 用连续标注命令标注如图 7-47 所示图形。

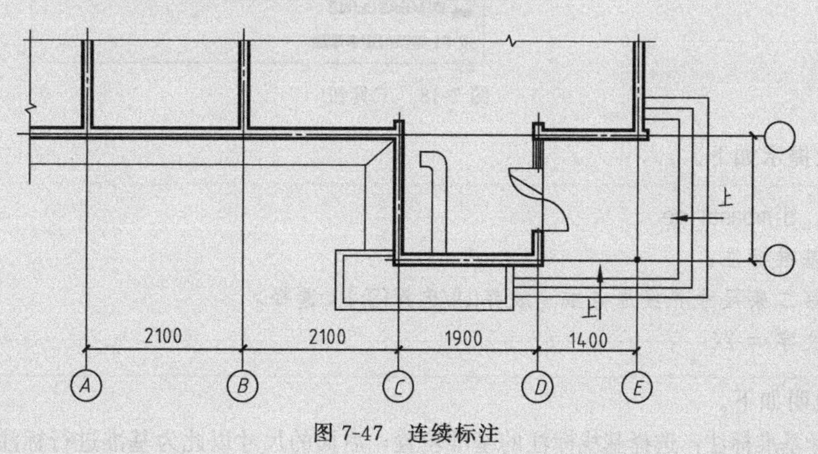

图 7-47 连续标注

操作过程如下。

```
命令: _dimcontinue
选择基准标注:                                        点取 AB 段标注
指定第二条尺寸界线原点或 [放弃(U)/选择(S)] <选择>:    拾取 C 点
标注文字 = 2100
指定第二条尺寸界线原点或 [放弃(U)/选择(S)] <选择>:    拾取 D 点
标注文字 = 1900
指定第二条尺寸界线原点或 [放弃(U)/选择(S)] <选择>:    拾取 E 点
标注文字 = 1400
指定第二条尺寸界线原点或 [放弃(U)/选择(S)] <选择>:    回车结束选择
选择基准标注:                                        回车结束命令
命令:
```

十一、基线尺寸标注

命令：DIMBASELINE。

菜单：标注→基线。

工具钮：如图 7-48 所示。

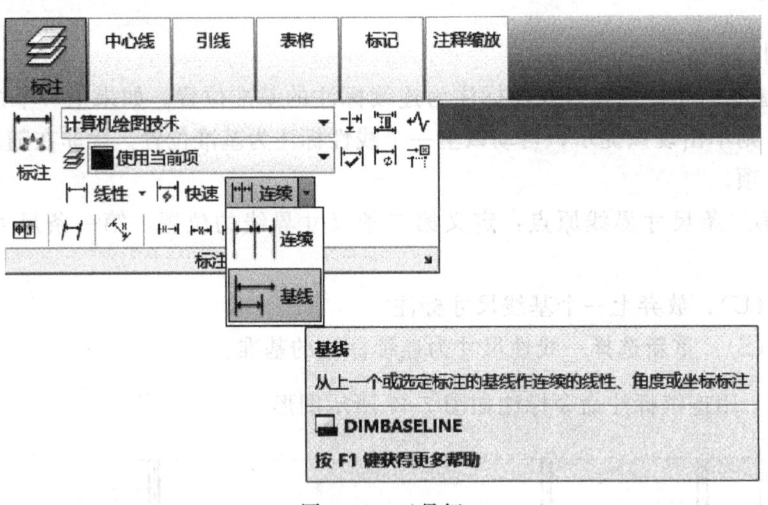

图 7-48　工具钮

命令及提示如下。

```
命令: _dimbaseline
选择基准标注:
指定第二条尺寸界线原点或 [放弃(U)/选择(S)] <选择> :
标注文字 = XX
```

参数说明如下。

① 选择基准标注：选择基线标注的基准位置，后面的尺寸以此为基准进行标注。如果上一个命令进行了线性尺寸标注，则不出现该提示，除非在随后的参数中输入了“选择”项。

② 指定第二条尺寸界线原点：定义第二条尺寸界线的位置，第一条尺寸界线由基准确定。

③ 放弃（U）：放弃上一个基线尺寸标注。

④ 选择（S）：选择基线标注基准。

★【实例】 用基线标注命令标注如图 7-49 所示图形。

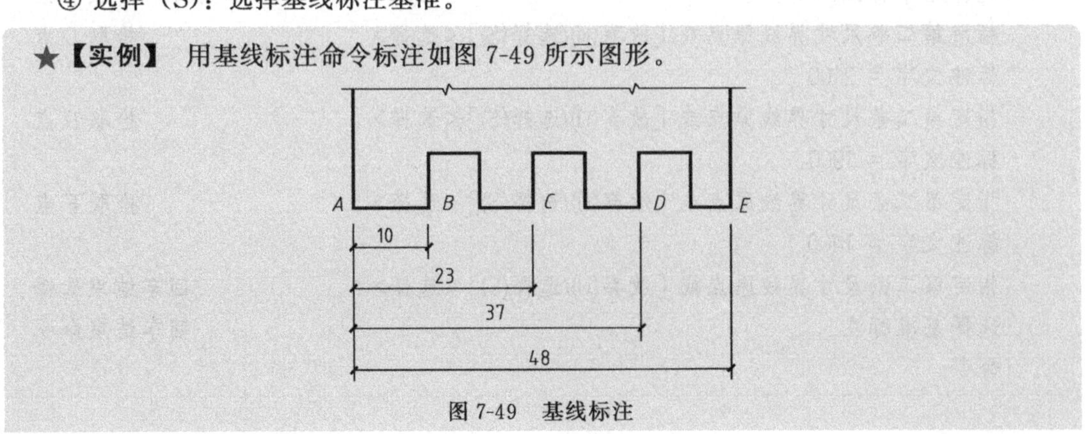

图 7-49　基线标注

操作过程如下。

```
命令: _dimbaseline
指定第一个尺寸界线原点或 <选择对象> :                    点取 A 点
指定第二条尺寸界线原点:                                  点取 B 点
指定尺寸线位置或
[多行文字(M)/文字(T)/角度(A)/水平(H)/垂直(V)/旋转(R)]:
标注文字= 10                                    在屏幕上确定尺寸位置
命令:
命令: _dimbaseline
指定第二条尺寸界线原点或 [放弃(U)/选择(S)] <选择> :       点取 C 点
标注文字 = 23
指定第二条尺寸界线原点或 [放弃(U)/选择(S)] <选择> :       点取 D 点
标注文字 = 37
指定第二条尺寸界线原点或 [放弃(U)/选择(S)] <选择> :       点取 E 点
标注文字 = 48
指定第二条尺寸界线原点或 [放弃(U)/选择(S)] <选择> :       回车结束选择
选择基准标注:                                            回车结束命令
命令:
```

十二、调整间距

命令：DIMSPACE。

菜单：标注→标注间距。

工具钮：如图 7-50 所示。

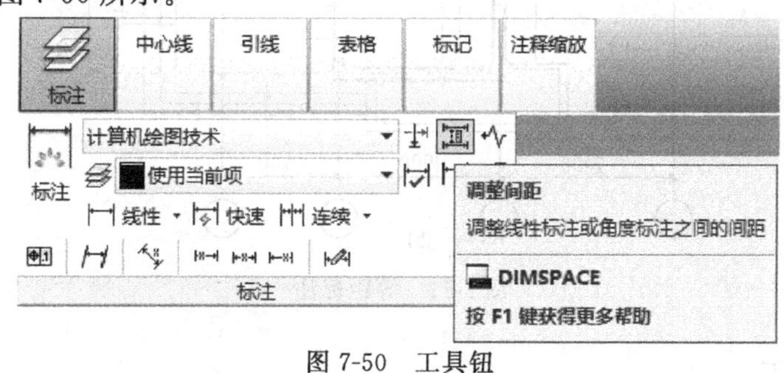

图 7-50　工具钮

命令及提示如下。

```
命令: _dimspace
选择基准标注:
选择要产生间距的标注:
选择要产生间距的标注:
选择要产生间距的标注:
输入值或 [自动(A)] <自动> :
```

参数说明如下。

① 选择基准标注：选择平行线性标注或角度标注。

② 选择要产生间距的标注：选择平行线性标注或角度标注以从基准标注均匀隔开，并按“Enter”键。

③ 输入值：输入间距值，将间距值应用于从基准标注中选择的标注。例如，如果输入值 0.5000，则所有选定标注将以 0.5000 的距离隔开。可以使用间距值 0（零）将选定的线性标注和角度标注的标注线末端对齐。

④ 自动（A）：基于在选定基准标注的标注样式中指定的文字高度自动计算间距。所得的间距值是标注文字高度的两倍。

★【实例】 用等距标注命令将如图 7-51（a）所示标注修改为如图 7-51（b）所示标注。

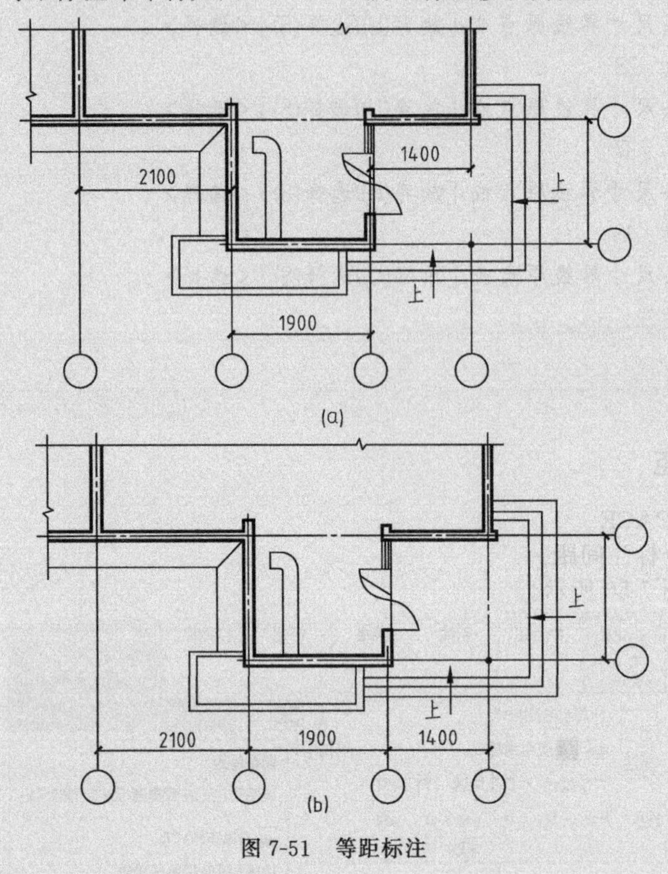

图 7-51 等距标注

操作过程如下。

命令:_dimspace	
选择基准标注:	选择基准:尺寸 1900
选择要产生间距的标注:找到 1 个	选择尺寸 2100
选择要产生间距的标注:找到 1 个,总计 2 个	选择尺寸 1400
选择要产生间距的标注:	回车结束选择
输入值或［自动(A)］<自动> : 0	输入数值 0
命令:	

十三、折断标注

命令：DIMBREAK。

菜单：标注→标注打断。

工具钮：如图 7-52 所示。

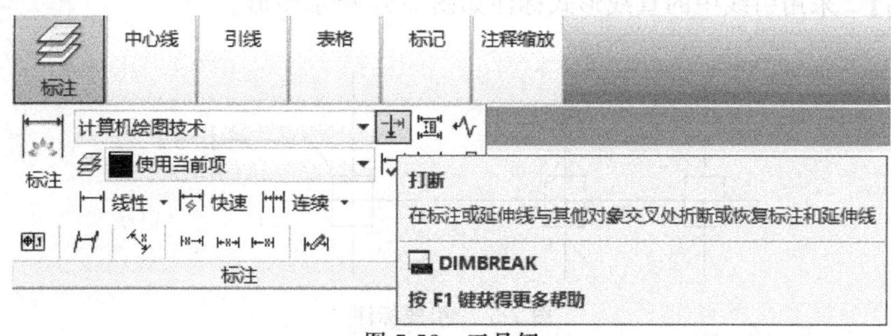

图 7-52　工具钮

命令及提示如下。

```
命令: _dimbreak
选择要添加/删除折断的标注或 [多个(M)]:
选择要折断标注的对象或 [自动(A)/手动(M)/删除(R)] <自动> :
```

参数说明如下。

① 多个（M）：指定要向其中添加折断或要从中删除折断的多个标注。

② 自动（A）：自动将折断标注放置在与选定标注相交的对象的所有交点处。修改标注或相交对象时，会自动更新使用此选项创建的所有折断标注。

③ 在具有任何折断标注的标注上方绘制新对象后，在交点处不会沿标注对象自动应用任何新的折断标注。要添加新的折断标注，必须再次运行此命令。

④ 手动（M）：手动放置折断标注。为折断位置指定标注或尺寸界线上的两点。如果修改标注或相交对象，则不会更新使用此选项创建的任何折断标注。使用此选项，一次仅可以放置一个手动折断标注。

⑤ 删除（R）：从选定的标注中删除所有折断标注。

图 7-53　工具钮

十四、多重引线标注

命令：MLEADER。

菜单：标注→多重引线。

工具钮：如图 7-53 所示。

命令及提示如下。

```
命令: _mleader
指定引线箭头的位置或 [引线基线优先(L)/内容优先(C)/选项(O)] <选项> :
指定引线基线的位置:
```

参数说明如下。

① 引线基线优先（L）：指定多重引线对象箭头的位置。

② 内容优先（C）：指定与多重引线对象相关联的文字或块的位置。

③ 选项（O）：指定用于放置多重引线对象的选项。

★【实例】 采用引线中的直线形式标注如图 7-54 所示图形。

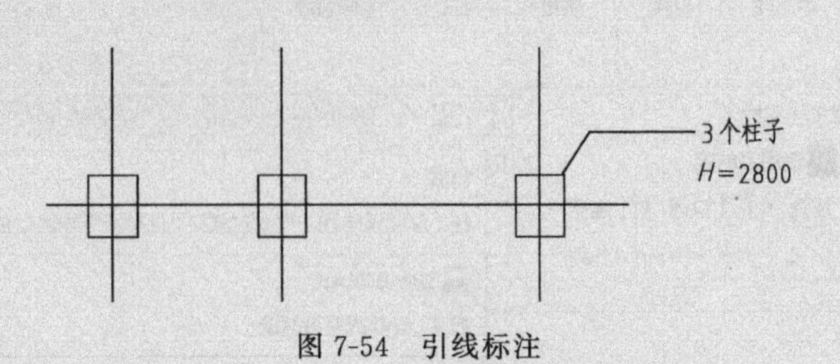

图 7-54　引线标注

操作过程如下。

```
命令: _mleader
指定引线箭头的位置或 [引线基线优先(L)/内容优先(C)/选项(O)] <选项>：
                    指定要标注的柱子顶点,在弹出的文字格式编辑器中输入“3
                    个柱子(回车换行)H=2800”再单击“确定”即可
指定引线基线的位置:
命令:
```

十五、圆心标记

命令：CENTERMARK。

菜单：标注→圆心标记。

工具钮：如图 7-55 所示。

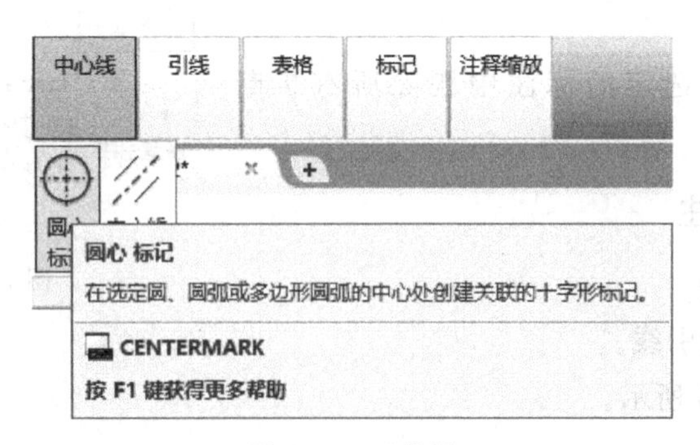

图 7-55　工具钮

命令及提示如下。

```
命令: _centermark
选择圆弧或圆:
```

参数说明：选择圆弧或圆——选择要标记圆心的圆或圆弧。

★【实例】 用圆心标记命令标注如图 7-56（a）所示圆弧。

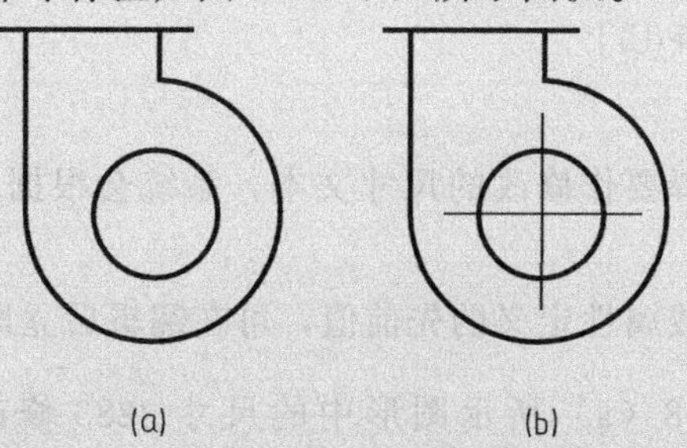

图 7-56　圆心标记

操作过程如下。

```
命令: _centermark
选择圆弧或圆:                                  点取圆弧,标注如图 7-56(b)所示
命令:
```

第三节　尺寸编辑

AutoCAD 中可以对已经标注的尺寸进行编辑修改。

一、尺寸文本编辑

命令：DDEDIT。

菜单：修改→对象→文字→编辑，如图 7-57 所示。

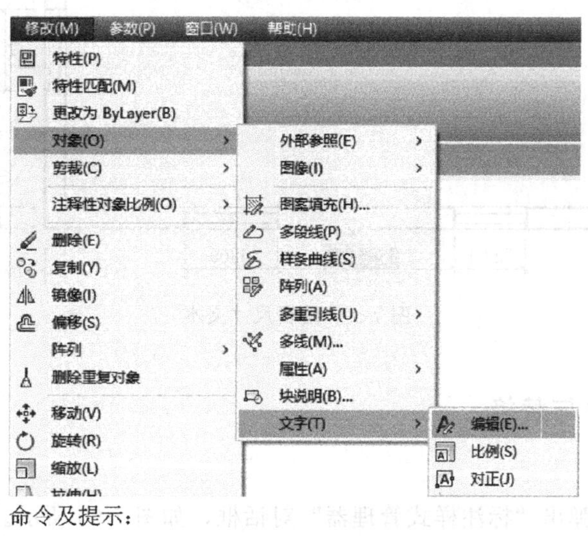

命令及提示：

图 7-57　菜单

命令及提示如下。

```
命令: ddedit
选择注释对象或 [放弃(U)]:
```

参数说明如下。

① 选择注释对象：选择要作修改的尺寸文本，系统会根据所选择的文字类型显示相应的编辑方法。

② 放弃：返回到文字或属性定义的先前值，可在编辑后立即使用此选项。

★【实例】 将如图 7-58（a）所示图形中的尺寸 3283 修改为 3300，如图 7-58（b）所示。

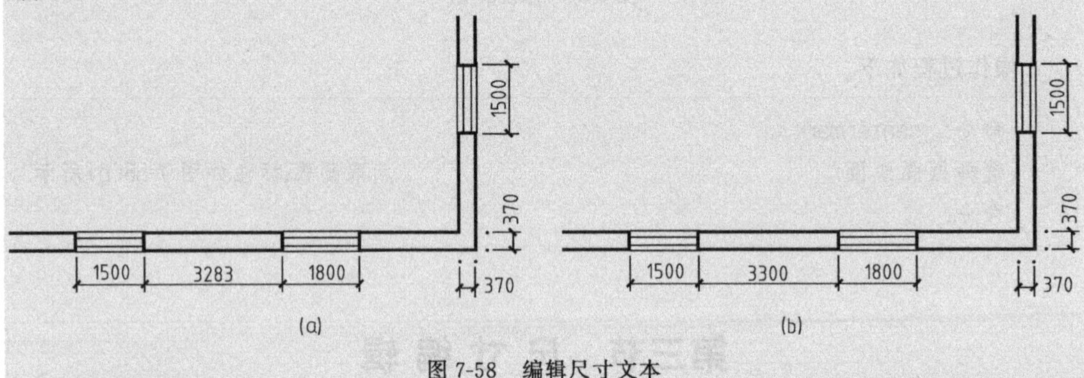

图 7-58 编辑尺寸文本

操作过程如下。

```
命令: ddedit
选择注释对象或 [放弃(U)]: 点取尺寸 3283,变色后改为 3300 后点击鼠标即可(图 7-59)
选择注释对象或 [放弃(U)]:                                    回车结束命令
命令:
```

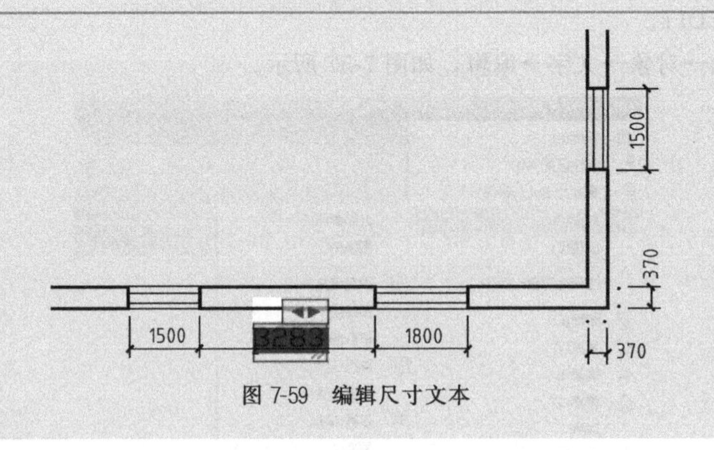

图 7-59 编辑尺寸文本

二、尺寸样式修改与替换

命令：DDIM。

执行该命令后将弹出“标注样式管理器”对话框，如图 7-60 所示。

在该对话框中点击“修改”按钮，即对当前标注样式进行修改。如点击“替代”按钮，即

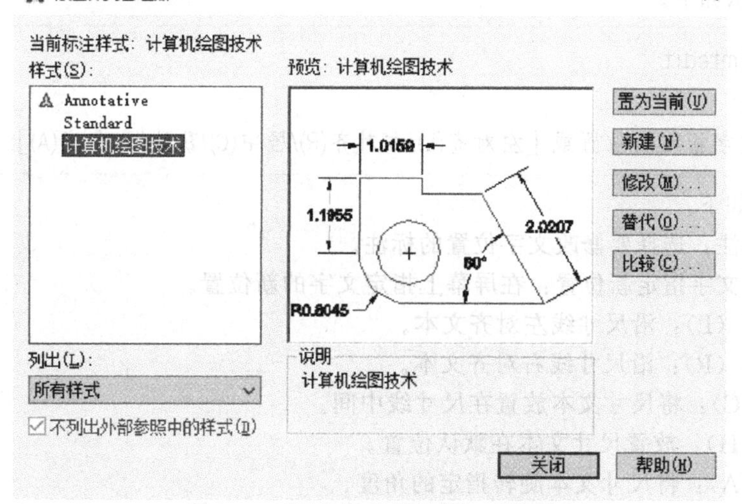

图 7-60 “标注样式管理器”对话框

可对当前标注样式进行替代。两者的区别是前者不改变在这之前的标注，而后者则会改变。

三、尺寸文本位置编辑

移动和旋转标注文字并重新定位尺寸线。

命令：DIMTEDIT。

菜单：标注→对齐文字，如图 7-61 所示。

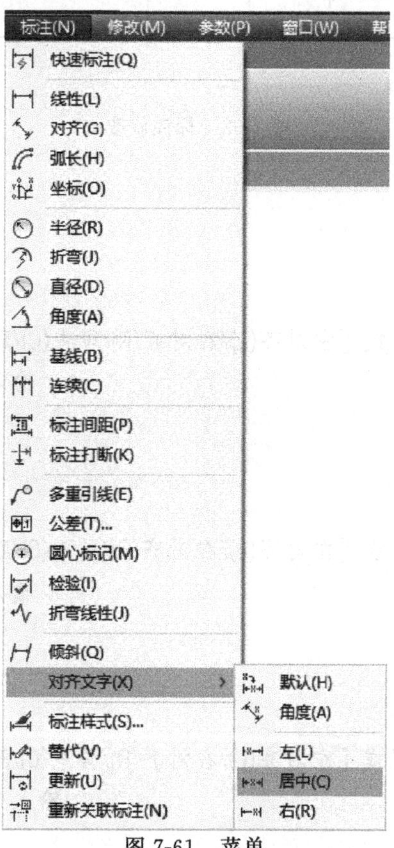

图 7-61 菜单

命令及提示如下。

```
命令: _dimtedit
选择标注:
为标注文字指定新位置或 [左对齐(L)/右对齐(R)/居中(C)/默认(H)/角度(A)]:
```

参数说明如下。

① 选择标注：选择要修改文字位置的标注。

② 为标注文字指定新位置：在屏幕上指定文字的新位置。

③ 左对齐（L）：沿尺寸线左对齐文本。

④ 右对齐（R）：沿尺寸线右对齐文本。

⑤ 居中（C）：将尺寸文本放置在尺寸线中间。

⑥ 默认（H）：放置尺寸文本在默认位置。

⑦ 角度（A）：将尺寸文本旋转指定的角度。

★**【实例】** 将如图 7-62（a）所示标注修改成如图 7-62（b）所示样式。

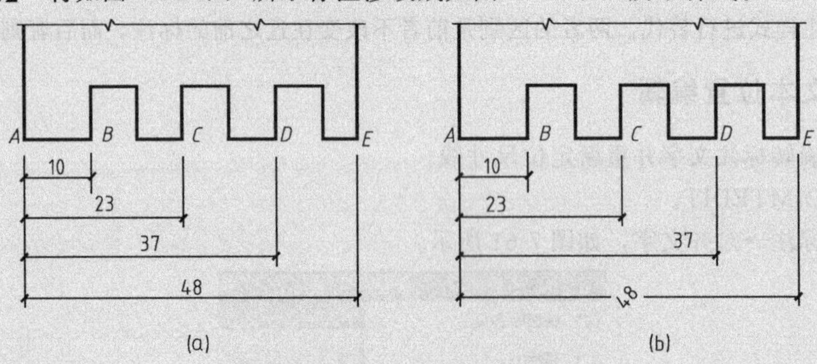

图 7-62 标注修改

操作过程如下。

```
命令: _dimtedit
选择标注:                                                          选择尺寸 23 标注
为标注文字指定新位置或 [左对齐(L)/右对齐(R)/居中(C)/默认(H)/角度(A)]: L 回车
                                                        输入 L 让文字左对齐,回车结束
命令:
_dimtedit
选择标注:                                                          选择尺寸 37 标注
为标注文字指定新位置或 [左对齐(L)/右对齐(R)/居中(C)/默认(H)/角度(A)]: r 回车
                                                        输入 r 让文字右对齐,回车结束
命令:
_dimtedit
选择标注:                                                          选择尺寸 10 标注
为标注文字指定新位置或 [左对齐(L)/右对齐(R)/居中(C)/默认(H)/角度(A)]: h 回车
                                                      输入 h 让文字默认对齐,回车结束
```

```
命令:
_dimtedit
选择标注:                                                    选择尺寸 48 标注
为标注文字指定新位置或［左对齐(L)/右对齐(R)/居中(C)/默认(H)/角度(A)］: a 回车
                                          输入 a 让文字选择旋转角度,回车结束
指定标注文字的角度: 45 回车                     输入文字旋转角度 45(逆时针旋转)
命令:
```

四、编辑标注

用来编辑标注文字和尺寸界线：旋转、修改或恢复标注文字，更改尺寸界线的倾斜角。移动文字和尺寸线的等效命令为 DIMTEDIT。

命令：DIMEDIT。

菜单：标注→倾斜。

命令及提示如下。

```
命令: _dimedit
输入标注编辑类型［默认(H)/新建(N)/旋转(R)/倾斜(O)］<默认>:
```

参数说明如下。

① 默认（H）：将旋转标注文字移回默认位置，选定的标注文字移回到由标注样式指定的默认位置和旋转角，如图 7-63 所示。

② 新建（N）：使用在位文字编辑器更改标注文字，如图 7-64 所示。

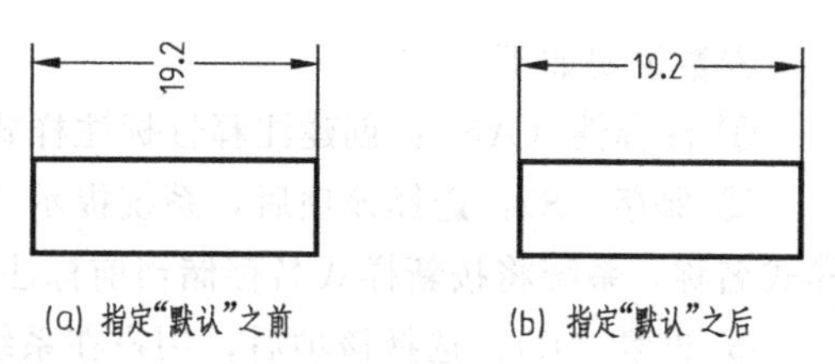

(a) 指定“默认”之前　　(b) 指定“默认”之后

图 7-63　编辑标注-默认

③ 旋转（R）：旋转标注文字。此选项与 DIMTEDIT 的“角度”选项类似，输入 0 将标注文字按缺省方向放置。缺省方向由“新建标注样式”对话框、“修改标注样式”对话框和“替代当前样式”对话框中的“文字”选项卡上的垂直和水平文字设置进行设置，如图 7-65 所示。

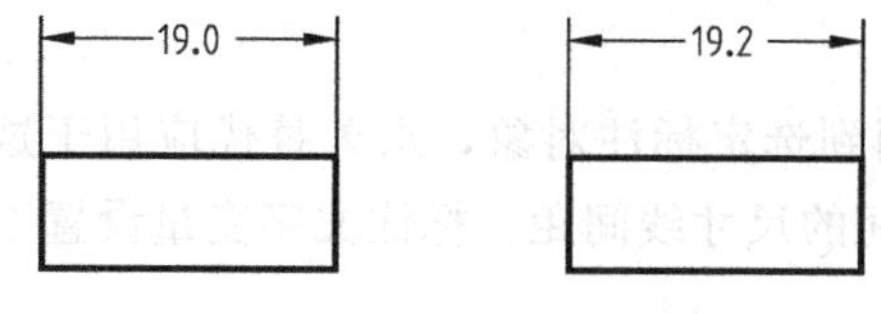

(a) 选择“新建”之前　　(b) 选择“新建”之后

图 7-64　编辑标注-新建

旋转的文字

图 7-65　编辑标注-旋转

④ 倾斜（O）：当尺寸界线与图形的其他要素冲突时，可用“倾斜”选项，倾斜角从 UCS 的 X 轴进行测量，如图 7-66 所示。

五、标注更新

创建和修改标注样式，可以将标注系统变量保存或恢复到选定的标注样式。

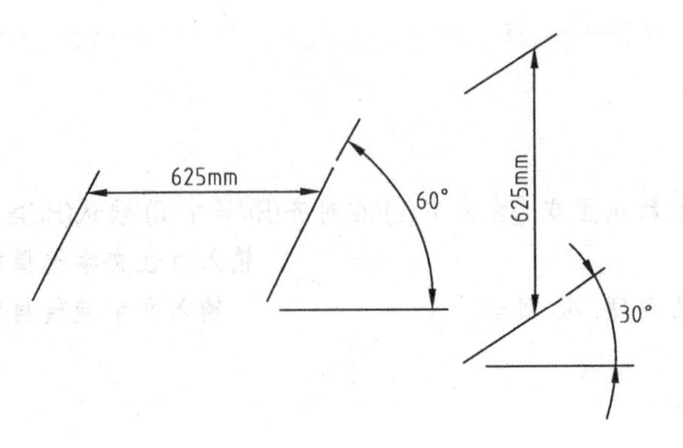

图 7-66 编辑标注-倾斜

命令：DIMSTYLE。

菜单：标注→更新。

命令及提示如下。

```
命令:dimstyle
当前标注样式:ISO-25              注释性: 否
输入标注样式选项
[注释性(AN)/保存(S)/恢复(R)/状态(ST)/变量(V)/应用(A)/?]<恢复>:
输入标注样式名、[?]或<选择标注>c:
选择标注:
```

参数说明如下。

① 注释性（AN）：创建注释性标注样式。

② 保存（S）：选择该项后，系统提示“输入新标注样式名或［?］:”用户可输入一个新样式名称，系统将按新样式名存储当前标注样式。

③ 恢复（R）：选择该项后，用户在系统提示后输入已经定义过的标注样式名称，即可用次标注样式替代当前标注样式。

④ 状态（ST）：显示所有标注系统变量的当前值。

⑤ 变量（V）：列出某个标注样式或选定标注的标注系统变量设置，但不修改当前设置。

⑥ 应用（A）：将当前尺寸标注系统变量设置应用到选定标注对象，永久替代应用于这些对象的任何现有标注样式。不更新现有基线标注之间的尺寸线间距，标注文字变量设置不更新现有引线文字。

⑦ ?（列出标注样式）：列出当前图形中的命名标注样式。

六、尺寸分解

关联尺寸其实是一种无名块，尺寸中的四个要素是一个整体。如果要对尺寸中的某个要素进行单独的修改，必须通过分解命令将其分解。分解后的尺寸不再具有关联性，如图 7-67 所示。

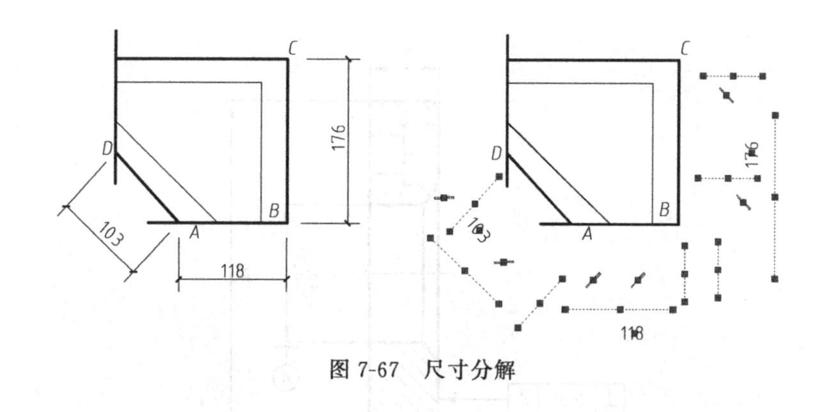

图 7-67　尺寸分解

第四节　公 差 标 注

一、尺寸公差标注

一般标注尺寸公差有以下三种方法。

① 标注尺寸过程中设置尺寸公差。标注时选择“多行文字（M）”选项，在打开的“多行文字编辑器”中，利用堆叠文字方式标注公差。

② 利用“ ”（特性选项）设置尺寸公差。标注尺寸后，利用该尺寸的“特性”选项板，在“公差”选择区域来修改公差设置。这种方法现在使用较广。

③ 采用“标注替代”方法，即在“标注式样管理器”中单击“替代”按钮，在“公差”选项卡中设置尺寸公差，接着为即将标注的图形进行尺寸公差标注，再回到通用的标注样式。由于替代样式只能使用一次，因此不会影响其他的尺寸标注。

注意：用同样的方法还可以标注“对称”“极限尺寸”“公称尺寸”等形式的公差尺寸。用户可以在“显示公差”下拉列表中进行样式选择。

★**【实例】** 利用“特性”选项板，标注图 7-68 所示的尺寸公差。

操作过程如下。

① 执行“线性”命令，标注尺寸 14。

② 利用夹点选中线性标注 14，然后单击鼠标右键，在随位菜单中单击 特性(S)，弹出“特性”选项板。

③ 将滑块拉到最下方的“公差”选择区域，如图 7-69 所示，在“显示公差”下拉列表中选择“极限偏差”，在“公差下偏差”文本框中输入“0.021”，在“公差上偏差”文本框中输入“0.041”，在“公差精度”列表框中选择“0.000”，在“公差文字高度”列表框中输入“0.7”。

④ 关闭“特性”选项板，按“Esc”键取消标注对象的选择，完成线性尺寸添加尺寸公差。

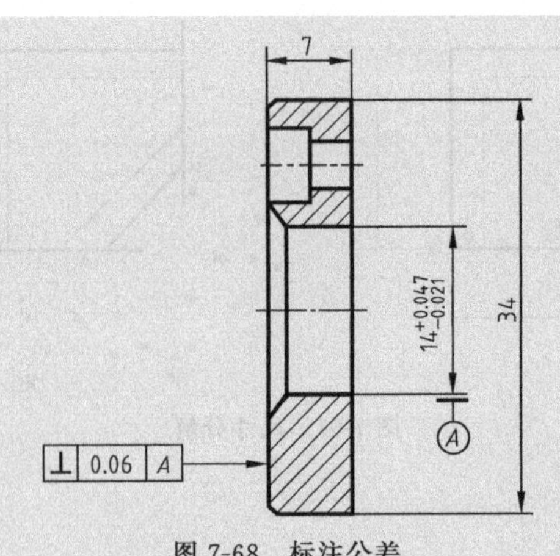

图 7-68　标注公差

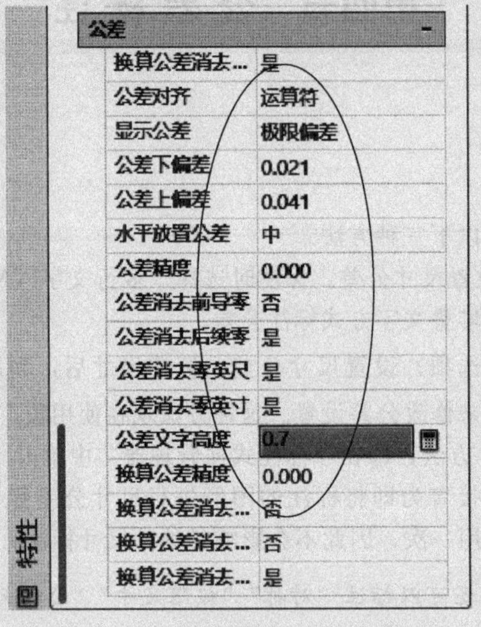

图 7-69　特性选项板-标注尺寸公差

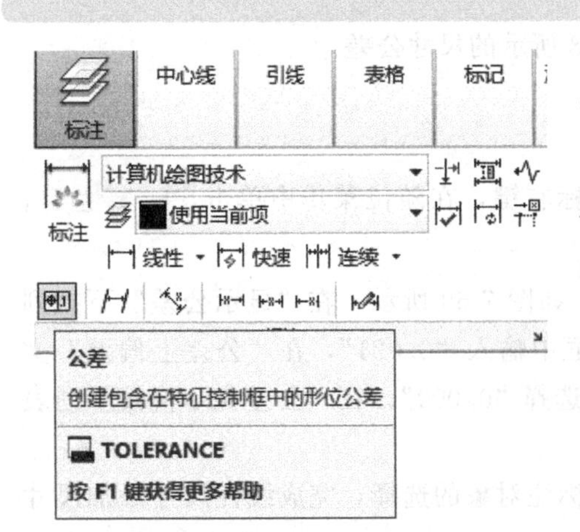

图 7-70　工具钮

二、几何公差标注

几何公差用于控制机械零件的实际尺寸（如位置、形状、方向和跳动等）与零件理想尺寸之间的允许差值。几何公差的大小直接关系到零件的使用性能，在机械图形中有非常重要的作用。

命令：TOLERANCE。

菜单：标注→公差。

工具钮：如图 7-70 所示。

执行公差命令后，系统将弹出“形位公差”对话框，如图 7-71 所示。

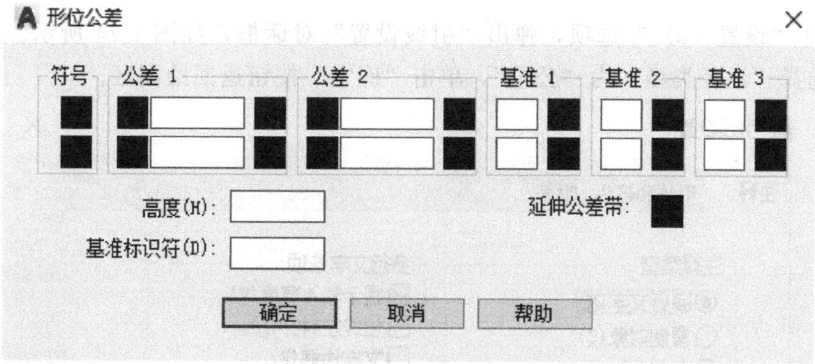

图 7-71 “形位公差”对话框

符号区：点击符号下的小黑框，将弹出“特征符号”对话框，如图 7-72 所示，在此可以选择要标注的公差的符号。

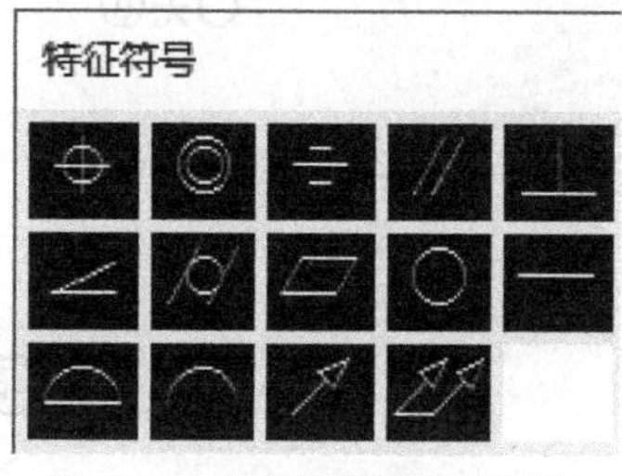

图 7-72 “特征符号”对话框

公差区：公差区左侧的小黑框为直径符号是否打开的开关，在此可以输入公差数值，如 0.05；点取右侧的小黑框，将弹出“附加符号（包容条件）”对话框，如图 7-73 所示。

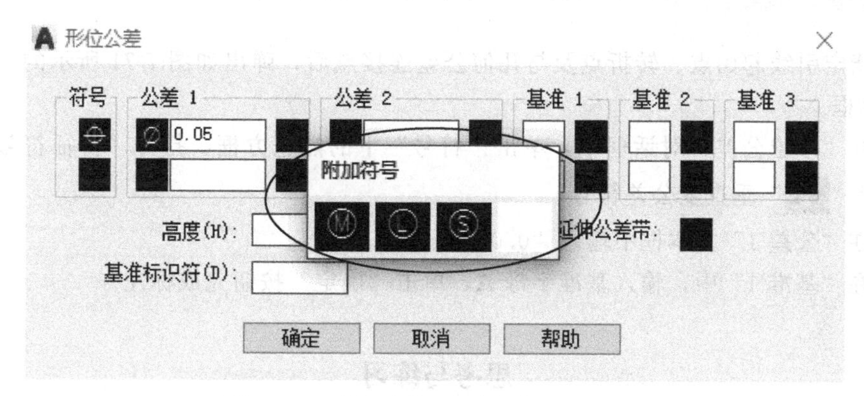

图 7-73 “附加符号（包容条件）”对话框

基准区：用于测量零件公差所依据的基准。在文本框中输入基准线或基准面的代号，在黑色方框中选择材料状态。

高度：用于指定预定的公差范围值。

延伸公差带：显示预定的公差范围符号与预定的公差范围值的配合，即预定的公差范围值后加上符号（P）。

基准标识符：用于输入基准的标识符号，如 A、B、C 等。

注意：几何公差的位置一般和引线标注联合使用。

★【实例】 用“QLEADER”命令标注图 7-68 所示的公差。

操作过程如下。

① 命令行输入“QLEADER”执行“快速引线”命令。

② 选择“设置（s）”选项，弹出“引线设置”对话框，如图 7-74 所示。在“注释”选项卡中选择“注释类型”为“公差”，单击“确定”按钮返回绘图区。

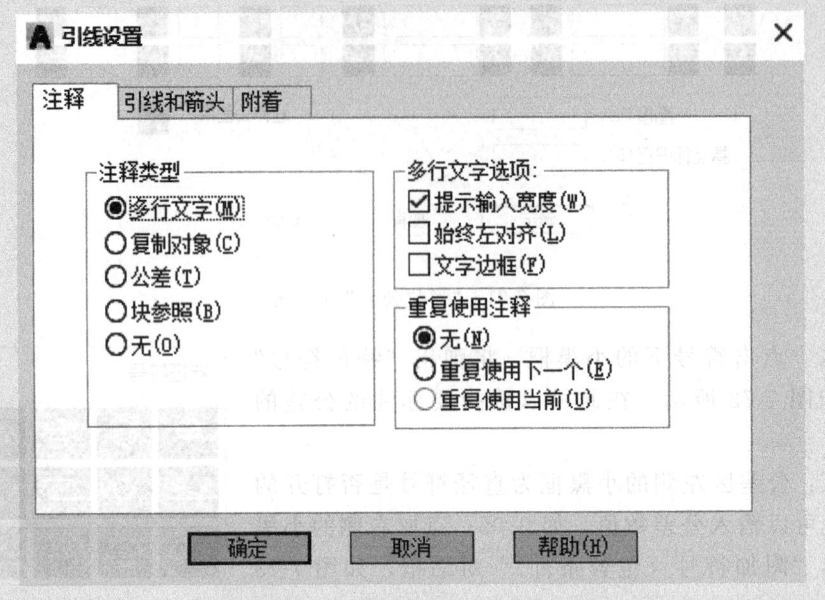

图 7-74 “引线设置”对话框

③ 指定引线起始点、转折点及与几何公差连接点后，弹出如图 7-71 所示的“形位公差”对话框。

④ 在“形位公差”对话框中，单击“符号”下的黑色方框，打开“特征符号”对话框，选择“⊥”垂直度公差符号。

⑤ 在“公差 1”文本框中输入“0.06”。

⑥ 在“基准 1”中，输入基准字母 A，单击“确定”按钮完成标注。

思考与练习

1. 绘制如图 7-75 所示平面图形并标注尺寸。

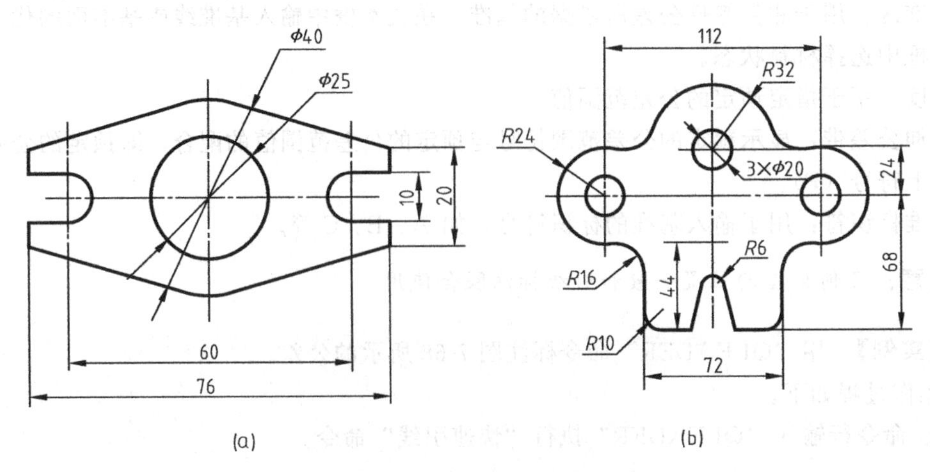

图 7-75 平面图形及尺寸标注

2. 绘制如图 7-76 所示常见形体的视图并标注尺寸。

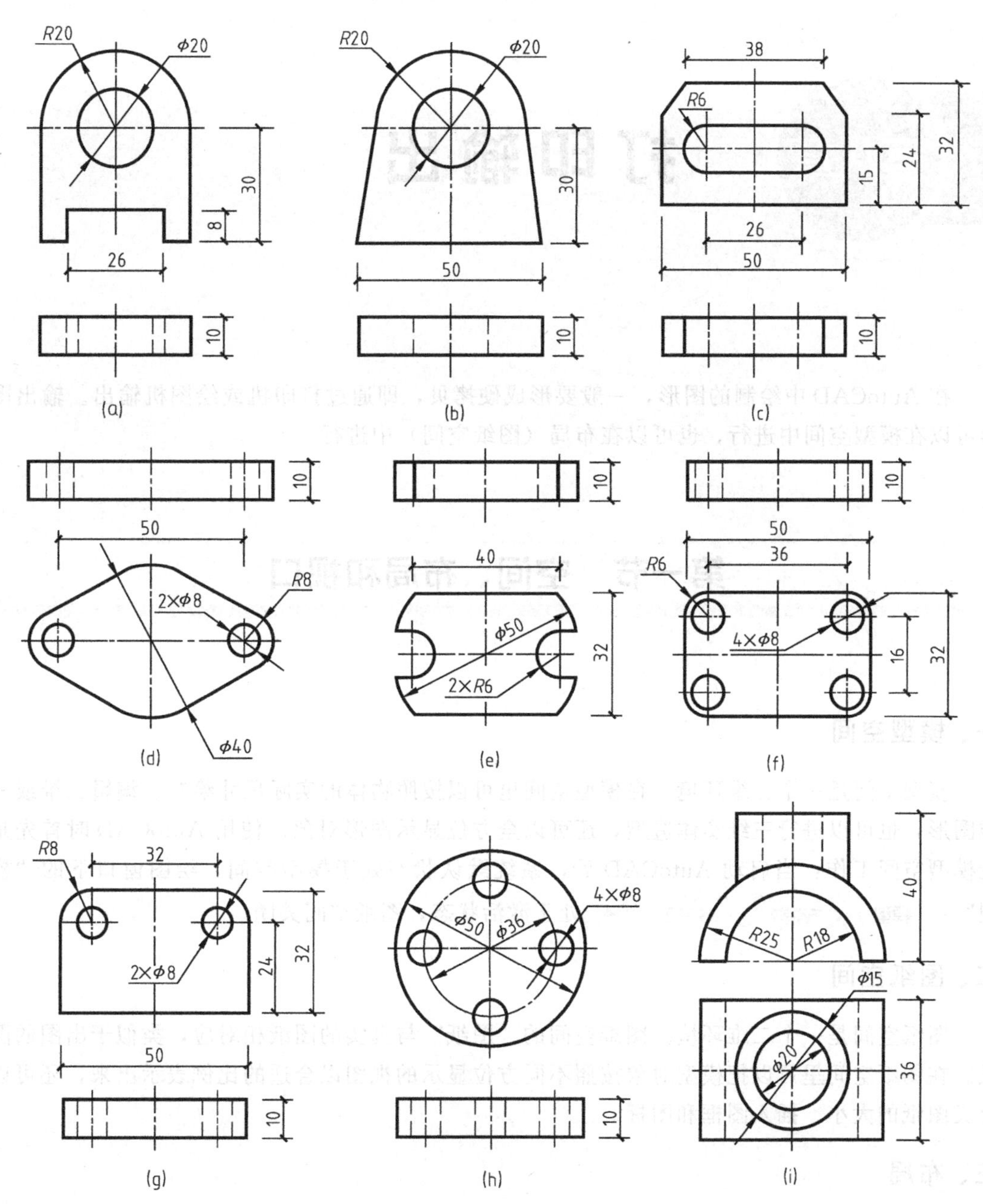

图 7-76　常见形体视图及尺寸标注

第八章 打印输出

在 AutoCAD 中绘制的图形，一般要形成硬拷贝，即通过打印机或绘图机输出。输出图形可以在模型空间中进行，也可以在布局（图纸空间）中进行。

第一节 空间、布局和视口

一、模型空间

模型空间是一个三维环境。在模型空间里可以按照物体的实际尺寸绘制、编辑二维或三维图形，也可以进行三维实体造型，还可以全方位显示图形对象。使用 AutoCAD 时首先是在模型空间工作：当启动 AutoCAD 后，系统默认状态处于模型空间，绘图窗口下的“模型” 模型 布局1 布局2 + 处于激活状态，图纸空间关闭。

二、图纸空间

图纸空间是一个二维环境。图纸空间的“图纸”与真实的图纸相对应，类似于出图的图纸。在图纸空间里可以把模型对象按照不同方位显示的视图以合适的比例表示出来，还可以定义图纸的大小、插入图框和图标。

三、布局

布局相当于图纸空间环境。一个布局就是一张图纸，并提供预置的打印页面设置。在布局中可以创建和定位视口，生成图框、图标等。利用布局可以在图纸空间创建多个视口来显示不同的视图，而且每个视图都可以有不同的显示缩放比例，或冻结指定的图层。单击绘图窗口下的“布局 1” 模型 布局1 布局2 + 则布局 1 处于激活状态，模型空间关闭。

在一个图形文件中模型空间只有一个，布局可以设置多个。这样就可以用多张图纸多侧面地反映同一物体或图形对象。例如，将某一工程总图拆成多张不同专业图；或者将在模型空间绘制的装配图拆成多张零件图。

四、平铺视口

视口是显示用户模型的不同视图的区域。一般把模型空间创建的视口称为“平铺视口”，在图纸空间创建的视口称为“浮动视口”。

在模型空间中绘制图形时，用户可以将一个显示屏幕划分成多个视口（视区或视窗），即用 VIEWPORTS 命令在模型空间中建立。

命令：VIEWPORTS/VPORTS/-VPORTS（VP/-VP）。

菜单：视图→视口→新建视口。

启用 VIEWPORTS 命令后，弹出“视口”对话框，如图 8-1 所示。

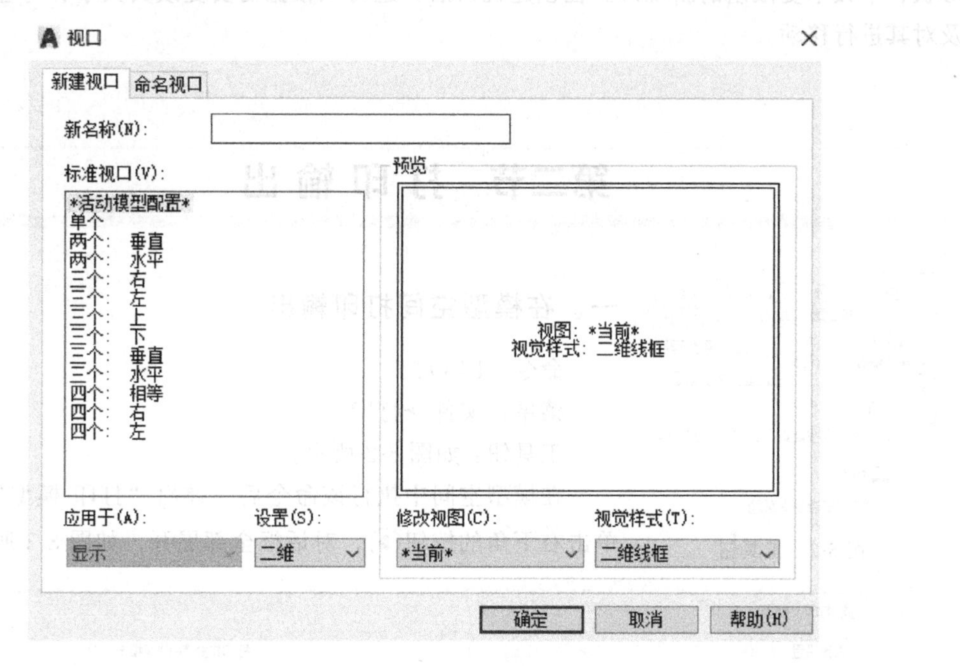

图 8-1 “视口”对话框

选项及说明如下。

① 新名称：当前要存储的视口名。

② 标准视口：系统定义的标准视口类型。

③（新建视口）预览：视口预览。

④ 应用于：当选中一个标准视口列表中的一个视口后该选项亮显，用户可以确定当前视口是建立在显示屏幕上还是建立在当前显示屏幕的当前视口中。

⑤ 设置：建立视口格式，可以选择二维（2D）或三维（3D）格式。

⑥ 修改视图：按用户要求改变各视口中 UCS 坐标的设置，通过点击预览中的相应视口然后从“修改视图”下拉列表中选择。

⑦ 视觉样式：将视觉样式应用到视口。将显示所有可用的视觉样式。

⑧ 当前名称：当前视口名，提示用户正在使用的视口名字。

⑨ 命名视口：用户自定义的视口名列表，当用户点选选中一视口名时，系统自己把它设置为当前视口。

⑩（命名视口）预览：选中的视口预览。

技巧：每个视口最多可分为四个子视口，每个子视口可继续被分为四个子视口。当我们建立多个视口时，只有当前活动视口显示十字光标。当光标移到非活动视口时显示为箭头，单击鼠标左键，该视口立即转化为当前活动视口。当视口边框为粗线时，此视口就为当前活动视口。

五、浮动视口

浮动视口又称为布局视口。根据需要可以在一个布局中创建标准视口，也可以创建多个形状、个数不受限制的新视口。在创建视口后，还可以根据需要更改其大小、特性、比例以及对其进行移动。

第二节 打印输出

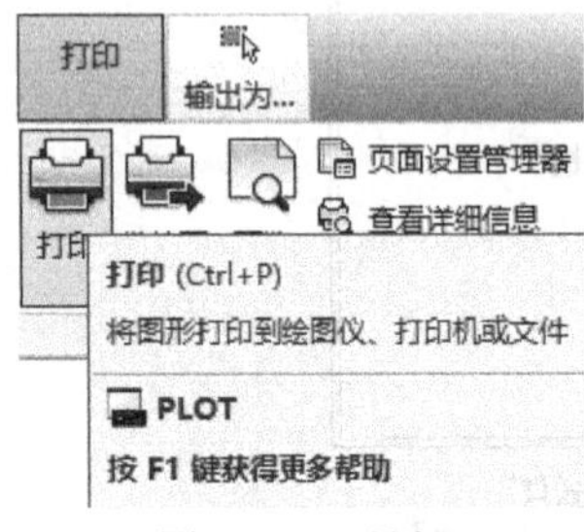

图 8-2 工具钮

一、在模型空间打印输出

命令：PLOT。

菜单：文件→打印。

工具钮：如图 8-2 所示。

在模型空间中执行该命令后，弹出“打印-模型”对话框，单击右下角的按钮，对话框全部展开，如图 8-3 所示。

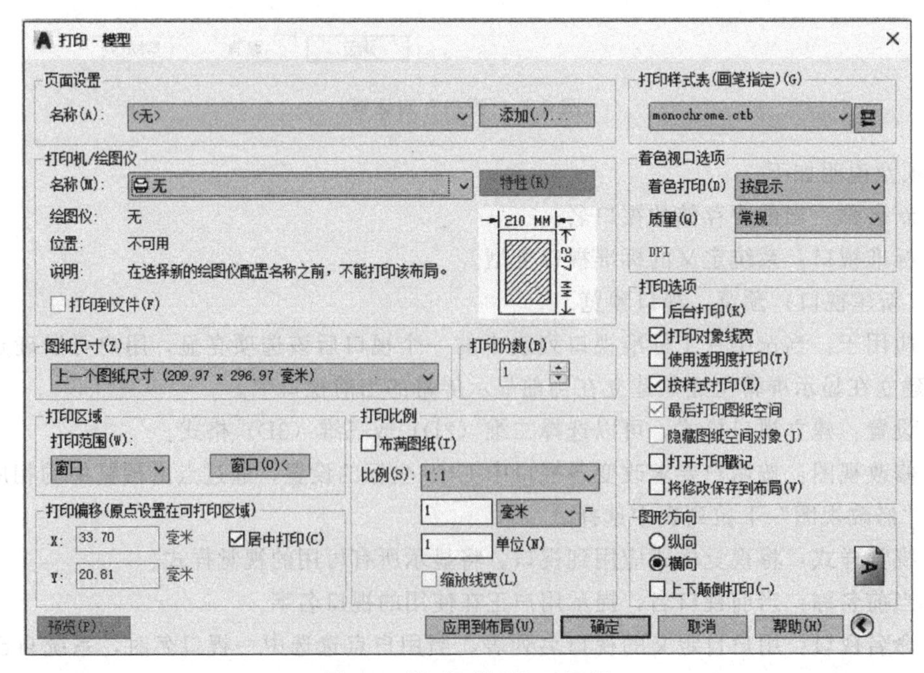

图 8-3 “打印-模型”对话框

1. 页面设置

列出图形中已命名或已保存的页面设置。可以将图形中保存的命名页面设置作为当前页面设置，也可以在“打印”对话框中单击“添加”，基于当前设置创建一个新的命名页面设置。

名称：显示当前页面设置的名称。

添加：显示“添加页面设置”对话框，从中可以将“打印”对话框中的当前设置保存到命名页面设置。可以通过“页面设置管理器”修改此页面设置。

2. 打印机/绘图仪

指定打印布局时使用已配置的打印设备，如果选定绘图仪不支持布局中选定的图纸尺寸，将显示警告，用户可以选择绘图仪的默认图纸尺寸或自定义图纸尺寸。

名称：列出可用的 PC3 文件或系统打印机，可以从中进行选择，以打印当前布局。设备名称前面的图标识别其为 PC3 文件还是系统打印机。

特性：单击该按钮会打开如图 8-4 所示的“绘图仪配置编辑器”对话框，在该对话框中可对当前打印设备的特性进行设置，包括介质、图形、物理笔配置、自定义特性、初始化字符串、校准和用户定义的图纸尺寸等。

绘图仪：显示当前所选页面设置中指定的打印设备。

位置：显示当前所选页面设置中指定的输出设备的物理位置。

说明：显示当前所选页面设置中指定的输出设备的说明文字。可以在绘图仪配置编辑器中编辑此文字。

打印到文件：打印输出到文件而不是绘图仪或打印机。打印文件的默认位置是在“选项”对话框→“打印和发布”选项卡→“打印到文件操作的默认位置”中指定的。

如果“打印到文件”选项已打开，单击“打印”对话框中的“确定”将显示“打印到文件”对话框（标准文件浏览对话框）。

局部预览：精确显示相对于图纸尺寸和可打印区域的有效打印区域。工具提示显示图纸尺寸和可打印区域。

3. 图纸尺寸

显示所选打印设备可用的标准图纸尺寸。如果未选择绘图仪，将显示全部标准图纸尺寸的列表以供选择。如果所选绘图仪不支持布局中选定的图纸尺寸，将显示警告，用户可以选择绘图仪的默认图纸尺寸或自定义图纸尺寸，如图 8-5 所示。

4. 打印份数

指定要打印的份数，如图 8-6 所示。打印到文件时，此选项不可用。

5. 打印区域

指定要打印的图形部分。在“打印范围”下，可以选择要打印的图形区域，如图 8-7 所示。

窗口：打印指定的图形部分。如果选择“窗口”，“窗口”按钮将称为可用按钮。单击“窗口”按钮以使用定点设备指定要打印区域的两个角点，或输入坐标值。

图形界限：从“模型”选项卡打印时，将打印栅格界限定义的整个绘图区域。如果当前视口不显示平面视图，该选项与“范围”选项效果相同。

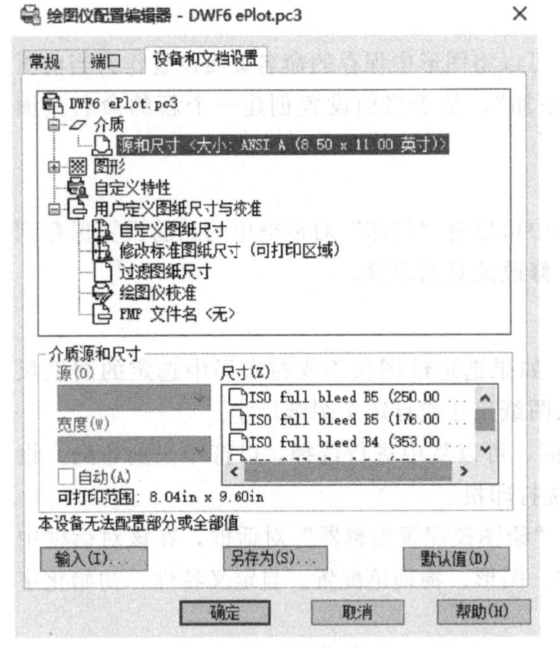

图 8-4 “绘图仪配置编辑器”对话框

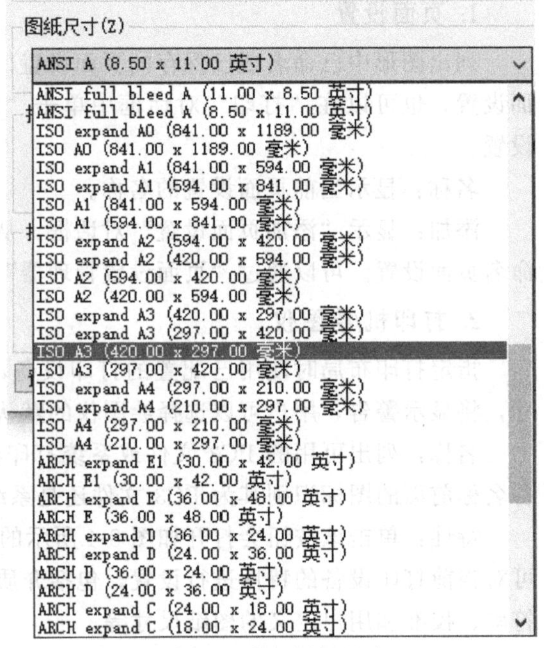

图 8-5 设置图纸尺寸

显示：打印选定的“模型”选项卡当前视口中的视图或布局中的当前图纸空间视图。

6. 打印偏移

图纸的可打印区域由所选输出设备决定，在布局中以虚线表示。更改为其他输出设备时，可能会更改可打印区域。通过在“X 偏移”和“Y 偏移”框中输入正值或负值，可以偏移图纸上的几何图形，如图 8-8 所示。图纸中的绘图仪单位为英寸或毫米。

图 8-6 设置打印图纸份数

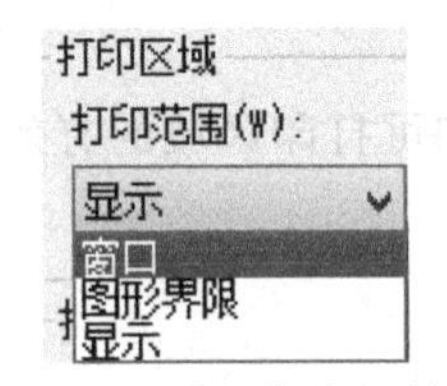

图 8-7 设置打印区域

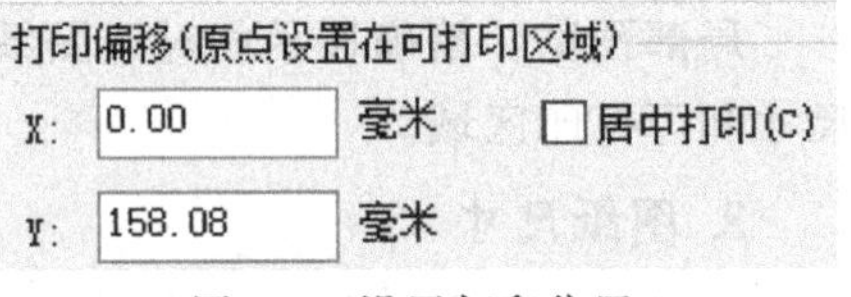

图 8-8 设置打印位置

居中打印：自动计算 X 偏移和 Y 偏移值，在图纸上居中打印。当“打印区域”设定为“布局”时，此选项不可用。

X：相对于“打印偏移定义”选项中的设置指定 X 方向上的打印原点。

Y：相对于“打印偏移定义”选项中的设置指定 Y 方向上的打印原点。

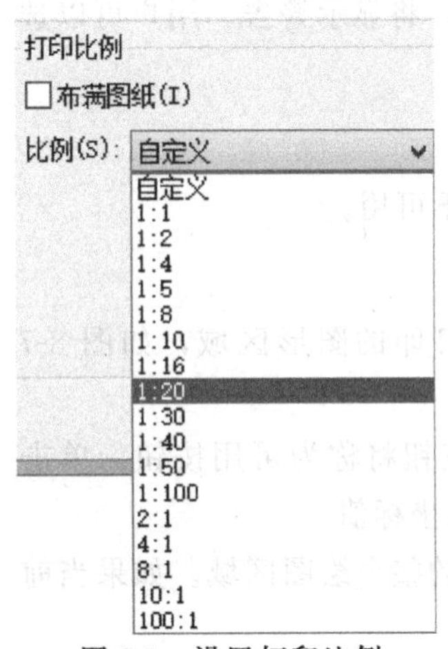

图 8-9 设置打印比例

7. 打印比例

控制图形单位与打印单位之间的相对尺寸，如图 8-9 所示。从“模型”选项卡打印时，默认设置为“布满图纸”。

布满图纸：缩放打印图形以布满所选图纸尺寸，并在“比例”“英寸＝”和“单位”框中显示自定义的缩放比例因子。

比例：定义打印的精确比例。“自定义”可定义用户定义的比例。可以通过输入与图形单位数等价的英寸（或毫米）数来创建自定义比例。

英寸 =/毫米 =/像素 =：指定与指定的单位数等价的英寸数、毫米数或像素数。

英寸/毫米/像素：在“打印”对话框中指定要显示的单位是英寸还是毫米。默认设置为根据图纸尺寸，并会在每次选择新的图纸尺寸时更改。“像素”仅在选择了光栅输出时才可用。

单位：指定与指定的英寸数、毫米数或像素数等价的单位数。

缩放线宽：与打印比例成正比缩放线宽。线宽通常指定打印对象的线的宽度并按线宽尺寸打印，而不考虑打印比例。

8. 打印样式表（画笔指定）

设定、编辑打印样式表，或者创建新的打印样式表，如图 8-10 所示。

9. 着色视口选项

指定着色和渲染视口的打印方式，并确定它们的分辨率大小和每英寸点数（DPI），如图 8-11 所示。

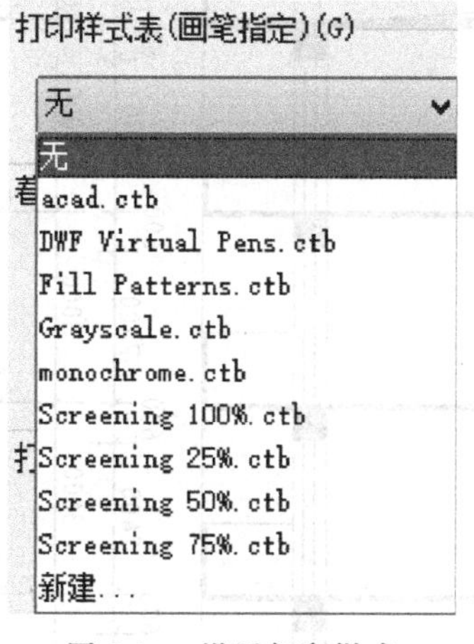

图 8-10　设置打印样式

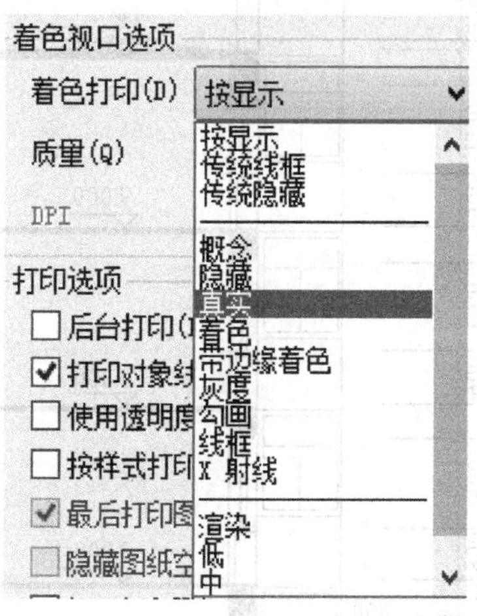

图 8-11　选择着色打印方式

着色打印：指定视图的打印方式。在“模型”选项卡上，可以从不同选项中选择。

质量：指定着色和渲染视口的打印分辨率。

DPI：指定渲染和着色视图的每英寸点数，最大可为当前打印设备的最大分辨率。只有在“质量”框中选择了“自定义”后，此选项才可用。

10. 打印选项

指定线宽、透明度、打印样式等选项。

11. 图形方向

为支持纵向或横向的绘图仪指定图形在图纸上的打印方向。图纸图标代表所选图纸的介质方向。字母图标代表图形在图纸上的方向，如图 8-12 所示。

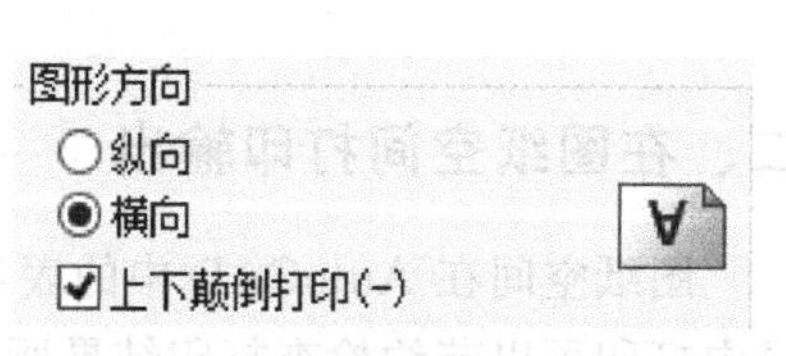

图 8-12　设置打印方向

纵向：放置并打印图形，使图纸的短边位于图形页面的顶部。

横向：放置并打印图形，使图纸的长边位于图形页面的顶部。

上下颠倒打印：上下颠倒地放置并打印图形。

图标：指示选定图纸的介质方向并用图纸上的字母表示页面上的图形方向。

12. 预览打印效果

在完成打印设置后，可以先利用 AutoCAD 的打印预览功能查看设置是否符合要求，如果不能符合要求，可以在打印对话框中修改相应的参数。

单击如图 8-3 所示打印对话框左下角的 预览(P)... 按钮，即可进入打印预览视图，如图 8-13 所示。如果设置的打印效果满意，单击左上角工具栏中的按钮，即可按设置将图样打印出来；如果设置的打印效果不满意，则可单击左上角工具栏中的按钮或按键盘左上角“Esc”键返回到“打印-模型”对话框修改参数，直到打印效果满意为止。

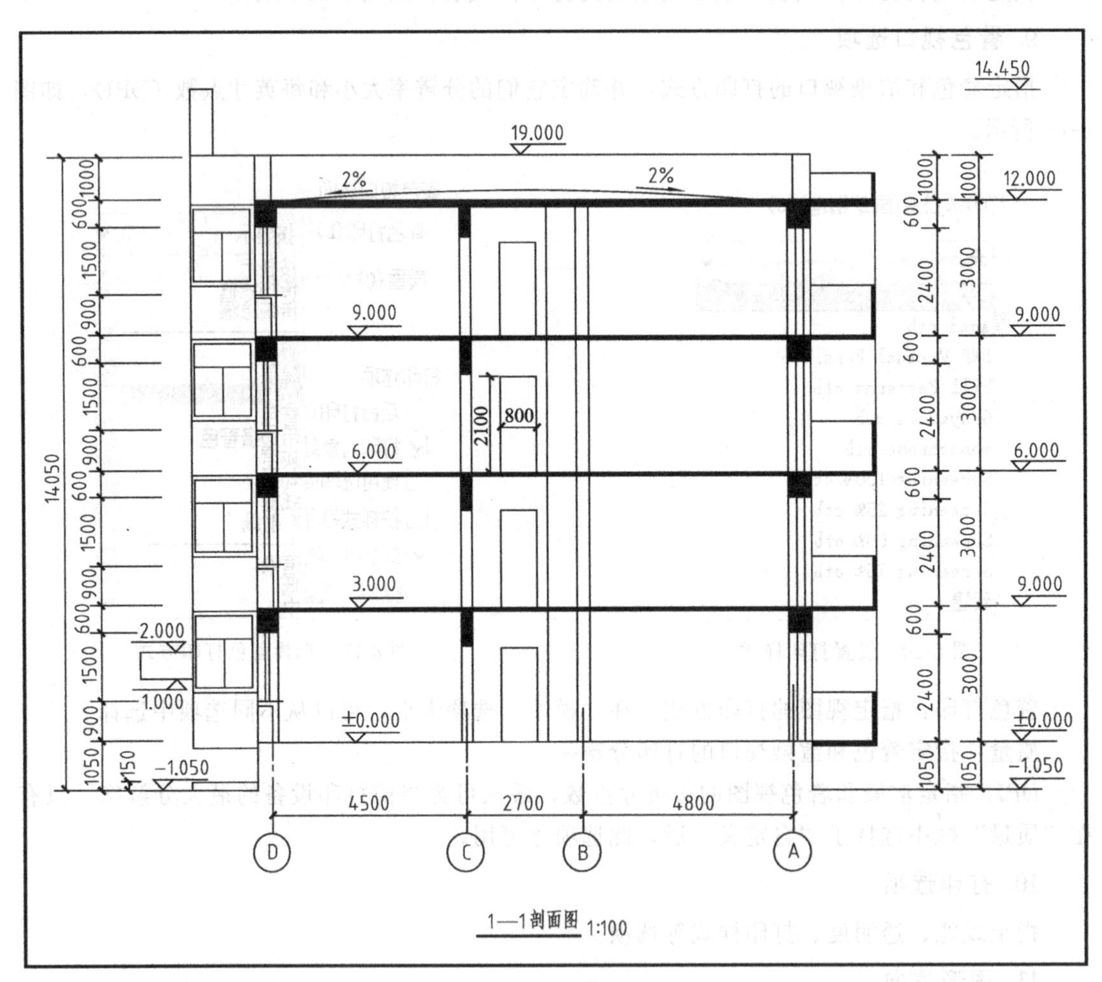

图 8-13 设置预览视图

二、在图纸空间打印输出

图纸空间在 AutoCAD 中的表现形式就是布局。布局选项卡显示实际的打印内容，在布局中打印可以节约检查打印结果所耗的时间。

1. 打开图形

打开一个在模型空间绘制好的图形。

2. 进入图纸空间

单击模型/布局选项卡 模型 布局1 布局2 + 。也可以创建新的布局。

① 利用布局向导创建布局。

命令：LAYOUTWIZARD。

菜单：插入→布局→创建布局向导；工具→向导→创建布局。

屏幕弹出“创建布局-开始”对话框，对话框的左边列出了创建布局的步骤，按此操作即可，如图 8-14 所示。

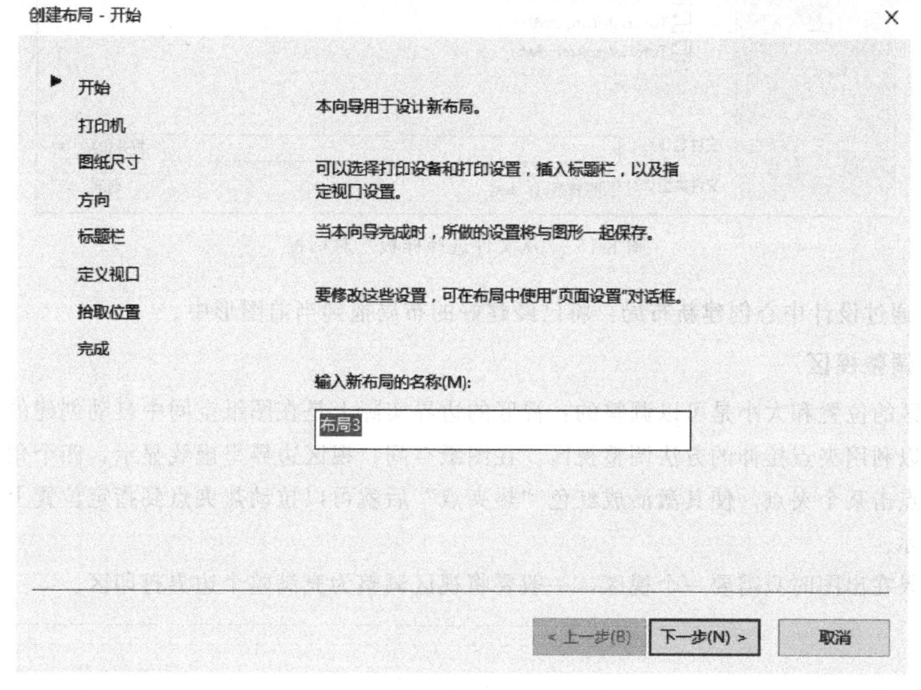

图 8-14 “创建布局-开始”对话框

② 利用来自样板的布局：布局样板是指“.dwg”或“.dwt”文件中的布局。前面介绍过 AutoCAD 提供了扩展名为“.dwt”的样板文件，在设计新布局环境时也可以使用。

命令：LAYOUT。

菜单：插入→布局→来自样板的布局。

右击 布局1 布局2 + 选项卡，从快捷菜单中选择“从样板”，屏幕弹出“从文件选择样板”对话框，如图 8-15 所示。在列表中选择所需的布局样板，比如“Tutorial-mArch.dwt”，然后单击 打开(O) ，打开“插入布局”对话框，单击 确定 即可。

③ 利用“布局”选项卡创建新的布局。

命令：LAYOUT。

菜单：插入→布局→新建布局。

右击 布局1 布局2 + 选项卡，从快捷菜单中选择“新建布局”。

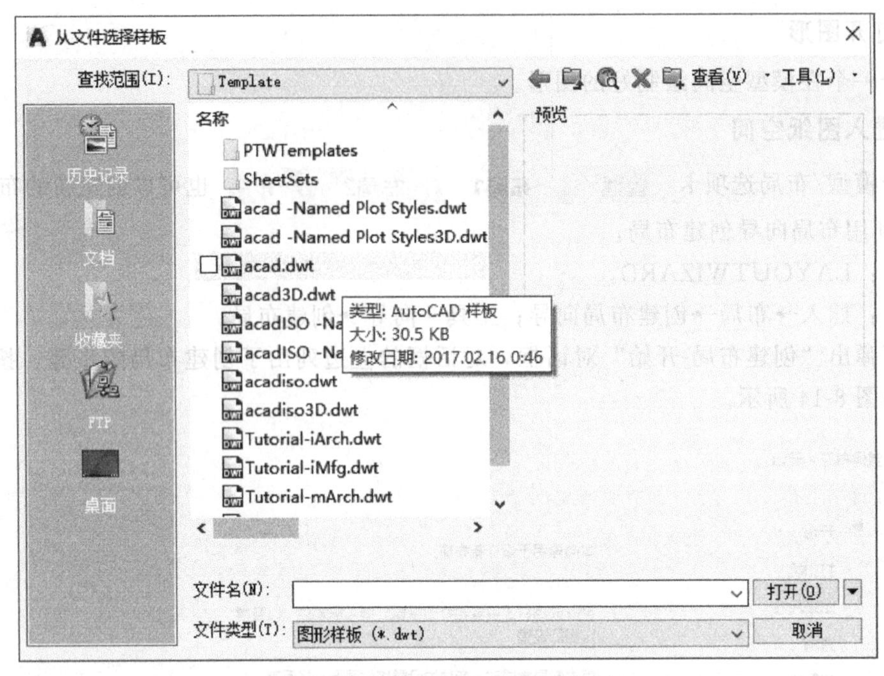

图 8-15 “从文件选择样板”对话框

④ 通过设计中心创建新布局：将已经建好的布局拖到当前图形中。

3. 调整视区

视区的位置和大小是可以调整的：视区的边界实际上是在图纸空间中自动创建的一个矩形，可以利用夹点拉伸的方法调整视区。在图纸空间，视区边界呈虚线显示，四个角上出现夹点，点击某个夹点，使其激活成红色“热夹点”后就可以拉动热夹点到指定位置上，如图 8-16 所示。

如果在出图时只需要一个视区，一般要将视区调整为充满整个边界打印区。

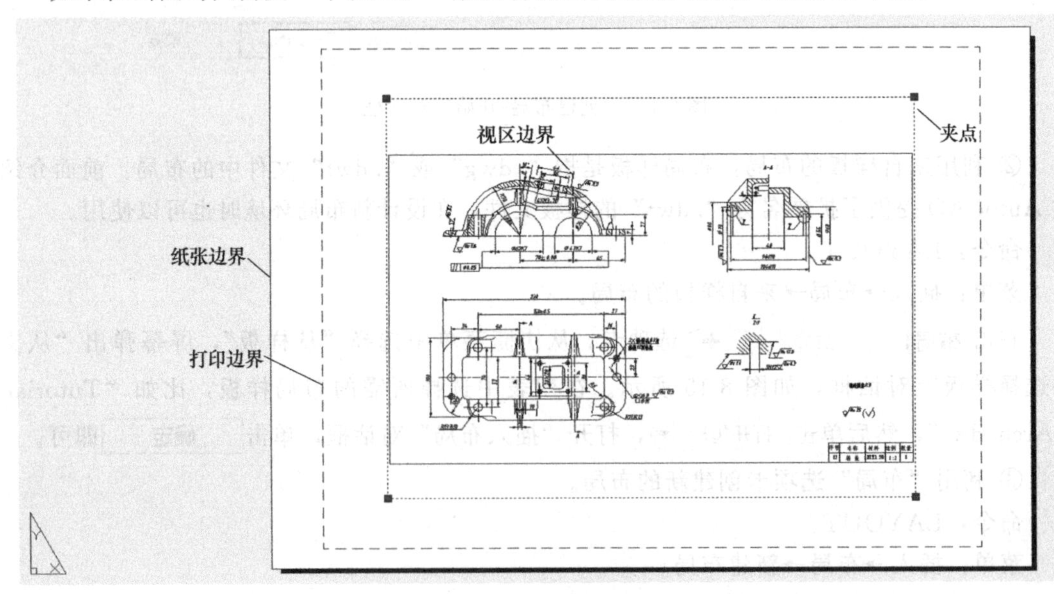

图 8-16 调整视区边界

4. 多视口布局

在布局窗口中可以增加多个视口。各视口可以用不同比例、角度和位置来显示同一个模型，视口的位置也可以任意设定。

5. 设置比例

设置比例是出图过程的重要一步。在任何一张工程图纸的图标中都有“比例”一栏，该比例反映了图上尺寸与实际尺寸的换算关系。按照国家标准，图纸上无论采用何种比例，标注的都是图形的真实尺寸；并且在同一张图纸上，所有标注元素无论大小、样式都要一致。

6. 在图纸空间增加图形对象

有时需要在出图时添加一些不属于模型本身的对象，如说明、图例、图框、图标等。此时可以在图纸空间添加，对模型空间没有任何影响。如果需要，也可以通过“CHSPACE”命令将图纸空间的对象转换到模型空间。

7. 最后打印

命令：PLOT。

菜单：文件→打印。

工具钮：如图 8-17 所示。

在图纸空间中执行该命令后，弹出“打印-布局1”对话框，单击右下角的按钮 ⊙，对话框全部展开，如图 8-18 所示。其他设置参照模型空间打印即可。

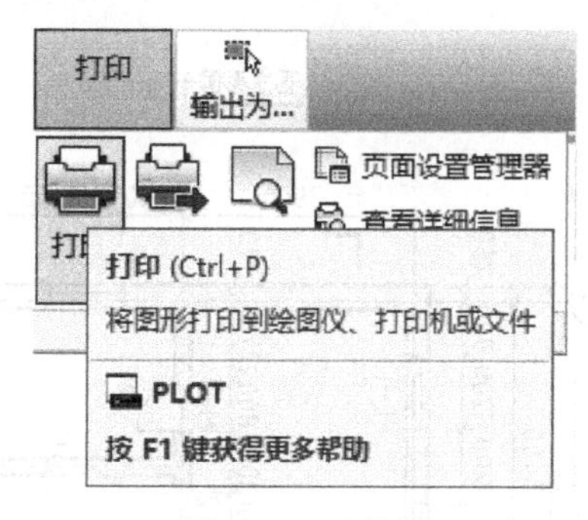

图 8-17　工具钮

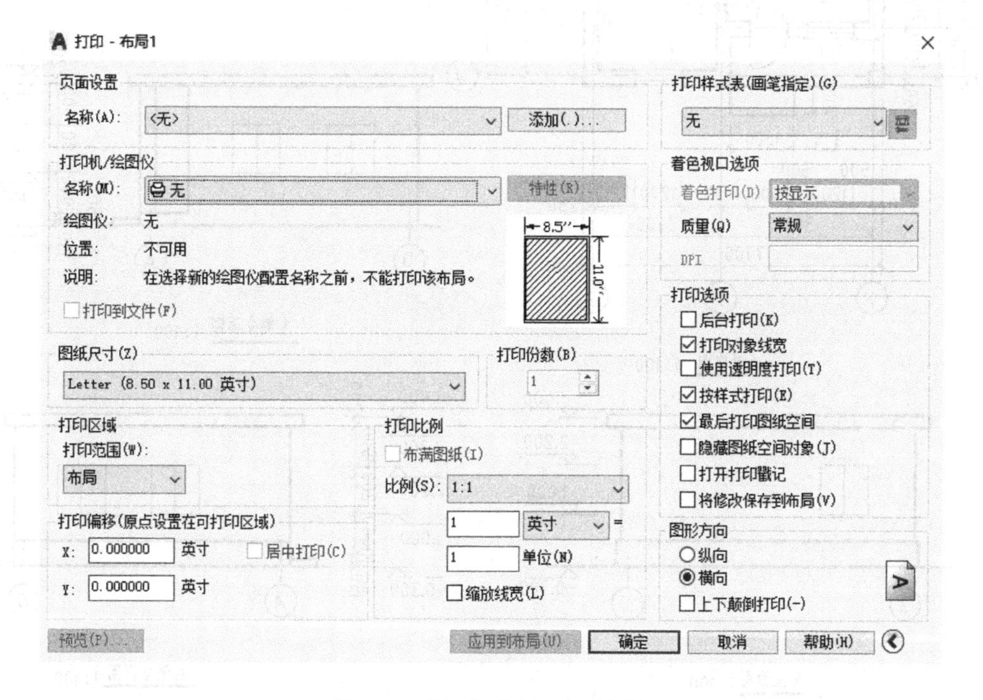

图 8-18　“打印-布局 1”对话框

思考与练习

1. 模型空间和图纸空间有什么区别？
2. 模型空间和图纸空间打印出图有什么区别？
3. 可否在浮动视口中移动、缩放图形？如何操作？
4. 绘制并打印如图 8-19 所示图形。

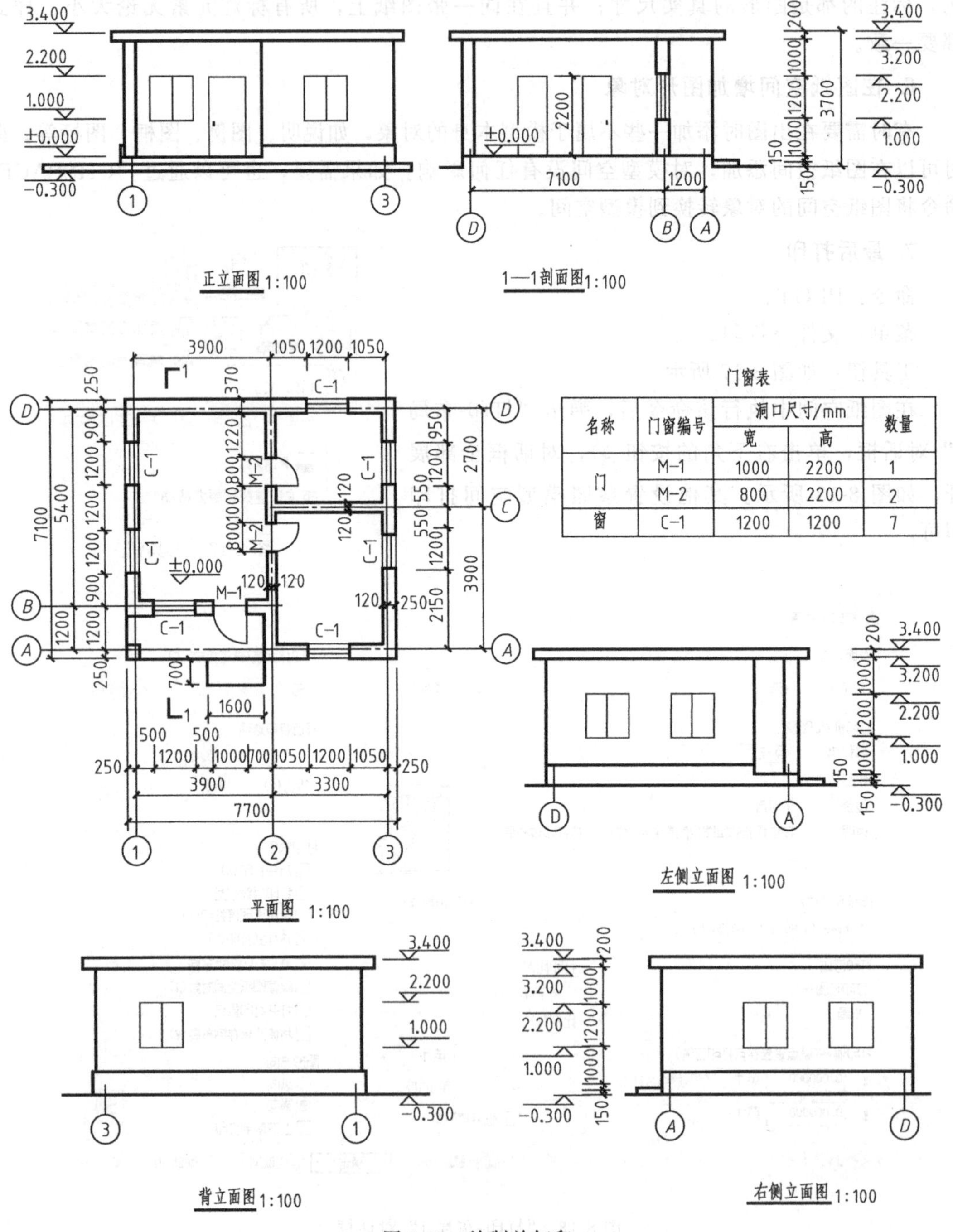

门窗表

名称	门窗编号	洞口尺寸/mm		数量
		宽	高	
门	M-1	1000	2200	1
	M-2	800	2200	2
窗	C-1	1200	1200	7

图 8-19 绘制并打印

第九章 综合实例练习

① 绘制如图 9-1 所示平面图形并标注尺寸。

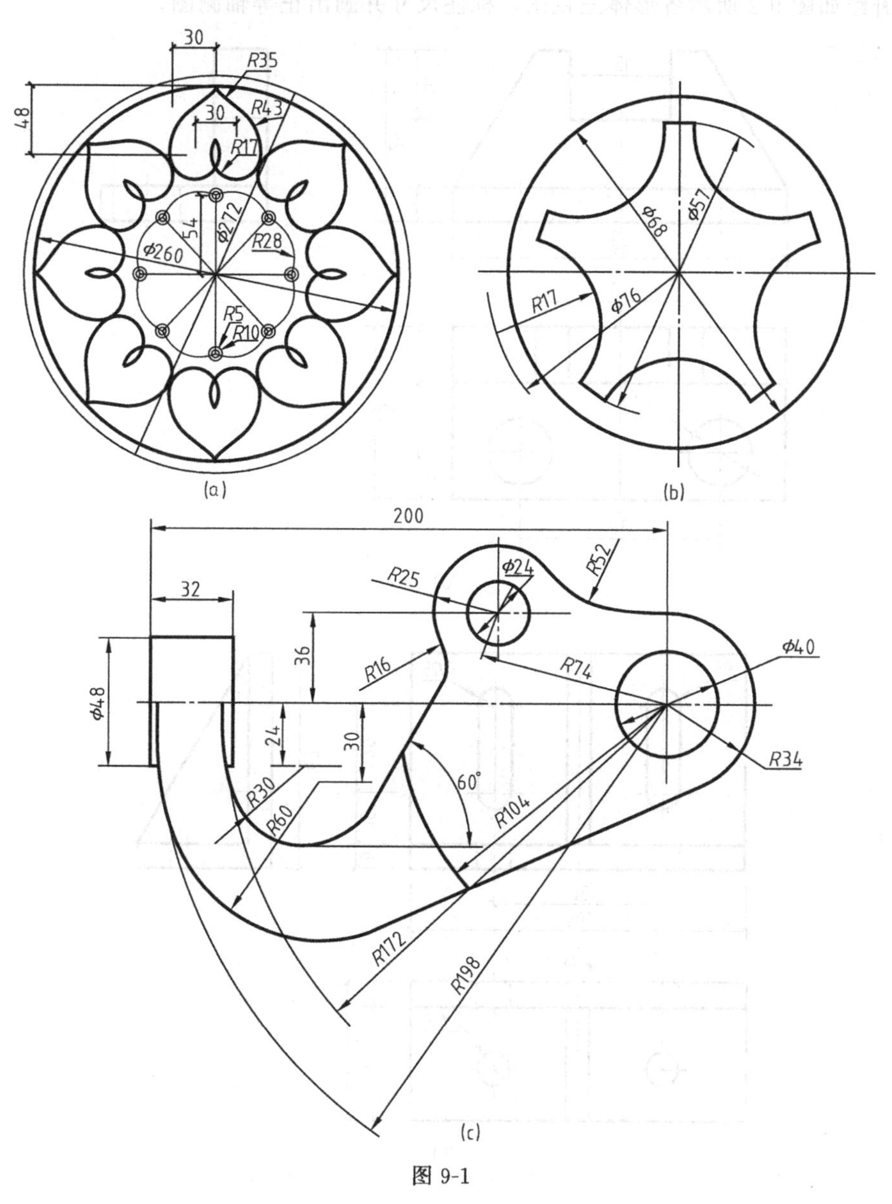

图 9-1

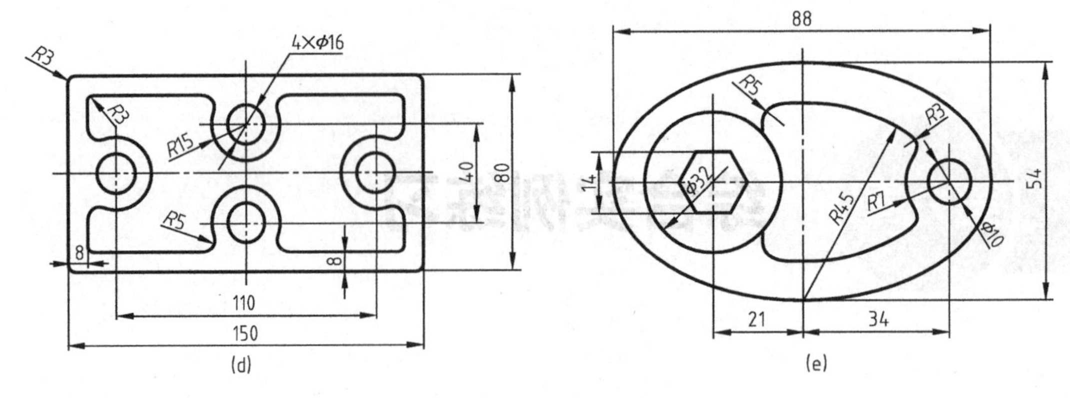

图 9-1　平面图形练习

② 补绘如图 9-2 所示各形体三视图，标注尺寸并画出正等轴测图。

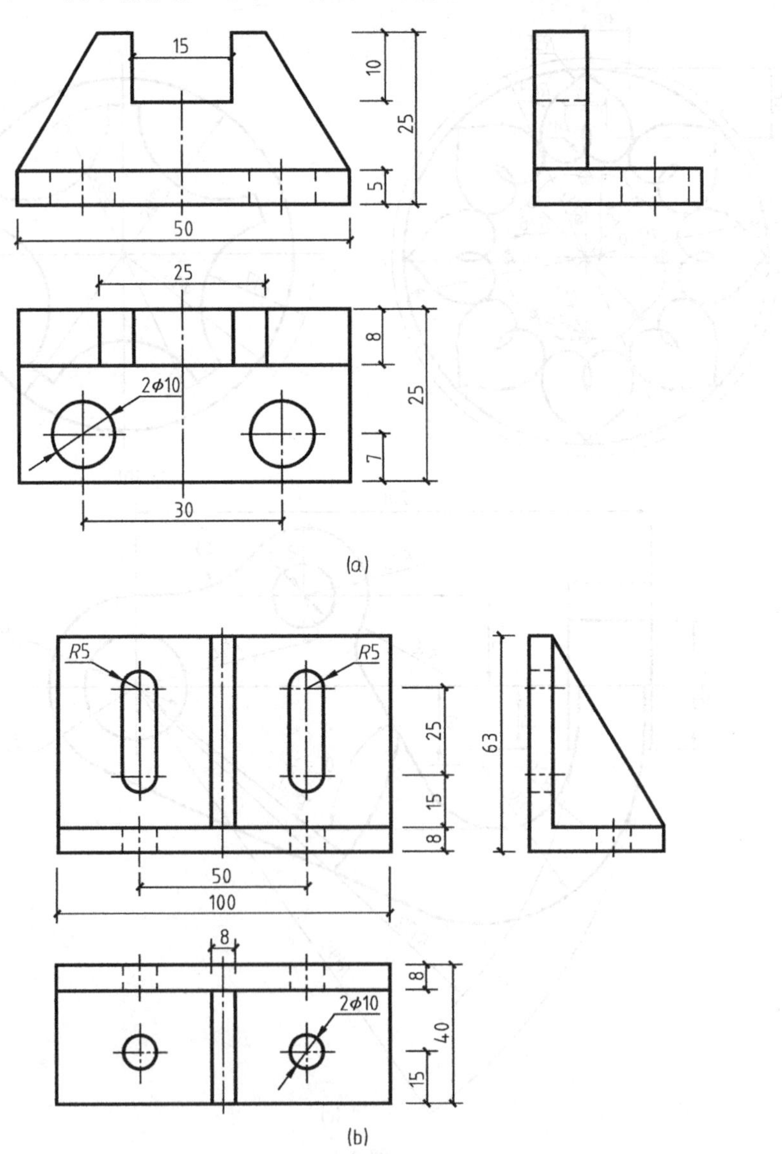

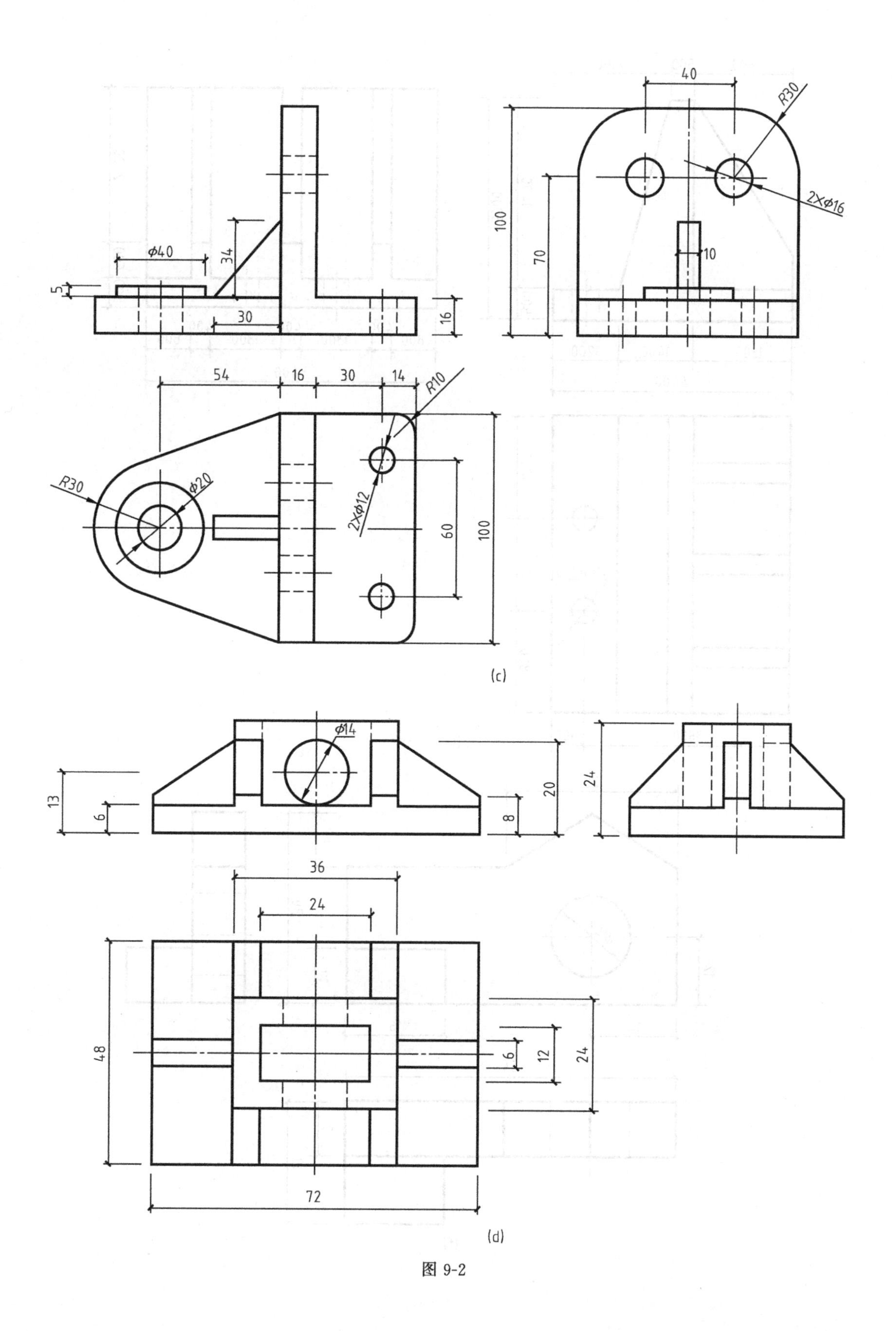
φ40
34
5
30
16
40
R30
100
70
2×φ16
10
54
16
30
14
R10
R30
φ20
2×φ12
60
100
(c)
φ14
13
6
8
20
24
36
24
48
6
12
24
72
(d)

图 9-2

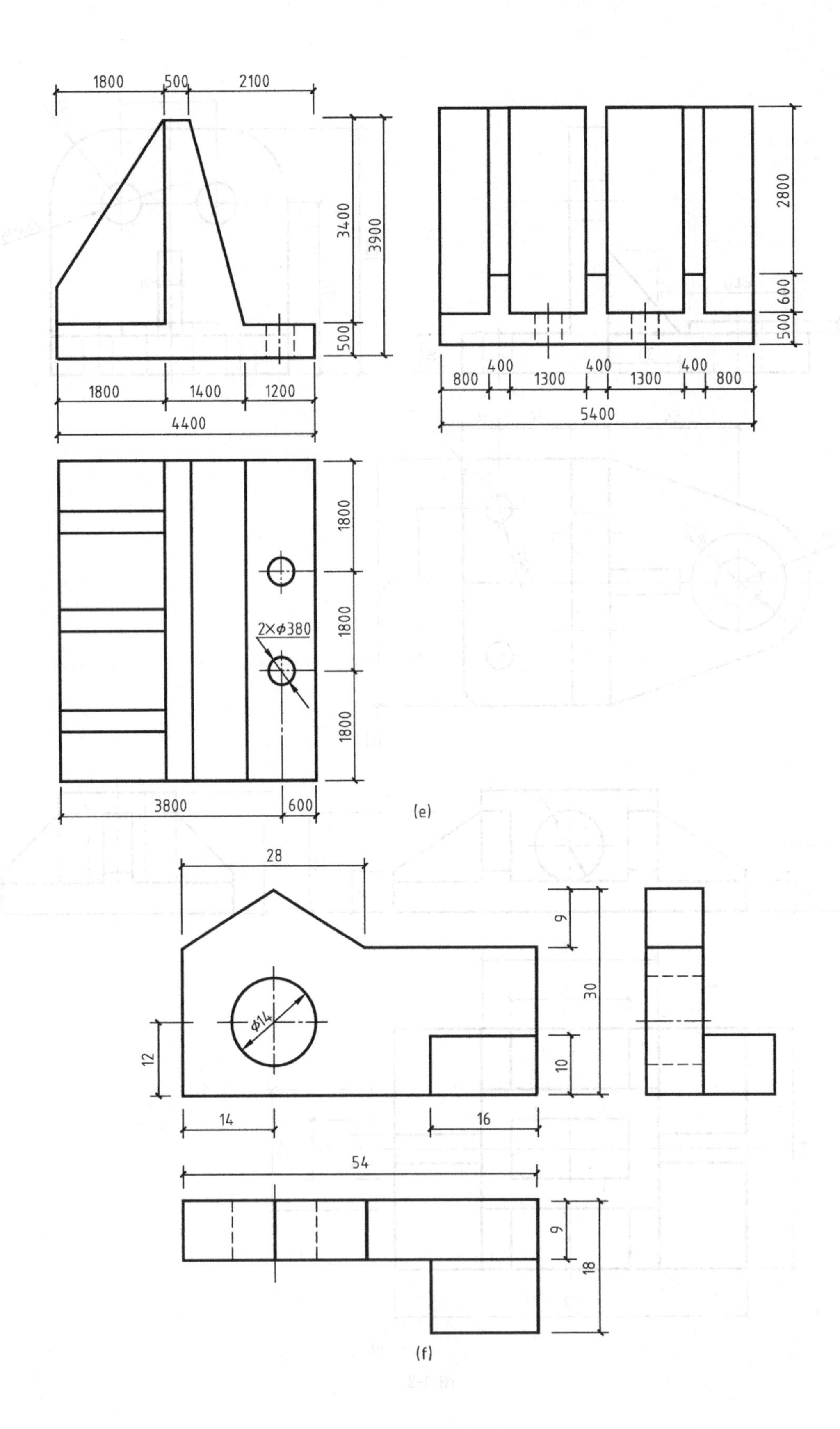
1800
500
2100
3400
3900
500
1800
1400
1200
4400
2800
600
500
400
400
400
800
1300
1300
800
5400
1800
1800
1800
2×φ380
3800
600
28
9
30
10
12
φ14
14
16
54
9
18
(e)

(f)

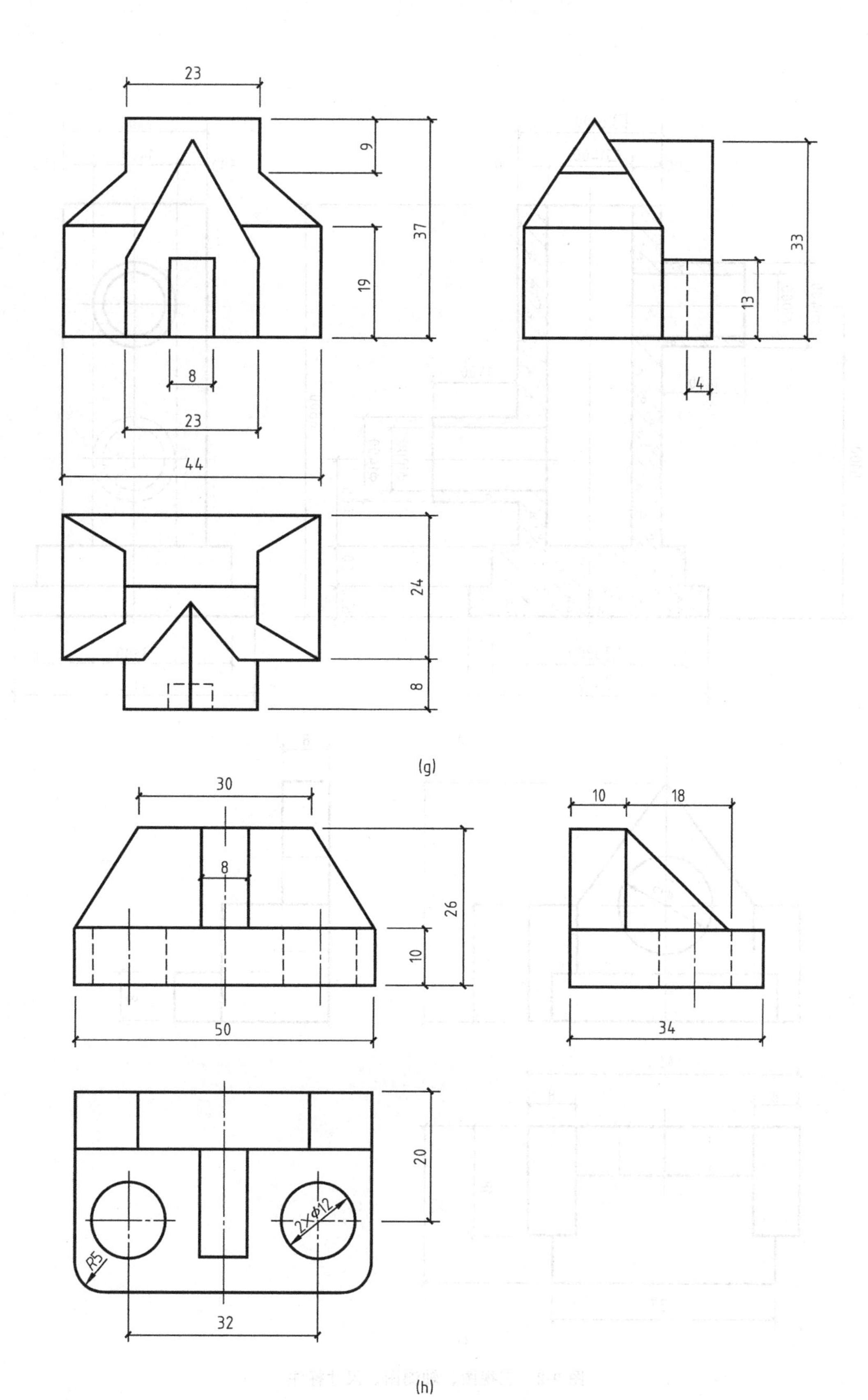

图 9-2

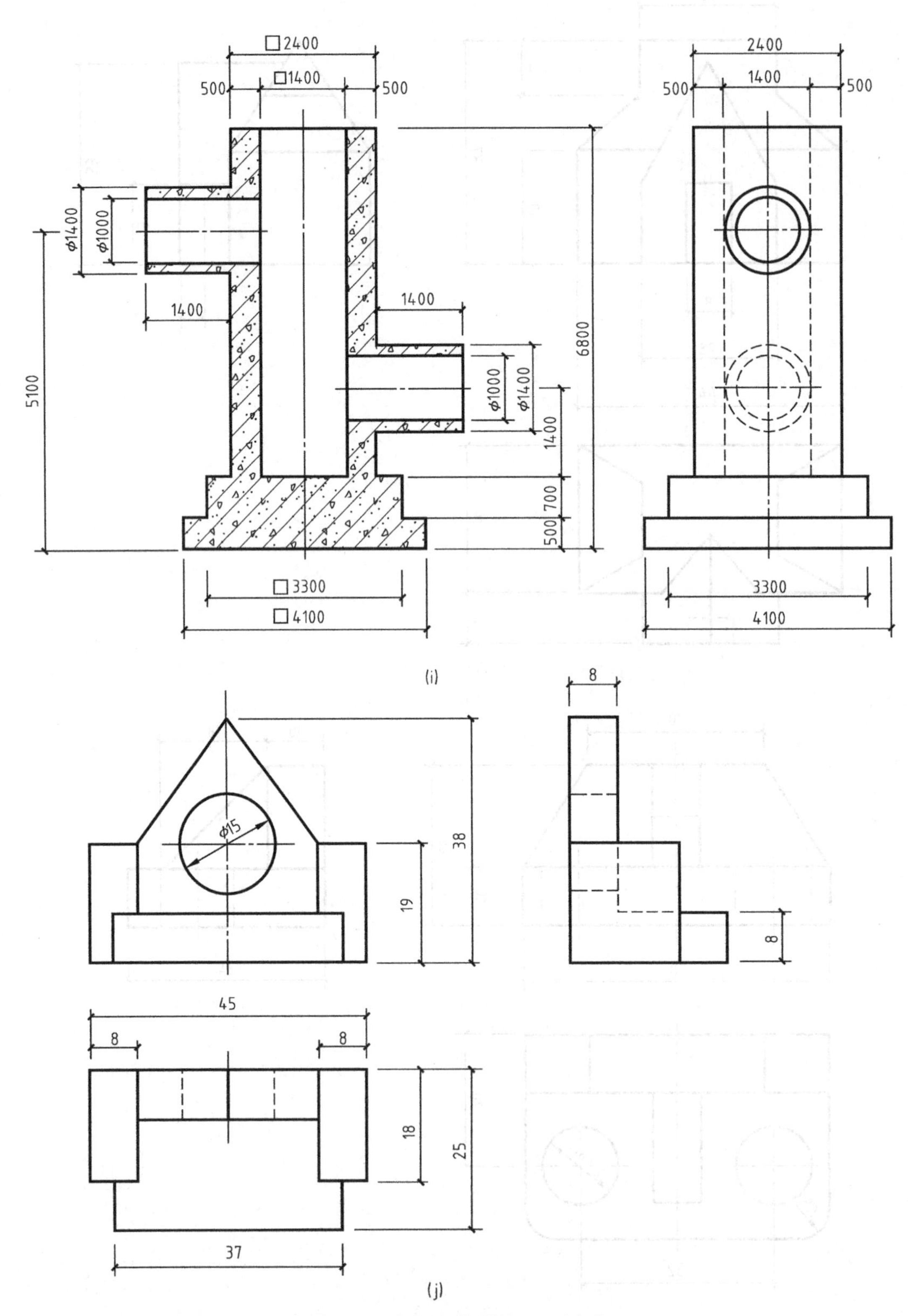

图 9-2　三视图、轴测图、尺寸标注

③ 补绘如图 9-3 所示各形体三视图，标注尺寸并画出正等轴测图。

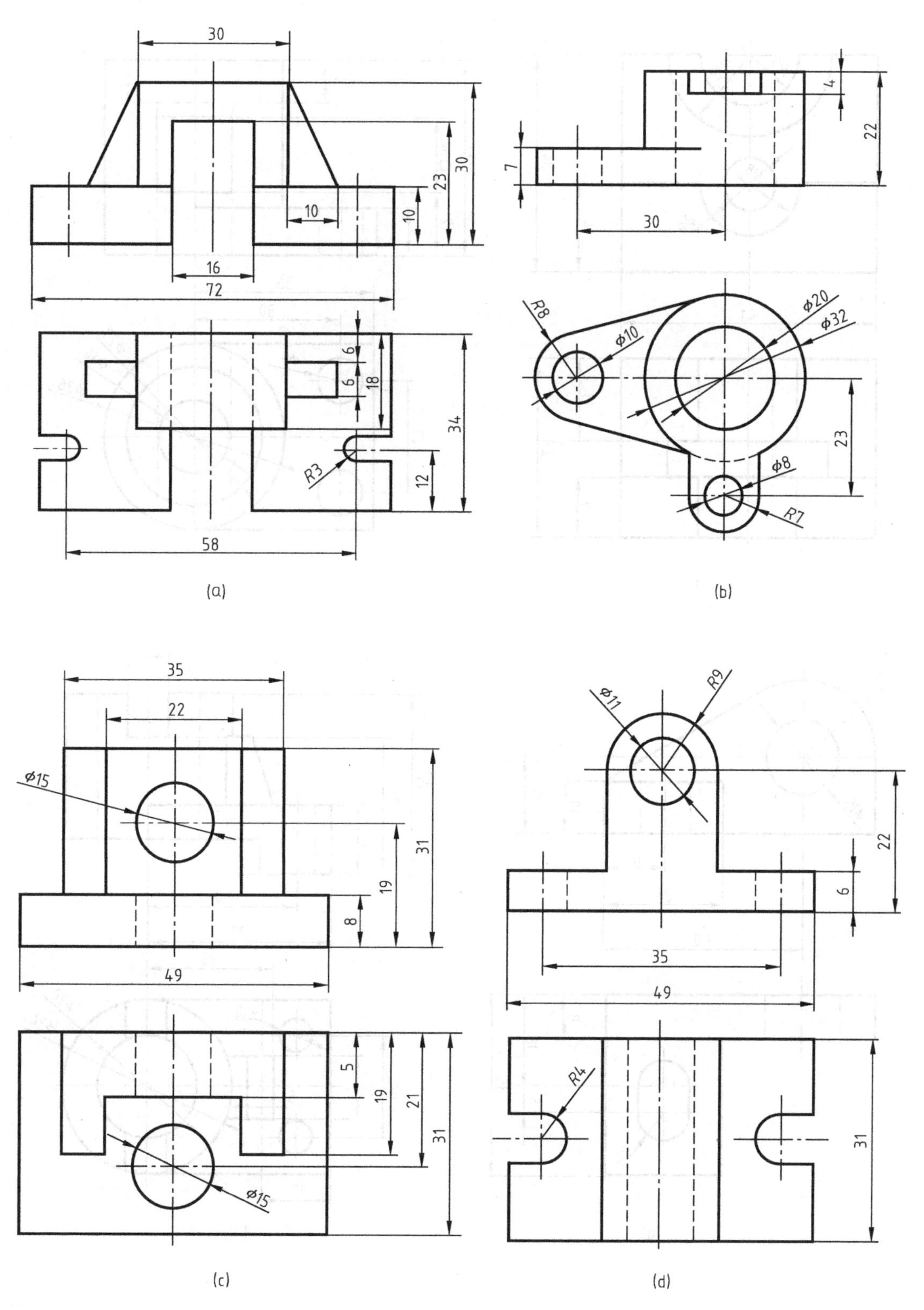

图 9-3

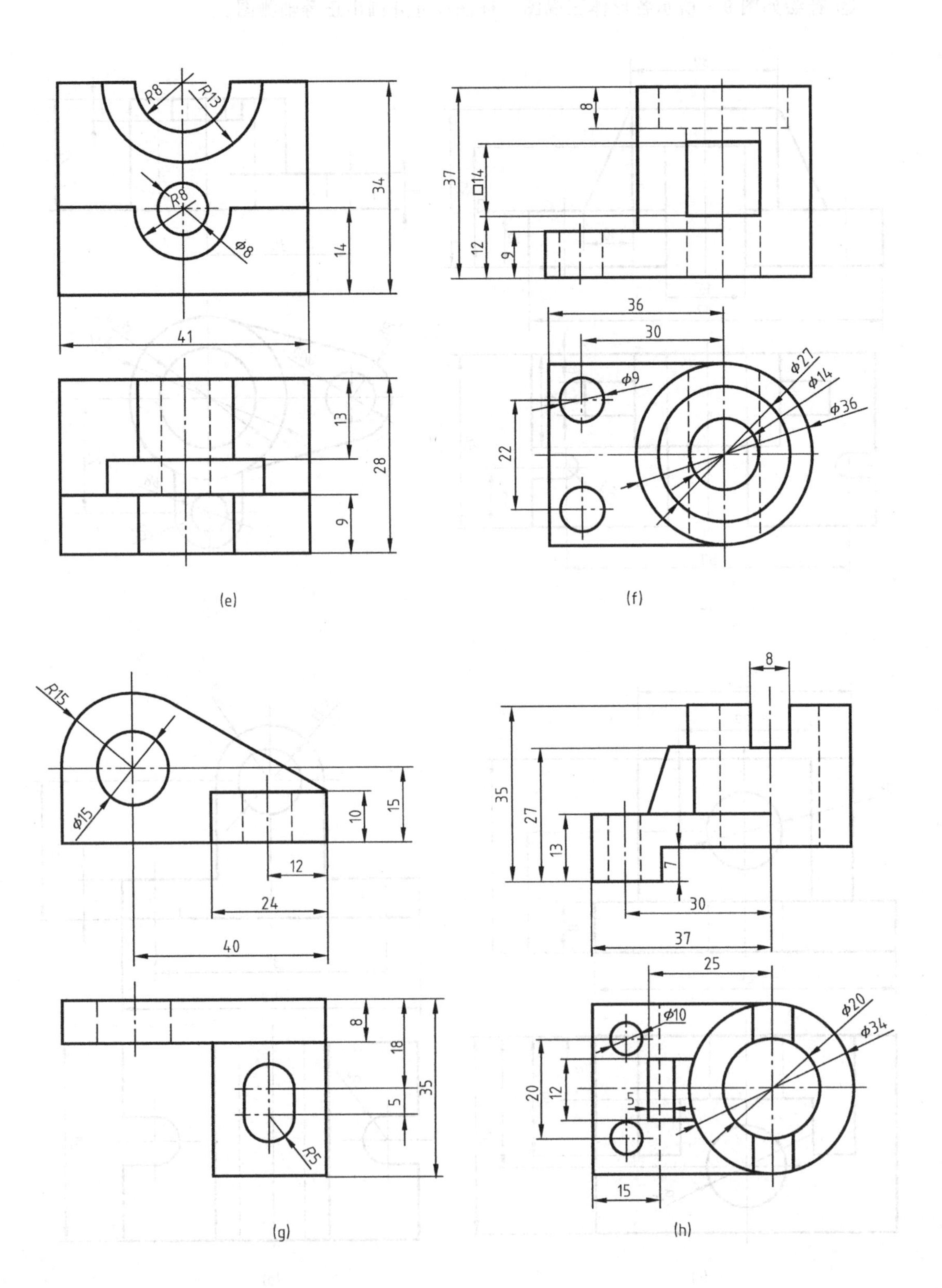
R8
R13
34
R8
φ8
14
41
13
28
9
(e)
8
37
□14
12
9
36
30
φ9
φ27
φ14
φ36
22
(f)
R15
φ15
10
15
12
24
40
8
18
5
35
R5
(g)
8
35
27
13
7
30
37
25
φ10
φ20
φ34
20
12
5
15
(h)

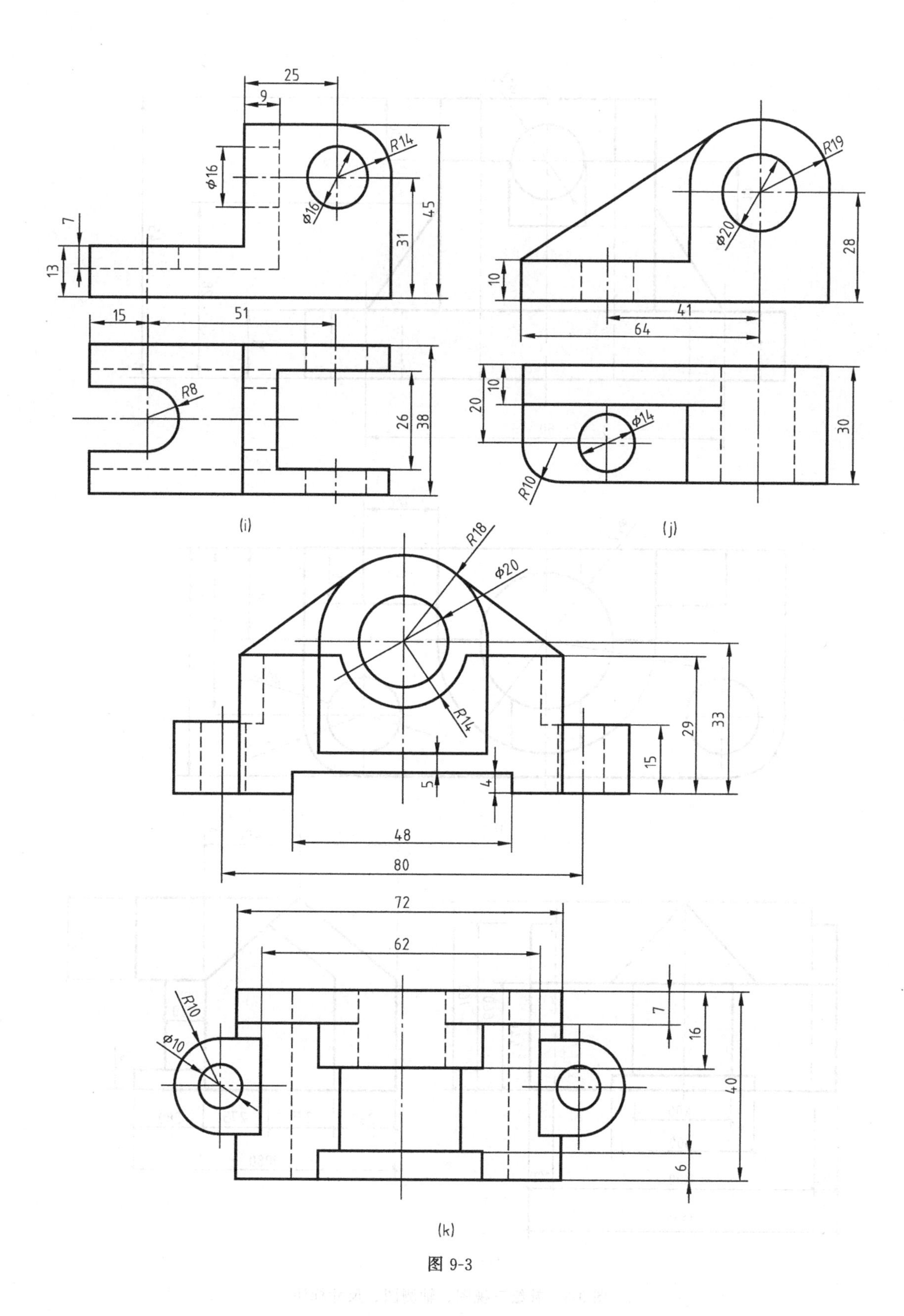
25
9
R14
Φ16
Φ16
7
13
31
45
15
51
R8
26
38
(i)
R19
Φ20
10
28
41
64
10
20
Φ14
R10
30
(j)
R18
Φ20
R14
29
33
15
5
4
48
80
72
62
R10
Φ10
7
16
40
6
(k)

图 9-3

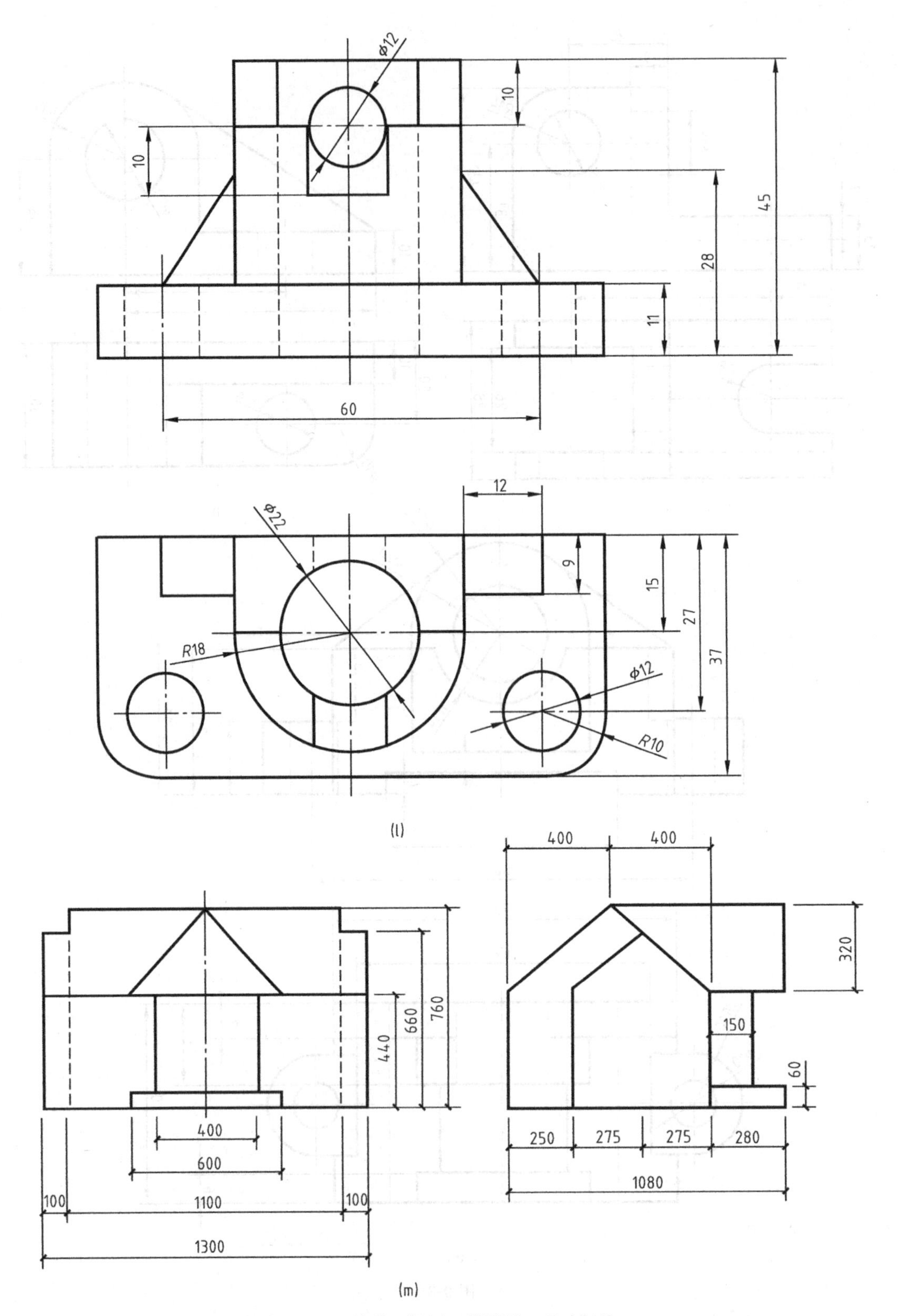

图 9-3　补绘三视图、轴测图、尺寸标注

④ 绘制如图 9-4 所示各形体正等轴测图，并画三视图、标注尺寸。

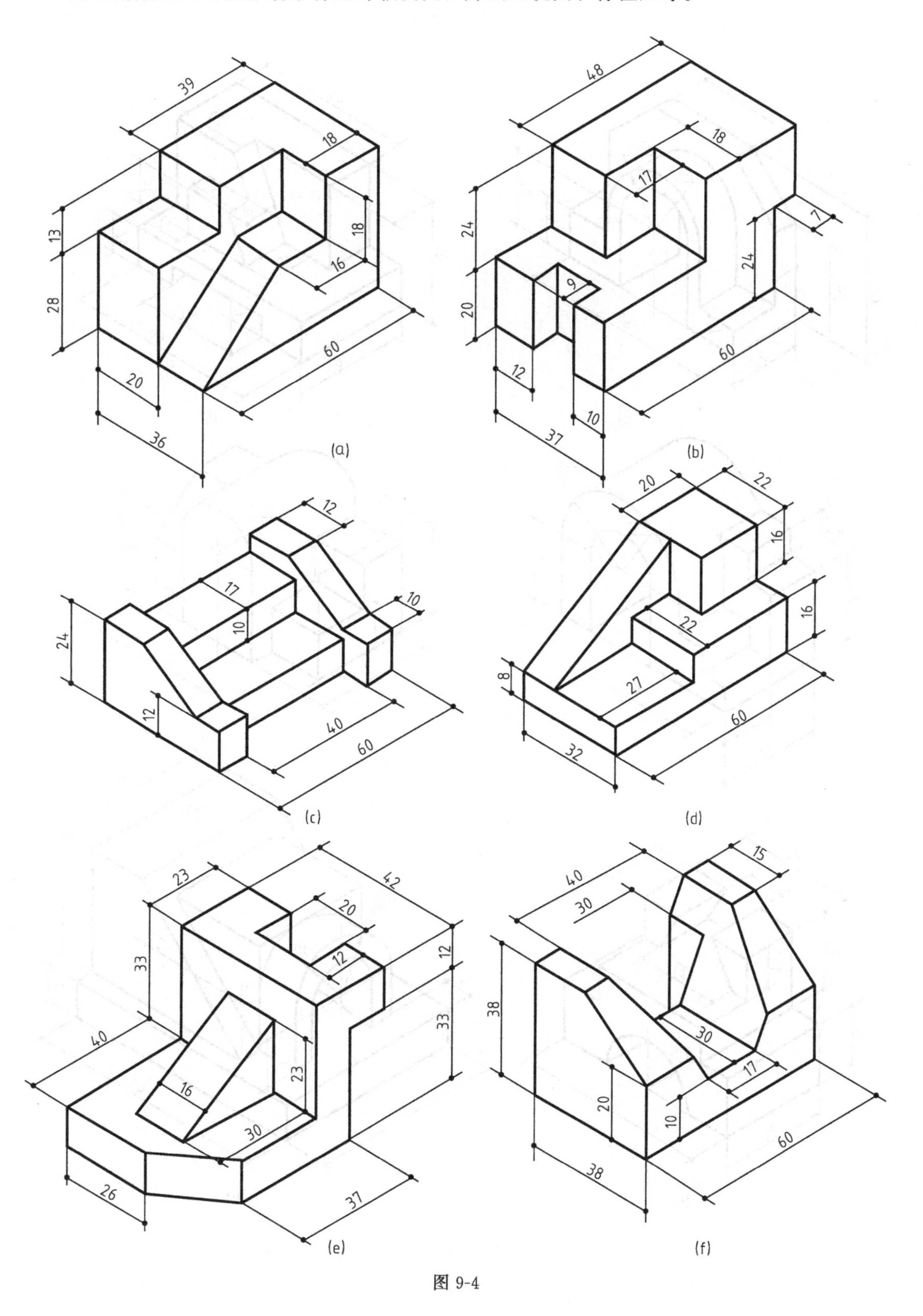

图 9-4

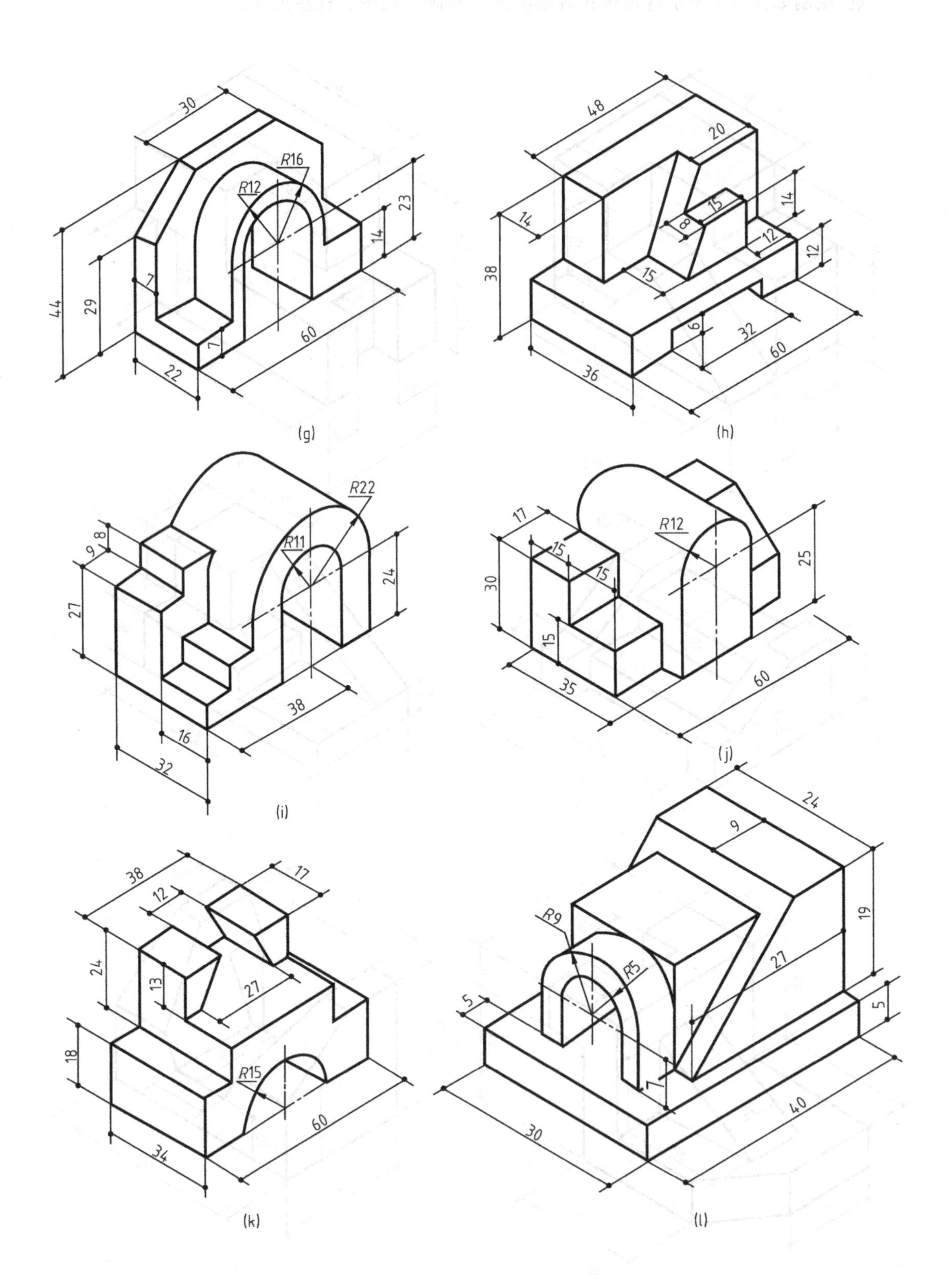
30
R16
R12
23
14
44
29
7
7
22
60
(g)
48
20
14
15
8
14
12
12
38
15
6
32
60
36
(h)
R22
R11
8
9
27
24
38
16
32
(i)
17
R12
15
15
30
25
15
35
60
(j)
38
17
12
24
13
27
18
R15
60
34
(k)
24
9
19
R9
R5
27
5
5
7
30
40
(l)

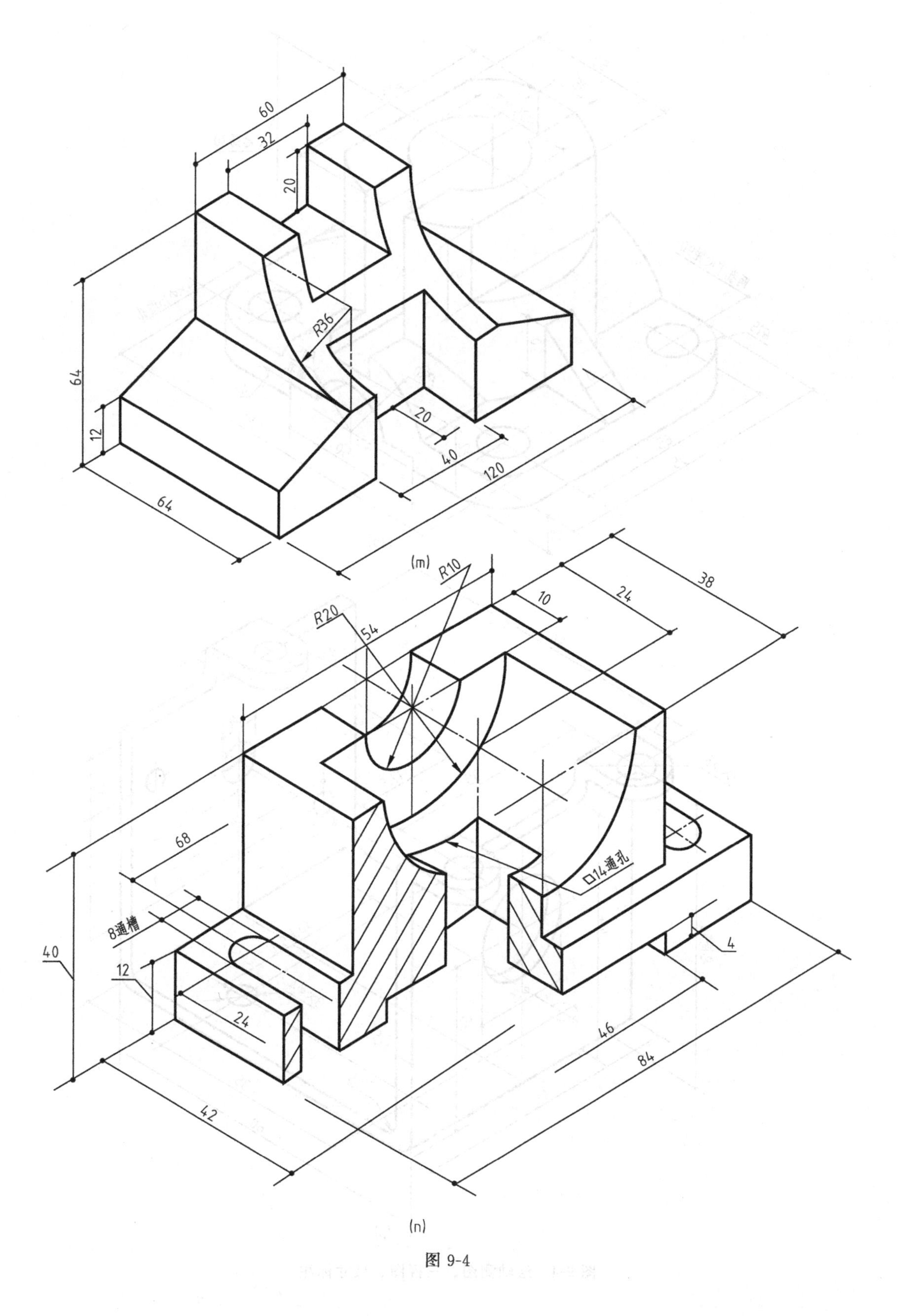
60
32
20
R36
64
12
64
20
40
120
(m)
R10
R20
54
10
24
38
68
8通槽
40
12
24
42
口14通孔
4
46
84
(n)

图 9-4

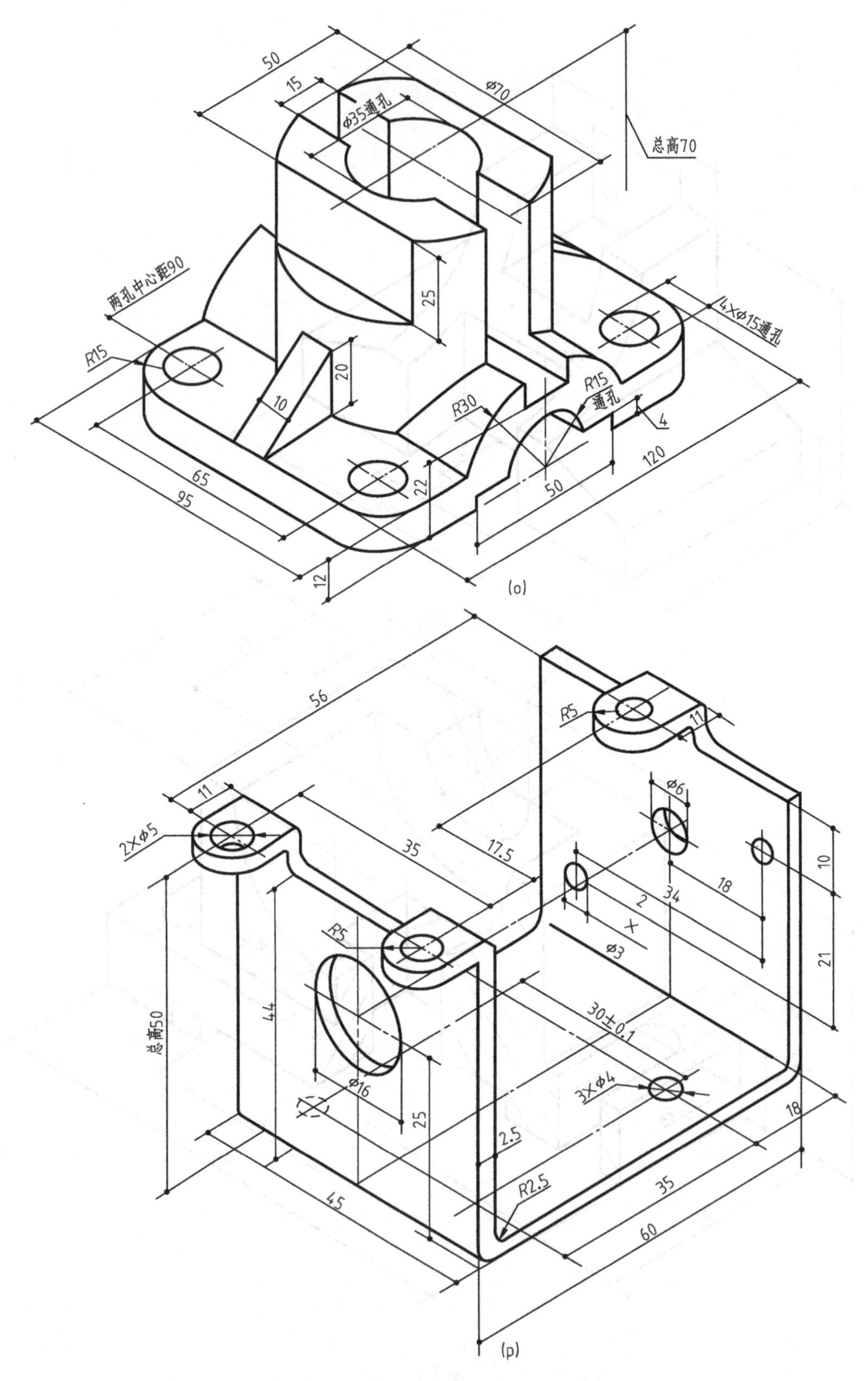

图 9-4 绘轴测图、三视图、尺寸标注

⑤ 绘制如图 9-5 所示建筑施工图。

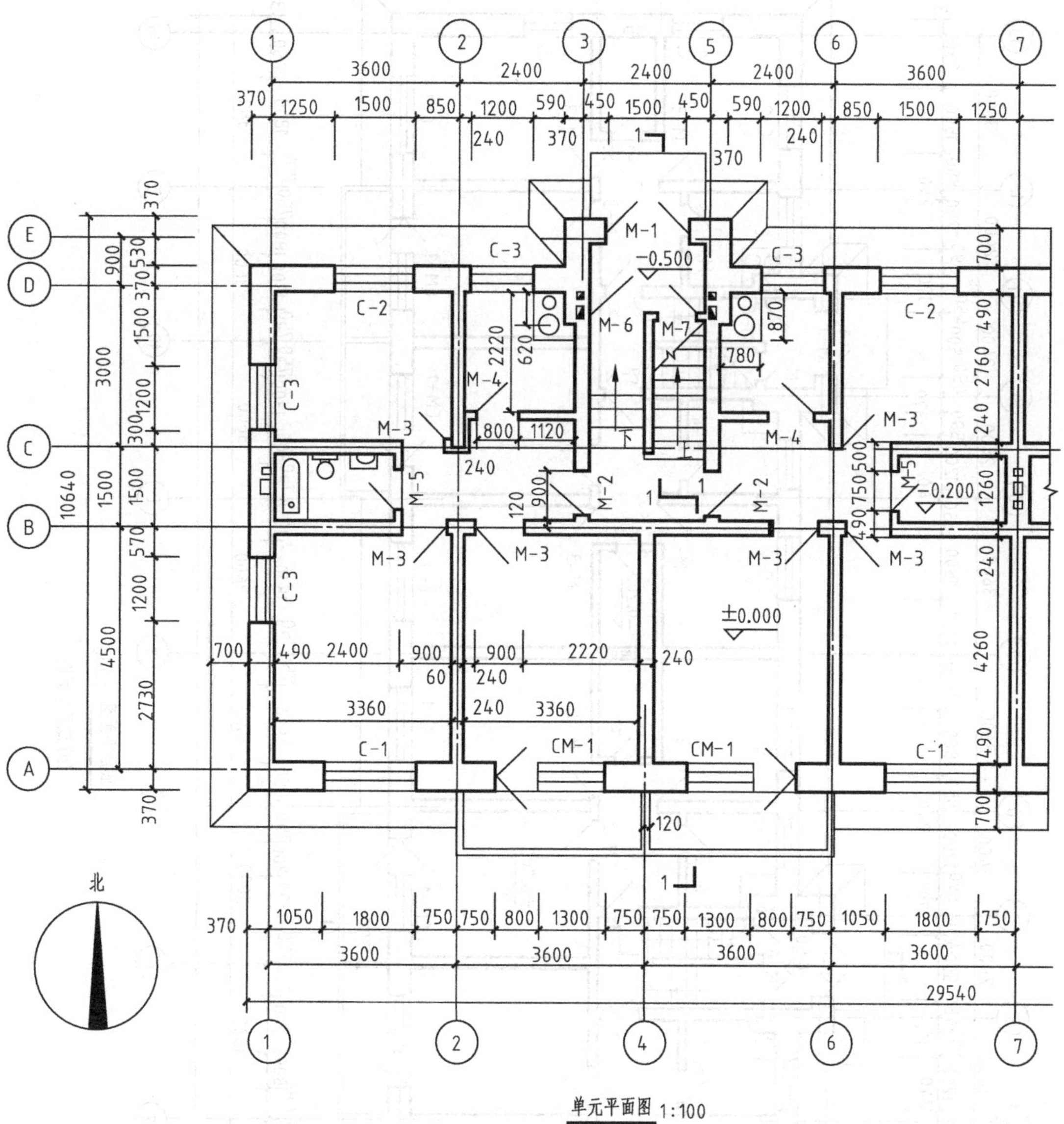

单元平面图 1:100

烟道、通气道尺寸如下:

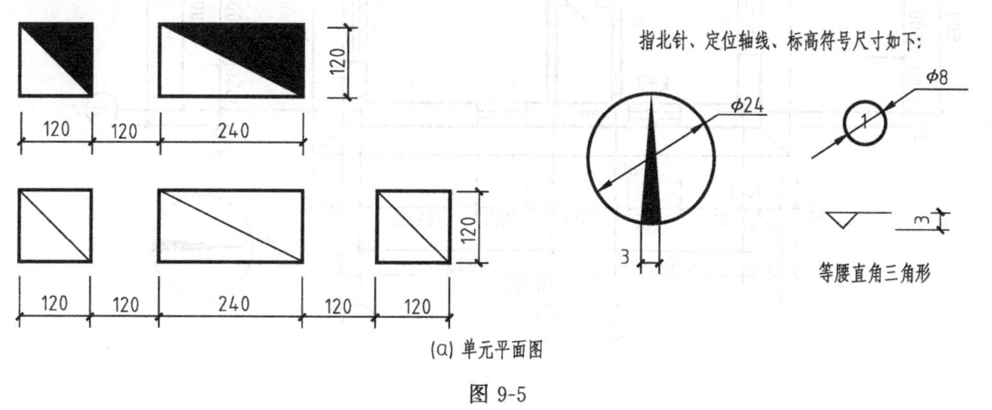

(a) 单元平面图

图 9-5

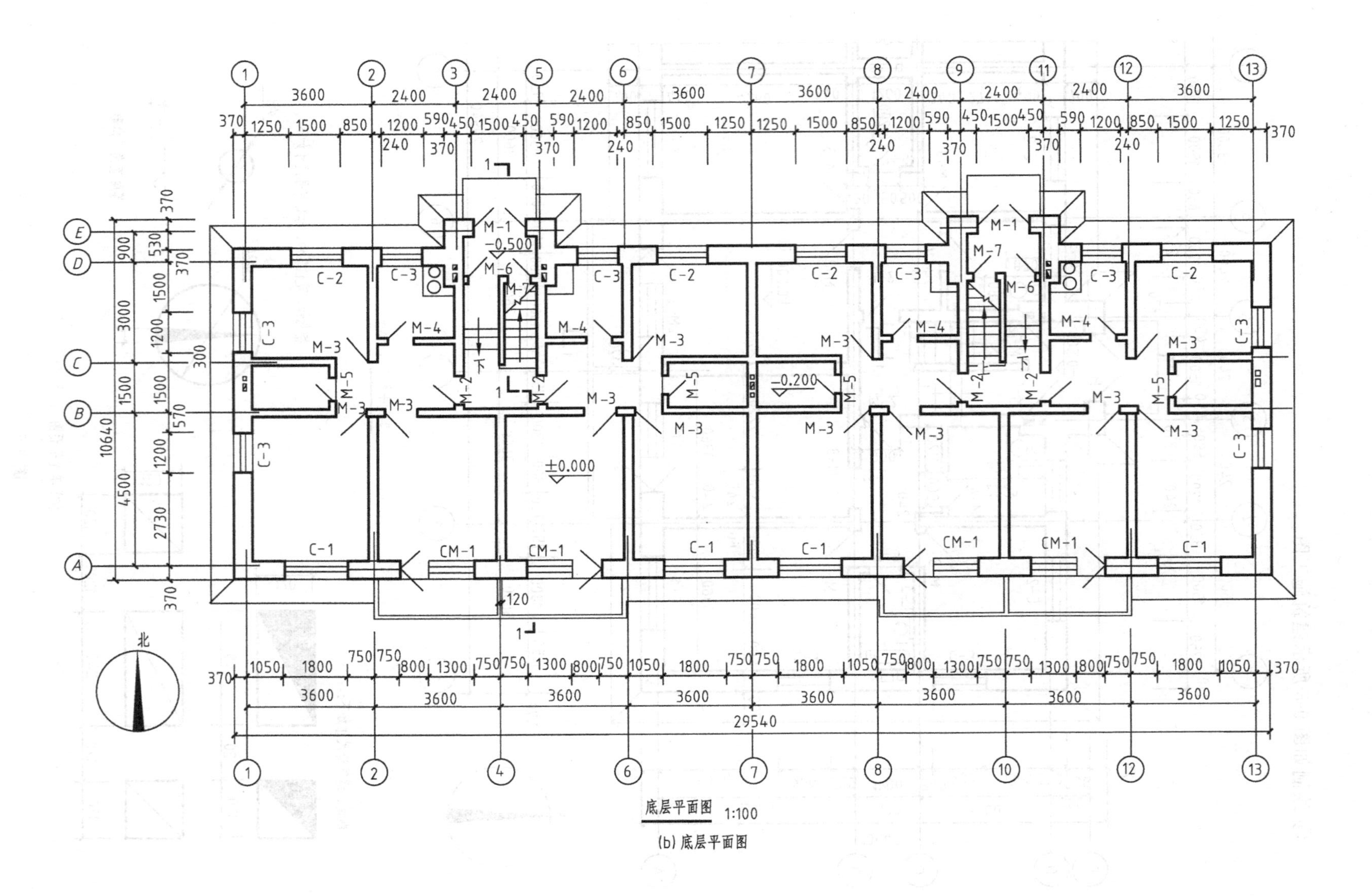

(b) 底层平面图

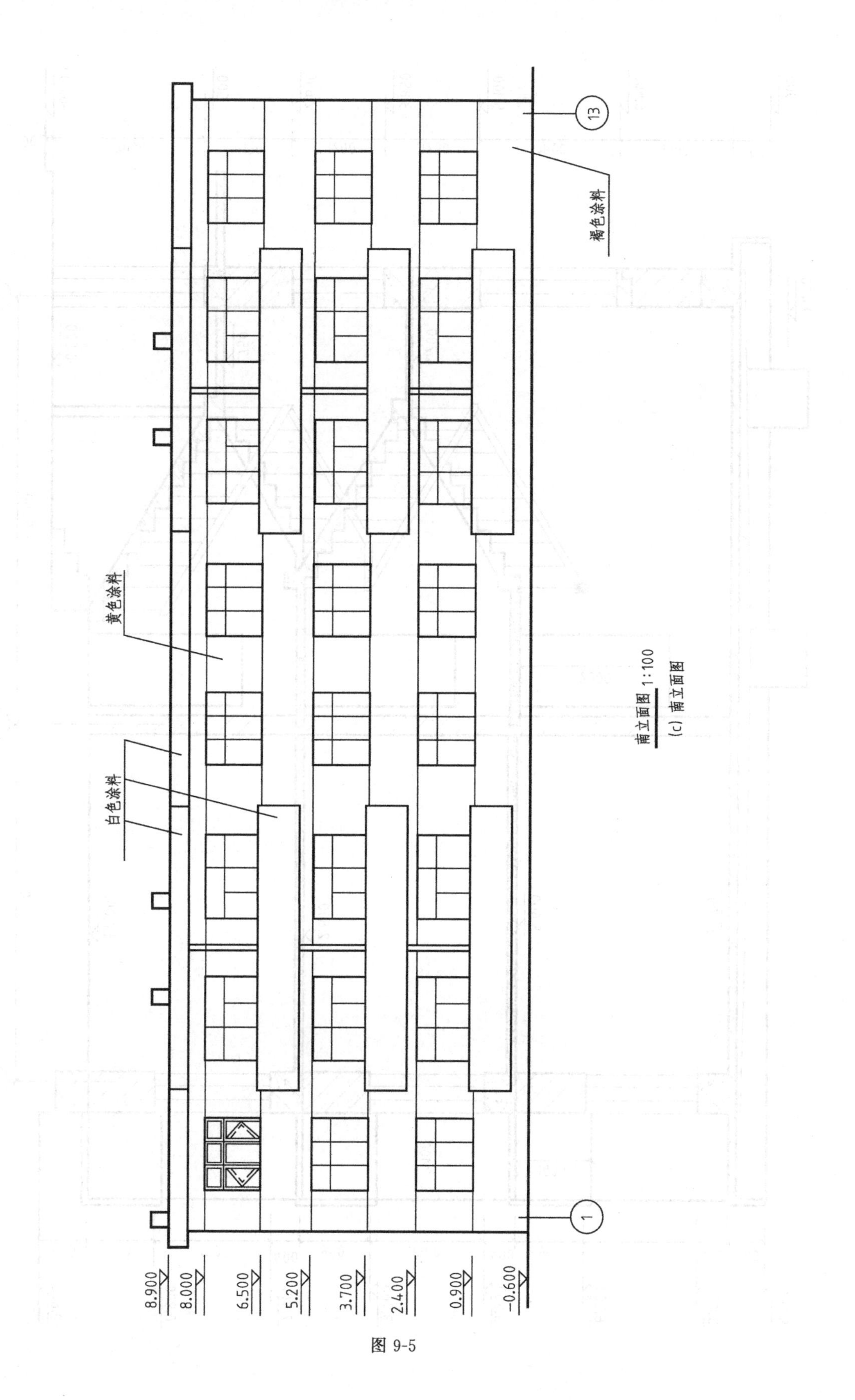
褐色涂料
黄色涂料
白色涂料
南立面图 1:100
(c) 南立面图
13
1
8.900
8.000
6.500
5.200
3.700
2.400
0.900
-0.600

图 9-5

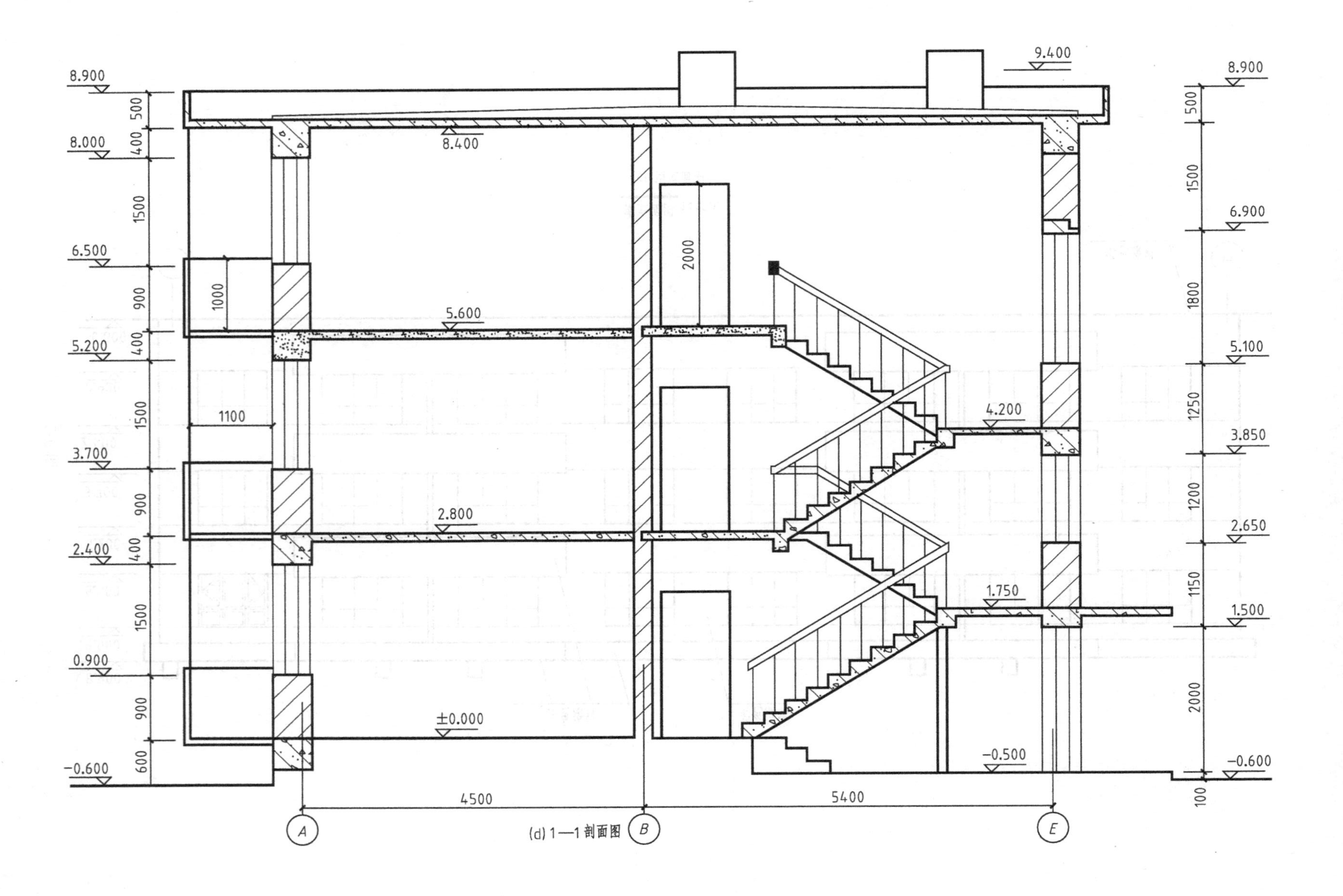
9.400
8.900
8.000
6.500
5.200
3.700
2.400
0.900
-0.600
500
400
1500
900
400
1500
900
400
1500
900
600
8.400
1000
5.600
1100
2.800
±0.000
2000
4.200
1.750
-0.500
8.900
6.900
5.100
3.850
2.650
1.500
-0.600
500
1500
1800
1250
1200
1150
2000
100
4500
5400
A
B
E

(d) 1—1剖面图

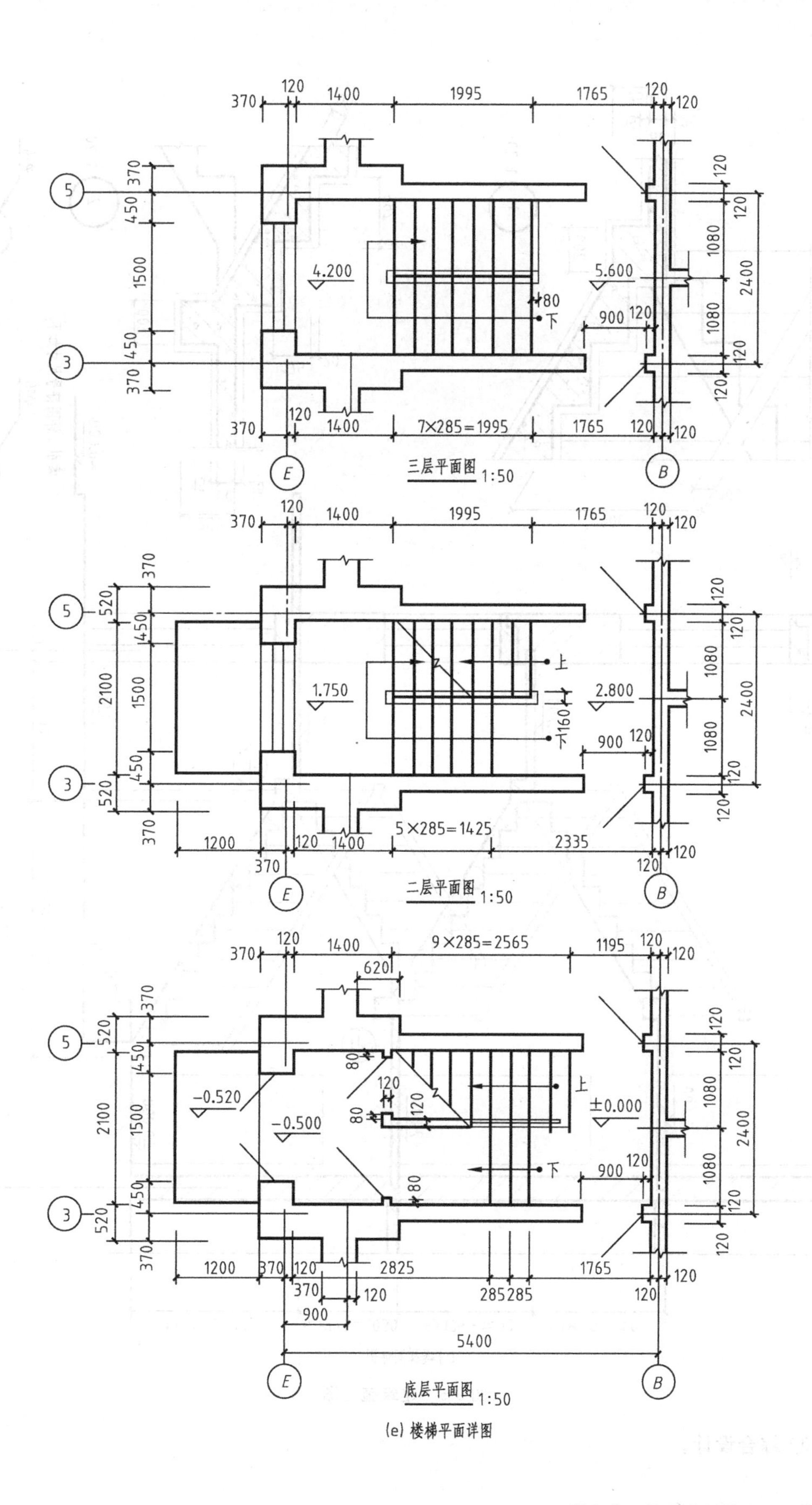
三层平面图 1:50
二层平面图 1:50
底层平面图 1:50

(e) 楼梯平面详图

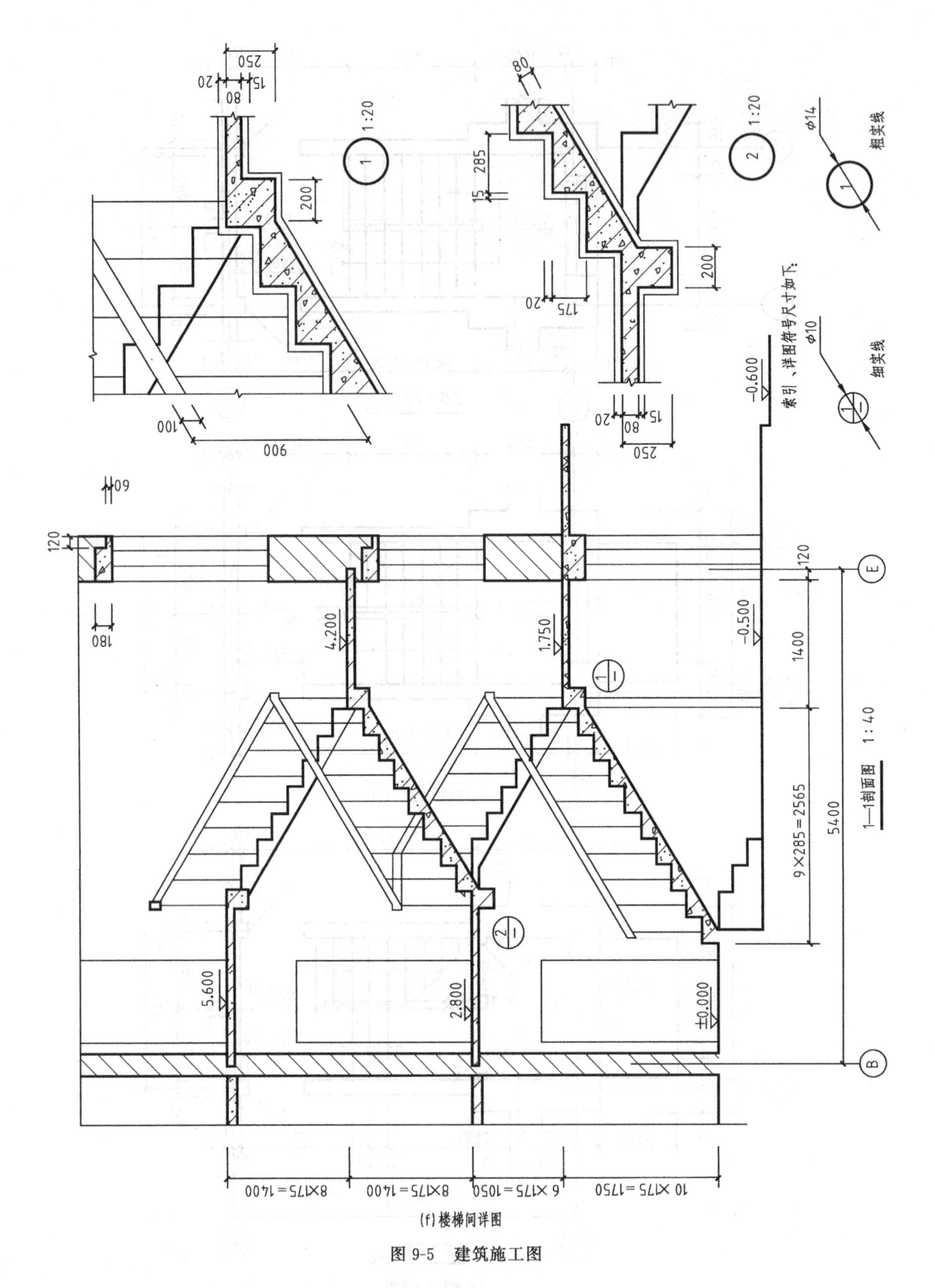

(f)楼梯间详图

图 9-5 建筑施工图

⑥ 综合设计。

任务书一

一、设计课题

课题名称：AutoCAD制图集中周。

课题性质：假定题目、地形条件。

二、设计期限

两周。

三、建设用地

① 项目概述：拟在中国北方某城市建独立式住宅一幢，主人为40岁左右夫妇，有一15岁孩子和70岁左右的父母。

② 用地概况：用地位于城市某居住区内，西、北两面临居住区道路，东、南两侧为小区绿化，地势平坦。

③ 气候条件：气温最热月平均温度30℃，最冷月平均温度－10℃；主导风向：夏季，南风、北风频率基本相同，冬季以西北风为主。

四、设计要求

① 在用地中布置一栋独立式小住宅，建筑面积280m²，允许有10%增减。

场地问题：基地需考虑防火间隔和与临栋的间隔；空地宜集中留设，提高使用效率，并可解决部分采光通风问题。

② 房间名称及使用面积。

客厅：过节最多可容纳14人，家具分布可分两区。

起居室：平时起居方便，兼顾家庭室使用。

主卧：1间（需设置独立的卫生间）。

次卧：3间（儿童房、老人房、工作室/书房各1间）。

客房：2间。

浴厕：两套。

厨房：1间。

餐厅：1间。

储藏间：1间。

车库：1间（1～2个车位）。

③ 提示。

a. 平面设计要求功能分区明确，相互联系方便。

b. 卧室空间应有南向采光；同时注意西晒问题。

c. 进行室外场地设计，室内外植栽相呼应：户外庭院/室内/半户外；创造优美的空间环境。

d. 考虑视觉景观效果，可结合内庭院及东、南侧小区绿化进行设计。

e. 住宅入口及车库应考虑临道路设置。

五、设计成果

使用 AutoCAD 绘制。

① 图纸尺寸：A2 或 A3。

a. 各层平面图：1∶100。

b. 主要立面图：1∶100。

c. 剖面图：1∶100。

d. 总平面图。

e. 主要部分详图（如楼梯详图、外墙详图等）。

f. 自定：表现图。

② 文字图表。

a. 设计说明。

b. 主要技术经济指标。

任务书二

一、设计课题

课题名称：AutoCAD 制图集中周。

课题性质：假定题目、地形条件。

二、设计期限

两周。

三、建设用地

今拟在某城市郊外建度假别墅一幢，共有山坡地、溪边用地各两处共四处用地。使用者身份，职业特点，家庭结构和生活习惯由学生自定。建筑可为 1～3 层，结构形式和材料选择不限。建设地段内有水电设施，冬季采暖可以用壁炉或空调。设计地形为山地。

四、设计要求

① 空间组成：

空间名称	功能要求	面积
起居空间	包含会客、家庭起居和小型聚会等功能	自定
工作空间①	视使用者职业特点而定，可做琴房、画室、舞蹈室、娱乐、健身房和书房等，可单独设置亦可与起居室结合	自定

续表

空间名称	功能要求	面积
主卧室(1间)	要求带独立卫生间和步入式衣帽间	自定
次卧室(1~2间)	要求带壁柜	不小于10m²
客人卧室(1间)	与主卧适当分开。要求带壁柜	不小于10m²
佣人卧室(1间)		不小于6m²
餐厅	应与厨房有较直接的联系,可与起居空间组合布置,空间相互流通	自定
厨房	可设单独出入口,可设早餐台	不小于6m²
卫生间(2间以上)	可考虑主卧、次卧分设卫生间,次卧亦可共用,其公共卫生间至少设三件卫生设备(浴缸、坐便器、盥洗池)	自定
储藏空间(可多处)	供堆放家用杂物,或存放日常用品等	自定
洗衣房	设洗衣机、盥洗池。结合卫生间设置也可分开	不小于3m²
车库	放小汽车一辆。可与主体分设。必须有屋顶	3.6m×6m

① 为可设可不设，其他房间均应满足。

② 提示。

a. 平面设计要求功能分区明确，相互联系方便。

b. 卧室空间应有南向采光；同时注意西晒问题。

c. 进行室外场地设计，室内外植栽相呼应：户外庭院/室内/半户外；创造优美的空间环境。

d. 考虑视觉景观效果，可结合内庭院及东、南侧小区绿化进行设计。

e. 住宅入口及车库应考虑临道路设置。

五、设计成果

使用 AutoCAD 绘制。

① 图纸尺寸：A2 或 A3。

a. 各层平面图：1∶100。

b. 主要立面图：1∶100。

c. 剖面图：1∶100。

d. 总平面图。

e. 主要部分详图（如楼梯详图、外墙详图等）。

f. 自定：表现图。

② 文字图表。

a. 设计说明。

b. 主要技术经济指标。

任务书三

一、设计课题

课题名称：AutoCAD 制图集中周。

课题性质：假定题目、地形条件。

二、设计期限

两周。

三、建设用地

基地自定。

四、设计要求

① 地处市区某住宅小区，地段地势平坦，地质良好，小区内及小区周围环境、道路自行设计。

② 小区内有3幢以上住宅，每幢住宅由3～5个单元组合而成。各单元之间组合拼接方式自定，单元平面类型可以为一梯两户或一梯三户。自选一幢完成设计任务。

③ 结构类型：砖混结构加构造柱。采用坡屋顶形式。

④ 符合小康住房的新标准：

a. 每户建筑面积75～100m^2，户型配置合理，有相应的起居、炊事、卫生和储藏空间。

b. 平面布局合理，体现食寝分离的原则，并为住房留有装修改造余地。

c. 房间采光充足，通风良好。

d. 根据炊事行为合理配置成套厨房设备，改善通风效果，冰箱入厨。

e. 合理分隔卫生间，减少便溺、洗浴、洗衣和化妆洗面的相互干扰。

f. 管道集中隐蔽，增加保安措施。

g. 设置门斗，方便更衣换鞋。展宽阳台，提供室外休憩场所。

h. 参考设置的房间：起居厅、主卧室、双人（单人）次卧室、厨房、卫生间、门厅、储藏间、工作室、阳台等。

i. 厨房、卫浴设施配置标准。

厨房1型：灶台、调理台、洗池台、吊柜、冰箱、排油烟机。

厨房2型：灶台、调理台、洗池台、搁置台、吊柜、冰箱、排油烟机。

卫生间1型：淋浴、洗面盆、坐便器、洗衣机、自然换气风道。

卫生间2型：浴盆（1.5m^2）、淋浴器、洗面化妆台、化妆镜、洗衣机、坐便器、机械换气（风道）。

五、设计成果

使用AutoCAD绘制。

① 图纸尺寸：A2或A3。

a. 各层平面图：1∶100。

b. 主要立面图：1∶100。

c. 剖面图：1∶100。

d. 总平面图。

e. 主要部分详图（如楼梯详图、外墙详图等）。

f. 自定：表现图。

② 文字图表。

a. 设计说明。

b. 主要技术经济指标。

任务书四

一、设计课题

课题名称：AutoCAD 制图集中周。

课题性质：假定题目、地形条件。

二、设计期限

两周。

三、建设用地

基地自定。

四、设计要求

① 技术条件。本建筑为某待建混合结构十八班完全小学教学楼。

② 建筑规模。批准建筑总面积：3000m^2(±5%～8%)。层数：四层。层高：3.6～3.9m。

③ 建筑面积分配指标（教室按每班 50 人计算）：

房间名称	间数	建筑面积/m^2	总面积/m^2
普通教室	18	50	900
音乐教室	2	50	100
乐器室	1	20	20
自然教室	1	70	70
教具仪器与准备室	1	35	35
多功能大教室	1	160	160
电教器材储存、维修(放映室)	1	30	30
藏书室	1	50	50
学生阅览室	1	50	50
教师阅览兼会议室	1	50	50
科技活动室	2	20	20
体育器材室	1	40	40
教研办公室	12	15	180
厕所	10	15	150
广播、社团办公室	3	15	45

五、设计成果

使用 AutoCAD 绘制。

① 图纸尺寸：A2 或 A3。
a. 各层平面图：1∶100。
b. 主要立面图：1∶100。
c. 剖面图：1∶100。
d. 总平面图。
e. 主要部分详图（如楼梯详图、外墙详图等）。
f. 自定：表现图。
② 文字图表。
a. 设计说明。
b. 主要技术经济指标。

任务书五

一、设计课题

课题名称：AutoCAD 制图集中周。
课题性质：假定题目、地形条件。

二、设计期限

两周。

三、建设用地

基地自定。

四、设计要求

① 建造地点：北方地区，为某单位设计一栋行政办公楼，总建筑面积为 $1500m^2$，波动幅度±5%。地段内地势平坦，有城市上下水及集中供热系统。
② 建筑层数：4～5 层。
③ 建筑层高：3.2～3.3m。
④ 建筑结构：砖混结构。
⑤ 建筑防火等级：二级防火。
⑥ 建筑采光：采光窗地比为 1/5～1/6。

五、房间名称及使用面积

房间名称	间数	使用面积	备注
门厅	1	$36～40m^2$	
收发室	1	$15～18m^2$	

续表

房间名称	间数	使用面积	备注
接待室	1	$15\sim18m^2$	
储藏室	2	$30\sim36m^2$	
厕所	按规定标准设计	$70\sim80m^2$	
办公室	30	$450\sim540m^2$	可设大间、小间
文印、打字室	1	$36\sim40m^2$	
档案室	1	$36\sim40m^2$	
资料室	1	$18\sim20m^2$	
小会议室	1	$36\sim40m^2$	
大会议室	1	$70\sim80m^2$	
机动间	2	$30\sim36m^2$	

其他房间，可以根据需要自行增设。

六、设计成果

使用 AutoCAD 绘制。

① 图纸尺寸：A2 或 A3。

a. 各层平面图：1∶100。

b. 主要立面图：1∶100。

c. 剖面图：1∶100。

d. 总平面图。

e. 主要部分详图（如楼梯详图、外墙详图等）。

f. 自定：表现图。

② 文字图表。

a. 设计说明。

b. 主要技术经济指标。

参考文献

[1] 国家质量技术监督局. 中华人民共和国国家标准技术制图与机械制图等. 北京：中国标准出版社，1996-2017.

[2] 国家质量技术监督局. 中华人民共和国国家标准技术制图与房屋建筑制图等. 北京：中国标准出版社，1996-2017.

[3] GB/T 14665—2012. 机械工程 CAD 制图规则.

[4] 周佳新. 土建工程制图. 第 2 版. 北京：中国电力出版社，2016.

[5] 周佳新. AutoCAD 制图技术. 北京：化学工业出版社，2015.

[6] 周佳新. 建筑工程 CAD 制图. 第 2 版. 北京：化学工业出版社，2016.

[7] 潘苏蓉，等. AutoCAD 2012 基础教程及应用实例. 北京：机械工业出版社，2013.

[8] Giesecke Mitchell Spencer Hill Loving Dygdon Novak. 工程图学（改编版）. 第 8 版. 焦永和，韩宝玲，李苏红，改编. 北京：高等教育出版社，2012.